人類世的億萬塵埃

輕如鴻毛的沙塵，如何掀動地球尺度的巨變？

Jay Owens 潔伊・歐文斯——著　方慧詩、饒益品——譯

DUST

The Modern World in a Trillion Particles

目次

推薦序：每下愈況　洪廣冀　5
導論　13
第一章　置身於地獄：煙霧、煤灰與現代倫敦的誕生　35
第二章　讓那片土地乾涸　63
第三章　終歸塵土　91
第四章　清潔與控制　131
第五章　海的遺跡　167
第六章　落塵　205
第七章　冰封的歷史　251
第八章　灰塵是大地代謝之道　287
第九章　流水之地　311
尾聲　347
謝詞　369
註釋　415

每下愈況

洪廣冀（臺灣大學地理環境資源學系副教授）

每次農曆過年，我媽就會遞給我一塊抹布，叫我去擦紗窗。她說紗窗上黏滿了灰塵，我看起來一副無所事事的模樣，應該擦個紗窗，證明自己的價值。

我媽還會咕噥幾句，說以前她還會把紗窗拆下來洗呢，只是年紀大了，腰不太行，沒辦法這樣打掃云云。

擦紗窗是我對新年最鮮明的記憶之一。有一回，我試著開導我媽，跟她說：「本來無一物，何處惹塵埃」，她就叫我去拆紗窗下來洗。

然後我也覺得我的腰不太行了。

——

《人類世的億萬塵埃》是一本塵埃之書。不論你是「時時勤拂拭，勿使惹塵埃」的神秀派，還是「本來無一物，何處惹塵埃」的惠能派，都可在當中找到啟發。

為何要為塵埃寫一本書？歐文斯是這樣說的。那是在二〇〇八年的秋天，她正在倫敦大學攻讀地理學博士學位。她交不出論文計畫書，只好努力找些事做。她發現了桌下有著大量灰塵，且「泛著詭異紫色的絨毛與毛髮卡在椅腳、糾結成一團，長成尺寸十分驚人的塵兔」。她自問，不是才剛打掃過嗎？這些「塵兔」（dust bunny）是從哪跳進來的？她開始思考，這些塵兔豈不是標示了她的「存在未及之處」？也想起了《神隱少女》裡頭的煤炭精靈，想到若塵埃具有意識，她的存在本身會不會有所改變？

歐文斯突發奇想：為何不以塵埃為題，搭配某個地理學理論，寫個酷炫的論文計畫書？然而，她失敗了。原來，當她準備坐下來好好寫個塵埃的計畫書，她總是覺得先打掃房間比較要緊。最後，房間變得格外清潔，反倒是論文計畫書成為某種存在以外之物。她對於「想當個地理學博士」的執念感到好笑，覺得學術界不過是個「老鼠會」，當中的「時代精神」如同塵兔，不久就會被打掃乾淨，然後就被另一批塵兔所取代。她決定，就拿個碩士學位，然後拍拍屁股走人。

對學術界斷念的歐文斯，還是在《倫敦書評》（*London Review of Books*）找到一份工作。這份工作美其名是以數位之法擴延讀者群，但恐怕就是個「小編」。但無論如何，找到容身之處的歐文斯，覺得可以放鬆一下，跟好友前往加州一遊。出乎意料，當她視學術界為「無物」時，塵埃又開始招惹她。這回的塵埃，不是躲藏在桌底下或牆縫間的塵兔，而是讓天空劇烈改變的沙塵暴。

歐文斯回憶，那是在二〇一五年的七月下旬。她與友人人準備在猛獁湖（Mammouth Pool）紮營。一路上，一行人先是經過一片被燒得焦黑的枯木林，接著天空變成黃色，當中掛著一顆血色的太陽。

原來，離猛獁湖不遠的森林正遭祝融肆虐，灰燼懸浮在空氣中，天地為之變色。歐文斯明白，野火再度於加州蔓延了。過去，野火只在入秋幾個月發生，但現在加州的某些地點幾乎全年都在燃燒。追根究柢，這與全球尺度的氣候變遷有關。歐文斯開始體會，不論是躲藏在桌下的塵兔，還是瀰漫在整片天空的灰燼，這些塵埃都宛如「一扇窗」，讓她可以「正視這個時代的災禍」，乃至於「一連串擾亂地球生物地質化學系統的斷層」。不停招惹著人間的塵埃，其實如同一種「管道」，「讓人得以與自身腳下的地質環境，以及人類誕生、定居於這脆弱地表的長遠歷史接軌。」

對於塵埃，神秀與惠能有著南轅北轍的見解。但在《人類世的億萬塵埃》中，你可以得到另一種視野：塵埃不再只是妄念與障蔽的象徵，反倒是我們認識物質世界、乃至於認識自身存在的媒介。以歐文斯的話來說：「這滿布傷口的世界，乍看之下可能龐大到難以全盤思考。但也許我們能從極微小的事物開始，見微知著、悟出些許智慧。」

二〇一五年至二〇二三年，歐文斯花了八年的時間，解讀塵埃帶來的消息。這時，離她起心動念、想為塵埃寫個研究計畫（二〇〇八）的時間點已過了十五年。即便歐文斯沒有地理學博士學位，但地理學的視野不停引導她向前。

最讓歐文斯心儀的是「廢棄研究」（Discard Studies）。以歐文斯的話說，此研究取向是「透過研究各式各樣的垃圾，包含廢棄物、汙染物、泥土等，了解社會和經濟系統實際的運作模式」。就歐文斯看來，在追求環境正義時，廢棄研究關注的「被排斥、唾棄的人與事」，而不是言必稱保育、永續、

SDGs（Sustainable Development Goals）與ESG（Environmental, Social, Governance）的企業或技術官僚，才是「不可忘卻的要角」。

從加州出發，歐文斯展開一系列田野調查。她做田野的方式不是保持距離觀察，而是讓自己被塵埃環繞，深陷在乾裂的土地，嗅聞甚至品嚐空氣中的懸浮微粒。除了觀照自己的身體經驗，她也透過深度訪談、口述史與日記，試著建構沙塵如何「日復一日、年復一年進入人們身體，那些細小無比的顆粒穿過肺泡進入血流，慢慢搞起破壞」。她記錄許多不為人知、有關沙塵的社會運動史，寫下遭遇沙塵攻擊的地方社區如何目睹「居民逐漸病倒，開始追查沙塵最初的起源與始作俑者，並展開反擊」。透過讓微觀與巨觀尺度互相碰撞，她重新調和出一個貼近人類尺度、有血有肉的故事。

歐文斯的田野地包括加州內華達山脈東麓的歐文斯谷、烏茲別克鹹海沿岸的漁村木伊那克（Moynaq）、奧克拉荷馬狹地、地球最北端的格陵蘭冰蓋，還有新墨西哥州的礦場遺址等。籠罩在這些田野地的塵埃，有的來自墾民對土地的超限利用，有的來自資本主義對自然的支配，有的來自近代科技的進展，這些塵埃不約而同構成了「現代性的陰暗面」。

不僅如此，歐文斯也花了莫大心力，探索科學家們如何看見以及度量塵埃，現代社會又如何消滅塵埃。她寫道吸塵器等「反塵科技」的發展，成為女性在家庭空間的桎梏。如俗語所說，從外太空到內子宮，歐文斯引領讀者，追溯原本「居家」的反塵科技如何被應用在太空艙、晶片與核武上，以及科學家如何運用塵埃來定年。她感性地說，檢視那些封鎖在冰芯中的塵埃，我們得以「回顧遙遠的地質年代」，同時「也讓我們向前展望，思索地球氣候的歷史資料，對這顆增溫中的星球未來有什麼啟示」。

就如《龍貓》中的煤炭精靈，塵埃讓歐文斯開了眼。深受西方科學薰陶、同時也深陷於白人女性社會規範的她，開始以全新的角度，特別是原住民的世界觀，來理解一粒對人類而言超級巨大的塵埃——Earth，也就是地球。

歐文斯引述奇歐瓦族小說家莫馬代（N. Scott Momaday）的觀察，說道：「人在投身於土地同時，將土地風景融入到自身最基本的生命經驗中。」也體會到：「對原住民族而言，他們生活的大平原並非一種『物品』，不是能被擁有或開發的財產資源，而是一個有生命的存在，並且在物質與精神上，與人建立一種互相依存與照護的關係。」

——

現在是二〇二五年六月四日早上九點，天氣雨。空氣品質監測網顯示臺北市的ＰＭ2.5、ＰＭ10、臭氧、一氧化碳等指標都在標準範圍內，空氣品質相當不錯。

不過，幾十年前的臺北空氣，絕對不是這樣子的。臺灣史學者徐聖凱有篇精彩的文章，叫做〈禁用生煤：日治臺灣的燃煤空汙與煤煙防止運動〉。文章開頭，他引用「歌人醫師」林清月（一八八三年—一九六〇年）於一九四一年發表的臺語歌謠：「近來街市直文明，塗炭直燃風袂清。每日烏煙直直請，風來也是飛過間。」指出，讀者切莫以為煙霧瀰漫的都市景觀只存在十九世紀的歐洲都市；日本帝國統治下的臺灣（一八九五年—一九四五年），由於「北臺大量開採煤炭成為新興廉價能源，應用於全臺工業、交通運輸和北臺家庭之炊爨，亦形成相應之燃煤空汙」，從一九二〇年代起，都市仕紳也發起一波波「禁用生煤」（多雜質、未經炭化且多雜質的煤炭）的運動。

臺灣當然有自己的塵埃史，也有如歐文斯這樣以身為度的寫作者，以及為生存而奮戰的社會運動者與在地人。徐聖凱的研究進一步提醒我們，反空汙的運動不會只發生在現在，甚至也不能只追溯至解嚴後的一九八〇年代末；塵埃很早就成為了某種社會問題，理應為臺灣史不可或缺的一部分。

今日的我們已有了報導者團隊的《煙囪之島：我們與石化共存的兩萬個日子》、胡慕情的《黏土：灣寶，一段人與土地的簡史》這樣優秀的報導作品；希望《人類世的億萬塵埃》能為臺灣讀者帶來啟發，思考臺灣這個島嶼如何透過塵埃，或因為塵埃而與世界各地相連。至少，從歐文斯的觀點來看，以半導體產業名聞全球的臺灣，仰賴的不會只是「地緣政治」這樣超大時空尺度的東西，更涉及一間又一間超高規格的無塵室。

在閱讀《人類世的億萬塵埃》時，我想起腰越來越不好的媽媽，以及小時候學校的衛生糾察隊。當時，擔任糾察隊隊員的同學會以食指與中指抹過窗緣，檢查有無灰塵，決定哪一班可以拿到整潔比賽前三名。我的朋友也跟我說現在塵蟎超麻煩，小孩不時會過敏。關於塵埃的臺灣史，還有很多故事值得寫，也必須寫。看見灰塵，讓我們不再追求明鏡般的潔淨與空無；以歐文斯的話來說：「我們被迫反覆體認到回饋循環和動態非線性系統的存在、橫跨極大範圍的時空尺度、以及極為久遠的地質時間邊際。」我們也更能看見與同理與水泥廠、核廢料、焚化爐共存的在地人，以及他們的苦難，認知到「從空氣汙染、放射性礦石堆到有毒的湖床。都不是可以被忽略的外部成本，而是整體不可或缺的一部分」，這些廢棄物的存在，讓我們認清「人為控制的極限」。《人類世的億萬塵埃》並不是一本人類或資本主義的罪行紀錄，也不是一篇感慨自然如何消逝的輓歌或悼詞。歐文斯引述人類學者安清（Anna Tsing）《在世界盡頭遇到松茸》的話語，表示資本主義是個拼貼、坑坑疤疤、當中存在著許多空間的世界。

如果說《在世界盡頭遇到松茸》要把讀者帶到世界盡頭，《人類世的億萬塵埃》則希望讀者「每下愈況」。「每下愈況」語出莊子，意味著在螻蟻、磚瓦與屎溺中見「道」。莊子會有這樣的見解，實際上來自豬市場的「在地知識」。這些鎮日與豬隻打交道的人們，跟莊子表示：豬的小腿越肥，豬就越肥；在越低下與卑微之處，道就存在裡面。

在每況愈下的世界裡，讓我們每下愈況。

導論

我們的車子朝一片蕈狀雲中開去。那天是二〇一五年七月二十五日，剛過下午三點沒多久，塞拉國家森林（Sierra National Forest）的上空正升起一縷煙。那縷煙迅速上升、擴張，一路攀升至山脈頂端，便被強風吹往兩側逐漸暈開。但雲朵的中心依然繼續向上湧升，在日光中閃耀出一片眩目輝煌的白。我們一路往雲中開去。

布萊德轉了好幾個當地電臺，試著搞清楚發生什麼事：是爆炸嗎？還是森林大火？電臺上隻字未提，一片詭譎奇異的寂靜籠罩。好吧，我們到下個小鎮再問人就好了，假如那裡沒有陷入火海的話。

在北福克（North Fork）郊外的殼牌加油站，工作的店員並不擔心：「是森林火災啦。」她說。燒掉五千平方公尺了。在跟北福克隔著一座山谷、靠近巴斯湖（Bass lake）的地方。是啊，我們可以一路通行到當晚預定紮營的猛獁湖（Mammoth Pool）沒有問題。

我們站在加油站前的空地，遠望飛機遁入濃煙中、撒下阻燃劑。那些外形嬌小的飛機載著紅色粉末，潑灑出去後粉末一閃即逝，還沒來得及飄落就被雲層吞噬。

前往猛獁湖的道路是條非線性、如同碎形一般的路徑。那裡離北福克的直線距離只有十九公里，但是公路距離要走上六十一公里的路程。沿著聖華金河的分水嶺一路蜿蜒鑽過濃密松林，讓我完全失去方向感，只能繼續向前。空中濃煙低垂，山丘後的烈焰僅隔一片山脊之遙。我們繼續前進。

突然之間，眼前只剩下枯死的樹木。我們一路駛過整整二十四公里的路段，路邊的松木林都在兩年前，也就是二〇一三年的阿斯彭大火（Aspen Fire）中燃燒殆盡。樹幹依舊矗立，如同焦黑的木炭圖騰柱，一路綿延遠至天涯。根據消防局的數據，這場火總共燒毀了九十三・〇五平方公里的森林。這場天災的規模遠遠超出我腦中所能描繪的景象，那是一整片陷入火海的山谷。兩年過去了，當地仍少有重生跡象。

在此同時，北福克的野火染黃了整片天空、也染紅了太陽。恐懼不知不覺爬上我的肩頭：只有一條路能進入，代表只有一條路能逃出。但是天哪，那氣味——陽光晒暖的松脂、炙熱乾燥的土壤、焦油、木材煙與燃燒的氣味。每一口呼吸，那氣味就更深入肺臟。

在猛獁湖營地，灰燼緩緩降落在我們頭上。不會有事的，布萊德說：「如果我們需要撤離的話，森林巡邏員會來跟我們講的。屆時我們會聽見直升機的聲音響徹谷間。」等焦慮逐漸退去，我們在那裡過了一夜——我穿著比基尼，光腳攀爬上河流雕塑出的磐石，之後一邊享用尊美醇金標威士忌、一邊看著如浴血一般的鮮紅日暮。我們找了片河邊的平滑岩石平臺，在星空下入睡。

一天過後，濃煙遍布整片優勝美地山谷。兩天過後，輪到雷諾的夕陽遭殃。隔了一個禮拜後，死亡谷的景色依舊蒙上滿滿的霧霾。火還是一直燃燒，最終整整花了兩個月才撲滅。

——

我來到加州，是為了尋找些什麼。但連我自己都說不準到底是什麼。七年前我畢業時剛好遇上景氣谷底，於是二十幾歲的我在人生規畫中打滿安全牌。整體來看，我也確實押對寶了。我找到了一份媒體研究的好工作，在北倫敦有一間大致上結構安全的公寓。但我覺得很無趣。

幸好我還有些有趣的朋友。

「哈囉大家好，」六星期前，布萊德在「永恆研究中心」(Institute of Atemporal Studies) 郵件群組向大家問好。「我在倫敦城市探險，結果被英國司法纏上整整三年，現在他們總算把護照還來了。今年暑假我要回來洛杉磯啦！有人想跟我一起去洛杉磯／莫哈維沙漠／拉斯維加斯／棕櫚泉一帶冒險嗎？」

我上次見到布萊德，是在牛津一處廢棄穀倉屋頂的派對。布萊德是來自美國的地理學家和城市探險家，也是《探索一切：駭進城市探險》(*Explore Everything: Place-Hacking the City*) 一書的作者。我跟他沒有那麼熟，但我明白一件事：如果布萊德邀你去冒險，一定要答應。於是我買了張前往洛杉磯的機票。

我們跟郵件群組上另一位朋友會合，韋恩．錢布利斯 (Wayne Chambliss) 是一名詩人、企業策略師與空想的地球物理學家。他在洛杉磯以東那片工業物流業綿延不止的內陸帝國居住與工作。我們三個人都深深著迷於那些層層改寫歷史，但從未完全抹消歷史的場所。如果你以歪斜的角度，在蒼白晨曦中瞇眼細看那些地方陳舊的邊緣，也許能發現新的視角，瞥見一個場所的過去與未來，靜靜躺在某處等待被發掘。

「探索新的體驗能讓時間停止，這是我唯一熱衷的事。」布萊德這麼說。

於是，兩位男子在地圖上勾勒一條故事軸線，要追隨傑克．帕森斯 (Jack Parsons) 的腳步，穿梭在加州和內華達州的怪奇地景。帕森斯是一位惡名昭彰的神祕學家，也是美國國家航空暨太空總署（National Aeronautics and Space Administration，簡稱為NASA）噴射推進實驗室（Jet Propulsion Lab）之父。我們會從魔鬼岩柱堆（Devils Postpile）前往死亡谷和魔鬼高爾夫球場（Devil's Golf Course），接著去加利福尼亞城的幽靈街區，最後到魔鬼門（Devil's Gate）。至少這是我向旅遊媒體《道路與疆界》（*Roads & Kingdoms*）提出的企畫案：一場追尋太空時代夢想以及失落烏托邦的公路旅行。

塵埃另有盤算。

從二〇〇八年秋天起，塵埃的事就一直在我心頭縈繞。當時我就讀地理學碩士，因為拖延症發作躺在公寓沙發，一直沒交出論文計畫書。我正在準備一堂叫做「現代性、空間與時間」的課，內容是關於都會生活與新型態的生活、經濟和生命體驗在歷史上的發展。正當我四處張望、嘗試尋找任何讀書以外的事去做時，我注意到桌子底下有大量的灰塵積累。泛著詭異紫色的絨毛與毛髮卡在椅腳、糾結成一團，長成尺寸十分驚人的塵兔。明明幾天前我才剛掃過地，這實在不合理。我只能怪自己：上一間我住的公寓也滿布灰塵，但起碼那時我是跟另外兩名讀工程學的男生住一起。現在我一個人住，這些灰塵只有可能是我自己的責任。但我既沒有髮線後退、生活也並不髒亂，公寓裡的家具裝飾也還沒開始磨損脫線。這麼多的灰塵到底是從哪裡來的？我感到十分困惑。

塵埃顯然比任何論文題目都來得有趣。我要多勤快打掃才能避免灰塵累積？每天嗎？那也太瘋狂了。那些灰塵顏色不算難看，不會干擾到日常生活，也許我可以不用理會。畢竟塵埃並不髒，只是靜靜待在角落，而且選擇不寫論文去打掃房間，很明顯只是為了逃避現實。我以為我有用到公寓裡每一寸空間，但仔細想想，塵埃正好標示出我存在的未及之處，那些我未曾踏足造訪過的偏僻角落。塵埃窩在牆角、床底、抽油煙機上，相較之下，公寓其他地方出現亂丟的衣物與咖啡漬，則是我存在、活動的足跡。而且弔詭的是，那些標示出我存在未及之地的塵埃，依然有一部分來自我身上，來自那些脫落前後早已死去的皮屑和毛髮，彷彿我有個遠離身體之外的隱密化身，跨越不同時空。塵埃的積累就像過往的積累一樣，到了一個地步總會讓現在喘不過氣來，做家事是唯一能避免住家變成噩夢般的鬼屋的方法。如果塵埃像我最近看過的電影《神隱少女》中的煤炭精靈一樣具有意識，那會怎麼樣呢？這種事真是奇怪且令人玩味。我決定開始認真思考塵埃的種種。

塵埃這個主題既離經叛道，又有種奇特的時髦感，很符合我就讀的學系對廢棄物、髒汙，以及身處邊緣的「亞自然」（subnature）等的興趣。但我還是沒有繼續攻讀博士學位。塵埃耶，拜託。這玩意太小、太平凡無奇又微不足道，不值得我花三四年人生，掰出一些關於誰在作祟、什麼事物在毀壞的漂亮鬼話。學術界的時代精神早晚會換成別的東西，到時候我該何去何從？我就是辦不到。那時我有點半吊子嘗試找另一個主題寫論文計畫書，但最終還是沒完成申請。反正學術圈本來就是個老鼠會。所以我走出倫敦大學學院的大門，並（花了一番工夫後）找到一份工作。

在那場三千七百公里的公路旅程中，隨時隨地都有塵埃的蹤跡，如空氣中的煙霧，或飄進天窗積累在車內的灰燼。在內華達山脈東麓的鬼鎮伯帝（Bodie），人們細心保存在桌上和玻璃杯中的鏽跡成了象徵「歷史真實性」的標誌。在大盆地一帶，一些缺乏塵埃的金礦小屋透露那裡在原始居民搬離之後，依然有人跡出沒。塵埃甚至會從地表竄起，像我們開過內華達州霍桑陸軍倉庫（Hawthorne Army Depot）

時，就看見在路邊生動起舞的怪異塵捲風。

當我們在莫哈維沙漠的巴斯托市（Barstow）附近的彩虹盆地（Rainbow Basin）調查地質環境時，手機同時響起。我們收到政府發布的天氣警報：「警告：沙塵暴」。

收到訊息，我明白了。

沙塵的故事就是這片地景的故事，也是這場旅程的主軸。那是一條串聯人物與場景、過去與現在、歷史與未來的細長灰線。而我追溯的失落烏托邦，不只是人類想上太空的夢想，更是現代社會本身，以及想主宰自然的夢想引發的悲劇。

我也認清一件之前沒發現的事：塵埃即政治。塞拉森林大火的肇因與氣候變遷有關，是因為加州愈來愈乾燥炎熱，讓生態環境適應不及。過往野火季只發生在入秋幾個月，如今州境內某些地方幾乎整年都在燃燒。採礦小屋中的灰塵，反映的則是記憶的政治。那些地方被官方維護者重整包裝為「古蹟」，讓舉國的懷舊之情像煙霧一般，在提供人們慰藉同時，遮蔽了拓荒、殖民、資源開採與環境崩潰的歷史。我瞥見一些值得述說的故事——放射性落塵、火山灰、空氣汙染、氣候模型、太空科學和地理工程。在接下來幾年的寫作中，塵埃是一扇窗，讓我能正視這個時代的災禍，包含氣候危機，以及一連串擾亂地球生物地質化學系統的斷層。塵埃是個管道，讓人得以與自身腳下的地質環境，以及人類誕生、定居於這脆弱地表的長遠歷史接軌。

這滿布傷口的世界，乍看之下可能龐大到難以全盤思考。但也許我們能從極微小的事物開始，見微知著、悟出些許智慧。

在繼續展開論述前，我應該先進行一些定義。我說的塵埃到底是指什麼？

我很想回答「一切」。假以時日，幾乎任何事物都會化為塵土。我筆下的主題，從春季籠罩歐洲上空的橘色煙霧、我書桌上日漸增長的蒼白絨毛物，到我在城中奔波一天後，晚上從臉上抹下的一層黑色汙垢都包含在其中。塵埃之所以為塵埃，並不是因為它起源自某種特定材質，而是因為它的形態（細小的固態微粒）、擴散方式（空氣中飄散），可能也因為它沒有過往、缺乏形體的特質。如果我們清楚知道塵埃是從什麼東西變成，也許就不會叫它塵埃，而是直接稱為皮屑、水泥粉塵或花粉等。

塵埃能穿越疆界、打破規範。哲學家邁克爾・馬德（Michael Marder）稱呼灰塵為「物質在精神的邊緣上吐了口氣」，它是個固態但飄渺、半風半土的元素。[1]可以說，塵埃是一種處於無形邊界的物質，是「東西」最接近「沒有東西」的狀態。當然，正是這種矛盾特質讓我對塵埃產生興趣，能思索一種捉摸不定、不安於室、模糊邊界、拒絕非黑即白而擁抱灰色地帶的物質，是多有趣的事。

「塵埃」（dust）一詞，來自原始印歐語的字根「*dheu-*」，意味著灰塵、蒸氣、煙霧等，也衍生出fume、typhoon、還有typhus等詞。塵埃跟煙霧、風暴、毒物等都有關，接下來我們就會看到。

不過，「細小飄在空氣中的微粒」或許能當作一開始的操作型定義，但我們指的是什麼樣的微粒？

塵捲風和沙塵暴是風從地表將土壤和砂粒捲起、帶進空中的產物。砂粒主要成分為石英，也就是二氧化矽。石英內含的礦物質，會將它染上黃、橘或黑的顏色。春季吹往歐洲、充滿沙塵的北風有如鐵鏽般泛紅，來自砂粒富含鐵質的撒哈拉沙漠；而肆虐中國的沙塵暴，則是戈壁沙漠颳來的黃砂。這世界上隨時都有約兩百億噸的礦塵飄在大氣中，就含量來說，礦塵是世界上最常見的塵埃，因此也會是本書最常提及的塵埃。[2]大部分的礦塵都來自「沙塵帶」(dust belt)，沙塵帶從北非的撒哈拉沙漠，一路延伸至中東、中亞，再到印度與中國北部的戈壁沙漠。接下來的章節中，我會解釋沙塵主要的來源，通常是古河床或經過上萬年反覆氾濫的低平地區。水流帶來的沉積物，堆積出一層細質黏土與坋粒組成的深厚土層，其中含有許多微小、凝聚力弱的顆粒，一旦乾燥後遇上颳風，便迫不及待成為塵埃。

另一種地球會產生的塵埃型態是火山灰，那是火山噴發的岩石、火山玻璃和礦物結晶組成的碎片。一八八三年，印尼的喀拉喀托火山爆發時，噴出的火山灰和硫化物多到引發一場「火山冬天」。那年夏天，北半球的氣溫降了〇．四度，奇幻而壯觀的夕陽在世界各地持續出現好幾個月，因為大氣層中的火山灰粒子將日落時的陽光，折射出眩目而詭異的視覺效果。在奧斯陸，有個年輕人在日記中寫下：

我跟兩個朋友走在路上；落日逐漸低垂；突然間，整片天空染成血紅；頓時惆悵感滿溢我心頭。我撐在護欄邊佇立不動，感到精疲力竭；像是鮮血火舌一般的雲彩，一朵朵垂掛在墨藍黝黑的峽灣和城市上空。

他被那片景色深深觸動：「我感覺到一聲巨大、尖銳的吶喊不絕於耳，穿透整片自然」。」他這麼寫道，那畫面從此與他如影隨形。那名青年的名字是愛德華．孟克（Edvard Munch），十年之後，他將那幅景象畫下，〈吶喊〉於是誕生。[3]

不過激發我提筆寫作的那片煙霧雲層，其中的微粒是來自燃燒的松木林釋放的煤煙與木灰。由於松木林內含的醛類與芳香族碳氫化合物，讓空氣聞起來像燒香一般。現今，全世界每年共會排放約四．八到七．二噸燃燒而生的「黑碳」，這多半不是自然因素造成，而是人為燃燒的產物。從柴油引擎、燃木的爐子到放火開墾的農法。[4]我每天在倫敦生活，每呼吸一口氣都會吸進鄰居使用燃木爐火排出的煤煙，那已經變成英國最大的空氣微粒汙染源，比道路交通還嚴重三倍。[5]

雖然黑碳在大氣層中的含量約只有礦塵三百分之一，但它扮演了至關重要的角色。黑碳是強而有力的氣候強迫因子（climate forcer），能吸收陽光中的熱量，加劇全球暖化。在被稱為ＰＭ2.5（細懸浮微粒，尺寸在二．五微米以下的微粒）的空氣微粒汙染源中，黑碳不僅是重要成分之一，還吸附了有機碳化合物、硫酸鹽、硝酸鹽和氨等，讓這些分子跟著搭便車。

這些細小的微粒很容易被吸入肺臟深處。而它們身材更嬌小的親戚ＰＭ0.1（超細懸浮微粒），還能穿過肺中的肺泡，進入血流中，透過血液循環被帶到各個器官，有潛力傷害人體中每一顆細胞。汙染物有可能透過本身的毒性造成直接的組織損傷，因為鉛或砷之類的元素會在燃燒過程附著在煤煙微粒上。此外，人體在嘗試驅逐侵門踏戶的異物時，也可能引發系統性發炎反應，間接造成組織損傷。[6]空氣微粒汙染不只造成呼吸系統疾病，也導致心臟病、癌症、不孕症，甚至是阿茲海默症之類的神經退化性疾病。《全球疾病負擔報告》（*Global Burden of Disease Report*）的調查就發現，整體來說空氣汙染是世界上第五大死因，每年可造成高達四百二十萬人死亡，並讓許多人受疾病與殘缺所苦，對生活造成沉重負擔。如果倫敦的空氣品質符合世界衛生組織對PM2.5訂下的標準，我們每個人平均能額外獲得二・五個月的壽命。[7]

對一些人來說，他們能獲得的更多。

在倫敦東南的路宜申區（Lewisham），有個名叫艾拉・阿杜・基西—德布拉（Ella Adoo Kissi-Debrah）的小女孩，她跟母親羅莎蒙（Rosamund）住在離繁忙且壅塞的倫敦南環路（South Circular Road）僅僅二十五公尺的家中。艾拉是個聰明的孩子，熱衷於歌舞表演。她的臥房天花板上掛滿模型飛機，她長大後想成為飛行員。但從二〇一〇年起，七歲的艾拉開始因為某種神祕原因久咳不止，很快症狀愈來愈惡化。有時她的呼吸會突然完全中止，需要緊急送到加護病房救治。當時她一定感到十分害怕，因為每次發作時，她都會感覺像要淹死一樣，肺臟努力掙扎渴求空氣。根據她母親描述，艾拉面對多次的試煉，依然固執不屈。但終究造化弄人，二〇一三年，九歲的艾拉因為呼吸衰竭撒手人寰。蘿莎蒙後來回憶道：「有一位社區裡的鄰居，在看了當地汙染測量紀錄後跟我說，在艾拉最後一次氣喘發作那晚，路宜申區的空氣汙染嚴重程度達到有史以來最高峰之一。」[8]但當時沒有人跟他們提過那可能是個風險。

長達數年，蘿莎蒙不停奔走於法庭及律師之間，透過反覆多次的司法調查與上訴，努力嘗試讓她女兒的真正死因能公諸於世。最後在二〇二〇年十二月，她在女兒第二次的死因調查中獲得勝利。出席的醫學專家作證表示，奪走艾拉生命的最後一次氣喘發作，是她在短暫一生中不斷吸入的有毒空氣累積造成的結果。於是，艾拉創下新的司法紀錄，她成為英國史上第一名死因被列為空氣汙染的死者。驗屍官菲利浦・巴洛（Phillip Barlow）在結語中表示，空氣中的懸浮微粒「沒有安全容許範圍可言」，並呼籲國家訂定的可容許汙染上限應該再降低。[9]我在撰寫這篇導言之時，所謂的「艾拉法律」已在英國上議院通過，正回到下議院交給國會議員進一步檢視審議。在一九五二年那場奪走將近十二萬市民性命的倫敦大霧霾事件（Great Smog）七十一年後，[*]英國或許終於準備宣告乾淨的空氣是基本人權。[10]

不過，城市裡的塵埃不只是單純由燃燒引起的含碳煤煙。街頭巷尾，人們到處與環境產生摩擦。例如汽車、公車和火車上的煞車會與輪胎摩擦，輪胎又會與路面、軌道摩擦，一日數千回。每次摩擦產生的剪力會對各種材質施加壓力，磨損出微小的金屬、橡膠或瀝青碎屑。我對那些塵埃再熟悉不過，身為一名單車騎士，我把那玩意稱為「道路塵垢」（road grime）。每次在倫敦市中心待一整天下來，用脫脂棉擦臉時總是能擦出一層灰灰的塵土。

二〇一九年，《金融時報》一份調查報告將倫敦地下鐵稱為「倫敦市內最骯髒的地方」。其中，中央線的龐德街站（Bond Street）與諾丁丘門站（Notting Hill Gate）之間路段的PM2.5濃度，甚至高達世界衛生組織上限的八倍之多。由於金屬製煞車和鐵軌摩擦，倫敦地下鐵塵埃中的氧化鐵含量特別高，但那些塵埃不只來自機械。「這個環境中的塵埃有很多來自乘客本身。」負責軌道清潔的營運經理艾爾諾．

* 倫敦大霧霾事件發生於一九五二年十二月五日至九日，是英國歷史上最嚴重的空氣汙染事件之一。當時因高氣壓籠罩英國上空，空氣無法流通，加上天氣嚴寒，民眾大量燃燒煤炭取暖，市區燃煤發電廠也為了供電全力運轉，釋放出大量煙塵與硫化物。同時，倫敦已全面以公車取代輕軌，進一步增加廢氣排放。連續五天，整座城市籠罩在濃厚霧霾中，不僅造成交通癱瘓、醫療資源緊張，更導致約一萬兩千人死亡，數萬人罹患呼吸道疾病。這場災難震驚社會，促使英國政府於一九五六年通過《清潔空氣法》，推動環境法規與能源轉型，成為現代環境政策發展的重要轉捩點。

萊許（Alno Lesch）一邊告訴《金融時報》記者，一邊從鐵路月臺下拉出一大團黑色雜物，那是人類的頭髮。

每天晚上，有超過一千名夜班員工趁著列車休息時挑燈夜戰，對各種表面又洗又刷、又抽又吸，還噴上固定劑，讓殘留的塵埃不會到處亂跑。但這並不總是完全有效，畢竟除塵過程本身就是在「惹塵埃」，打擾原本過得好好的微粒們。倫敦交通局在清理貝克盧線的時候，清出整整六．四噸的髒汙。但他們完工後對十五座車站進行檢驗，其中有九座的PM2.5濃度不減反增。[11]

在本書中我們會反覆看到，要清理人類製造出的爛攤子，向來不是使用什麼科技把戲就能輕鬆解決的事。若是以道路的塵埃角度來看，電動車其實沒有比它們取代的高汙染汽油車乾淨多少。因為使用再生煞車，電動車在煞車時產生的塵埃確實比燃油車少了七十五%。但因為電動車載有電池，平均重量較重，輪胎在道路上磨損，就容易揚起更多路面沉積物，產生塵埃。[12]道路塵埃是全球塑膠微粒的重要來源之一，塑膠微粒是尺寸小於五毫米的細小塑膠顆粒，也是近十年來日漸受到重視的環境汙染問題。每年在全球，輪胎磨損約產生出六百一十萬噸的微粒，在全球塑膠生產量中占比約一．八%，是個不容小覷的比例，且還要加上每年五十萬噸因煞車磨損而產生的微粒。[13]這代表在海洋中的塑膠微粒，有整整三分之一都來自道路塵埃。相較於更受到媒體關注的合成纖維，例如脫毛的絨毛衣和假皮草等，道路塵埃的問題一樣巨大。[14]

我們也能將塑膠微粒視為另一種塵埃，畢竟它們是人類製造出的髒東西，數量眾多、有毒又難處理，就像本書提到的其他塵埃。而如同煤煙，塑膠微粒也提供其他環境汙染物搭便車的機會，例如

6PPD—醌（6PPD-quinone）這種加進輪胎橡膠中的抗氧化劑。研究人員發現它造成太平洋西北地區的銀鮭大規模死亡。[15]通常塑膠微粒顏色也偏深，會吸收較多陽光中的熱量，因此會加速極圈冰層和高山冰河的融化。

大多數黑碳也是人類製造，排放主因是燃燒木材和化石燃料。硫酸鹽或硝酸鹽等偶爾會呈微粒狀的空氣汙染源也是如此，不過硫酸鹽或硝酸鹽相當變幻多端，它們依溫度、濕度與大氣中是否存在其他分子而定，也可能以氣態形式存在。對我來說，這代表它們並非總是「塵埃」，也因此不是本書焦點。除了燃燒燃料，就連礦塵都有四分之一是人為製造。[16]風在沙漠中颳起沙塵是自然現象，但世界各地的人類活動讓這種現象日益嚴重。人類毀林的同時，也毀壞透過植被將大地牢牢抓住的根系。在乾旱地帶與沙漠，植被可能看起來很稀疏，但那裡的土壤生機盎然，藏滿層層脆弱的藻類、真菌與微小的藍綠菌。而無論是擴張農地、犁田開墾或興建房屋，都會輕易破壞這些生機。抽取地下水也是造成沙塵的主要原因之一，機械幫浦讓地下水層日漸枯竭，破壞仰賴其維生的原野草地。在旱地中，單單一棵植物的根系往遠處四面八方伸展尋找水源，就可能可以固定方圓數公尺以內的土壤。一旦地下水位降太低，這些植物便無法存活（如同第九章描寫加州歐文斯谷〔Owens Valley〕的經歷），接著，沙塵就開始飛揚了。

我甚至還沒開始討論多年前在公寓，讓我分心鑽研這個主題的灰塵。我們還可以加上皮屑、寵物毛絮、毛髮、衣物纖維、解體的塑合板家具和沙發泡棉，以及其中含有的化學物質。像名稱充滿PBDE、TPHP、含氯的OPFR等難懂縮寫的阻燃劑。我們製造這些化學物質是為了保護人們，但它們卻也會致癌、降低生育力、影響認知能力與引發甲狀腺疾病。[17]道路和工地的塵埃穿過窗戶吹進家中、黏在鞋底，隨著人走進家中。那些塵埃包含遠方沙漠的礦塵，甚至有一些奇怪的放射性微粒，那是久遠過去核子試爆與核子事故的遺物。門口腳踏墊效果十分有限，你家沙發底下的塵埃就是全世界。

在此同時，我們還很荒唐地在家中不斷燒東西，用瓦斯爐煮食、為了「氣氛」點蠟燭與線香、或在冬日晚上點起舒服的壁爐柴火。經過好幾世紀努力，人類現在已經為室外環境的空氣品質設立標準；相較之下，至今還沒有多少人測量、研究與規範室內環境的空氣。但燃燒就是燃燒，雖然瓦斯可能比木柴或煤炭乾淨，燃燒碳氫化合物時還是不可避免會產生煤煙和PM2.5。科學家發現，在一些烹煮食物的過程，家中的PM2.5濃度可能高達每立方公尺兩百五十微克（μg/m³，μ唸作「姆」，這個希臘文字母代表詞首「微」，意指百萬分之一）。這個濃度是美國環境保護局訂定在二十四小時內安全暴露濃度上限的七倍之多。當然，煮飯不需要花那麼長時間，但不管怎麼說，每立方公尺兩百五十微克的空氣品質還是很糟。烘烤料理的風險特別高，烤焦土司也是。根據一場模擬實驗，度假的人們在準備一頓感恩節晚餐過程，會吸入一百四十九微克的微粒。[18]我們在日常生活中，有九〇%的時間都在室內，遺憾的是家中並不總是安全。在我寫下這段文字的當下，英國與歐洲有數百萬民眾正在經歷一場能源危機，即使地面積雪、夜晚冰冷，他們還是沒錢好好開暖氣。在這種又冷又濕的環境中，黴菌會大量孳生，鑽過受潮的窗戶爬上牆角。黴菌的孢子會在空氣中像塵埃般飄散，導致氣喘發作與加劇症狀，而且對孩童的影響特別大。[19]

「我們最基本的共同連結，就是都居住在這顆小小的星球上。」甘迺迪曾如此說，但我們並不完全呼吸著同樣的空氣。無論在室內或室外，塵埃都展現嚴重的環境不正義。

這本書就是在講這個主題。塵埃微粒尺寸雖小，但它們帶來的是全球性的問題。

我將重點放在人為的塵埃上，無疑是以人為中心的角度，但我們還有其他方法能了解人類世嗎？如今我們是世界的創造者，並且進入全新的地質年代。人類活動已徹底改變世界上的生物地質物理系統，不只是碳循環，還包括氮與磷的循環、淡水循環、大尺度的沙土侵蝕，乃至於整個星球表面的空氣、水與岩石等。這些變化最初緩慢，後來猝不及防，而且過程絕非人人平等。人類逐漸從這塊太空巨石上的被動乘客，搖身一變成為現代的普羅米修斯，放火後才發現這顆星球確實燒得起來。

要讓人們理解環境變遷的規模有多大、在當下和未來會造成多大規模的後果與傷害是極其困難的事。一般來說，我們最容易想像跟人類與身體部位尺寸相當的事物，如公分、公尺等尺度，而且最好是能從一到十二、容易用手指數出來的數量（十二進位跟十進位一樣容易用手「掌握」，只要用大拇指以外四隻手指的三個指節去數就好了）。大部分人也能透過直覺，理解尺寸小一千倍（數毫米）或是大一千倍（數公里）的東西。但超出這個範圍，我們的直覺就不管用了。

因此，這是我們該探討塵埃的另一個理由：為了挑戰自己能否超越平常熟悉的尺度去看待世界。

這本書中談到的塵埃尺寸幾乎都小於毫米，而且通常小上一百或一千倍，也就是一到十微米。我們總是拿人類毛髮尺寸跟這些塵埃微粒相比，人類毛髮直徑依族裔而異，平均約為七十到九十微米。[20]塵埃比這更小上一百倍。塵埃剛好飛舞在我們視覺極限，或更精確說，是在我們視覺敏銳度（visual acuity）邊緣，也就是人類肉眼能辨識出物體輪廓的能力。在明亮光照下，我們能看到個別塵粒，就像當陽光照在平滑表面時，可以照出原本不易察覺的細微凹凸。但大多數時候，當我們看著空中的煙霧，並不會看見個別微粒，而是看見塵埃整體讓光線變暗的效果。本書提到最小的塵埃，包括從新墨西哥州拉古納．普偉布洛（Laguna Pueblo）境內未經保護的採礦廢料堆積場颳來的奈米級鈾微粒。那種物質的尺寸不是用微米（百萬分之一公尺）測量，而是用奈米（十億分之一公尺）。但我們也會認識在雷丁大學研究氣溶膠的博士克萊兒．萊德（Claire Ryder），她主張「巨大塵埃」在氣候模擬中扮演了至關重要的角色，但往往被忽略。不過這裡對「巨大」的定義，通常只介於二十到一百微米之間，所以一切都是相對的。

然而，透過極其微小的事物，我們也能獲得一扇洞察無比宏大與久遠過去的窗口，最終進而窺見這顆星球的未來。本書前半部每個地點與每則故事，從二十世紀早期的洛杉磯、三〇年代的黑色風暴事件（Dust Bowl）到乾涸的鹹海，都顯示出塵埃並非在某處誕生後，就在同一地日積月累造成局部性影響。塵埃更可能肇因於千里之外的大都市或殖民中心，在那些決策中心，人們決定水該往哪裡流、哪些人或地方的水資源應該被剝奪。舉例來說，第六章探討核子試驗，我們在追溯放射性物質足跡的過程被迫放眼未來，思考放射性原子長達千年的半衰期，才有辦法了解以避免戰爭之名，讓沙漠與太平洋島民遭受輻射的後果。接著在第七章，我們探討如何用塵埃來為冰芯樣本定年，那不僅讓我們回顧遙遠的地質年代、窺探上百萬年前被冰芯鎖住的空氣與塵埃，也讓我們向前展望，思索地球氣候的歷史資料，對這顆增溫中的星球未來有什麼啟示。

生態哲學家提摩西．莫頓（Timothy Morton）曾主張全球暖化是一個「超物件」（hyperobject），它橫跨廣闊時空，龐大到令人難以全面思考。[21]新冠肺炎引發的全球疫情與資本主義也是一種超物件。我們明明無法看清這些事物的全貌，卻還是把它們描述為存在實體。我們也許會嘗試透過資料數據，掌握它們造成的影響與衝擊；或用許多高深抽象的名詞，試著描述那些概念尺度有多廣大。但這並不總是管用，反而讓我們更焦慮，面對艱鉅挑戰時難以自處。更關鍵的問題是，這讓我們難以採取行動改變現狀。

這些事物的龐大程度不只令人難以想像，也帶來政治與正義的難題。環境人文學者羅布．尼克森（Rob Nixon）寫道：「面對氣候變遷、冰圈融化、毒物飄散、生物放大作用、森林破壞、戰爭遺留的放射線問題、海洋酸化，以及一系列逐漸上演的環境災難，其中的難處在於如何完整呈現、描繪這些現象。在這項環節遇到的障礙，讓我們難以成功動員大眾，做出果決的行動。」[22]儘管這些現象帶來災難性後果，它們卻是「藏在錯綜複雜科學背後的災難，造成的傷亡往往被推遲，有時甚至延續數代人」。當公共政策的制定圍繞四五年一次的選舉週期打轉，每一兩天新聞媒體焦點就會轉換，到底要如何讓人重視這場尼克森描述為「默默無名、沒有主角的悲劇」？我們該如何讓正在發生的傷害變得可見，即使那些傷害如尼克森所說，是一種奇特的「緩慢的暴力」，亦即一種「逐漸發生且難以察覺的暴力，它橫跨長遠時空，如同消耗戰一般進行延遲的毀滅，甚至常常不被視為暴力」？

這就是為什麼我想寫關於塵埃的故事。透過讓微觀與巨觀尺度互相碰撞，我希望重新調和出一個貼近人類尺度的敘事，一個有人居住其中、有血有肉的故事。

我的書寫立基在經驗之上，除了包含自身旅遊與採訪經驗，還包含那些生活與塵埃糾纏不清的人們留下的日記與口述歷史。我不只想寫沙塵暴如何發生，也想告訴你沙塵暴在嘴裡**嚐起來**是什麼味道，空氣中的靜電在塵土蔽日時如何在鐵絲網上舞動，讓人肩胛僵硬。我描述沙塵是如何日復一日、年復一年進入人們身體，那些細小無比的顆粒穿過肺泡進入血流，慢慢搞起破壞。我描寫許多社區眼見居民逐漸病倒，開始追查沙塵最初的起源與始作俑者，並展開反擊。無論是這些病痛或對環境正義的抗爭，發生過程都十分緩慢，要花上不只一兩年，而是一兩個世代的時間。藉由聚焦於特定地點——不是「美國」，而是加州內華達山脈東麓的歐文斯谷；不是「前蘇聯」，而是曾座落在鹹海海岸邊的小漁村木伊那克（Moynaq），並追隨那條穿越時空、名為塵埃的灰線，我們或許能掌握諸如「現代性」、「環境危機」等宏大的議題，並在其中看到社群、動力、抵抗與變革的機會。

從這個角度來看，塵埃是個工具。有個逐漸成形的學術領域叫做「廢棄研究」（Discard Studies），該領域透過研究各式各樣的垃圾，包含廢棄物、汙染物、泥土等，了解社會和經濟系統實際的運作模式。如同麥斯．里布瓦隆（Max Liboiron）和喬許．萊波斯基（Josh Lepawsky）提出的問題：「為了讓一個系統誕生與持續運作，什麼東西必須被拋棄？」[23]富裕國家以鄰為壑的塑膠回收手法就是個明顯例子。儘管我們在消費層面投入努力、制定各種法規，並將自己的善意喊得響徹雲霄，太平洋垃圾帶（Great Pacific Garbage Patch）至今依舊存在。這種研究方法不只讓我們認識被資本主義丟棄的事物，也認識被拋棄的人。透過探討平常被排斥、唾棄的人與事，廢棄物研究提醒我們，這些人事是追求真正環境正義時不可忘卻的要角。

我將塵埃視為現代性的陰暗面，它們經常被忽視，但依然存在，如同幽靈般纏繞著人們過於進步與完美的夢想。我相信如果想理解什麼是現代世界（不知怎麼地我就是很想理解），我們不能只欣賞現代的美好產物，例如iPhone、特斯拉電動車，以及數量多到誇張的媒體娛樂，還得追根究柢，看清這一切都是靠著環境資源與人力勞動才得以成真。礦業、建造業、製造業、工業化農業、全球運輸業，這些都是骯髒而布滿灰塵的工作。

二〇一〇年代初，有十幾名在中國iPhone工廠工作的工人，在一場粉塵爆炸事故中喪生。當時打磨手機外殼產生的鋁金屬微粒，在通風不良的工廠逐漸累積，最終引爆。[24]在此同時，在玻利維亞、智利與阿根廷交界俗稱為「鋰三角」的地帶，由於全球對電池需求激增，人們抽取大量地下水，從地下鹵水礦中萃取鋰金屬。每生產一噸碳酸鋰就有兩百萬公升的水被消耗，最終化為空氣中的蒸氣消失。這導致地下水位不斷下降，湖泊、河流與濕地逐漸乾涸。有保育人士就警告，對鋰的狂熱需求，恐怕會害當地脆弱的生態系淪為沙漠。一旦沙漠形成，特別是湖床乾涸造成的沙漠，沙塵就會隨之產生。

在書寫過程，我逐漸意識到這也是一本探討水資源缺乏歷史的著作。我在書中討論到某些環境災難，最明顯的例子是二十世紀早期，洛杉磯興建引水渠，致使整片歐文斯谷化為塵土的故事。這些災害事件總被視為水資源政治的案例，或被包裝成像波蘭斯基《唐人街》一般的新黑色電影懸疑情節。但很少有人在事件之後追問：當水不再流動時，會發生什麼事？那些還住在當地的人經歷了什麼？接下來又會如何？

要知道，我並不覺得那些地方真的被「摧毀」或成為「廢墟」。這些詞彙無法捕捉到土地是**活著**的事實。大自然並非只被動承受人類一切作為，而會回應、反應與適應。生態系是個彈性十足的奇怪玩意。儘管環境可能無法無止境適應（我對使用恢復力〔resilience〕一詞十分保留，因為這個詞彙在當代的意義，往往過度歌頌對傷害的耐受度，而低估傷害本身），但要說人們「摧毀」一個地方，也太高估人類的力量。毋庸置疑我們常把環境搞爛，但在為本書取材過程，我去到一些多數人可能預期為地球上最荒瘠的地方，卻意外發現那些地方充滿生機。如同建築歷史學家莎米婭・韓亨尼（Samia Hemi）所說：「**沙漠不空**」（deserts are not empty）。[25]將乾旱的土地定義為「無人居住」，是殖民主義採取的策略，為了讓該地區變成人們能擁有、剝削，甚至試爆核彈的土地。在全球北方長大的我們可能必須學習以全新角度看待那些地方，練習心懷希望、想像那裡的潛力，並為其奮鬥。

「我不會說這裡**毀了**，」在本書某一章節，帕亞胡那杜（Payahuunadü）的社運人士與社區組織者泰芮・紅貓頭鷹（Teri Red Owl）如此說。帕亞胡那杜又名為歐文斯谷，是位於加州的另一個沙漠地帶。「我會說這個地方**受傷**了。但你也知道，傷口是可以癒合的。」我們應該將這點謹記於心。

最早，我在一份名為《擾動》（*Disturbances*）的電子報開始書寫塵埃。「擾動」一詞是借用人類學家安清（Anna Tsing）的概念。她在二〇一五年出版的民族誌《在世界盡頭遇到松茸》中，探討松茸這種菌菇如何從奧勒岡州森林出發，周遊世界後抵達日本，成為高級餐廳桌上象徵秋天精髓的珍饈。[26]這本書在許多方面都引發深遠影響，但對我而言，《在世界盡頭遇到松茸》之所以重要，在於安清的文字向我揭示如何見微知著，透過書寫渺小事物來討論宏大主題。她同時探討森林與真菌之間極其在地的生態連結，以及圍繞其建立起來、橫跨全球的商品貿易，試圖「讓光照進全球政治與經濟體系的裂縫之中」，指出資本主義並非如某些人所宣稱，是龐大完整的鐵板一塊，而是個「拼貼」、充滿孔洞與隨機性的東西。在那之中可能有許多空間，能容納別種世界、生存之道，或別種人類與地球建立連結的途徑。「松茸是在受到干擾破壞的地景中長出的蕈類，」她寫道：「它也象徵在混沌與動盪橫行的世界中重生的可能性。」資本主義可能恣意草率破壞許多地方，但那些地方都還是有生命存在的可能。

儘管塵埃渺小，但一沙一世界，它還是能以其獨特方式帶給我們相似的啟發。塵埃能協助我們重新看見破壞與創造無數次上演的地質循環：大地日復一日受到風的侵蝕，捲起的沙塵最終落回地表，經過千萬年緊壓後，成為新的黃土（loess）沉積岩，而後再度受到侵蝕。塵埃也是大氣循環、海洋系統、生物圈與人類活動中的關鍵要素。在接下來幾章，我們會見證到橫跨世界的沙塵流動，如何讓高山冰河融解、為森林施肥、餵養海洋大量繁殖的浮游生物。那反映塵埃也是水循環、鐵質循環與氮循環的一員。在大氣層中的塵埃，會吸收與反射太陽光熱量，那讓塵埃得以影響氣溫及氣候，最終成為驅動全球暖化的因素之一。

這一切上演的地點並非遠在天邊。塵埃將我們與這些代謝循環緊緊相連，因為人類活動對全球的地質化學系統有深遠影響。在此同時，這些微小顆粒也會鑽進你我身體，對人造成影響。因此，塵埃既滋養生命也奪走生命。二〇二一年一項驚人的科學研究指出，全球的死亡人數中有高達五分之一，是由燃燒化石燃料產生的空氣微粒汙染所造成。[27]一年有八百萬人死亡，這幾乎等同於整個倫敦或紐約市人口。如果我們改用再生能源，這些死亡全都能避免。

當我們努力理解人類世，試著捨棄一些將我們帶到今日局面的既有邏輯，我希望塵埃成為另闢蹊徑的一扇窗。透過這扇窗，我們或許能找出人類在久遠地質年代，以及廣袤地球系統中該何去何從；能悟出人與土地、這顆星球間的關係，並且不再以主人自居，而是扮演近似於守護者與照顧者的角色。此外，我們也得以欣賞這世間的奇異與壯麗。我在寫這本書的過程到處尋找環境災難，卻發現許多奇特而令人屏息的美景。例如在世界盡頭，我看見一道龜裂破碎、鋸齒狀的冰層坍塌流進峽灣；在最終僅存一小片的鹹海，銀輝水面映照整片天空的晨曦；在泉水滋養的內華達山谷，有一處昔日被稱為「少雨之地」的地方，如今卻是綠意盎然、鳥聲啁啾的繁茂美景。

此外，我還認識許多人物，從環保及社運人士、實驗科學家、美國太空總署的物理學家，到極圈冰河學家、政府與部落的成員、立場基進的律師，他們年齡或老或少、來自城裡或鄉間，身分可能是移居者或原住民，但每個人都了解與信仰這世界的驚奇與美妙，並為了延續這些驚奇美妙而拼命奮戰。追隨這些看似缺乏形體、被世人遺忘且不為人知的塵埃蹤跡，乍看之下只是對生態傳達哀悼與悲傷，但事實並非如此。

這是個關於相互連結的故事。

這是一段重新賦予世界魅力的旅程。

第一章 置身於地獄：煙霧、煤灰與現代倫敦的誕生

沒有人能明確指出現代社會起始的時間與地點，問問歷史學家就知道。目前這個問題上最早與最晚的推測差距，竟然有將近五百年。究竟我們的「現在」是起源於蔓延各大陸、顛覆中世紀世界秩序的黑死病（西元一三四七—一三五三年間），或這段期間的其他災難？會是一四五三年君士坦丁堡的殞落嗎？或者是一四九二年歐洲帝國對美洲的殖民？現代性是否源自科技發展？如果是的話，又是哪一項科技？是一四五〇年古騰堡發明的印刷術，還是一七七六年上市，由瓦特發明的蒸汽引擎？又或者「現代」其實只是一種抽象概念？現代政治秩序是否因馬基維利的《君主論》（一五一三年）成形？或源自四年後馬丁·路德出版的《九十五條論綱》？亦或者，我們必須等到一七八九年法國大革命提出「人生而平等且自由，不受階級與世襲枷鎖限制」的訴求，才算真正成為現代人？

然而，現代性的濫觴一定來自西方嗎？看看東方的蒙兀兒帝國，或中國建立的城市、新興社會與科技發明，那些不也是造就今日盛況的歷史轉捩點？在這一連串大哉問中，如果我們循著塵埃前進，我們的腳步會停在一五七〇年倫敦的都鐸王朝。從那一年開始，我們的天空註定充滿燃燒化石產生的煤灰。

不過不需要等那麼久，人類社會才有空氣汙染。早在西元一世紀的羅馬，哲學家塞內卡（Seneca）就曾抱怨「城市裡的空氣令人喘不過氣、爐火上的鍋具發出惡臭」，灶火也引發「陣陣灰煙瀰漫」。[1] 位

於中美洲的馬雅文明為了建造城市，更任憑石灰窯將整個古文明焚燒殆盡。生產一平方公尺建材所需的熟石灰，必須燒掉二十棵樹木，大量森林砍伐進一步改變降雨模式、加劇乾旱，造成農作物歉收。[2]不過環境史學者威廉・卡維特（William M. Cavert）認為在人類歷史上，伊莉莎白時代的倫敦霧霾更具有意義，因為那標記了化石燃料時代的起始。一五七〇年代以前，世界各地的人多使用木柴作為燃料，少數例外為居住在高緯度極地的因紐特人與尤皮克人，他們的油燈以動物脂肪為燃料。可想見過去人類有一萬年的定居生活，僅靠樹木一生中可儲存的能量維繫。而煤炭的廣泛使用，則是一場劇烈的斷裂。這股從古老地層攫取的黑色礦物太陽能，像一道光束般被釋放出來，徹底改變一切。卡弗特便寫道：「如果以能源科技的進展劃分歷史……近代的英國社會即是，或者說變成了『人類第一個現代社會』。」[3]如果我們希望了解造成當今各種危機的世界觀，那就應該從源頭開始探究。

十六世紀晚期，倫敦發生的環境變遷不只是空氣汙染指數的上升，或燃料種類的變化，那是一場劃時代的變革。現在，就讓我們一起見證化石燃料催生的新能源時代，以及它所留下的塵埃軌跡。

在恐龍還沒出現的三億五千萬年前，地球溫暖且豐饒，大氣中的氧氣濃度非常高。在赤道附近終年高溫與充足的日照下，森林矗立著近似蕨類的高大樹木，高達三十至五十公尺的細長樹幹，立基在被熱帶沼澤蓋過的淺根系之上。這些熱帶樹木為了抵禦昆蟲大軍啃食，通常都有充滿木質素的強韌樹皮，但

也很容易倒伏，像骨牌般互相覆蓋，一棵壓著一棵，周而復始。倒塌的樹幹浸入缺氧的沼澤中，不易完全腐爛。積水中的淤泥逐漸覆蓋倒樹，隨著時間層層疊疊，樹木殘骸便化作泥炭土。

在地殼下，大陸陸塊隨著熔融的地函移動，勞亞大陸（後來成為歐洲與北美洲）與岡瓦那大陸（後來成為南半球的大陸）相撞形成盤古大陸。在地心強力促和下，聚合的板塊交接處一側形成山脈帶，另一側的地殼則向下隱沒。史前倒伏的樹木在板塊緩慢且持續的擠壓中沒有辦法告別前世。它們既沒有腐爛也沒有被燒成灰燼，而是徹頭徹尾轉化成新物質。原本構成堅強樹皮的木質素被壓縮轉換成褐煤，這些褐色泥炭進一步煤化成煙煤，轉變為黑色，於是樹木成為煤炭。

上述物質轉化過程遺留的元素，成為科學家命名「石炭紀」這個地質年代的依據。三億年後，人們在英國諾森伯蘭（Northumberland）的海岸，發現一塊塊被海水沖上岸的「黑金」。

人類從青銅器時代開始使用這些煤炭，最早的煤礦採集可追溯至五千多年前的中國。[4]在西元第二世紀晚期，羅馬人已知道煤炭可以取代木炭，因而在現今英國各處挖礦。煤礦可用於煉鐵，並供應公共浴場與富人別墅中的地下暖氣系統。在今日的羅馬城市巴斯（過去被稱為蘇利斯之水，Aquae Sulis），煤炭則是智慧女神密涅瓦神廟裡「不滅之火」的燃料。

西元四一〇年，羅馬人離開英國，當地人們重拾隨手可得的木柴作為燃料，並在往後七百五十年維持這個習慣。之後要再看到煤炭的文獻紀錄，需等到一一八〇年一份達樂姆主教區（Bishopric of Durham）的土地調查報告。[5]這個位於英國東北部的地區，煤層相當貼近地表，因此容易取得煤礦。大約從此時期開始，人們大量採礦，同時隨著人口增加，社會更加富裕，歐洲各地興起森林開伐，木頭因而變得價格昂貴與珍稀。包含染印廠、釀酒廠或需要大量用火的產業，例如製造建築用石膏與砂漿的石灰窯廠，都開始大感吃不消，煤炭成為更實惠的替代品。在《大憲章》頒布後社會穩定發展的年代，煤炭貿易逐漸興起。這種燃料從東北部的紐卡索（Newcastle）經海上船運運到倫敦，以至於到了一二二八年倫敦還多了一條「海煤巷」。[6]

不過不久後，倫敦的市民開始嚐到燃燒海煤的後果。由於這種來自北方的海煤屬於硬度不高的煙煤，含硫量高且燃燒效率低，在燃燒時產生的煙霧幾乎和熱能一樣旺盛。海煤燃燒時也會產生令人難耐的惡臭，不少貴族紳士都曾向國王抱怨這種公害。然而，無論燃煤汙染多令人厭惡，它所帶來的大量能源仍維繫各項貿易活動。一二八五年，國王愛德華一世下令調查燒煤產生的灰煙造成的威脅，並成立世界上第一個空氣汙染調查委員會。不過該委員會既沒提供解決方案，也不具有法律效力，而未顯著改善倫敦烏黑的空氣。反倒是一三四八年英國爆發黑死病，大量人口死亡，有段時間各產業的生產量大幅減少，讓空氣品質顯著改變。但就像現在疫情結束後，各國首都對啤酒與鮮豔衣物的需求很快恢復如往昔，城市裡的燒煤加熱爐再次上工，倫敦變得愈來愈烏煙瘴氣。

——

現在，讓我們快轉到一五七〇年代，那是倫敦正在轉型的時期。這座在中世紀瘟疫後僅有三萬人口的城市，在十五世紀與都鐸王朝時期迅速發展，成為一座約有十五萬人口的繁華大都會，自此也占據英國第一大城市的寶座。雖然當時倫敦仍不及世界上最大城市，如北京或君士坦丁堡的規模，其他城市仍難以望其項背。屬於倫敦的都市化生活型態也就此成形。

近代早期的倫敦不僅是一座商業大城，更是橫跨半個地球的貿易與殖民掠奪網絡中心。倫敦東區的碼頭匯集各地船隻，來自中東的船載滿火藥和菸草；俄羅斯的船隻送來毛皮、魚乾和鯨油；美洲的船則進口香料、糖和奢侈品。城市裡的教育和識字率迅速提升，戲劇和詩歌蓬勃發展。倫敦印刷商不斷出版書籍、摺頁，以及挑戰言論自由與宗教規範極限的思想。在倫敦街道上可聽到數十種語言，商人、船員、旅行學者和來自法國的胡格諾派信徒移民穿梭其間，各自忙碌。這座城市不斷擴張，新興建案蠶食倫敦與西敏市之間最後的綠地，取而代之的是觸目所及密密麻麻的房屋。

歷史學家將這段時期稱為「近代早期」（early modern），因為人們的生活面貌已開始出現與當今社會相似的特徵。而環境歷史學家尤其關注這種現代性「體現在物理環境中」的方式，亦即推動這座繁忙城市運作的大量煤炭，產生出黏稠、濃重、布滿煤灰的煤煙，如何賦予都市獨特的氛圍。[7]

在這段時期，煤炭使用量快速增長，每十年便翻倍一次。由於木柴短缺，人們被迫尋找新的燃料來源。當時，英國也面臨海上入侵的威脅，伊莉莎白一世女王擔心若過度砍伐森林為燃料，樹木會來不及長成建造軍艦的巨大木材。到了一六〇五年至一六〇六年冬天，倫敦進口十四萬四千噸煤炭，大約為每人一年平均使用約一噸的量。[8]為了滿足城市的能源需求，一支由四百艘船組成的船隊在英國海岸線與泰晤士河來回運送燃料。[9]倫敦的發展與煤炭使用量的成長密不可分，每增加一名新移民，就代表每年要多燒一噸遠古的碳。這座城市所有的爐火，都是由三億年前的太陽能所點燃。

這個只需要一世代時間就產生劇烈變化的環境現象，被歷史學家璐芙・古曼（Ruth Goodman）稱為「家事革命」。[10]大約兩百年後，在工業革命時期，空氣汙染擴及英國中部和北部，無數工廠煙囪冒出的煤灰與煙霧，讓在地城鎮變成人們熟知的「黑暗撒旦工廠」。但在十七世紀的倫敦，煤炭為人民帶來溫暖，尤其是最貧困的家庭。富裕人家的客廳持續使用較昂貴的木炭與木柴，但多數倫敦人還是不得不使用會製造硫磺臭味和髒汙灰煙的海煤。海煤溫暖了人們的家、工作空間、歡聚的酒吧和咖啡館，還有每週日做禮拜的教堂。燃燒化石不僅促進經濟生產，也提供人類健康、舒適、家庭與文化生活。正如卡弗特所說，煤炭帶來「穩定的社會、進步的商業和國家的權力」。從當時開始，「燃燒煤炭成為在倫敦生活不可或缺的一部分」。[11]現代城市的氛圍就是由煤炭所營造。

當然，每個人都討厭煤，不論是住在能源使用密集、需整天燒煤的產業周圍，或是鄰居因為想省錢而買了廉價煤炭，結果製造大量煤煙。當時人們對空氣品質的爭論與抱怨，都被記錄在歷史文獻中。

在一六六四年，詩人亞歷山大・布羅姆（Alexander Brome）甚至抱怨空氣汙染扼殺了藝術：

> 唉！先生，在倫敦無法作詩；
> 作詩需要巧妙無害的靈感，
> 兼具和氣與簡練，
> 但我們生不逢時，
> 註定被煙霧纏擾，

受罪惡和盈利糾纏，
詩篇的繆斯因此窒息。[12]

一五七九年，伊莉莎白一世由於「對惡臭和霾害感到難過與惱火」，而企圖處理空氣汙染。她在議會一場例行會議中通過禁燒煤炭的法案，又試圖關押十幾名在倫敦違反法案的主要汙染製造者（唉，要是現在我們的執政者有這麼果決就好了。）但造成烏煙瘴氣的家戶源頭日益增加，讓如此嚴格的法案難以執行。事實上，大部分倫敦市民並非為了生產獲利或偶然疏忽而製造環境汙染，他們燃燒煤炭是因為負擔不起環保的代價（反觀有能力使用減煙燃料的人卻刻意汙染環境）。在冬天，倫敦市民需要在家裡取暖，而當時冬季尤其嚴寒。大約在一三〇〇年至一八五〇年間，歐洲與北美地區處於極端寒冷的小冰河時期，背後原因可能是火山爆發將大量火山灰噴入平流層，削弱太陽投射的熱量。[13]一六〇八年泰晤士河結冰，倫敦市民還能在河面舉辦冰上市集。如果你出生在當時的倫敦，肯定也會在壁爐中多添一塊煤炭禦寒。

到了十七世紀初，燃燒好幾世代的煤火在城市留下深刻印記，並改變都市的樣貌。例如每個家庭都必須設置煙囪，改善室內燃燒煤炭時的空氣；燃煤也改變城市的顏色，建築被充滿煤灰的空氣染黑。一六二〇年，英國國王詹姆士一世（同時也是蘇格蘭國王詹姆士六世）曾因為「（聖保羅大教堂）年久失修……且長期受到煤煙腐蝕瀕臨損毀」而「感到憂心不已」。[14]

一個世代後的一六六一年，一位名叫約翰·伊夫林（John Evelyn）的人出版一本宣傳小冊，專門抱怨倫敦的髒空氣。這本小冊子名為《防煙：關於倫敦空氣與煙霧帶來的不便與建議對策》（*London dissipated: Together with some remedies humbly proposed*）。伊夫林是十七世紀著名的日記作家，他的朋友兼同時期的日記作家山謬．皮普斯（Samuel Pepys）可能更廣為人知。皮普斯的日記詳細記錄從一六六〇到一六六九年，這十年間最重磅的新聞事件，包含一六六五年的大瘟疫與次年的倫敦大火等。而伊夫林則是一生幾乎都在書寫，他的日記長達五十萬字，橫跨一六四〇到一七〇六年。除了日記，他還出版超過三十本書籍與小冊子，主題從園藝、神學、藝術、英國的民族性、著名的騙子，到如何建造最好的圖書館，以及現存最早的沙拉食譜等。伊夫林也是英國皇家學會的創始成員之一。當時主宰西方兩千多年的古希臘思想受到科學革命挑戰，英國邁向一個理性且重視量化科學的新時代，身為英國皇家學會的一員，伊夫林就像置身在這波思想革新的搖滾區。

一六六一年，這名擁有現代思維的紳士開始關注倫敦惡劣的空氣。《防煙》是一篇出色的著作，不僅詞藻華麗、具有進步的科學論述與架構，還以寫信給國王查理二世的獨特形式開頭。在全書一開頭，伊夫林就描述煙霧如何摧毀首都與一切內在事物：

> 有一天，當我漫步在陛下位於白廳的宮殿（偶爾幾次，我有幸親眼目睹陛下光輝的儀容，這是作為子民的喜悅），一陣突如其來的濃煙從諾森伯蘭宮附近、距離蘇格蘭場不遠處的煙囪中冒出，侵入宮廷。那讓所有房間、長廊與周圍空間都被煙霧薰染，濃煙密布程度令人幾乎無法辨識彼此。[15]

伊夫林無法忍受這種煙霧繚繞的情況，也很清楚哪裡出了問題。

> 所以罪魁禍首是什麼？正是如地獄般陰沉的海煤煙霧，不但長久籠罩著她（指倫敦），而且正如詩人維吉爾所說：「高潔的天堂被隱藏在最晦暗的雲層中（Conditur in tenebris altum caligine Caelum）」。

他撰寫這部著作時，英國正值復辟與重建時期。查理二世剛即位，結束長達十一年的內戰和共和政體過渡時期。伊夫林對霾害籠罩的首都與宮廷感到可恥，計劃解決這個問題。他先詳細描述海煤煙對首都造成的災難，雖然在書中，他沒有直接使用「煤灰」一詞，但煤灰的意象貫穿全書，勾勒出煙灰附著在城市建築內外造成的破壞。

伊夫林的寫作主題被歸類為環境災難，但他使用極其精美的詞彙描述災害。「就是那有害的煙霧，玷汙她所有的光輝，」他抱怨道：「它們在爐火可照亮的地方都蒙上一層烏黑。它們損壞家具、讓銀器的鍍金失去光澤、毀壞室內陳設，甚至連鐵條與最堅硬的石頭都會被它隱含刺鼻辛辣的硫磺氣味所侵蝕。」這種煙霧帶來的髒汙與腐敗，對一個有社會抱負且注重家庭整潔的人來說是莫大侮辱。而這一切無不令他感到厭惡。甚至連萬物賴以為生的空氣，也變成「不潔的氣體挾帶黑暗濃稠的物質，玷汙與汙染所有暴露的事物。」

伊夫林認為倫敦的現況，對正在孕育的新科學家與國王本身都是一種恥辱。他寫道：「倫敦市更像埃特納火山、火神宮、斯通波利島（某一座火山島）或地獄的郊區，而不是一群強調理性的人聚集的地方，更不是我們無比尊貴的君王的帝國之都。」這座首都原本應該是王國中最偉大的城市，看起來卻更像一處卑微、幽暗、陰影重重的地底之城。

或許《防煙》為彌爾頓帶來啟發。六年後，在一六六七年，彌爾頓在出版史詩《失樂園》中描寫的地獄，與《防煙》中的地獄意象有異曲同工。兩者都黑暗沉重，是充斥著「惡臭和煙霧」、火焰與硫磺的地方。這反映出新興商業正在改變英國的社會秩序，讓英國脫離農業為主的中世紀經濟，進入工業與製造業主導的新世界。[16]可以說在工業化開始前伊夫林和彌爾頓就彷彿先知般，預見未來環境將面臨更嚴重的侵害。

《防煙》是一部令人讚嘆的作品，不僅因為它的散文風格華麗出色，更因為這本書是二十世紀前最詳盡的環境汙染論著之一。數千年來，人們都知道煤煙會產生惡臭，但普遍認為它們帶來的危害僅止於此，甚至以為那種惡臭有益身體健康。環境化學家賓彼得（Peter Brimblecombe）就指出：「羅馬時期的宗教儀式包含燃燒硫磺；盎格魯撒克遜時期，英國人認為燃燒煤炭產生的煙霧可以驅逐惡靈。」而伊夫林和同時代的約翰．葛蘭特（John Graunt）（後面章節會進一步介紹）打破人們既有思維。正是他們「更細緻觀察」，並採用「更科學的方式」，在公共衛生普遍不佳的年代揭露空氣汙染的致命影響。[17]

除卻巴洛克式的華麗詞藻，《防煙》同時也是一部具有科學意義的著作。它警告世人如果長期生活在「厚重、骯髒、煙霧瀰漫的空氣」中，身體會容易「感染上千種疾病，肺部遭侵蝕、身體機能被擾亂。這是為什麼在這座城市，鼻炎、咳嗽與結核病比世界上任何地方都更普遍。」雖然伊夫林對醫學細節的掌握還未到位（例如他會描述身體「不是乾燥就是在發炎，體內液體如果受到擾動，就很容易腐壞」），但他已確立空氣汙染與疾病的因果關係。即便科學進展一日千里，三百六十年後，世界各地的城市依然止步於召集空氣汙染委員會研擬措施的階段。人們面對環境問題時始終缺乏政治意願。

伊夫林的另一個洞見，是指出硫是空氣汙染的主要禍源。在他寫作的年代，化學是一門剛好在萌芽階段的科學。同一年，波以耳提出世界上的元素，不只包含煉金術中運用的土、空氣、火和水四大元素，還包含我們今日所理解的「完全無法分解」的純物質。[18]伊夫林當時可能不知道汙染倫敦的海煤在化學成分上確實含有大量的硫，也不可能知道海煤燃燒時產生的二氧化硫與硫酸鹽，至今仍是城市中主要的空氣汙染物之一。他會將燒煤的味道稱為「硫磺味」，很可能是基於他嗅覺的判斷。那味道有如地獄一般刺鼻。

海煤產生的汙染相當驚人。在近代早期，倫敦空氣的汙染程度大概能與今日全球最骯髒的城市相提並論。[19]

二〇〇八年，化學家賓彼得和卡羅塔·葛羅西（Carlota Grossi）以數據建模，分析倫敦九百年來的空氣汙染，如何使都市中的建物變黑、風化與遭受侵蝕。[20]他們分析個別汙染物的影響，如此一來，空氣汙染物不再只是我們通稱的「空氣中的懸浮微粒」，而能具體區分諸如硫酸鹽、黑碳煙塵以及PM10懸浮微粒帶來的影響。其中，PM10懸浮微粒的尺寸小於十微米，相當於人類一根頭髮直徑的八分之一。

對於這些微小的空氣毒素而言，一五七五年是一個轉捩點。當時硫酸鹽汙染開始增加，從每立方公尺五微克的基準飆升至二十微克，相當於今天英國的年度空氣汙染目標上限。在十七世紀期間，硫酸鹽汙染更是比基準濃度高了二十多倍，讓年平均濃度攀升到每立方公尺一百二十微克。環境歷史學家卡弗特就寫道：「近代早期倫敦空氣中的二氧化硫濃度，曾高達現今平均的七十倍，甚至超越當代空汙極為嚴重的城市，例如北京。」[21]在這個時期，空氣中黑碳煙塵的濃度也不斷翻倍。原先在倫敦開始使用煤炭的十三世紀，懸浮微粒濃度就已略微上升，但由於黑死病造成人口遽減，致使接下來的兩百五十年，空氣汙染情況退回基準線。但從一五七五年開始，PM10懸浮微粒的濃度再度上升，且持續上升好幾世紀。最終，這一波空氣汙染超過當代英國每立方公尺四十微克的標準值，並持續三百五十多年，更超前工業革命兩百年。可以說我們經濟在步入現代化以前，空氣汙染就已進入「現代」的狀態。

上述提到的汙染是根據年平均數據，因此看不出懸浮微粒汙染短時間大幅飆升的盛況，尤其是在嚴寒的冬季，當時濕冷的倫敦空氣格外凝滯，泰晤士河的霧氣也如惡靈般籠罩街道。二〇二〇年，根據英國智庫「城市發展中心」（Centre for Cities）統計，在倫敦有六．四%的成年人死因與空氣微粒汙染有關。這些微小的PM2.5微粒會穿透肺部進入血液，引發癌症和心臟病。[22]在懸浮微粒濃度遠高於今日的十七世紀，空氣汙染對人類生命造成的損耗幾乎難以想像。

我們或許會以為早期現代的倫敦人多死於熱病、瘟疫或分娩過程，事實上，他們也常死於咳嗽。此段時期，一位名叫約翰．葛蘭特的富有男帽商人、市政府官員兼民兵指揮官，根據他對倫敦各教區從一五三二年起保存的死亡紀錄，創立了人口統計學這門科學（十七世紀可說是屬於博物學家和業餘學者的輝煌時代）。他在一六六二年發表《對死亡率表的自然與政治觀察》一著，記述各種死亡的原因。[23]

其中，葛蘭特發現在倫敦人中，只有七%的人有幸死於「高齡」，也就是活過《聖經》所說的七十歲以上壽命。一六三二年，有三十八人死於「國王病」（感染腺病毒），三十八人死於「紫斑病和斑疹熱」，兩人死於「嗜睡症」，有一個人「被嚇死」，九人罹患「壞血病和搔癢症」，而有六十二人「猝逝」。

葛蘭特根據當時醫學領域流行的「瘴癘論」，將二十二%人死於「急性流行病」（黑死病除外）的現象歸因於「空氣的惡化與改變」。*有些疾病則在特定年分特別猖獗，例如一六三二年肺癆（即今日的肺結核）造成十九%的人死亡。雖然肺結核是一種由細菌引起的疾病，但當今研究指出，如果長期暴露在空氣汙染的環境中，感染肺結核的風險將顯著提高。因此上述部分的死亡人數應該歸咎於空氣汙染。[24]另一個神祕的死因為「肺上升」（rising of the lights），這種死因在一六三二年奪走九十八名倫敦人的性命。「lights」是古時對肺部的舊稱，此種病症主要是指一種與喉嚨沙啞及呼吸困難相關的疾病，包含氣喘、肺氣腫與肺炎等。換言之，它們都與我們今日所知骯髒、充滿塵粒與灰煙的空氣密切相關，甚至是這些空氣微粒直接引發的疾病。

儘管像葛蘭特這樣一名十七世紀科學革命的核心人物，催生了現代理性和後續的啟蒙運動，但當時科學界在討論空氣汙染致死率時，仍難以像今日一般精確指出多少人死於現代所理解的空氣汙染。然而，葛蘭特提供的統計數據，仍然為我們描繪出城市被自身排放的廢氣嗆得喘不過氣的圖景。對於當時

---

*「瘴癘論」源自古希臘與羅馬時期，名稱來自古希臘語中的「汙染」詞彙。該理論認為，傳染病是由「惡氣」所引起，那是一種含有腐敗有機物微粒、有毒且充滿惡臭的氣體。十九世紀中葉，約翰・史諾（John Snow）針對倫敦蘇活區霍亂疫情進行的調查，以及巴斯德（Louis Pasteur）在巴黎進行的科學實驗，推翻了「瘴癘論」的觀點。

的人來說，空氣汙染的威脅已相當具體可見。如同葛蘭特寫道：「當然，煙霧、惡臭與悶熱的空氣不比鄉村來得健康，不然為什麼體弱多病的人要移居到鄉間？」他更直接將城市裡的高死亡率歸咎於煤煙的影響。每當有一位新居民移入倫敦，就意味著城市又會多燃燒一噸骯髒的海煤。最終，這座城市因為自身的繁榮而窒息。如同葛蘭特所說：「倫敦，這座英國的首都，或許就像一顆對身體而言過大的頭顱，甚至可能太過強壯。」

不能再這樣下去。我們的老朋友約翰．伊夫林策劃一起行動。他指出，那些在倫敦市最容易造成空氣汙染的產業，包含釀酒廠、染色廠、肥皂鍋爐廠、鹽工廠、石灰燃燒工廠等，應該「搬遷到倫敦外八到十公里遠的地方」，例如設在泰晤士河以南，或格林威治以東一定距離的地方，以免「玷汙」國王的宮殿。如果啤酒廠能堅持使用淡水，而不是一半的海水，那也許可以將廠區設在倫敦東部的堡區（Bow）。「如此一來，工廠能雇用數千名能幹的水手，在城內與城外運輸貨物」，只要透過繁忙的船隻與雪橇組成的交通網絡，便可將商家與顧客連結起來。伊夫林計劃在都市周圍打造一圈大花園，這座花園會「栽種優雅的植株、受到精心維護，並挑選最芬芳四溢的灌木，每當花朵綻放時釋放隱隱的香味，將調和遠方的都市空氣」。最後，他也主張應該將倫敦的貧困人口驅逐出他們「靠近城市的骯髒小屋」。不過這比較不是基於健康考量，而是因為這樣的景象很「礙眼」。

先不論伊夫林階級歧視的觀點，他的環境論述還有一項重大錯誤。儘管整體來說，他對城市空氣汙染與潛在的解方進行精密且有遠見的分析，但他將所有責任歸咎於工業生產，而不顧倫敦住家內部的「炊事用火」並不符合現實。伊夫林認為家戶的烹飪用火「幾乎難以察覺」，但根據後來對倫敦煤炭使用情況的調查，家庭煤炭使用才是空汙元凶。這點對伊夫林而言或許並不陌生，畢竟只要冬日走在西敏街頭，人們就會看見家家戶戶的煙囪朝空中噴出惡臭氣體。然而如同亙古不變的政治手段，想推動改革的人往往只能從最容易達成的目標下手。

不過這項計畫最終也一事無成。對此歷史學家有諸多推測，包含伊夫林是否野心太大無法落實計畫？是否在政治交涉上出問題？或者他只是生不逢時，在宮廷中缺乏盟友或支持者？又或者，是國王的精力與注意力在別處？無論如何，儘管《防煙》有如一份早期的環境宣言，環境歷史學家威廉．卡維特卻認為它其實只是一次「垂死一搏」，試圖改革倫敦的空氣品質。此後統治者將會繼續「對倫敦煙霧瀰漫的空氣感到厭惡，但是……他們選擇的不是從源頭改善問題，而是搬離汙染源。」[25]三百五十年後的今天，倫敦的有錢人仍住在城市西側，遠離自古便造成嚴重汙染的東部工業區。

為什麼倫敦煤煙汙染的歷史很重要？

一五七〇年代是個既輝煌璀燦又惡貫滿盈的時刻。在那之前，地球上人類使用的能源，都來自他們短短一生中可攫取的太陽光。這些陽光透過植物的光合作用，轉化為可用的化學能。人類透過食用植物和以植物為食的動物，來攝取儲存在生物體內的能量。遠在舊石器時代，人類開始懂得用火，這項發明讓我們更有效攝取這些化學能，因為食物變得更容易消化。自此，我們的能量來源不再僅限於活的生物材料，我們也學會透過生物遺骸汲取能量，諸如來自枯木、落葉和動物糞便中的「碎屑碳」(detrital carbon)。如此一來，人類能利用的不僅是一個生長季節累積的能量，更可以是橫跨數年、甚至數十年，取用過去地球貯存下來的能量。[26]突然間，人類可利用的能源儲備量大幅擴張了。

當人類從燃燒木柴轉向燃燒化石煤，這場變遷同樣具有劃時代的意義。由於人類能使用的能源，不再是一生中太陽孕育的能量，亦即儲存在樹木纖維素中的陽光，而是史前的陽光經過地球深處壓縮，再被帶到地表的密集能量。那是一種規模截然不同的能源，它的出現徹底改變世界與空氣，最終塑造出我們今日所見的現代世界。倫敦人是世界上第一批集體進入這種全新能源模式的族群，如同環境史學家卡維特寫道：「古羅馬時期確實也有空氣汙染，馬雅古文明也大量砍伐森林。但直到近代早期的英國，人類解決環境問題的方法，最終讓他們進入全新的全球能源體系。」[27]那標誌了一個乾淨、溫和星球的終結，自此以後，塵埃以煤灰、煙霧與懸浮微粒的形式出場，並始終在場，作為環境過度開發的明證。

歷史學家埃德蒙·伯克三世(Edmund Burke III)曾寫道：「隨著大量廉價的煤炭出現，人類可獲得的燃料簡直源源不絕。」[28]正是因為這種資源過剩的現象，在一百年後，十八世紀末的工業革命開始，資本主義呈指數成長，並可能在未來五十或一百年內走向終結，無論是以近期被提出的永續「棄成長」、「甜甜圈經濟學」、「循環經濟」，或以更加失序的形式崩解。從事後諸葛的角度來看，我們知道打從一開始災難就已註定。化石燃料為人類帶來龐大能源，但這股力量卻沒有被以同等的責任心管理，不僅如此，還比其他能源多了來自前世的遺產。

研究工業革命史的學者提到一個名為「光合作用極限」的概念，是指雖然儲存在木材中的太陽能為再生能源，但因樹木生長速度緩慢，不僅受到氣候限制，還會占據原本可發展為其他用途的土地。[29]因此，以木柴為主要能源的社會，在經濟成長與人口發展上必然存在上限，而使用煤炭能突破這項限制。煤炭的能量來源與木柴燃料相同，都是植物藉光合作用攫取太陽能，但煤炭的能量被高度壓縮，一公噸、體積約〇・七五立方公尺的煤，蘊含的能量卻相當於砍伐七十平方公尺的森林獲得的木材能量。[30]因此不斷購入來自紐卡索與諾森伯蘭的煤炭，就像是人們穿越時空發現大片沒有人使用過的土地，並將其徵用為經濟資源。那樣的場景，好比在石炭紀溫暖的沼澤中，插上一面英國的聖喬治十字旗。工業革命歷史學家指稱的「鬼田」(ghost acres)，是指英國在海外擁有的殖民地土地，那讓英國能積累足夠財富來投資機器生產，進而實現工業革命的現代化大躍進。[31]然而實際上開啟化石燃料時代的關鍵，是那些由史前熱帶森林產出的黑色濃縮能量炸彈。對我來說，它們也是所謂的鬼田。

我們或許可以進一步延伸鬼田這個比喻。華盛頓大學的環境人文學者傑西・泰勒（Jesse Oak Taylor）指出：「現代性本身就被幽靈所纏繞。從工業革命以來，所有經濟成長都籠罩在大氣中碳的陰影下。如果說市場有隻看不見的手，那它的腳則在天空重寫一部化石開採的紀錄。要真正理解現代性，我們就必須納入這些幽靈般的殘骸，徹底反思所謂的『現代』究竟意味著什麼。」[32]

本書正是希望透過檢視這些布滿灰塵的殘留物，以及人們否認殘留物的後果，重新想像現代性的意義。幾乎沒有任何進步是不帶煙塵的陰影。這段話是我在接下九章中發展的論點。無可否認，我們享受著過去幾世紀帶來的種種成果，而現在是時候清算這些成果的代價。

不過，為什麼要從這個塵土飛揚的故事開始談起？也就是說，為什麼要選擇十六世紀末到十七世紀的倫敦？為什麼在這個時間與地點，人們認識數千年的化石燃料會突然成為主要能源？這場轉變又何以如此重要，足以形塑今日我們身處的世界？

在人類史上，從木柴和木炭轉向化石燃料的過程之所以意義重大，是因為它開啟兩個關鍵的歷史進程——工業革命與資本主義的崛起。

對於像埃德蒙．伯克三世這種具有宏觀視野的思想家來說，這個轉變足以將歷史一分為二。正如他寫道：「如果我們從生物能量學的角度重新思考現代性，會發現人類歷史上其實只有兩種主要的能源體制：一個是公元前一萬年到公元一八〇〇年的太陽能時代（利用可再生資源）；另一個則是公元一八〇〇年到今日的化石燃料時代（利用不可再生資源），其中涵蓋煤炭、石油、天然氣與核能。」[33]

如果人類使用的只有化石燃料本身，造成的影響或許只對環境不利（正如我們已見證的景象），還不至於構成全球性的生態災難。真正的關鍵在於人類將化石燃料與另一項技術——蒸汽機連結在一起。

對於瑞典隆德大學人類生態學講師安德里亞斯．馬爾姆（Andreas Malm）而言，十七世紀的倫敦尚且沒有進入真正的工業革命階段。他提及：「只要煤炭主要還是用於家戶內的取暖，化石燃料就尚未促成經濟的自主擴張。」[34]他認為真正具有意義的轉捩點，是在兩個世紀後的一七七六年，當詹姆士．瓦特推出具有商業用途的蒸汽機，將一塊煤塊中蘊藏的巨大能量與輪軸旋轉機制結合，讓化石燃料能投入工業製造。對馬爾姆來說，正是從那個時刻開始，化石燃料與新的工業資本主義肩並肩，創造歷史上前所未有的經濟指數級成長時代。「那個致命的轉捩點，讓人類進入溫度攀升的世界」——也就是「人類世」時代的開端。

不過相較於上一段論述，馬爾姆研究最重要之處，是他有力地反駁一個相當常見的觀點，也就是「這個時代是一個人類世的時代」的說法。畢竟，真正促使蒸汽機被廣泛應用的源頭，並非全體人類，而是那些從中獲利的工廠、礦場、紡織廠與土地所有者。許多關於「人類世」的討論，往往將這個歷史性的轉折點歸咎於「我們」的錯誤，彷彿全體人類都是共犯，甚至主掌那是人性本質的必然結果。

但馬爾姆提醒我們，這種說法其實是一種神祕化（mystification）的方式。如同他提及：「從一開始人為導致氣候變遷的歷史，就是建立在全球不平等的基礎上。」資本家投資蒸汽技術是為了從特定經濟情勢中獲利，無論是美洲原住民人口在殖民者占領與疾病侵襲下驟減、美國實施非奮奴隸制度、英國都市化發展下，無產階級工人形成的廉價勞動力，或全球對棉紡織品的需求日益增加，「並不是全世界所有人都能使用到蒸汽引擎，」馬爾姆指出：「依照當時的社會秩序，只有製造鏈的擁有者能添置與使用。」

像傑森．摩爾（Jason W. Moore）等環境歷史學家，就以「資本世」一詞取代「人類世」，著眼於環境危機背後不可忽略的資本主義背景。[35]我也很想這樣稱呼，但後面幾章也會討論到蘇聯社會主義體制引發的環境濫用與沙塵問題，這提醒我們資本主義可能是造成當今生態危機的主要成因，至今也可能持續主宰世界經濟體系，但遺憾的是它並非唯一懷抱有種擴張野心的體系。因此，我必須闡述資本主義與社會主義共享的根本因素，那就是現代性的邏輯。

我們始終要記得，這一切現象都關乎人與人的關係。正如馬爾姆所說：「根據定義，化石燃料應被視為一種社會關係。從來沒有一塊煤炭或石油能自己變成燃料。」[36]同樣道理，我們也應該謹慎看待「灰塵」這個現象，它不只是自然界既存現象，更是特定社會關係（通常不平等）與人類選擇（通常並不明智）的結果。

而這也牽涉到地理位置與歷史機運的問題。事實上，「資本世」原先可能不是始於倫敦，其他地方例如中世紀與近代早期的中國，也具備發展資本世的許多先決條件。在宋代，中國西北地區擁有規模龐大、技術精良的煤炭與冶鐵工業。到了一〇八〇年，中國的鐵產量已超過幾個世紀後，一七〇〇年整個歐洲（不包含俄羅斯）的鐵產量。[37]一六七二年，駐京的耶穌會傳教士南懷仁（Ferdinand Verbiest）向康熙皇帝展示一臺蒸汽驅動的模型車，那很可能是世界上第一輛真正運作的機械動力「汽車」。在此之前，十二到十四世紀期間，中國北方由於蒙古入侵、瘟疫和黃河氾濫等重創，經濟和社會重心往南移到更適宜人居的長江三角洲地區（今日的上海一帶）。由於遠離煤礦區，當地的冶鐵產業與家戶取暖仍以木柴為燃料。要等到二十世紀末與二十一世紀初，中國成為世界工廠，境內某些地區也成為全球最嚴重的空氣汙染區域，煤塵的陰影才終於籠罩中國。這些都是後來的事。由於地理與歷史偶然的交錯，近代早期的中國逃過空氣汙染的命運，反倒是倫敦成為全球環境災難的預兆之地，標記一切塵埃的起點。

截至目前為止，本章所討論到的，是一切社會環境問題呈指數級成長的前一刻。隨著十九世紀倫敦全面工業化，城市的空氣變得更加骯髒混濁。

當倫敦大火從暗中現身，在白晝的空氣中燃燒時，許多顯而易見的事物被它焚毀。但大火產生的灰燼與煤渣，恐怕還比不上這座城市每天在掩蓋之下產生的塵埃。倫敦並未再次被摧毀，它早已成為一個無可估量的毀壞之地。

——愛麗絲・梅內爾（Alice Meynell），《陰燃之城》（*The Smouldering City*），一八九八年

伊夫林改善倫敦霧霾天空的計畫最終失敗了。接下來三個世紀，這座城市持續被陰鬱的空氣詛咒。英國中部和北部的工業城市陸續加入這片霧霾之地，那裡的空氣品質更加糟糕。

作家伊莉莎白・蓋斯凱爾（Elizabeth Gaskell）在一八五四年出版一部名為《北與南》（*North and South*）的小說，描寫一座虛構的棉花紡織城鎮「米爾頓」（Milton，實則以曼徹斯特為原型），那裡的空氣充滿灰塵與煙霧，象徵北方工業現代性帶來的一切辛勞與壓迫，也象徵建構這一切的新工業資產階級。這讓從南方移居的女主角一家適應不良。「我不喜歡米爾頓，」在書中，黑爾夫人（女主角母親）說道：「伊迪絲（Edith）說得很對，這裡的煙霧讓我病得不輕。」[38] 工廠工人也生病了。女主角的朋友、年輕的貝西・希金斯（Bessy Higgins）談起小時候，她在工作的紡織廠被空氣中飄浮的微小棉絮細塵「毒害」。

灰塵是一種對呼吸道有害的物質，每一種產生大量灰塵的產業也往往伴隨相對應的肺部疾病。對棉

紡織工人來說，這種疾病叫做「棉塵肺」，俗稱褐肺病。紡織品中的棉絮纖維會刺激肺泡（肺部組織裡的微小氣囊），引發肺泡發炎，進而促進組織胺分泌，讓氣管收縮。患病者的胸部會感到壓迫、呼吸變得困難。而棉絮纖維中的細菌產生的內毒素會讓病症更加嚴重，最終損傷支氣管，讓患者發展出嚴重的久咳。

如果工廠老闆願意為員工著想，所有工廠職業病都能獲得緩解。然而他們往往不做。如同蓋斯凱爾的小說所描述：「有些人在紡紗間一端裝了一個大風扇來通風，讓氣流帶走塵埃。但那個風扇所費不貲，也許要五、六百英鎊，卻不會帶來任何利潤，所以只有少數老闆會安裝風扇。」

開採煤礦當然也是一項充滿塵埃的工作，這群推動劃時代變革的礦工也有自己的肺病——「塵肺病」。塵肺病意指肺部吸入煤塵後，免疫細胞產生病變。在最糟糕的情況下，病變的肺部組織會壞死，讓肺部充滿空隙。這種疾病一般又被稱為黑肺病，因為在解剖時，礦工的肺部會呈現黑色。最晚從十九世紀開始，煤塵對礦工造成的傷害就已顯而易見，但直到一九七〇年，英國國家煤炭委員會（National Coal Board）才推出相關法規進行管制，當時英國礦業早已式微。

煤炭帶來的雙重傷害一次是發生在開採過程，一次則是在燃燒時。一八五九年，蘇格蘭環境化學家羅伯特・史密斯（Robert Angus Smith）注意到一些城市的空氣酸度相當高，只需要十分鐘就能讓藍色的石蕊試紙變成紅色。隨著時序進入十九世紀，城市的空氣愈來愈混濁。在一八九〇年，PM10懸浮微粒的濃度曾一度高達每立方公尺兩百微克，是今日英國空氣汙染標準值的五倍，甚至比二〇一〇年北京沙塵暴最嚴重時期還要高。如今只有德里能超越這個數值。[39]

維多利亞時代的藝術評論家約翰・羅斯金（John Ruskin）在他的著作《十九世紀的暴風雲》（*The Storm-Cloud of the Nineteenth Century*）中曾抱怨：「從前是日不落帝國的大英帝國，如今成了太陽永不升起的帝國。」[40]他感嘆道：「在過去年代，天氣好時極為舒適，天氣壞時雖然讓人感到糟糕，但只要讓它發發脾氣就好了。但現在它一旦生氣起來，會讓你三個月都見不到陽光。」羅斯金痛斥曼徹斯特有如「地獄般黑暗」，「惡名昭彰的煙囪向天空吐出硫磺煙霧。」他質疑眼下這場對自然世界的劇烈破壞，是否真的是一種值得頌揚的進步。維多利亞時代的英國是一座「世界工廠」，靠著開採煤炭與殖民地的資源致富。然而，這一切繁盛建構出的帝國，卻也披著一層如壽衣般的煤灰。

兩個世紀以來，倫敦的建築幾乎都是同一種顏色，那就是黑色。倫敦著名的「豌豆湯霧」，就是來自燃燒煤炭時產生的含硫煙灰，那會形成一層薄薄的碳覆蓋城市每一處表面。倫敦曾經髒亂到人們無法想像它的其他樣貌。一九五四年，唐寧街十號的首相官邸在修復期間，人們發覺原先習以為常的黑色外牆，其實根本不是黑色，而是黃色磚牆。這項發現對全國來說太過震撼，以至於整修後的建築被重新漆成黑色，以維持人們習以為常的模樣。[41]

然而從一九八〇年代末到一九九〇年代初，倫敦透過一場大規模清潔改頭換面。在十五年間，諸如聖保羅大教堂等地標被鷹架包圍，透過高壓水柱將長年累積的汙垢沖入下水道。如今，這座城市建物的磚塊、石灰岩與玻璃開始出現赭紅、淺灰、亮銀以及藍綠色。當代的髒汙也富有各種色彩，例如附著在建築物上的主要殘留物不是黑黑的煤灰，而是汽油和柴油中有機碳氫化合物帶有的溫暖棕黃色。隨著交通排放的硫酸鹽逐漸減少，建築物也許終將因為苔蘚與地衣覆蓋，而轉變成綠色。[42]

然而，無論是黑色、棕色、黃色或綠色，要清除倫敦建築物表面上的汙垢都不簡單。二〇〇七年，建築保存專家評估英國國會大廈所在地西敏宮的狀況，發現這座建築物遭受上百年侵蝕。西敏宮已有九百年歷史，由諾曼征服者威廉的兒子威廉二世建造，歷經無數風雨跟歷史遞變。如果說在倫敦有哪棟建築真正具有「歷史風華」，那非它莫屬，因為保存專家推測西敏宮已有兩百年沒被清潔。可是這層「歷史風華」卻在侵蝕建築，西敏宮的牆壁受到空氣汙染物侵蝕，水氣也滲透進去。這個古蹟亟需一次清洗。

要如何同時清潔古蹟，又維護建築原貌？石灰岩本身具有許多孔隙，且容易溶蝕。如果使用高壓水槍沖洗，你會在上面鑽出洞來。幸運的是現代建築修護技術既巧妙又溫和。為了避免石灰岩溶解，專家會改用刷子清潔表面。對於精細的雕飾，則需要使用「濕敷泥法」。這種技術類似為石材敷上一層黏土面膜，將內部殘留的鹽分與汙漬吸附出來。另一種清潔方式是將乳膠製成的薄膜塗刷或噴灑在表面，讓它吸收建材裡的汙垢，再將薄膜剝離，就能一起帶走髒汙。

這場壯觀的春季大掃除消息傳到紐約，也傳到哥倫比亞大學「建築、規劃與保護研究所」的主任喬治．奧特羅—派洛斯（Jorge Otero-Pailos）耳中。奧特羅—派洛斯不僅是一名文資修護學者，也是一名藝術家。他在跟國會資產單位與建築保存人員多年協商後，被允許加入這個「清潔團隊」。他的計畫很簡單，就是要保存與展示那些用來清潔石雕的乳膠薄膜。正是那些曾經吸附汙垢、有如抹布般的清潔耗材，成為他後來展出的藝術作品。

二〇一六年六月，當我走進西敏廳時聞到一股乳膠味。在那座歷史悠久的懸臂托梁屋頂上，懸掛著一塊閃亮、半透明的簾幕。那塊簾幕長達五十公尺、寬五公尺，它有如一層拼貼而成的皮膚，其上覆滿整座城市的塵垢。在燈光照明下，帷幕呈現出如沙一般的金黃色，讓我腦中浮現約翰・羅斯金所說「時間的金色汙漬」。這些灰塵就像幽靈一般懸掛在它們曾藏身數百年的牆壁四公尺旁。

這幅藝術品相當精準複製了牆面的模樣，讓每一塊石磚、每一道凹痕與刮痕都拓印在乳膠薄膜。它就像一面鏡子，或一汪倒映出髒汙的池水。如果從精神分析角度進行剖析，那麼牆與薄膜的雙重影像可說帶來一種不安：在文學與神話中，分身（doppelgänger）常代表災禍或死亡的預兆。

這場展覽在英國脫歐公投結束五天後開幕，當時正值英國幾十年來最漫長也最紛擾的政治動盪期。一幅以汙垢為主題的藝術品，在那樣敏感的時間點出現似乎太過強烈。它的象徵繁複且密集，甚至過於多元，讓許多藝術評論家紛紛發表觀點。《衛報》的藝術評論家阿德里安・塞爾（Adrian Searle）便以外科敷料形容這件作品，形容它像是「半公頃被剝下的皮膚」、「有如覆蓋在屍體上的乳膠布，在被推走前暫時停留」。[43] 這個國家的身體，就這樣被一絲不掛地展示。

我有幸能在媒體活動上與奧特羅—派洛斯聊了幾分鐘，一開始就問了最在意的問題：「為什麼是灰塵？」他引用維多利亞時代藝術評論家羅斯金的《塵埃倫理》（*The Ethics of the Dust*），提及這場展覽名稱正是取自該書。《塵埃倫理》是一部相當奇異、具有說教性的對話體著作，描述一名年長的講師與一群女學生的對話。羅斯金透過精巧的礦物學隱喻，來談論道德和社會秩序。這些內容聽起來枯燥乏味，有趣的地方是羅斯金提出的一個觀點：只要時間夠，一切事物終將化為塵土。石頭只不過是灰塵在某一瞬間結晶成的型態，最終還是會回歸塵埃。奧特羅—派洛斯提及，跟灰塵與石頭工作，能讓人重新感受到地質時間的漫長影響，那包含深遠的未來，也含括久遠的過去，我們的現在得以被放置在更廣闊的時空背景。

同時，他也對汙染作為現代性的產物很感興趣，而進一步提出「現代性從何時開始」的問題。他提起先前完成的作品「塵埃倫理：新迦太基」。當時，他前往西班牙東南部卡塔赫納（Cartagena），用同樣的乳膠轉印術清理古代銀礦礦場的牆面。那些礦場曾經供應大量銀幣給羅馬帝國，雖然那已是幾千年前的史事，但當時金屬加工產生的汙染物，仍埋藏在今日格陵蘭冰原深處的冰芯。當他分享這件事時，我感到心頭一驚。他的創作計畫與我研究的主題竟然有那麼多重疊與相似處，遠超出原先的預期。

我繼續追問：「那為什麼要清潔建築物呢？為什麼要抹去那些灰塵、煤煙與汙染的痕跡，或任何經由人體接觸、使用，在時間中積累的遺跡？為什麼我們會覺得清潔是必要的，這些痕跡必須被抹除？」

奧特羅—派洛斯認為這是個好問題。「清潔是一種照護的方式。」他表示。這是我們為自己、為我們的身體投入的行為，並也將這種習慣轉移到周遭事物上。「但清潔本身對物件其實沒什麼幫助！」他激動地說。物件並不在意自身是否沾滿灰塵，灰塵（通常）也對物件無害，兩者事實上能相安無事。但不知道為什麼，人類就是無法跟灰塵共存。這個社會的習慣與規範，常告訴我們灰塵就是「不在應有之處」的物質，必須予以清理。

儘管與某些評論家持不同意見，但我認為奧特羅—派洛斯的創作是一種關懷與照護的行動。這項創作並非照護建築本身——畢竟石頭無法感受情感。他所關懷的是藝術和文化史中常被忽略的人與過程。當奧特羅—派洛斯透過清潔廢棄物創作藝術，保存一種建築與其汙漬的雙重影像，他其實是保存了原先會被丟棄的東西，並利用它們來探討人類選擇丟棄、保存什麼。

他的行動迫使我們正視人類世一個關鍵的失敗。從現代社會發展以來，人們不斷埋怨空氣中飄散的灰塵，但真正能控制灰塵的防治措施，卻往往晚了數十年或數百年才出現，甚至從未出現。灰塵是最典型的外部成本。「外部成本」是指工業或商業活動為沒有利益關係的他人帶來的影響，而這種影響並未反映在市場價格。假如蜜蜂授粉會帶來正向的外部效益，你或許已猜到，灰塵帶來的是負面的影響。當英國工業革命時代的煤礦與工廠為資本家帶來巨大財富，生產的成本代價卻由工人的身體、肺部與血液來承擔。

對我來說，西敏聽所展示的「塵埃倫理」作品，是將人類的存在具體帶到觀眾眼前。這棟建築不再只是石灰岩、玻璃與木梁屋頂的總和，或僅象徵「歷史」、「傳統」或「權力」這種抽象的概念。它所代表的是數以萬計的身體，他們勞動、打拚生計留下的物質痕跡。它讓城市的市民真正走進議會的權力核心，也讓人直視英國繁榮經濟的源頭。事實上，常人根本不會去注意塵埃，無論是它們為什麼產生，或接下來會在哪落腳。灰塵是如此渺小與平凡無奇，以至於總是滑落到我們視線的邊緣之外。然而如同奧特羅—派洛斯所說，灰塵蘊含眾多意義，我們應該開始正視其隱藏的重要性。對此我深深同意。

在編輯這本書的原稿時，我終於動手處理我那間在一八九〇年代興建的排屋公寓閣樓恆溫設備。當工人鋸開天花板進入閣樓時，一場歷史的骯髒灰塵雨傾瀉而下。幾十年累積的灰塵從崩塌的木條和灰泥之間灑落。我們驚呼幾聲後，我突然感到非常著迷，驚覺這些塵埃並不是普通的家庭灰塵，而是更細、更黑，毫無疑問也充滿更濃煤煙味的灰塵，可以追溯到幾十年前人們還在燒煤取暖的年代。我的房子原來充滿維多利亞時代的都市氛圍，除了牆壁被染色，玄關地毯也髒到幾乎要報銷。我用吸塵器清潔了好幾個小時，但至今都還無法完全清除痕跡。過去留下的環境痕跡沒有那麼容易被抹去，即便如此，我們還是必須努力清理。本書接下來將進一步探討人類對現代社會龐大疏忽所鑄造的傷口，對於這些傷口，我們必須透過細微、用心照料的行動來回應。

第二章 讓那片土地乾涸

現代社會或許誕生於倫敦，但它今日的面貌是由洛杉磯賦予。這座城市儼然是二十世紀的縮影，一座汽車縱橫、影視娛樂充斥的都會。這裡孕育了波音公司、洛克希德·馬丁（Lockheed Martin）航太製造公司與噴射推進實驗室，經濟命脈緊繫於航空、戰爭與登月任務。這裡也是一座移民與隔離、希望與暴動、夢想與現實相互碰撞的城市。

洛杉磯——而非紐約——是一座正宗的美國都市，因為它真正「出生於美國」。它的街區規劃首次不再效仿歐洲，無論是高速公路或蔓延的都市郊區，都遵循新興大眾科技所創造的空間邏輯。如同二十世紀中葉加州作家凱瑞·麥克威廉斯（Carey McWilliams）所說，這座城市被都市規劃者切割成「不相連的群島」，是一片繁榮但去中心、由平房街區組成的後現代聚落。[1]

這是一座會將自己變成神話的城市。在洛杉磯，汽車文化製造的光化學煙霧，轉變為一片彷彿黑色電影氛圍的陰鬱光暈；當你在黃昏時分登上魯尼恩峽谷（Runyon Canyon）的山丘，有那麼一剎那，整座洛杉磯會染上玫瑰粉的色澤，有如新到來者夢寐以求的夢幻之地。

「面向海洋的南加州，常常忘記自己身後還有沙漠，但沙漠一直都在，並且不斷糾纏我們對這片土地的想像。」麥克威廉斯寫道。[2]沙漠有如幽靈般陰魂不散，因為洛杉磯本身就像是吸血鬼，從方圓數千公里的土地汲取生命之血，才得以成長茁壯。當土地中所有水源都被抽乾後，只有一種東西留下來，那就是沙塵。廣大如曠野的乾涸湖床、綿延數百公里的裸露土壤，以及半枯萎的植被，這片乾涸的地景在二十世紀大半時間，成為美國境內最大單一來源的揚塵地。

這一章要講的故事，是關於這場環境災難如何發生。是什麼樣的現代世界運作邏輯，讓人們彷彿出於理性地犧牲掉一整片地域？

——

洛杉磯市作為法定的行政區，實際上只占了洛杉磯這個龐大社經勢力一小部分。實際運作上，這座城市地影響範圍橫跨將近八萬八千平方公里，與奧地利或葡萄牙的國土面積差不多，不過這座城市的環境足跡更加廣大。真正的洛杉磯向沙漠腹地延伸觸手，蠶食鄰近城市的水資源，在一次次水資源危機中蹣跚前進。洛杉磯所涵蓋的水文系統，從洛磯山脈一路延伸至墨西哥，不僅仰賴相對短小的洛杉磯河，還包含內華達山脈的融雪與科羅拉多河。甚至科羅拉多河的水流在多方搶奪下，已經稀少到還來不及匯入大海就完全乾涸。

在一九三〇年代興建科羅拉多河引水渠前，有另一條引水道從加州東邊沙漠穿越內華達山脈，一路延伸三百七十五公里，餵養這座總是口渴不已的城市，那就是洛杉磯引水渠。儘管建造洛杉磯引水渠的過程每個步驟都合法，但這項工程留下的文化記憶卻仍被視為一場竊盜。如同威廉・麥克朗（William

Alexander McClung）在他探討城市神話的著作《慾望的地景》（*Landscapes of Desire*）中描述：「這項行動已被牢記為洛杉磯的原罪，深植在人們想像中。」「無論事實真相如何，」他寫道：「這件事已被一種強烈的意念取代，認定將水引入山谷是一種對自然與法律的雙重背叛，這讓洛杉磯無可挽回地被冠上現代巴比倫的惡名。」[3]

在內華達山脈東部，有一片廣闊、在日光曝晒下會褪去色澤的大地，地表上覆蓋一層有如滑石般細緻的白色塵土。這片土地之所以成為如此模樣，背後有一段如黑色電影般的故事。在接下來篇章中，我將盡可能公正講述這段歷史。我想先帶你們回到二十世紀初的歐文斯谷，第九章再重訪今日的歐文斯谷，讓我們能從另一個角度認識可能已經很熟悉的洛杉磯，理解這座城市究竟有多龐大，為了壯大成今天的模樣，又吞噬了多少資源。因為現代社會不只是燈火通明的街道、繁忙的車流與熙來攘往的股市交易。現代性還需要龐大腹地，才能供養起城市的財富與商業。我們被教導將這些乾燥的沙漠視為荒蕪偏僻之地，是可以供人開發的可能性空間、需要被「更有效率」利用的資產。但土地並不只是「資源」，土地是地方，是人群，也是活著的。

內華達山脈是加州的脊梁。這座山脈有著最高可達四千三百公尺的山峰，山頂因為攔截從太平洋吹來的雲層，攫取了它們的水氣而終年積雪。因此，這座山脈以東的大盆地（Great Basin）形成缺少水分

的陰影之地。這片幅員遼闊的乾旱地帶，範圍涵蓋加州東部邊陲、幾乎整個內華達州州、部分猶他州，以及部分奧勒岡州與愛達荷州。位於這個生態區以內的加州各郡，擁有典型美國西部荒野的地景。它們由高地沙漠（High Desert）構成，放眼望去為一片遼闊、空曠、以褐色與米色為主調的「少雨之地」，並且充滿沙塵與骨骸。[4]我曾與朋友喬爾．奇德斯（Joel Childers）在這片土地四處漫遊，尋找廢棄的礦坑和鬼城。奇德斯住在雷諾（Reno）附近，在陸軍基地工作。他的同事們表示，這個地方讓他們想起阿富汗，是個礦物比植物多，四處可見到荒溪、沖積扇、叢草與濱藜生長的環境。能在這裡生長的植物都得是嗜鹽的鹽生植物，因為大盆地正如其名，真的就是個盆地。它將僅有的水分困住，沒有一條河能從這裡流入大海。上千年來，這個地區的河流從岩層淋溶並帶往下游的一切沉積物、鹽分、重金屬，包括鎳和硒和砷，全都留存在這些封閉湖泊的沉積層中。原先它們能夠在此永久沉睡，直到來自洛杉磯的人們決定要奪取歐文斯谷的水源。

往日的歐文斯河，接收了內華達山脈初夏融雪所供給的充沛水源，水流寬達十五公尺、深四．五公尺。這條狹長的山谷是一條翠綠的帶子，連接西邊的內華達山脈和東邊的白山（White Mountains）。谷中有約一千多名北部派尤特人（Northern Paiute），以及較少數量的秀修尼人（Shoshone）居住。他們在谷中以打獵、捕魚維生，也採集河床泥沙中茂盛生長的堅果、種子與穀物。他們將這片土地稱為帕亞胡那杜（Payahuunadü），意指「流水之地」；將歐文斯湖稱為帕奇亞塔（Patsiata），並自稱為努姆（Nüümü），亦即「人」。過往，派尤特人會在季節更替之際築壩，將溪水導入灌溉渠道，讓各種具有實用價值的植物生長，例如具有可食用鱗莖的卡馬斯百合（*Camassia quamash*），以及可用來編織籃子的柳樹。「原本這座山谷有豐富的水源與食物，」派尤特部落孤松（Lone Pine）的歷史維護員凱西・班克羅夫特（Kathy Jefferson Bancroft）回憶起她祖母描述的童年景象：「取得水源與食物需要時間，採集與處理作物也要花許多時間，但這樣的生活很美好。」[5]

能在腦中想像山谷昔日的景色非常重要，如此我們才能理解它遭受破壞的嚴重程度。如今，這片多彩豐饒的世界只剩下殘缺片段，苟延殘喘的湧泉從谷中山麓滲出，融雪匯聚成小片溪水。這些水源滋潤了寬約九十一公尺的狹長綠地，那裡鳥語花香、蟲鳴不絕，萬物頌讚著生機。某個四月天，我曾佇立在那裡，驚喜而愉悅地將一切盡收眼底。然而，過往歐文斯河流過的谷地，現在幾乎只剩下一片單調貧瘠的旱地植被，生長著如濱藜、兔灌木（rabbitbrush）以及刺沙蓬（Russian thistle），也就是風滾草（tumbleweed）的植物。

最早見到這片谷地的美國白人為「山人」（mountain man），他們是在美國皮草貿易中負責設陷阱獵捕動物的探險家們。一八四五年，這座山谷被被以一位名為理查・萊蒙・歐因斯（Richard Lemon Owings）的人命名，後來轉名為歐文斯（與我的姓氏並無關係）。三年後，加州發現金礦；一八五九年，內華達州又發現銀礦。歐文斯谷先是成為一條通道，讓畜牧工趕著大批牛群前往礦區供應糧食，之後漸漸形成聚落。牧場主圍起草地、砍下珍貴的矮松作為柴火，並阻撓派尤特人進入他們的獵場和漁場。飢餓的派尤特人因此開始偷搶牛隻，這些移居的白人則以戰爭、屠殺和種族清洗還擊。一八六三年，為了徹底扼殺派尤特人在谷地的生活之道，白人將上千名戰敗的派尤特人從家鄉驅逐。他們跋涉過莫哈維沙漠，被迫遷徙到山脈另一邊的特洪堡（Fort Tejon）。在短短二十年間，加州原住民的人口減少了八〇％。

歐文斯谷不過是這場遍布全州的種族滅絕行動中的一小塊拼圖。[6]

移居者將他們奪取的土地轉為獲利工具。他們接手派尤特人的灌溉系統並加以擴張，很快山谷中布滿果園及小型農場。來自墨西哥和中國的礦工進駐谷地，在塞羅戈多（Cerro Gordo）銀礦場中幹苦工，生產出刺激洛杉磯爆炸性成長的大量財富。（「首先是我們的銀礦，再來是我們的水」，一名當地居民這樣跟我說。沒有這座沙漠邊緣的小山谷，洛杉磯根本不會有今天的成就。）當時的歐文斯湖有十五公尺深，每天都有蒸汽船來回穿梭。一九〇二年，羅斯福總統簽署《開墾法案》（*Reclamation Act*），以便在環境乾燥的美西十三州建立灌溉計畫，歐文斯谷也被納入其中。移居者的未來看似一片光明。一九〇三年，當地人建立一座名為主教城（Bishop）的城鎮，陸續開張銀行，不久也傳出即將施行鐵路整修工程的消息，未來谷地的貨物將能更快速被運往市場。

有人認為，這條狹長的谷地將成為加州的明日之星。

然而，當時身兼記者與國家灌溉大會（National Irrigation Congress）主席的威廉・斯邁思（William E. Smythe）認為洛杉磯沒有未來可言。他覺得這座城市很「迷人」，但已經達到成長極限。這片曾經居住五千多名通瓦人（Tongva）的土地，先是受到西班牙人殖民，之後在一八五〇年前後的淘金熱時期，變成一座罪犯群聚的「牛仔小鎮」（cow town）。一八七〇年代，隨著鐵路通車，當地迅速發展，除了興建港口、設立銀行，土地的投機商也開始牟利。到了十九世紀末，這座城市的人口激增，在短短四年間翻了一倍。當時南加州是全美最大的水果產地，但當地土地價格不斷飆漲，水源也幾乎被拿來供應農業。人們都認為洛杉磯已經擴張到集水區的極限，而乾旱讓這個問題更加嚴重。

於是，斯邁思將目光轉往北方，寄望於內華達山脈另一側的土地，特別是歐文斯谷，以及谷中那座面積達兩百八十五平方公里的湖泊。「毫無疑問地，」他寫道：「在接下來一世紀中，那裡將成為數十萬人的家園，以及一個多元產業蓬勃發展的重鎮。」[7]但其他人有不同盤算。

——

威廉．穆赫蘭（William Mulholland）出生於北愛爾蘭的貝爾法斯特（Belfast），父親是名郵局警衛。他在愛爾蘭南邊的都柏林長大，是名聰穎但容易和人起衝突的學生。穆赫蘭十五歲時輟學離家，跟著英國海軍商船隊橫跨大西洋，之後在美國各個資源開發邊陲地帶四處漂泊。他的足跡遍布密西根州的伐木營地、亞利桑那州的礦場、南加州的油井，除了見證粗野的冒險故事，也鍛鍊出強韌性格。但是每天晚上，穆赫蘭都會認真研讀地質學。他著迷於擔任鑽井工人時見到的化石地層，打定主意成為一名工程師。[8]一八七八年，年約二十二到二十三歲的穆赫蘭當上洛杉磯的水渠監工（zanjero），在主管弗雷里克．伊頓（Frederick Eaton）的手下工作，負責監督新成立的洛杉磯市水公司興建的一條渠道。短短八年後，穆赫蘭已掌管整個部門，伊頓在市政府的仕途也步步高升，最終在一八九八年當選洛杉磯市長，並以承諾擴展城市水資源供應為政綱。

穆赫蘭開始尋找擴大供水的機會。根據他的說法，附近幾條河流，包含北邊的克恩河和莫哈維河、南邊的聖塔安娜河和聖路易瑞河，不是水量太小，就是早已被他人主張占有取水權。在此同時，距離市區兩百六十六公里處邊境地帶的歐文斯河，位處海拔六千四百三十六公里的高地，水勢相當豐沛。假設有一名充滿企圖心的水利主管能蓋一條引水渠，光靠地心引力就能讓水一路流下山脈、流進都市。[9]

伊頓是個擅長抓住機會的人。雖然他將私有的洛杉磯市水公司轉型為市立機構「洛杉磯水電管理局」（Los Angeles Department of Water and Power, LADWP），但他的終極目標一直是個人利益。在他的構想中，引水渠的取水量以現代單位計算，可高達每秒十四立方公尺。其中一半能提供洛杉磯市民家用，另一半則由他掌控，可以私下以市場價格在市區範圍外販售。後來，興建引水渠提案的修訂版將洛杉磯市政府掌控的比例提升到四分之三，伊頓更從中爭取到每年一百五十萬美元的權利金。這筆數字以今日價值來算高達四千三百萬美元。[10]而他本人還不需要為建設引水渠花一毛錢。在此同時，他的親信友人組成一家名為「郊區住宅公司」（Suburban Homes Company）的財團，利用伊頓提供未來水利建設的內線消息，以每公頃八十七美元的低廉價格，購買洛杉磯北邊聖費爾南多谷（San Fernando Valley）的土地。這個集團成員包含《洛杉磯時報》（*Los Angeles Times*）發行人哈里遜．歐提斯（Harrison Gray Otis），該媒體善於誇大（有人甚至說是捏造）洛杉磯面臨的乾旱危機，並將推動引水渠這項重大建設，描繪為這座城市生存的唯一希望。如果一切照計畫進行，伊頓便能從源頭到水龍頭兩端獲利，賺取大筆財富。

相較之下，穆赫蘭則有個較崇高的動機，那就是進步。水流之處必有人跡。當時的洛杉磯是個只有十萬人口的城市，但這片水源有機會讓它變成一座擁有兩百萬人口的大都會，也許還可能成為美國有史以來最偉大、規劃最良好，也最徹底現代化的城市。

「我確實認為穆赫蘭是個理想主義者，他將引水渠視為能為最多人帶來最大利益的工程。」穆赫蘭的傳記作家瑪格麗特．戴維斯（Margaret Leslie Davis）如此說道。[11]「他更關心整座城市與普通市民的福祉，以及經濟成長帶來的商業利益。」穆赫蘭跟伊頓不同，他從未因為改寫加州河道的流向而真的從中獲取個人收益。他一直到過世為止都過著相當儉樸的生活，但眼界卻無比宏大。

一九〇四年，穆赫蘭和伊頓乘著馬車前往歐文斯谷。據說兩人沿路把酒言歡，還留下一條以酒瓶標示出的行跡。[12]他們需要取得歐文斯河流域的取水權，因為如果沒有水源，興建引水渠也沒有意義。而且他們必須取得條件優良的「高級水權」（senior rights），才能讓洛杉磯每年優先取用被分配到的完整水量。在乾旱頻仍的美國西部，如果只拿到初級水權，那只能取用剩下的水。某些時候擁有初級水權的人甚至可能一滴水都得不到，根本無法支撐一條穩定運作的引水道。然而歐文斯谷擁有高級水權的農夫和牧場主，並不願意將水權轉賣給洛杉磯市。他們願意將土地賣給聯邦墾務局興建水庫，因為水庫工程能帶來灌溉計畫，讓當地有機會發展。這些人能透過灌溉用水擴大農地，當數十萬新住民遷入後，甚至有機會開發住宅區。為什麼要把發展機會拱手讓給洛杉磯？

伊頓是個聰明人，但不完全是個誠實的人。他跟穆赫蘭就像幾十年後的紐約都市規劃者羅伯特．摩西（Robert Moses）一樣，利用對枯燥無味的市政府法規的豐富知識完成極為大膽的工程。

首先，他聘用歐文斯谷墾務局的約瑟夫．利平考特（Joseph B. Lippincott）。利平考特負責該地區關鍵的水流測繪工作，掌握當地的土地與水權。伊頓透過利平考特取得這些地圖，將地圖作為指引，找出需要購買哪些地產，以獲得建造引水渠所需的土地與水權。當時，谷地居民都以為伊頓是墾務局的職員，畢竟他擁有淵博的內部知識與官方文件，也總是和利平考特一起出沒。而伊頓也刻意不戳破這些人對他抱持的錯誤印象，同意以個人名義，用五十萬美元價格買下那些土地。[13]

但這其實是一場炒地皮的詐騙。一九〇五年三月，伊頓跟洛杉磯市政府達成一起複雜的交易，讓洛杉磯取得他之前在長谷（Long Valley）買下的一部分土地。而他只需要花一萬五千美元，就能繼續持有另一半土地、五千頭牛隻，以及要價五十萬美元的農機具。市政府還會另外支付十萬元佣金給他，作為他協助市政府取得土地的報酬。這些取得土地的過程，往往是透過逼迫和施壓。[14]伊頓曾對一些牧場主說過，由於墾務局即將撤回灌溉計畫，倘若他們不趕緊賣掉土地，土地就會變得一文不值。他也威脅一群人，表示對方只有「賣掉土地，或等著那裡變成旱地」兩個選項。這一連串倉促的交易最終達成目的，歐文斯谷還沒意識到發生什麼事，就將水權賣給了洛杉磯市。

事實上，洛杉磯市政府根本沒有購買土地建設引水渠的預算。他們的計畫是先借錢，再用未來發行的債券償還。但如果選民不支持，這項計畫就泡湯了。洛杉磯市的水利委員會甚至沒有權利在市區以外花錢，遑論將預算花在三百七十八公里之外的地區。不過這些問題都能協商。當時水利委員會的成員J．M．艾略特（J. M. Elliott）便表示：「在我參與水利會的那些日子，我沒有隨時嚴格遵守法律。當我認為某項決策能為城市帶來商業利益就會支持。」在此同時，穆赫蘭則提醒他的朋友不要投資歐文斯谷：「不要去因約郡（Inyo County），很快我們就會讓那裡乾涸。」

伊頓在忙著談土地買賣合約時，穆赫蘭則跟利平考特合作撰寫一份報告給洛杉磯水利委員會，評估哪些額外水源可供城市使用。這份報告在短短九天後提交，並換取兩千五百美元的豐厚佣金（二〇二三年換算約為八萬五千美元）。除了探討歐文斯谷以外所有可能的選項，報告也「剛好」得出這項結論：

其他方案都不可行。這讓委員如同預期般做出決策，認為建設引水渠是唯一也是最好的方案。他們在同一天就核准了計畫。

幾週後，在一九〇五年七月二十七日，一個評議小組召開會議，決定歐文斯谷墾務計畫的命運。這項計畫原本隸屬於羅斯福總統在美國西部發展灌溉、開闢家庭農場的計畫一環。當時，利平考特仍是該計畫的總工程師，但已開始跟洛杉磯市政府合作。他在會議上證實，雖然歐文斯谷有一項「不錯的計畫」，但這些水源若能導向洛杉磯將會是「更有效率」的利用方式。他進一步補充，墾務基金沒有足夠資金完成該項工程，洛杉磯也買下太多土地跟水權，讓歐文斯谷的開墾計畫不再可行。利平考特發誓這些都是他的客觀意見，並強調自己並沒有「出賣」歐文斯谷：「我與洛杉磯市政府合作，是因為我認為這符合大眾利益。」

一年後，羅斯福總統重申利平考特的論點，表示：「如果將這些水資源提供給洛杉磯市使用，而非留給歐文斯谷的居民，那將為全體人民帶來百倍、千倍的價值。」[15]

當時看來，這項決策似乎更理性、進步，也更現代化。這就是效益主義的暴力，不只是將整片山谷化為沙塵，還會堅稱這麼做為了創造最大福祉。

——

一九〇七年，洛杉磯市展開興建引水渠的工程。當時，有多達六千名工人長期駐紮在加州沙漠中，日夜工作了六年。他們身後還跟著一群出身混雜的流動工人、私釀酒商與鬧事者等等。後來穆赫蘭表示：「這座引水渠是用威士忌蓋出來的。」位於沿線的最大城鎮莫哈維，也因此獲得「西部最放蕩城鎮」的稱號。這項計畫的規模可媲美巴拿馬運河，預算卻少得可憐。不過穆赫蘭憑藉多年親身實踐工程的經歷與善於激勵與領導的天賦，最終創下紀錄。他們在美國地質最活躍的聖安地列斯斷層（San Andreas Fault），鑿出長達八十五．三公里的隧道。[16]

一九一三年十一月五日，一道白色水流奔騰而下，流經最後一道水閘，最終湧入聖費爾南多谷。那天四萬多人聚集在一起，慶祝洛杉磯歷史性的一天。在掛滿彩旗裝飾和布條的講臺上，穆赫蘭發表充滿「昭昭天命」（Manifest Destiny）觀點的演講。這種信念主張美國白人奉上帝旨意統領整片北美大陸。他表示：「這座簡陋的平臺是一座聖壇，我們在此獻上水源，將這條引水渠獻給各位，以及各位的子孫後代，世世代代永傳不朽。」[17]

接著，穆赫蘭也許是被群眾、喧鬧聲與重大場面所震懾，他簡短結束了演說，說道：「水都在這裡了。儘管取用吧。」

伊頓的朋友組成的財團紛紛把在聖費爾南多谷持有的土地，以每公頃一千兩百到兩千四百美元價格賣出，賺取二十倍以上的價差。引水渠正好在那裡終止，距離洛杉磯只差一個盆地。

水渠甚至沒將水運到出錢興建它的城市。[18]

新的水源使城市變得翠綠：原本乾燥曝曬的聖塔莫尼卡大道種滿了棕櫚樹，新興郊區的洋房依偎在明亮茂密的草坪之中。

歐文斯河一部分的水流最終會透過一條曲折的路徑抵達洛杉磯。水流先是被用來灌溉，再用來補充地下含水層，最後供給北邊聖費爾多南谷抽取地下水。這些水為城市帶來綠意，原先塵土飛揚、酷日曝晒的聖塔莫尼卡大道開始種滿棕櫚樹，新興郊區的平房別墅躺臥在明亮茂密的草坪中。[19]

然而，正如學者凱倫・派博（Karen Piper）在她的著作《遺留在塵土》（*Left in the Dust*, 2006）主張，這些水也將城市「漂白」。[20]在二十世紀，洛杉磯河這片原先供應城市的水源，已經成為一個骯髒不堪、雜草叢生的汙水處，水源地也成為流浪與無政府狀態的代名詞。由於河道經常變動，水源地成為不穩固、無法令人信賴的地方。周遭的社區也因為惡臭的河流飽受汙名，主要居民多為無法在他處立足的人，包含美洲原住民、墨西哥人、華人，以及雖然具有歐洲血統，但在二十世紀初仍飽受歧視的義大利人、猶太人與斯拉夫人。

從一八八〇年代開始，富裕的白人就一直想從洛杉磯市中心逃離，搬往西邊的邦客山（Bunker Hill）一帶。歐文斯河的水源進一步推動這場遷徙，提供城市擴張所需的養分。如同派博寫道：「歐文斯河為洛杉磯郊區帶來潔白、純淨與美感的允諾。」水資源讓新興郊區得以模仿英倫紳士的歐風莊園，設置草坪、花園、噴水池和游泳池等裝置。相較於白人，黑人則被排除在外。他們受限於種族限制條款中不得購買與使用房產的禁令，被排除在城市郊區之外。到了一九二〇年代，這些郊區已經成為三K黨的重要根據地。[21]

老話一句，水就是權力。

在歐文斯谷，最初啟用引水渠時，當地居民還未感受到這股權力的威力。頭幾年由於雨量充沛，加上洛杉磯市在不成文的協議下，主要從地勢較低、人口較少的地區取水，因約郡的居民大多能照常使用當地水源。然而，從一九二〇年開始，當地發生乾旱，並且逐年惡化。一九二四年，全谷的整年降雨量只有十七公分。在此同時，洛杉磯市仍不斷擴張，要求享有高達每秒十一立方公尺的巨量取水配額。要達成這項需求只剩一種方法，那就是抽取地下水。歐文斯湖開始明顯乾涸萎縮，原先湖水曾經覆蓋的地方只留下毫無生機、結著鹽晶的土地。

接著，洛杉磯水電管理局開始逐步向歐文斯谷上游推進。他們買下更多土地以獲取水權，而過程中是否有不法行為也難以明確界定。「幾乎每一筆交易中的成交價，洛杉磯出價都高於當地市價，」加州史學家雷米·納多（Remi Nadeau）在他的著作《尋水人》（*The Water Seekers*, 1950）中記載。「而且市政府從未以強制徵收或違法手段取得任何一塊土地或水源。」納多補充：「面對某些沒有賣地的牧場主，洛杉磯水電管理局仍相當謹慎嚴實供應他們應得的水源。」[22]當時歐文斯谷水權交易的總額高達一百萬美元，一些牧場主更因為這筆錢終生衣食無憂。那麼，為什麼有那麼多谷地居民仍憎恨洛杉磯市？

一部分原因是對土地的情感。在歐文斯谷，一些地主遲遲不肯賣地，儘管他們家族只擁有農地兩個世代，但已經跟農場培養出遠比利益還深遠的感情羈絆。然而，水利能源局採取所謂「棋盤式購地」的策略，從願意賣地的地主手中收購交錯分布的土地，用以逼迫意願較低的地主，讓他們為了避免最終得獨自維護大松運河（Big Pine Canal）的灌溉系統，而不得不配合。這種手段不算明目張膽，但帶給人強烈受騙上當的感受。許多家戶都感覺自己被迫將地賣給明知會摧毀家園的組織。《沙加緬度聯盟報》（*Sacramento Union*）的記者費德里克・福克納（Frederick Faulkner）在報導中寫道，洛杉磯市不浪費分毫片刻，一取得土地就將水從溝渠導入引水渠：「他們鑿井、安裝抽水幫浦，然後將地下水源完全榨乾。」福克納指稱洛杉磯市「是為了破壞、毀掉土地而購買土地」。許多谷地居民因此對洛杉磯懷恨終生，他們眼睜睜目睹自己一生的心血，就這樣化為塵土。[23]

最過分的是，洛杉磯市本身根本沒有使用這些水。在一九一〇年代，某年降雨量特別豐沛，但取水渠的水竟完全被用來灌溉聖費爾南多谷的農地，洛杉磯市一滴水都沒用上。如果犧牲歐文斯谷居民的土地是為了成就下一座偉大的美國城市，或許人們還能勉強接受；但若只為了讓某個財團在另一片沙漠谷地賺錢，就令人無法原諒了。就這樣，憤恨的情緒日漸滋長。

—

在孤松鎮，夏日氣溫經常達到攝氏四十度。一九二四年五月，城市與谷地之間悶燒已久的衝突正式引爆。洛杉磯市政府一狀告上法院，指控谷地的運河公司和農人從取水渠裡非法引水，並要求他們停止用水。若遵循這項要求，谷地居民的生計將被徹底摧毀，他們於是決定反擊，將引水渠摧毀。

一九二四年五月二十一日凌晨一點多，一道震耳欲聾的爆炸聲在孤松鎮以北約八公里的谷地響起。兩百多公斤的炸藥炸開了引水渠側牆，也就是阿拉巴馬水閘門（Alabama Gates）附近。在那裡，歐文斯河的河水被導入混凝土造的人工水道，成為洛杉磯市的水源。爆炸讓溢洪道的水門被拋上約十五公尺的山坡，混凝土碎片飛散到約四百公尺遠，還扯壞電纜和電話線路。大量土石及與碎屑落回水道中，阻擋了大半水流。[24]

爆炸過後，水電管理局的工人奮力搶修水道，洛杉磯市的媒體則激烈推測爆炸起因。市府當局的調查人員開始釐清這場發生在遙遠乾旱谷地的事件。他們追查到炸藥來自一間倉庫，是由一對兄弟所擁有。他們是和藹而富有的威爾弗雷德．華特森（Wilfred Watterson）與馬克．華特森（Mark Watterson）。兩人是因約郡立銀行的擁有人，同時擔任歐文斯谷灌溉區域（Owens Valley Irrigation District）的組織負責人。該組織試圖捍衛谷地居民使用當地水源的權利。儘管穆赫蘭的調查團隊懸賞一萬美元徵求線索，卻始終無人提供消息。根據事發現場的腳印與胎痕顯示，可能有四十人以上參與行動，但正如警探傑克．戴蒙德（Jack Dymond）事後描述：「歐文斯谷每一位居民都知道誰放置炸藥，但大家都三緘其口。」[25]

那個夏天相當動盪。法律訴訟持續纏訟，人們白天聚眾抗議，入夜後則集結在威爾弗雷德．華特森的牧場商討對策。反抗者絞盡腦汁，想方設法讓水源留在谷地裡。同時外來勢力也伺機介入，試圖利用這場水資源衝突達到自身目的。當時，美國各地的三K黨勢力正在復興，他們看準歐文斯谷有潛力將針對洛杉磯水利當局的抗爭，升級為對抗大城市、自由主義、商業財團與猶太人的抗爭。於是他們派了一名招募員進駐谷地，著手建立當地支部。[26]

不過，這個灌溉區並非全體一致對抗洛杉磯。有些農人和商人在販售水權給洛杉磯的交易中獲利，而欣然同意與市政府合作。這讓歐文斯谷內部更加緊張，一些家庭成員甚至為此反目。接受市府方案的主要人物之一是銀行家喬治・華特森（George Watterson），他也是兩名主導反抗行動的兄弟的叔叔。後來，他在晚上開始受到三K黨員「拜訪」，被威脅如果珍惜生命，就該早點離開谷地。

一九二四年八月二十七日，另一位很早就賣出土地和取水權的律師萊斯特・霍爾（Leicester C. Hall）正在主教鎮一家餐廳裡，坐在吧臺前。突然有群人闖了進來，從後門將他強行帶走、押進車裡。他們一路往南狂飆，一個男人的手臂緊緊勒住他的頸部，讓他差點失去意識。車子在一棵白楊樹旁停了下來，大約二十五個人早已聚集在一旁。有人拿出了條繩子。大家都知道接下來會發生什麼事。「我沒有做任何值得羞愧的事，」當時霍爾說：「替我向華特森兄弟問好，他們才是幕後主謀。」接著他使出最後手段。根據一段繪聲繪影的形容，當霍爾雙腳懸空被吊掛之際，他做出一個奇怪而刻意的手勢——共濟會成員的遇險求救訊號（Grand Hailing Sign of Distress）。幸運的是，這個手勢喚起共濟會成員之間的兄弟情誼，並超越三K黨的影響力。一名共濟會成員挺身而出，堅持留他一條命。人們於是將他從樹上解下來，但最終還是將他驅離因約郡，命他永遠不得返回。霍爾從未透露是哪些人攻擊他。[27]

接下來三年，歐文斯谷居民的反抗運動在言詞跟行動間交替。華特森兄弟各自主導不同策略，馬克透過遊說和法律行動，試圖爭取補償措施。他認為洛杉磯若要使用谷地水源，就必須以公平、公正價格收購整個谷地的農地，或保障提供充足水量，讓當地農業恢復榮景。[28]威爾弗雷德則採取更直接攻勢。以確保洛杉磯有把他們放在眼裡。一九二四年十一月十六日，七十名來自畢主教鎮的男子驅車前往阿拉巴馬水閘門。他們將閘門打開後，破壞關閉閘門的裝置。很快流水以每秒八立方公尺的速度傾洩而出，只要十秒便能填滿一座游泳池。引水渠裡的水迅速乾涸了。[29]

當警長前來向這些男子遞交限制令時，他們直接把文件丟進湍急的水流中，毫不退縮。隔天中午，二十名女子帶著午餐從主教鎮過來，跟她們的丈夫一起野餐。現場湧入更多人來提供精神支持，或純粹圍觀。一群人升起營火，也搭起帳篷和床鋪，那場景一半像社運人士的抗議運動、一半像郡上的嘉年華。主教鎮的肉鋪和雜貨店提供食材，讓大家能在戶外烤肉。正好在附近拍攝一部西部片的導演林恩・雷諾茲（Lynn Reynolds）還派了他的樂隊去，鄰近城鎮地居民也趕來湊熱鬧。[30]

「水流持續傾瀉過居民腳邊已經有四天了，」史學家納多寫道：「在水輪機房旁邊，有一名女子站在渠道邊安靜看著水流。有人注意到水流邊緣開始冒出小草。『是呀，這就是這座山谷的命脈。』那名女子饒富哲理說道：『只要人們願意讓命脈繼續流動，整座山谷就能復活。』」[31]

這次行動的公關效果極佳，小鎮農夫勇敢對抗貪婪都市、捍衛自己家園的故事，贏得全國各地報紙的關注與同情。一九二五年五月，法院通過一項賠償法案，很快地歐文斯谷的居民向洛杉磯市政府提起訴訟，要求三百萬美元的賠償金。但索賠程序一拖再拖，過了數個月甚至數年。洛杉磯水電管理局拒絕在沒有法院命令的情況下支付一分一毫。到了一九二六年中，谷地居民再度回歸直接行動。接下來一年，引水渠多次遭到炸毀。他們寧可讓那條混凝土水道化為廢墟，也不要這座山谷淪為荒漠。他們炸掉無名虹吸管（No Name Siphon）、摧毀大松溪（Big Pine Creek）旁約十八公尺長的管線，並以明膠炸藥炸毀白楊發電廠（Cottonwood Powerhouse）。有人在山丘上埋設炸彈，試圖引發山崩以掩埋取水渠。光是在一九二七年六月，短短一個月內就發生四起攻擊，洛杉磯市政府於是派出一百名持槍警衛駐守引水渠，之後又加派一百名。整座山谷儼然處於戒嚴狀態。

我講述這段歷史，是因為一百年後環保人士再度開始思考，他們是否需要炸掉管線才能達成行動的目的。這一百年間有什麼改變？二〇一九年，在上一章登場的歷史學家安德里亞斯・馬爾姆寫下一本著作《如何炸毀管線》（*How To Blow Up A Pipeline*）。在書中，他呼籲西方環保運動者放棄教條而無用的和平主義，轉而採取「明智的破壞行動」，亦即當一些物件與基礎設施正對地球造成深遠、迅速且不可逆轉的傷害時，人們應該策略性破壞這些設施。他目睹抗爭者持續遊行靜坐了五十年，但仍站在懸崖邊緣，不禁問道：「我們要等到什麼時候才願意把行動升級？」

馬爾姆舉出歷史上一系列抗爭行動，例如一七九〇年代的海地起義、二十世紀初英國婦女參政運動者跟警察發生肢體衝突，甚至在皇室訪問路線上放置炸彈。這種行動也是去殖民運動中不可或缺的一環，如同南非民運人士兼前總統曼德拉發表的名言：「只有在非暴力抗爭手段還有效時，我才會主張非暴力抗爭。」馬爾姆指出，當時破壞輸油管是「非洲民族議會」（African National Congress，簡稱非國大，ANC）的關鍵戰略之一，他們認為石油是種族隔離政權的「致命弱點」，因此在一九八〇年鎖定國營石油公司薩索爾（Sasol）作為目標。根據非國大成員弗萊恩・金瓦拉（Frene Ginwala）闡述，這項行動「打破了白人無敵的神話」。[32]這項神話正是種族隔離政權賴以維持的基礎。

過去，巴勒斯坦與奈及利亞的抗爭運動也曾運用類似手法。但出於某種原因，炸毀洛杉磯引水渠的破壞行動似乎沒被納入馬爾姆列舉的先例或榜樣之中。原因或許是管線輸送的資源為水，而非石油或天然氣。雖然兩者都是出於相同資源開採邏輯，將自然環境視為單純能轉換成商品或利益的經濟「資源」，不顧長遠代價。又或者因為引爆引水渠事件的道德寓意並不明確。那個時代在北美「邊疆」地區發生的暴力，似乎不容易對今日情勢造成啟發。另一方面，當時三K黨藉由操縱谷地居民之間的矛盾，傳播反猶太主義和種族仇恨的行徑，也作為明確的警訊：環保主義者有時可能會發現自己與極右派「盟友」並肩作戰，但這種關係是完全不該被容忍的。

炸毀管線事實上也比馬爾姆宣稱的還要困難。這類行動之所以不像網路上的主題標籤串聯或街頭抗議來得受歡迎，原因之一是在美國，即使是和平示威的抗爭者都愈來愈常被判有罪。二〇一六年，在「達科塔輸油管抗議」(Dakota Access Pipeline protests)期間，立岩印地安保留地（Standing Rock Indian Reservation）的居民與美洲各地的原住民運動人士、環保人士一起發起抗爭，試圖阻止「基石XL」（Keystone XL）輸油管建立。他們擔憂這條管線會汙染他們的土地與水源。抗議人士並未採取破壞行動，而是把自己「鎖」在施工設備上，單純阻止工程進行，並用路障擋住進出工地的道路。而警方的回應，是在十一月的寒冬中發射橡膠子彈和出動水炮，造成數百人受傷或因失溫送醫治療。[33]如果當初在立岩保留地有人嘗試炸毀任何東西，他們可能根本無法活著離開。

有些事不斷改變，有些事則恆久不變。對於歷史學家和記者來說，加州水資源爭奪戰留給他們最大的啟示之一，就是「水即權力」。但百年後立岩保留地集結的抗爭者們使用的標語，或許更能引發歐文斯谷居民的共鳴：「水就是生命」(以達科塔語說為Mni Wičóni)。這句話無比真實，也是至今仍然值得為之奮鬥的價值。

讓我們回到故事現場，那座位於內華達山脈陰影下的山谷。一九二七年四月，馬克．華特森對局勢仍相當樂觀。他寫信給一名報社記者說：「我覺得我們現在成功讓洛杉磯市屈居守勢，應該打鐵趁熱，持續加緊猛攻，不讓他們有喘息機會。」[34]

他的叔叔喬治卻另有打算。這場水資源爭奪戰不僅讓他的生意受影響，也讓華特森一家分崩離析。於是，在水電管理局支持鼓勵下，他開始挖掘他的姪子經營的因約郡立銀行帳目，並很快發現嚴重的財務黑洞。原來這間銀行已持續挪用存款兩年，將許多谷地居民的畢生積蓄，拿來填補華特森兄弟其他事業的財務缺口。其中包含一座礦場、一間礦泉水公司還有一間度假村。因約郡立銀行的帳本完全是捏造出來的，充滿實際上不存在的結餘，以及早已還清卻仍被列為應收的貸款。最後算下來，華特森兄弟總共欠下兩百三十萬美元的債（在二〇二三年約為三千八百萬美元）。兩兄弟更被指控犯下三十六條挪用公款與重大竊盜的罪行。他們吃定牢飯了。

歐文斯谷幾乎所有商業活動都仰賴因約郡立銀行。當這間銀行倒閉時，整個地區也陷入癱瘓。當初將牧場賣給洛杉磯市的家庭，發現他們的所得在一夕之間蒸發；將證券存在銀行保管的友人，發現那些證券早已被賣掉；某些商店僅存的資產也只剩下收銀機裡的現金。儘管如此，很多當地居民還是選擇相信華特森兄弟，認為兩人是為了拯救這座山谷才這麼做。於是，這個經濟受到嚴重打擊的社群咬緊牙關，用剩下的財產抵押貸款，湊出一百萬美元嘗試挽救華特森兄弟的事業，讓整座谷地的經濟命脈能繼續維持下去。

但居民的團結，仍無法拯救華特森兄弟。最終他們被判處十年徒刑，被關進聖昆丁州立監獄（San Quentin State Prison）。當載著他們前往舊金山的火車經過主教鎮時，正好有人釘上一塊新的告示牌：「洛杉磯市市界」。[35]歐文斯谷成為洛杉磯的土地。這不僅是字面上的隱喻，直到今日，洛杉磯市都持有歐文斯谷八十九%私有土地。[36]這場戰爭已落幕，小人物輸了。

但有誰真的贏了嗎？

伊頓嘗試把他在長谷所有的土地賣給洛杉磯市政府，作為興建蓄水庫用地。但他開價一百萬美元，讓穆赫蘭認為那根本是勒索。這兩名曾經搭檔五十年的夥伴從此漸行漸遠，伊頓對此耿耿於懷。而當華特森兄弟的銀行倒閉時，伊頓用大量貸款支撐的事業也跟著灰飛煙滅。[37]

最終，穆赫蘭另尋他地，在洛杉磯西北邊的聖佛朗西斯奇托谷（San Francisquito Canyon）的鬆軟紅石岩盤上築起水庫。一九二八年三月十二日半夜，慘劇發生。這座水庫發生災難性潰堤，四十公尺高的水牆傾瀉而下，席捲整座山谷，奪走了四百三十一人的性命。當天稍早，穆赫蘭才剛親自視察過水庫，儘管當時有發覺些微漏水，但他判定水庫安全無虞，沒有疏散住戶的必要。在法庭上，他坦承：「無論對錯，請不要怪罪任何人，把責任全歸在我身上吧。如果說有任何人為疏失，那人就是我。」[38]

這項疏失徹底擊垮了他。這名數十年來從未真正休過假的男人總算退休了，從此將自己封閉在悲痛中。穆赫蘭不再說話、幾乎不吃東西，也無法入眠。「我到底是怎麼了？」有一次他問女兒蘿絲，但又自己給出答案：「我看見許多事物，但都完全提不起興趣。我對生命的熱情已經凋零。」[39]

我們或許可以說，唯一的贏家是洛杉磯。這座城市達到爆炸性成長，這在資本主義的邏輯下等同於勝利。至今，大洛杉磯地區有高達一千八百七十萬人口，是全球第二十大的超級都市。

——

當灌溉溝渠沒了流水，滋養山谷五十年的果園和麥田就註定要消亡。它們以驚人的速度毀壞。一九二〇年，曼贊納（Manzanar）地區原有二十平方公里的果園，種滿蘋果、桃子與梨子，還有菜園、花園、馬鈴薯田和玉米田。這些水果在舉辦於沙加緬度的加州博覽會獲獎，維繫一個繁盛小社區中整整二十五戶人家的生計、一座兩間教室的小學和一間雜貨店的運作。到了一九三〇年間，一切都已荒廢。[40]在兩個世紀前被趕離家園的派尤特人，曾經還能在谷地的農場和牧場當農工勉強度日，現在卻因為工作機會消失陷入貧困。一直要到一九四二年三月，曼贊納才重新有人居住，但用途是作為集中營。在珍珠港事件後，當地蓋起拘留一萬名日裔美國人的集中營。「我們睡在沙塵中，呼吸的與吃的都是沙塵，」一名集中營的拘留者回憶：「無論我們多麼努力嘗試忍耐、體諒大局、勇敢面對，那樣惡劣的生存環境都令人難以忘懷。」[41]

這座曾經被稱為「西部小瑞士」、因為冰河河水一度生機盎然的山谷，如今成了沙漠。到了一九二六年，曾經延伸超過兩百八十五平方公里的湖泊，大多已乾涸消失。只有湖泊西岸殘留幾個濃度高的鹽水池，池中棲息的嗜鹽古菌（一種單細胞生物）將湖水染成不祥的紅色。剩下的大半湖床呈現一片耀眼明亮的白，對行駛過三九五號公路前往雷諾的駕駛人來說，就像地平線上一道詭異的光暈。

每當谷地颳起風，而且風勢因為歐文斯谷的狹長地形尤其強烈，那裡便成了「地球上可能最嚴重、最劇烈的人為擾動型沙塵源」。根據美國地質調查局職員陶德．欣克利（Todd Hinkley）調查，[42] 歐文斯谷是美國境內最大的沙塵來源，每年總沙塵量介於九十萬到八百萬公噸之間。在一次大型沙塵暴中，湖床表面每秒可拋出五十噸塵土，創下美國有史以來濃度最高的PM10微粒紀錄。[43,44]

「每年歐文斯谷都會產出三十萬噸沙塵，沙塵總是會飄到別的地方。」一九九七年，在一場關於空氣汙染的聽證會上，來自主教鎮派尤特部落的哈利．威廉斯（Harry Williams）表示：「在這裡我們討論的是八十年來，每年谷地都會產出三十萬噸沙塵。我不知道總量是多少，但最終沙塵總會落在某個地方，可能是濕地、動物身上，許多事物都會受到影響。森林局會告訴你，這些塵埃是世界上最古老的東西，它們在那麼高的地方飛揚。」[45]

沙塵隨風升高、越過白山，吹到山頂上糾結扭曲的古老松樹刺果松（bristlecone pine）。那些樹木年齡可達四千八百年之久。在古埃及人興建第一座金字塔時，它們經是小樹苗，並和「城市」的概念一樣古老。如果沿著顛簸的泥石路上山探訪樹木，會覺得它們彷彿活在時間之外，不受凡間影響。但如今沙塵讓樹林罩上一層粉白的薄紗，其中具有腐蝕性的鹽鹼微粒對樹木並無好處。

而在谷底，沙塵對當地居民也百害無一利。人們將這種沙塵稱為「基勒之霧」（Keeler fog），基勒是過去位於湖畔的一座城鎮。「小時候，我以為那真的是霧，」凱倫．派博在《遺留在塵土》中寫道。她成長於當地小鎮里奇克萊斯特（Ridgecrest）。「沙塵會像霧氣般從山的另一頭湧入、擋住陽光。即使沒風時，沙塵也會懸浮在空氣中。在有些日子，陽光會完全消失、讓人呼吸困難。但從沒有人跟我解釋那是什麼。那時沒人知道那有多危險。」[46]

「這些塵土就跟麵粉一樣細白，風一吹就會完全覆蓋我的家鄉。」派博表示：「有時它們內含鹽分而呈白色、有時內含藻類而呈粉紅色，有時則是骯髒的灰色。」

被風帶到空中的當然不是麵粉，而是鹽。歐文斯湖已變成一片面積有如舊金山的乾涸鹽湖，由泥巴、砂粒與坋粒組成的地表布滿深深裂痕。這種透過蒸發形成的表面，是世界上最平坦的地形之一，只要幾公分的水就能將整片湖床變為閃耀的鏡面。週期性的積水會將過去數千年歐文斯河從內華達山脈淋溶出的鹽分帶到地表，等水再次蒸發後，便會留下一層鹽殼。

鹽殼是個奇怪的東西。一方面，全球最多沙塵的地區常見於乾鹽湖；但另一方面在一些地區，像烏茲別克的乾涸鹹海、突尼西亞或納米比亞沙漠等地，鹽殼卻能形成一層堅硬、抗拒風蝕的地表。所以乾涸的歐文斯湖究竟出了什麼問題，才會變成如此嚴重的環境災難？

首要的問題是，鹽會以地質學中稱為「置換結晶」的方式成形，也就是鹽在結晶過程，會將其他礦物擠開，而非填滿它們之間的空隙。這導致地表生成更多微小的鹽晶，並將其他砂粒或坋粒推上地面，讓它們暴露在風蝕中。再來，乾鹽湖會產生多少沙塵，有一部分也取決於當地存在哪些鹽類。不同鹽會形成不同形狀的晶體，結晶在強風吹襲下，能黏著在地表不被颳起的能力也不同。不幸的是，歐文斯湖的鹽分多為黏著力特別弱的種類，諸如無水芒硝（thenardite）或芒硝（mirabilite），這兩種鹽類會形成脆弱、尖銳的稜柱狀晶體；石鹽（halite）則會形成地質學家所謂「蓬鬆」、「毛絨狀」的鹽殼，內部充滿空隙。最後，由於歐文斯湖偶爾會在冬季暴雨後再度泛濫，湖床的鹽分會不斷重新溶解，因此每次都只會形成細小晶體，還來不及長大就又被大水溶解。[47]綜合以上因素，乾鹽湖的表面充滿細小、鬆散的鹽與土壤顆粒，一縷輕風便足以揚起漫天塵埃。

這種形式的侵蝕被稱為鹽化（saltation），英文名稱來自拉丁文saltus，意為跳躍。較大的微粒會在短暫跳動後落下，在谷地造成低矮的霧狀煙霧。但更小的微粒會被風帶到更遠的地方，對健康造成更大危害。而且因為它們極為細小，有辦法躲避人體天然防禦機制，鑽進血液及骨骼深處，因此對健康造成更大威脅。

在二十世紀，歐文斯湖每年釋放約三十萬噸的PM10。[48]根據美國環境保護局（Environmental Protection Agency，簡稱為EPA）報告顯示，這些微粒總共含有三十噸砷、九噸鎘，兩者都是有重大致癌風險、危害民眾健康的物質。[49]砷會導致皮膚病變、進而導致皮膚癌。如果在胎兒或嬰幼兒時機接觸到砷，會導致認知發展遲緩，並增加孩子在青年時期罹患肺癌、膀胱癌、心臟病、肺病或腎衰竭而死亡的機率。鎘則具有腎毒素，會讓人骨骼衰弱，更容易發生骨質疏鬆和骨折，也會傷害呼吸系統。歐文斯谷的居民每天都在吸入這些重金屬。

「我會關注歐文斯湖，是因為我的肺積累了十八年的矽塵。」凱倫．派博寫道：「我妹妹現在罹患紅斑性狼瘡，社區附近有另外三個女孩也被診斷罹患這種病，其中有兩人後來都去世了。我的兒時教會朋友得了急性呼吸窘迫症候群，教會裡四個嬰兒也生了一樣的病，他們現在都住院了。我媽媽的鄰居才剛被診斷出肺部受到類風濕性關節炎侵襲，正在使用氧氣機。我從小到大都飽受肺炎和氣喘困擾，有幾次過敏發作也幾乎致命。這個鎮上充滿癌症患者，我媽媽經常打電話請我幫她唸訃聞。『好多年輕的人，才四十多歲而已。』有一次她這麼說。」[50]

砂塵能踏上極遠的旅程。在歐文斯谷約八十公里外的里奇，一名克萊斯特社區醫院的急診醫師觀察每當砂塵暴來襲，急診室看病人數就會暴增十倍：「每當我們看到一片白色雲霧從山口席捲而下，急診室和看診間很快就會擠滿病人，他們的病情突然變更嚴重，這之間的因果關係非常明顯。」[51]沙塵會一路追隨歐文斯谷被盜取水源的路徑，最終抵達洛杉磯。[52]無論洛杉磯如何否認，終究無法逃避自己種下的惡果。

在長達一世紀的日子裡，歐文斯谷居民都得生活在洛杉磯市假裝沒看見的環境危機中，這讓他們憤怒不已。「年復一年，我們眼睜睜看著青草枯黃。灌木和雜草逐漸入侵。」二〇一四年，派尤特族大松部落的莎莉．曼寧（Sally Manning）表示：「一年又一年過去，什麼也沒有改變。」[53]

為什麼？因為洛杉磯需要水源。這座城市的成長與發展完全仰賴其維生。

第三章 終歸塵土

一九三五年四月十四日星期日，一場沙塵暴席捲北美大平原，如雪崩般淹沒所經之處。那年三月每天都有沙塵暴，堪薩斯州的道奇城（Dodge City）從年初到當時為止，只有十三天倖免於塵埃。然而，在四月第二個星期日的早晨，天氣卻相當晴朗，明媚的陽光和清澈的天空照亮大地。當天氣溫將近攝氏三十度，是那年目前最好的天氣。人們紛紛換上短袖出門。在奧克拉荷馬狹地（Oklahoma Panhandle），農家無不敞開前門，深呼吸乾淨的空氣。那星期日正巧是復活節前一週的聖枝主日，*人們都希望上天能慷慨賞賜個好天氣。

人們開始大掃除，把家裡用來吸附沙塵的濕棉被和毛毯收起來，撕下封住窗戶門縫的膠帶與糨糊眾人條，也打開窗戶。大量灰塵被一桶一桶清出，屋頂被鏟得乾乾淨淨，洗淨後的床單和衣物在太陽下晾乾。那天，奧克拉荷馬州蓋蒙市（Guymon）的循道會舉行了一場「祈雨禮拜」，教友們紛紛前往，向上帝祈求迫切需要的雨水。波夕市（Boise City）的居民則重新舉辦一場兔子圍捕活動，這場活動在一個

---

* 棕枝主日（Palm Sunday）又稱為棕樹主日或基督苦難主日，東正教會稱柳絨節，是主復活日前的主日，標誌著聖週的開始。聖枝主日為天主教會、東正教會、聖公宗、信義宗等各派慶祝的節日。

月前因為沙塵暴而被推遲。在其他地區，許多民眾則出門巡視自家農場狀況，他們發現戶外廁所天花板倒塌、有一半埋在沙土裡；柵欄旁堆積著新形成的沙丘，沙丘個個高達三公尺，被一團團風滾草困住。

同一天早上，在一千兩百八十七公里以外的北達科塔州俾斯麥市（Bismark），天空開始轉變為紫色，風勢也漸漸增強。氣溫驟降到攝氏十七度左右，強風從北吹向南方與西南方。這場風暴在南達科塔州、內布拉斯加州和堪薩斯州上空肆虐，從地力耗盡的地表捲起乾燥的土壤，形成一團超過六百公尺高的巨大黑暗漩渦。到了下午兩點半，道奇城陷入一片黑暗，空氣中瀰漫的沙塵讓人伸手不見五指。

事件多年後，奧克拉荷馬歷史學會訪問當時三十二歲的艾達．凱恩斯（Ada Kearns）。艾達回憶自己走進屋內，說道：「我記得下午三四點左右，我開著收音機，聽到廣播中說：『這裡是道奇城，我們要停止播音了。』」[1]主持人沒時間解釋原因就下線了，因為沙塵暴帶來太強大的靜電，讓電器設備和汽車引擎短路，人們甚至能看見帶著電荷的鐵絲網閃爍火花。

羅根．奎格（Logan Gregg）當時正在朋友家玩撲克牌，那是當時相當流行的娛樂活動。「突然有人起身走出去，跟大家說：『你們快來看。』那東西正越過河流朝我們過來，看起來就像在不停滾動。」奎格兩隻手跟著比劃。「你會想：『好的，這就是世界末日了。』當那個東西靠近時，我甚至懷疑後面是否有神站在白雲或有魔鬼站在黑雲上。我們真的被嚇死。」[2]

每個人對沙塵暴的描述大都一致。當奈莉．古德納．馬隆（Nellie Goodner Malone）太太被詢問：「沙塵暴接近時是什麼樣子？」她答道：「大概是世界末日的樣子。」[3]

那一天後來被稱為「黑色星期天」。隔天在新聞報導中，事件首次被稱為「黑色風暴」（Dust Bowl）。

黑色風暴是一九三〇年代，美國中部一場由乾旱、沙塵與經濟大蕭條交織而成的危機。在那十年間，北美大平原從北到南約八百公里、東西約五百公里，總計四十萬平方公里的土地乾涸龜裂化為塵土。光是在一九三五年間，也就是沙塵暴最嚴重的一年，就有八．五億噸重的表土被風吹起，飄散到遠至華盛頓和紐約等地區。

北美大平原的乾旱是自然現象，平均每四年就會有一年雨水不足。一八五六年至一八六五年間發生的一次重大旱災，就曾導致野牛與北美原住民相關的生活模式滅絕。當時日益增加的移民聚落讓野牛無法抵達河谷間僅存的綠地。十九世紀中葉，一篇報導曾提及邊疆開拓的商隊，遭遇能見度不超過九十公尺的沙塵暴。[4]而在一八九〇年，第一批到內布拉斯加的白人移居者，在嘗試建立農耕生活五年後被迫放棄。因為當年開始發生為期七年的乾旱，農民眼睜睜看著種植的小麥田乾枯死去。[5]

然而，一九三〇年代的沙塵暴是一場前所未見的災難。翻騰的黑雲、滋滋作響的靜電，以及瀰漫在空氣中的塵土，都顯示這場災害並非單純的自然天災。儘管風勢、乾旱與鬆軟的土壤等自然條件為其提供先備環境，然而從濃厚沙土覆蓋的地景，到遭侵蝕而裸露的農田，這些如地質變遷般巨大的災害規模顯示其根源出於人為，並與最初扛著犁到來、意圖「征服平原」的白人移居者有深遠的關聯。

黑色風暴襲擊北美大陸的心臟，無論在地理位置上或象徵意義上皆是。西馬隆郡（Cimarron）、德克薩斯郡（Texas）和比佛郡（Beaver）位於奧克拉荷馬狹地，是美國本土四十八州中最晚開發的地區，開墾時間約為一八八九年至一九〇七年。當災難發生時，當地居民才經歷一代更替。原先那片土地作為美國開拓邊境的神話象徵，在短短一代內竟然化為烏有，令人不禁懷疑整個開墾計畫的正當性。然而無論在當時或現在的文獻紀錄中，這種質疑論調都相當少見。黑色風暴只被描述成一場少見天災，而非人禍。人們認為它屬於區域性危機，而非全球土地枯竭最戲劇化的例證。如此一來，無論在過去或現在，有關土地耕作永續性等艱難問題都能被迴避。

黑色風暴是一段關於巨大失落的故事。根據一名堪薩斯州的小麥農夫勞倫斯・斯沃比達（Lawrence Svobida）所說，在事件過後，約有三百萬人「流離失所、耗盡體力或飢餓而死」。為了逃離鄉村赤貧的生活，人們不得不搬到城鎮，或推著手推車一路逃往西邊的加州，成為其中一次美國歷史上最大規模的內部人口遷徙。[6]在環境災害與經濟大蕭條加成下，那片短短幾十年間被視為美國心臟地帶的區域就這樣被摧毀，此後也一直沒有恢復到一九一〇年的人口數量。但除了統計數據，這場災難還造成難以估量的損失。根據研究，黑色風暴所造成的「沙塵肺炎」(dust pneumonia）可能奪去七千條人命。但正如斯沃比達在一九四〇年出版的著作中回顧他離開的土地與生活時，表示：「黑色風暴造成的最重大悲劇，多半永遠不會被記錄下來，只留存在逝者摯友與親人哀痛的心中。」[7]

對一些人來說，這段回憶實在太不堪回首。唐・哈特威爾（Don Hartwell）作為黑色風暴的見證者，在日記裡記下沙塵暴晚期的生活。這部日記差點被哈特威爾的遺孀維娜燒毀，幸虧一名鄰居路過搶救下來。為什麼維娜會想摧毀這段如此私密、又同時具有歷史價值的紀錄？我們只能推測，她不希望回憶起那些往事。[8]

二〇一六年十二月的最後一天，我和友人韋恩一起去大峽谷，打算在谷底行走幾天，走入那彷彿凝結時間的深邃地層。突然間，氣象預報發出沙塵暴逼近的警告，為了避開風暴，我們決定回頭。在穿越十八億年的地層一路往上走時，我們決定增加一個行程，開車前往沙塵暴襲擊的主要受災區。不為什麼原因，就只是想去那裡看看，感受一下那片土地的氣息，來想像歷史上的沙塵暴。不過其實我們主要想體驗高速駕駛的快感，以每小時一百三十公里的速度，駛過兩千四百公里無人的公路。偶然有車輛迎面駛過，駕駛都會抬起一兩根手指打招呼。

於是，二〇一七年就在晨曦中展開，陽光照耀在偶爾出現的油井，以及成群旋轉的風力發電機上。我們在天亮前離開阿馬里洛市（Amarillo），往北深入德州西部的狹長高地埃斯塔卡多高原（Llano Estacado），接著進入奧克拉荷馬州。在寬廣湛藍的天空下，成群黑色野牛在草原上漫步。這片南方高原在白人拓墾的前二十年是屬於野牛的國度。由於地勢高、氣候乾冷，高原只長得出短草。短草草原不僅作為美洲野牛大遷徙的南方邊界，也曾是三千萬隻野牛的家。因此從生態環境來看，當地似乎能持續進行牛隻放牧。但過去人們完全不是這樣養牛的。班・金奇洛（Ben Kinchlow）是一八七〇年代一名當地的牛仔，他經常需要將牛群趕到堪薩斯和內布拉斯加的火車站。他回憶起當時盛況，描述：「在趕牛的路上，視線所及都是牛群。路被踩得極為明顯，當沙塵揚起時高度可達牛隻的膝蓋。如果你騎著馬到牛群後頭，會發現整群牛被濃厚的沙塵遮蔽到看不見。」[9]

今日牛群仍然存在，只是多數被關在集約化飼養場；也有一些牛還在平原上放牧，喝的水來自地下奧加拉拉蓄水層（Ogallala aquifer），流水由六公尺高、不鏽鋼製的風車從蓄水層中抽出。細長的中心樞軸灌溉系統（centre-pivot sprinklers）有如巨大的蜻蜓，優雅停靠在田邊，並以長達五百公尺的灌溉臂澆灌高粱與小麥等作物。對於我這種歐洲人來說，當地的經濟運作模式令人感到相當陌生。那裡的房屋和主要街道看起來並不富裕，卻有非常壯觀的穀倉，鎮民駕駛的卡車也十分巨大。在蓋蒙展售場（Guymon show lots），一輛新型聯合收割機要價高達五十萬美元，體現當地作為工業化的農業資本主義基地，有如一間鄉村食品工廠。

如果透過鳥瞰視角觀察，會發現整片地景是由圓形與方形構成的整齊網格，與曼哈頓一樣都是人造之地。但當你身處其中，將視野集中在地平線，會發覺整個世界彷彿被壓縮在地平線上下幾度的範圍，筆直的道路延伸到遠方，直到消失不見。雖然美國西北部的蒙大拿州自稱為「大天空之州」（Big Sky Country），但奧克拉荷馬州的這片平原卻有我看過最寬廣的天空。這片天空有無邊無際的一百八十度視野，有著透明深邃、一望無際的深藍，廣闊程度令人不敢完全仰望，以免因此跌倒。

這片平原位處於半乾燥氣候區，距離沙漠的惡劣環境只有幾吋雨水之遙。一八七八年，地質學家兼探險家約翰・鮑威爾（John Wesley Powell）曾表示，美國的氣候可從北美大平原中間劃出一條分界線，將潮濕多雨的東部與乾燥的西部劃分開來。[10]他的見解是對的。在靠近奧克拉荷馬—德州狹地的邊界，再往上延伸經過堪薩斯州道奇市，剛好有一條五百〇八毫米的等雨量線。這條線以東地區每年降雨約五百一十毫米，因此無須額外灌溉，便有機會發展農業，而且農作物種類多樣。但這條線以西生活就艱難許多。一八二三年，美國陸軍少校史蒂芬．朗（Stephen Long）將西部土地繪製為「美國大沙漠」，並在報告中描述當地「幾乎不適合農耕，當然也不適合依賴農業為生的人類居住」。人們一直相信這種說法，直到五十五年後白人前來開墾定居，才打破這個迷思。

人們形容這個地區的水「稍縱即逝」，真是美麗而委婉的說法。西馬隆河（Cimarron River）每年只有幾個月會流動，大多時間都處在枯水期，有時甚至完全乾涸，暴露出砂質河床，對人或動物幾乎毫無用處。一名早期遊歷聖塔菲小徑（Santa Fe Trail）的旅人曾形容這條河是「草原上鹽度最高、最怪異且最惹人厭的邪惡河流」。[11]由於土壤涵養水分不足，森林毫無立足之地，在筆直延伸的地平線上，沒有任何一棵樹生長在這片廣闊無邊的荒地。或許只有在河床附近人們才會看到幾棵長在沙洲上的柳樹或白楊樹，最初樹木是從順著水流停在沙洲的種子發芽長成。

———

正是水讓前來拓荒的白人在平原上找到定居機會。

從一八六〇到一八七〇年代，一件奇特的事發生了。當地氣候改變，轉變得更加潮濕。前往奧勒岡小徑的移民開始口耳相傳，過去枯黃的內布拉斯加西部土地竟然不再枯黃，轉變成綠茵之地。專家對此的解釋是「只要犁田就會開始下雨」，但似乎沒人能完全解釋原因。也許是掘土的動作讓土壤中的水分蒸發到空氣中；也許是種植了樹木與灌木，讓生態環境產生變化；也可能是火車蒸汽或新型的人類活動讓大氣振動增加。無論什麼原因，主張開發的人深信這種改變是永久的。例如一八八一年，從事土地投資的投機商人查理斯・威爾伯（Charles Dana Wilber）就宣稱：「雨水對勞動者的祈禱從來都不會失約。」[12]。這種說法真是再方便不過。

聖塔菲鐵路公司甚至印製一張看似頗具科學道理的地圖，顯示五百〇八毫米的等雨量線每年正以約二十九公里的速度往西推進，並與鐵道新建的城鎮路線完美契合。這段位於鐵路兩側各四十八公里範圍的城鎮，原本屬於原住民的土地，占據全國土地面積約十分之一，總面積有七千萬餘公頃。聯邦政府從原住民手中奪走土地後轉售給鐵路公司，鐵路公司竟立即轉售，將土地販售給居住在東部沿岸城市的貧民，甚至遠及歐洲。[13]

除了利潤動機，十九世紀美國西進運動的動力還包含對國家「天命」的信仰。正如新聞記者約翰・奧薩利文（John L. O'Sullivan）所說，美國有「占領上帝賜予的整個大陸」的天命。[14]一八六二年美國通過的《公地放領法案》，讓人們只需支付一筆註冊費，就能取得六十五公頃的公有土地，前提是他們要有在土地上生活的決心（當然那不是件容易的事）。而只要在登記土地上住滿五年，過去可能一無所有的人就能擁有一片屬於自己的土地，實踐他們的美國夢。這種擴張領土的措施，被當成美國民族性的重要象徵，事實上就是帝國主義的展現。一八九〇年，歷史學家費德里克・透納（Frederick Jackson Turner）寫道：「風起雲湧的西進運動造就一段段絕地重生的勵志故事，也體現美國生活的流動性、美國人與原始社會的持續接觸，這些都塑造美國的性格。」[15]

因此，北美大平原的西部就跟歐文斯谷一樣，看似位處遙遠邊陲，但在政治和社會意義上都長期占據美國國族想像的核心。(如同我們在這本書中一直提到，邊陲地帶實際上常是催生現代世界的關鍵。)居住在密蘇里、愛荷華和伊利諾的人們，紛紛乘著火車、馬車，甚至步行來到這裡。

———

一八八三年八月二十七日，地球另一端發生一場大爆炸，留下人類史上最響亮的聲音紀錄。這場喀拉喀托火山（Krakatoa）的大爆發，將二十五立方公里的岩石、火山灰和硫酸噴到大氣中。好幾年內由於塵埃都籠罩天空，遮擋住太陽輻射，地表的反射率隨之增加。地球開始降溫，進入所謂的火山冬季。原先北美大平原的冬天就已相當寒冷，然而到了一八八〇年代中期，當地氣溫變得愈來愈低，彷彿進入一場小冰河期。

氣候的改變，讓原先在平原上依靠農業為生的定居者生活被摧毀。最初來到堪薩斯與內布拉斯加的移民中，有超過一半人口定居不到一世代時間就選擇離開這片土地，返回東部老家，或像成千上萬人一樣南下進入奧克拉荷馬州的領地。當時的奧克拉荷馬州大部分屬於原住民保留地，但並非全部。該地區有兩塊法律上的無主地讓移居者趨之若鶩。一八八九年四月二十二日正午，一個面積達八千平方公里的無主地開放登記為自耕農場，當時約有五萬人前來排隊申請，讓登記有如一場劃地競賽，人們不管騎馬或坐馬車，都爭先恐後來搶每人能分配到的「四分之一地段」(將近〇．六五平方公里)。

奧克拉荷馬市幾乎在一夜之間以帳篷移居形式建立起來。在接下來十二年裡，該州所有原住民保留區都被強行販售給聯邦政府，並開放給移居者登記領取。隨著市場的牛隻價格下跌，牧場主也將他們的農牧用地部分出售。從此，北美大平原逐漸變成私人土地。

如同前面提及，奧克拉荷馬狹地是美國最後幾個人們定居的地方之一，這件事不難理解，當地乾燥且不可預測的氣候讓農場不斷被轉手。儘管本來的移居者並非完美的土地管理者，但他們至少將這片土地視為家園，在日記和口述歷史中透露對家的關愛。然而，隨著後續更富有的地主接手經營失敗的地後，這片土地慢慢變成純粹的投資工具。對此，平原地理學家約翰・哈德遜（John C. Hudson）解釋：「由於這些地區有人移居的時間較晚（尤其是在一八九〇年西進計畫停止、邊疆封閉的關鍵年份後），這裡早期的開墾活動便帶有二十世紀初金融資本主義的鮮明特徵。包含大規模而專一化的耕作、高資本投入與低勞動力的農業方式、有如工廠組織的生產流程，以及普遍巨大化的產業設備。」[16]這簡直是一場剝削環境的預備公式。

先前的移居者來這裡前，大多對在乾旱地區展開新生活毫無準備。他們從氣候溫和的故鄉帶來當地的農耕技術與概念，或轉而求助一份為西部新移民編寫的指南。該份指南是政治家兼農民哈迪・坎貝爾（Hardy W. Campbell）出版的《土壤耕作手冊》（一九〇二年），是一本針對乾燥地區的農耕教學指南。坎貝爾教導讀者如何處理堅硬乾燥的土壤，包含用雙盤犁將土地鬆開進行深耕，以便讓小麥的根系能延伸。每次降雨後，農夫還要再用耙子將表土打碎成「塵土覆蓋層」，以阻止地下水向上滲透，進而減少水分浪費在雜草的生長。然後在每次收穫後，農夫應馬上再犁地，讓土壤暴露在空氣中幾個月，直到下次播種。[17]

數千年來，北美大平原的草根維繫著這片土地。然而，在奧克拉荷馬州部分地區，農民在犁掉草皮進行土壤翻耕後四年，土壤就開始流失了。[18]

——

在十年多以後，當初移居者孤注一擲前來墾荒的決定似乎有回報了。一九一〇年代末，他們開始看到多年辛勤勞動的成果，如同奧克拉荷馬州德克薩斯郡的一名教師兼自耕農卡洛琳・亨德森（Caroline Henderson）寫道：「我們的夢想似乎終於成真。」[19]

原來，法蘭德斯戰場的戰火為北美大平原農民帶來致富的機會。由於土耳其加入第一次世界大戰，中斷俄羅斯小麥的出口，歐洲市場被迫轉而購買美國的農作物。美國總統威爾遜因此宣布：「多種小麥！小麥能贏得戰爭！」因應需求小麥價格翻倍成長，達到每公噸七十七美元，農民於是更積極種植小麥。他們在大平原地區犁開超過四・四五平方公里的原生草原，到了一九一九年，全美國收成的小麥田面積達到三十萬平方公里，比戰前多了三分之一以上。

小麥的收益讓農民賺得荷包滿滿，銀行也爭相放貸，大平原的農民因此展開一場消費熱潮。那些在兒時幫父親餵馬拉車的年輕人，如今能開著亮綠色、強鹿牌的D型曳引機，從農業設備展售中心風光駛出。他們必定感到無比驕傲，那些新推出的聯合收割脫穀機，將原本需要靠一週人力完成的工作，縮短為不到三小時就能收割四分地的小麥田。這種機械化農業在平坦開闊的平原上，達到全國最高效的農業作業。

整個一九二〇年代，小麥的種植面積都持續擴張。那十年間因為氣候潮濕，收成結果都有達到平均，有時甚至極為豐碩。但這一切都是建立在投機生意與舉債上。一位農民可以靠一次好的收成賺取八千美元（相當於今日的十萬美元），但一臺聯合收割機要價高達三千美元。要是有些年春雨下太晚，或暴風雨摧毀作物，該年收入就會化為烏有。在戰爭期間，農民為了擴大經營而大量借貸，但隨著房貸與稅率增加，他們被迫年復一年追求短期利益。長久下來，種類單一而集約化的農耕讓地力衰退，然而正如斯沃比達所言：「只要在一年間小麥收成良好、價格高，獲得的收益可能相當於十年畜牧業的利潤。誰能預見未來呢？」[20]

環境社會學家漢娜・霍爾曼（Hannah Holleman）認為，正是這種經濟作物讓草原變成沙漠。[21]她指出，這種農業的本質是「無止境的貪婪」，而且對社會與生態造成的影響，和自給農業、甚至是在地產銷的農業相比有極大差距。由於大平原上的農場是被抵押、用於資金槓桿以及金融化的工具，無論氣候如何變化，農民都必須應付投資者的要求或銀行債務。這種經濟模式致使「土地在應該休養生息時仍持續被耕種，畜產動物在數量該減少時不斷繁殖」。年復一年，土地生產力就這樣被消耗，直到殆盡。

到了一九二〇年代末時，北美大平原已經有四分之三的冬麥農場採機械化作業，並與全球經濟體系緊密相連。老式家庭農場的溫馨形象已經是童話，大平原的生活已自動化、金融化跟全球化，農民更是美國最現代化的一群人。[22]許多人甚至是遠距地主，居住在繁華的城鎮，雇用流動的工人隊伍來耕地、播種和收割。

戰後，當小麥價格跌回每公噸三十七．九美元時，這些操作金融槓桿的農場已經沒有太多轉圜空間。一九二九年十一月九日，一名住在北達科塔州畜牧場的十六歲年輕女孩安．瑪麗．洛（Ann Marie Low）在日記中寫道：「一場股市大崩盤似乎造成全國轟動，讓很多人破產。但我們比他們早一步受到衝擊，一九二八年七月下的冰雹與當年秋天銀行倒閉，讓很多本地人破產了。」[23]

隔年，一九三〇年，達科塔州開始出現風吹砂。再隔一年乾旱來襲，農作物價格暴跌至災難性低點。一九三二年，沙塵暴轉向南方，襲擊堪薩斯州、科羅拉多州東部和奧克拉荷馬狹地，黑色風暴時代正式開始。

「我第一次遇到沙塵暴是在一九三二到一九三三年的冬天……應該是一九三三年初。」一九八四年，夏克爾福德夫人（Mrs. Shackleford）在接受奧克拉荷馬州歷史學會訪問時回憶。[24]

「當時農民已經把土地全部翻耕，已經沒有什麼東西可以抓住土壤了。」她的丈夫埃爾默．夏克爾福德（Elmer Shackleford）補充。

「天氣開始變得很乾，」她繼續說：「我們這裡本來就經常有風，但那時風開始變得特別猛烈，從北邊的科羅拉多州開始，一直往這裡吹過來。」

「最可怕的是第一場沙塵暴，」同樣是當地人的夏克爾頓先生（Mr. Shackleton）說：「那次風大概吹了一整天。當沙塵暴襲來時，我們還以為是地平線突然冒出一大片濃煙，看起來就像眼前的世界著火了。沙塵相當洶湧，不斷有煙霧翻滾，彷彿油井著火般猛烈。」

「如果先不去想沙塵暴造成的破壞，只是單純看雲層，沙塵翻滾的樣子其實很美。」艾斯特．萊斯維格（Esther Reiswig）接受喬．陶德（Joe L. Todd）採訪時生動描述。[25]「沙塵暴的顏色很五彩繽紛，有紅色、黃色，還有深藍色。」這些顏色取決於沙塵來源。來自堪薩斯州和北部的「黑色風暴」是富含有機質的土壤，顏色自然暗沉；來自奧克拉荷馬狹地的土壤含鐵量高，呈現出紅色。更西邊的科羅拉多州和新墨西哥州吹來的塵土則為灰白色。不同顏色的沙塵有各自獨特又令人不安的氣味，有些辛辣刺鼻，有的油膩令人反胃。[26]

「它們滾動時就像一堆球疊在一起，每顆球都在滾動，」萊斯維格說道：「但它們不是都朝同一個方向滾動，看起來好像是互相堆疊，這顆往這邊轉，那顆往那邊轉，另一顆又朝遠方滾動。」她用手比出旋轉動作來說明。「然後它們就直直往上飛了！幾乎是垂直而上，可能有三百公尺高。但鳥無法飛越風暴，或說沒有飛過去，而是在沙塵前面飛，好像背後有一張網子不斷逼近，每隻鳥都努力不被追上。」

不過沒有人有空觀賞，任何珍惜生命的人如果看到鳥群逃竄，也一定會跟著逃跑。尤其在室外，若找不到任何遮蔽物可能會喪命。一九三五年三月十五日，在沙塵暴過後，一名七歲小男孩就被發現被埋在沙塵下，不幸窒息而死。[27]

「沙塵暴發生時有時會挾帶很強的風，有時卻幾乎沒有聲音，就這樣靜悄悄靠近。」萊斯維格表示：「然後四周會變得跟瀝青一樣黑。」[28]

這就是北美大平原上人們連續幾天、幾週，甚至一整季得面對的感官世界：詭譎的色彩與黑暗、燥熱的天氣跟無盡的塵土。「有些日子裡，一天有好幾個小時都無法看見廚房門外十五公尺處的風車。」卡洛琳．亨德森在一九三五年寫信給農業部長時提及：「有些日子當風暴來襲，外面會變得一片漆黑，人們連窗戶跟牆都分不清楚，只能在像地獄一般的夢中，想像沙塵暴形成的可怕腥紅色光芒籠罩德州。」[29]

常常這些沙塵暴會伴隨電氣風暴出現，令人更加驚懼。沙塵暴不僅造成打雷與閃電，還會產生大量靜電。當土壤顆粒在空中互相碰撞，小而輕的沙粒會從較大的沙粒上「偷」走電子，形成電場。根據研究，沙漠中的沙塵暴跟塵捲風擁有每公尺超過十萬伏特的電場強度。這種電力能將更多粒子捲起，讓沙塵更加密集，並造成比強風更棘手的災害。[30]

胡安妮塔．威爾斯（Juanita Wells）在黑色風暴來襲時只有七歲。「我記得爸爸晚上會出門去找牛，」幾年後她回憶道：「他會沿著柵欄走，因為那時柵欄就像通電一樣，他能從空中的靜電看到柵欄上的光。」[31]

靜電帶來的電力會將小麥幼苗的頂芽燒掉，即便沒有熱浪、乾旱或蝗災來襲，靜電也會破壞農作。接下來的每年對農夫來說都是場賭注：今年會不會豐收呢？就這樣十年過去，農民們靠著貸款留在這場賭局中，但每年都註定失敗。

灰塵太細小、無孔不入。「你拿一些烘焙麵包的麵粉在指尖搓搓看，沙塵顆粒就是這麼細、這麼輕。」艾斯特・萊斯維格說：「好像上帝把所有東西都過篩了一遍。」

沙塵透過每一處裂縫悄悄滲入人工搭建的木造房屋，有時從門底、有時從窗框邊緣鑽入。沙塵也會滲入屋瓦下方，從橫梁縫隙落下，讓地板、桌椅和床上堆積一層超過兩公分厚的灰塵。灰塵還會溜進櫥櫃，附著在盤子和玻璃杯上，因此吃飯前都得重新清洗過餐具。屋內常常灰塵太多，連爐上烹煮的燉菜都會浮上一層骯髒的灰塵。光是要把餐點端上桌，就需要經過一連串精心規劃的清潔、擦拭、洗滌流程，即便如此，在吃東西時還是容易感覺到齒縫間的小沙粒嘎吱作響。「晚上睡覺時，我們都要把枕頭翻面再睡。」李奧納德・亞瑟（Arthur Leonard）回憶。[32]

當空氣中充滿灰塵時，連呼吸都變得困難。「我記得媽媽總是在床頭鋪一塊濕毛巾。」多年後胡安妮塔・威爾斯回憶：「鋪上毛巾後，我們全家會睡在同一張床上，包含我、弟弟、爸爸和媽媽，這樣晚上才能呼吸。」[33]

家庭主婦絞盡腦汁防止沙塵進入家門。「我們會用膠帶封住窗戶，」夏克爾頓夫人說：「有些人在窗外貼上紙張，後來還買到比較厚實的塑膠板，將它釘在窗戶外面。但無論如何努力嘗試，都不可能隔絕沙塵。」她斬釘截鐵地說：「根本沒辦法。」

「灰塵還會從屋梁縫隙飄下來，」她的丈夫補充。「你怎麼樣都抵擋不住，只能一直清理。」[34]

這正是塵埃可怕的地方，它讓你無處躲藏。「沙塵暴的善後工作已經成為每年的例行公事，」一九三六年八月一日，年輕的安・瑪麗・洛在日記中寫道：「我真的很不想再清理下去。明天可能又有一波沙塵暴來襲。」[35]

她所感受到的無助與絕望又被稱為「沙塵憂鬱」（Dust Blues）。

——

沙塵暴彷彿永無止境。

才過了一年，北美大平原的籬笆塞滿風滾草，背後堆積的灰塵高到連籬笆上的鐵絲都被掩埋。「在這一大片地區，風與侵蝕的沙子已經抹去所有耕種的痕跡。」一九三五年七月卡洛琳・亨德森在日記中寫道：「牧場成為貧瘠的荒地，小屋門口前只剩下塵土飛揚的淒涼景象。低矮的建築幾乎被埋沒。」這些描述可能會讓你想起一些著名的攝影作品。[36]昔日的農田開始變成沙丘，不斷飆升的氣溫也創下新高。一九三四年夏天，內布拉斯加州的溫度高達攝氏四十八度；到一九三六年夏天，有超過四千五百人死於酷熱天氣。飢腸轆轆的蝗蟲大軍如今重遊舊地，就像一八七三年和一九一九年在堪薩斯肆虐一樣。蝗蟲不僅吃光原本就發育不良的農作物，連樹葉與晾衣繩上的床單都不放過。[37]

一九三〇年代，在奧克拉荷馬州最西邊的西馬隆郡，每平方公里農地的平均收成只剩下六・〇五公噸，這個數量連用來播種隔年農田都不夠。持續侵襲的狂風已成為問題，蟲害更讓狀況雪上加霜。但最嚴峻的挑戰是當地幾乎不下雨，農田裡的作物因此枯萎，甚至沒有發芽。這片原本被視為「五百〇八毫米等雨量線」的地區，如今只剩下不到一半的降雨量。從一九三一年到一九三六年間，西馬隆郡每年平均降雨量為三百毫米，只比沙漠的降雨標準只多出一點點。[38]

在黑色風暴發生前三年，一些牛隻靠僅存的飼料還能勉強存活。通常牠們吃的是風滾草，但因為持續咀嚼被沙塵覆蓋的草，牛隻的牙齒和牙齦幾乎都磨損殆盡。牠們身體也瘦到只剩下皮包骨，皮膚被飛揚的沙塵石礫磨破，眼睛也被塵土弄瞎。有時風暴過後，農民會發現豢養的家畜已窒息死亡，如果解剖牠們，會發現動物體內塞滿沉甸甸的泥土。

人們在沙塵中苟延殘喘。「我們只能努力活下去，直到情況變得太過糟糕。」胡安妮塔・威爾斯回憶道：「我記得我爸爸會出門燻兔子。兔子的問題很嚴重，因為牠們會吃光所有能夠咬下去的東西。我們會出門找牠們的巢穴，然後挖個洞把牠們燻出來，抓住逃出來的兔子，最後，牠們就變成桌上的食物。這實在是因為當時已經沒有什麼東西可以吃。」[39]

但灰塵無所不在，不僅滲入每個角落，也滲入每個人體內。

勞倫斯・斯沃比達試圖把握殘留的耕地，在風沙中連續工作幾天。他記錄自己某天晚上根本無法入眠：「整天勞動時吸入的塵土讓我的身體開始抗議。我開始頭痛，胃也不舒服，肺更像塞了一噸重的沙塵。」[40]隔天早上，他想繼續在床上休息，但另一場風暴來襲。當風轉弱後，他回到田裡取回前一天在強風中故障的曳引機，繼續整理他的土地。他使用的耕作方式是在田裡犁出一道道田埂，目的是打斷風流、減緩風速，從而減少被風吹起的塵土。斯沃比達拚命搶救他僅剩四分之三的小麥田。「如果曳引機已經運轉到能夠負荷的極限，」他寫道：「那麼我也是如此。沙塵不斷從嘴巴和鼻孔進入我的身體，我開始感到窒息、喘鳴、快吸不到空氣。雖然快要失去知覺，但我必須撐住，因為知道如果從曳引機上摔下來，我一定會一命嗚呼。我堅守一個原則，那就是這片土地不能再繼續被風吹走，我得繼續往前開，再往前開。」[41]

結果事後斯沃比達臥床休養了兩週。這段工作空窗造成的損失幾乎超出他能承擔的範圍。他想起如果當晚沙塵暴再嚴重一些，自己可能就撐不下去了。斯沃比達身體的病症被稱為「塵肺病」，醫學上稱為矽肺症（silicosis），類似煤礦工人容易罹患的「黑肺病」。

如同倫敦和洛杉磯的案例，我們知道吸入灰塵對人體往往有害。一九三五年，堪薩斯州衛生局分析當地民眾呼吸的空氣，發現只要發生五場大規模風暴，每平方公里就會堆積約一千一百多噸沙塵。而且如前所述，由於沙塵顆粒非常細緻，矽顆粒可以穿過呼吸道、深入肺部。衛生局指出，矽作為土壤中最主要的礦物質，事實上「和鉛一樣毒」。[42]一旦侵入體內，人體的免疫系統就會將它們視為入侵者，啟動免疫反應而導致發炎。接著，矽顆粒會造成肺組織硬化、結疤，引發咳嗽、窒息、呼吸困難等症狀。針對這項問題，紅十字會開始發放防塵口罩，零售商店的護目鏡也被搶購一空。[43]但沙塵暴還是不斷來襲，將人們的肺部填滿沙土。

在一九三五年，堪薩斯州的福特郡有三分之一的死亡案例肇因於肺炎。而在摩頓郡，那年有三十一人死於肺炎，過去年平均只有一到兩人。[44]呼吸道疾病不是唯一的殺手，護士們也發現兒童營養不良的情況增加，堪薩斯州的嬰兒死亡率上升將近三分之一。[45]儘管沙塵暴挾帶的塵土並沒有病原，只含有真菌孢子與無害的土壤細菌；但一九三五年春季當地發生最嚴重的沙塵暴時，一場麻疹大流行也隨之發生，這兩起事件的關聯為何，至今都還未獲得證明。[46]

斯沃比達提起一位朋友去看醫生時，被診斷出從氣管、支氣管到肺部都積滿塵土，於是醫生對友人進行胸腔治療。到第二天，「我的朋友咳出幾塊實心的泥土，每塊都有八到十公分長，形狀粗得像鉛筆。」在同個季節中，那名醫師在診治的病人中發現至少有三百六十七人罹患相同症狀。[47]

———

在那十年中，風吹起了數量驚人的塵土。

光是在一九三四年五月十二日的一場沙塵暴，就有三．五億噸的土壤被吹到空中；同時，在洛磯山脈以東的美國各地，出現寬達兩千八百公里的沙塵帶。在芝加哥，原本和煦的春日因為沙塵遮擋陽光而變得陰冷；在紐約連大白天都得開啟路燈，因為沙塵讓天色變得昏暗。美國土壤保護局局長休．班奈特（Hugh Bennett）估計：「有些地區落下超過一百噸的塵土」，[48]印第安納州甚至出動雪車清理道路上的沙塵。[49]

沙塵不僅危害公共衛生、造成市政不便，也作為公共安全的隱患。當沙塵暴發生時電力會短路，道路事故因此增加。對每一名家中負責清理灰塵的人來說，沙塵也代表巨大的侮辱。但灰塵對土壤的侵蝕又是另一種課題，我們或許可以將之視為一種地球工程，是人類干預環境與自然系統造成的全球性影響。人類世的問題不只是人為氣候變遷，而是整個地景的重新塑造。沙塵暴對環境造成的影響規模等同於火山爆發。

舉例來說，一九三五年的兩場沙塵暴就帶走六．五億公噸表土。相較之下，二〇一〇年四月讓歐洲停航九天的冰島艾雅法拉火山（Eyjafjallajökull）爆發，噴出的岩石碎屑和火山灰則只有三．八億公噸左右。[50]光是在一九三八年，沙塵暴就造成八．五億公噸表土流失，比同一年流入密西西比河的泥沙還多。[51]

根據自然資源保護局調查，截至一九三八年，美國南方平原地區有八成土地受到風蝕而流失，一共有超過四萬平方公里的土地至少流失十二公分表土。「在我們這些遭受黑色風暴侵襲的地帶，真正肥沃的土壤只有大約十二公分厚。」[52]斯沃比達難過地說：「最好的土壤總是先被吹走。例如德州地表被捲起的土壤，比留在原地的土多了十倍有機質、九倍的氮。含氮多寡正是土壤肥沃與否的關鍵。這些土壤被吹到八百公里外的愛荷華州，德州農夫只剩下貧瘠的沙丘。這讓該地區每年承受的農業損失高達四億美元，遑論沙塵暴對生物多樣性、自然棲地和野生動物造成難以量化的損失。」[53]

十二公分厚的表土從農田被吹走，等同於親眼目睹數千年地質累積的產物化為沙塵。表土之所以珍貴，正是因為它形成的時間極為緩慢，二．五公分厚的土壤大概需要五百到一千年才能形成。而即便農夫花一生時間努力耕作，也可能只產生幾毫米厚的土壤。於是我們開始明白，為什麼斯沃比達會在沙塵暴來襲時甘願冒著健康危險，也要不斷整地搶救珍貴的耕土。

斯沃比達描述自己曾看過土壤流失的樣子：「原本埋在地下六十公分深的輸油管線，如今暴露在地面上。」原先他的鄰居在犁田時，只有偶爾會敲到一塊土裡的石頭，但現在那塊石頭已高於地表一公尺。而土地仍在風中持續流失。[54]

當大片土地被侵蝕到完全剝除表土，裸露出堅硬地層，原先埋藏在地底的東西也重見天日。人們發現許多古老文物、從西班牙征服者與早期白人拓荒者遺失的器物，到成千上萬支原住民的箭頭。由於沒辦法收割小麥，人們竟然撿起這些箭頭轉賣維生。[55]

當土地隨風飄逝之時，美國政府推出一系列法案，試圖維繫北美大平原的存續，儘管這些法案讓墾荒者感到自尊受傷。

一九三三年三月四日羅斯福總統上任時，美國已是一片破敗。有四分之一的美國人失業，數百萬人只能依靠兼職的微薄薪資過活。國內銀行倒閉、製造業產值大跌，農業收入只剩下一九二九年的一半。陷入絕望的人民呼籲政府立即採取行動，羅斯福因而啟動美國政治史上最立竿見影的一百天改革。

一九三三年，政府通過《農業調整法案》，支付補貼給願意休耕的農民，以減少美國農業生產過剩的危機。這項法案實施的最終目的，是要讓糧食價格回升到有利於產業發展的水準。同年，平民保育團（Civilian Conservation Corps，簡稱為ＣＣＣ）成立。該組織雇用十八到二十五歲的年輕男子進行勞力密集的工作，如自然資源保護或道路建設等，除了提供食宿、治裝和醫療健保，每月也會支付團員三十美元工資（相當於現在的六百美元），其中二十五美元必須直接匯給團員父母或妻子。這筆收入維繫許多家庭農場的生計。一九三三年，也就是黑色風暴爆發第一年，《達爾哈特德州報》（*Dalhart Texan newspaper*）指出德州西北部有三分之一人口需依賴慈善捐助或政府救濟，並且有九成農民仍背負債務，只希望來年有機會捲土重來。[56]

一九三四年五月，沙塵暴從西部捲起三．五億噸表土向東而去，濃厚的塵霧遮蔽紐約帝國大廈，讓華盛頓居民咳嗽不止。此時，羅斯福終於正視南部平原的災害。六月九日，國會撥出五・二五億美元的乾旱賑災專款，其中二・七五億美元提供牧場進行緊急飼料貸款與購買牛隻，一・二五億美元提供農民作為公共工程就業和收入補助。國會還提供種子貸款，讓前一年作物歉收的農民透過借貸，重新播種新一年的秋季與春季作物。[57]當時市場也無法正常運作，許多牛隻因為太過「骨瘦如柴、有如皮包骨」而賣不出去，甚至因為市價無法打平運費而無法出售。於是政府以每頭牛十四到二十美元價格向牧場收購，有時買到的牛甚至太瘦弱，無法作為緊急援助食物，只能就地射殺掩埋。[58]

到一九三六年，已有超過兩百萬農民獲得政府的賑災救濟，其中包括堪薩斯州西南部約三分之一到一半的農戶，每人每年至少能獲得一百美元補助。[59]但南部平原的拓荒者神話仍根植人心，當地人痛恨被當成軟弱需要幫助的群體。卡羅琳・亨德森描述人們擔憂接受政府補助，會導致「道德品格愈來愈劣化」。儘管在經濟效益上，就業方案也許不是最佳解方，但她認為「在拯救國家經濟時，人格價值和金錢一樣重要。」比起直接發放補助，讓人民就業顯得更為恰當可取。[60]而斯沃比達在著作中，也提及他對自己和少數鄰居堅持「自立自強」為榮。[61]

然而，這種個人主義的堅持有時反而讓問題更嚴重。在奧克拉荷馬州的比弗郡，農民的主要現金補助來自「小麥耕作面積限制方案」，亦即農民只要維持每年休耕一部分土地就可以得到一筆錢。但許多農民卻認為，這種限制生產力的不勞而獲方法是不道德的。

事實上，在中國和中東地區，休耕制度已有兩千五百多年歷史。像是《舊約・利未記》聖經也要求希伯來遵守「讓土地安息」的原則，每七年讓土地休息一次。然而，當時間往後推移到一九三〇年代的美國大平原，這些古老的智慧並未獲得新教徒重視。在他們的工作倫理中，資本主義的生產力凌駕一切。

休．班奈特反對這種瘋狂追求生產的思維。一九三三年，他被任命為新的聯邦機構——土壤保護局局長。作為當時國內最瞭解平原地區環境危機的人，班奈特是該職位的不二人選。早在一九〇九年，美國土壤局就曾宣稱：「土壤是國家唯一不會被摧毀的資產，是我們唯一不會耗損、永不枯竭的資源。」[62]班奈特對此不以為然，他表示：「沒想到短短一句話，就能傳遞這麼多動搖國本的錯誤資訊。」[63]

在班奈特心中，土壤流失是一種「國安危機」。美國大平原的肥沃壤土是歷經數百萬年地質作累積而成產物。無論是河流從洛磯山脈沖刷而下帶來粉土，或者火山岩顆粒被風帶到內布拉斯加和科羅拉多東部，形成鬆軟容易耕作的黃土層，這些營養的土壤，都被密集的野牛草根穩定支撐。一旦草根消失，沃土也會跟著流失。班奈特很清楚美國大平原的環境變遷，知道人們在平原地區「開始耕作後不久，風沙就隨之而來」。[64]他知道不能輕忽事態，因為那樣的氣候變化會對平原農業造成威脅。

班奈特還知道，只要稍微調整耕作技術，就能大幅改善土壤流失的狀況。他小時候在北卡羅來納州，曾看到爸爸在家中棉花田地上挖築梯田。「為什麼要挖梯田？」年幼的班奈特問道。「因為這樣土地才不會被雨沖走。」他爸爸回答。一九〇五年，班奈特去到維吉尼亞州，視察一個遭遇天災的山坡。那裡的表土層因為大雨而被部分沖走，隔壁的森林卻能倖免於難。那一刻讓班奈特有所領悟，在接下來的一九二〇年代，他便致力於研究土壤保育的一連串議題，試圖找出守護土地的方法。

一九三四年，班奈特在德州德爾哈特（Dalhart）北部，建立名為「黑色風暴行動」的計畫，示範透過改良農耕方法減緩沙塵風蝕的災害。例如建立梯田和等高犁耕（垂直斜坡而非平行斜坡），讓更多雨水停留在植物附近，也防止雨帶走土壤。覆蓋作物能防止土壤遭受風蝕，與此同時，利用高大且快速生長的高粱或蘇丹草進行帶狀間作（strip-cropping），有助於減緩風勢。在這種乾旱惡劣的氣候下使用耐旱的作物品種，也有機會獲得最好的萌發率。一九三五年，當另一場沙塵暴席捲美國首都時，班奈特成功從國會爭取到一．二五億美元預算來拓展他的計畫，包含建造防風林的植樹計畫，以阻擋嚴峻的風沙。截至一九四二年，北美大平原種下了可觀的二．一七億棵樹木，其中許多棵樹是由平民保育團的成員種植。班奈特還推動成立「土壤保育協會」(Soil Conservation Districts)，這種由農民組成的地方性組織，將農地視為生態系的一部分進行管理。畢竟沙塵不受籬笆與地界局限，許多遵守土壤保育原則的農夫常飽受（地主未親自耕過的）鄰地飛砂所苦。而透過集體行動，人們或許能創造出個人無法完成的改變。

在日常生活中，黑色風暴侵襲地區的農夫日復一日與風沙搏鬥。他們所運用的利器是最初造成飛砂問題的工具，也就是犁。當時，羅伯特．霍華德（Robert Howard）年僅十二歲，與家人住在奧克拉荷馬州戈爾特里鎮（Goltry）的農場。他記得爸爸總是駕著一輛「分溝犁」，也就是一種可將土壤從中央犁溝兩側翻起的工具。即使站在僅僅十、二十公尺處，他還是幾乎看不見父親和馬匹的身影，因為沙塵實在太猛烈。[65]

那是一種緩慢、艱難、薛西弗斯式的勞動過程。即便農夫們在風沙中咳嗽、呼吸困難、被逼出淚來，仍為了防止自己的土地被吹走而不斷耕犁，也希望為鄰人盡點責任。但這樣的努力往往徒勞無功。斯沃比達描述，他辛苦耕出的犁溝很快就被吹來的沙土填平，而且風勢愈來愈猛烈。事後回想，他甚至不確定他們的做法是否正確：「如果沒有施加水分，這種防治方式反而會進一步破壞土壤結構，讓土壞更容易被吹走。」[66]雖然心中有存疑，他還是拚命在田裡築起一道道土壤壟溝，並差點耗盡體力。那是他的尊嚴所在，別人田中的沙土可能會吹到他的地，但他絕不容許自己的沙土吹到別人的田。

歷史學家們都注意到平原地區種植小麥的農夫普遍具有一種近乎堅不可摧的樂觀心態。他們總是堅信明年一定會下雨。斯沃比達的回憶錄正是這種心理韌性與堅毅的鐵證，描寫了一名孤獨的農夫在地廣人稀的鄉間耕種，目光所及之處幾乎看不到其他鄰人，卻要看著自己的作物被風塵、冰雹、久旱和蝗災摧殘。斯沃比達描述自己每一季都會嘗試播種兩次，有時甚至三次：「我沒日沒夜地勞動，希望能豐收、保護土地免於風災，但一切都是白費功夫。」當那場「盼望已久且萬分需要的雨」終於落下，卻為時已晚，他知道自己的作物已經「完全無法挽回」，他的內心「感受到一種幾乎像死亡般的絕望感，我希望人生中只會被這種感覺擊倒一次……這一年的傷痕至今仍在我心中。」

即便當時他已情緒潰堤，但才寫到一半，他又話鋒一轉：「這不是世界末日。在九月初以前，我趁著小麥種子的市價稍微回降，以每公噸三十八．二三美元價格買了種子……到了十月初，我要再回到田裡工作，種下小麥。」[67]

「七月二十日。不知道在接下來的五百年，甚至是一千年，艾納韋爾（Inavale）的夏天還會不會下雨？但至少在我的有生之年，這個國家註定被困在乾旱的詛咒。」

——內布拉斯加州農民哈特威爾於一九三八年的日記[68]

在這本書提及的災難中，黑色風暴或許是比較令人寬慰的一個，因為至少它已經結束了。其中有一部分要歸功於土壤保護局與相關計畫。他們所推廣的新興耕作法迅速普及，如等高犁耕和輪作等。到了一九三六年五月，有將近四萬名農民與兩萬平方公里農耕地採用保護土壤的新農法。[69]到了一九三八年，儘管沙塵暴依舊猛烈，風蝕造成的土壤流失已經減少六十五％。[70]

一九三八年夏天，斯沃比達問自己一個老問題：「我應該繼續堅持下去，還是趁現在看起來還體面時離開？」他寫道：「我再次選擇留下。」[71]

接下來一年間發生的波折，讓人見識到身為大平原農民必須具有的鋼鐵意志。那年夏天，斯沃比達整地後於九月再次種下小麥。然而令他失望的是「那一年都沒有再降雨」。他的作物開始枯萎。一九三九年一月，天空終於下雨，為某些作物帶來生機。儘管隔月他們又遭遇強風威脅，一些麥子還是勉強存活。「三月又下了兩場雨，到四月初時，我的小麥已經長到四十五公分高，」斯沃比達寫道：「這是我在生長季節早期看過長得最好的小麥，但一如往常，這種美好光景只是假象，因為之後再也沒有雨水能滋潤農作物，我的小麥全都枯死了。」

在八年之中有七次耕作失敗，斯沃比達最後輸到一無所有。「我終究血本無歸，健康也已嚴重受損，而且可能是永久性損傷。這讓我終於願意承認失敗，永遠離開黑色風暴地區。我的年輕與志氣都被塵土擊碎，我只能任由命運擺布。」然而斯沃比達不是唯一的輸家。

在這段被稱為「骯髒的三〇年代」（Dirty Thirties）期間，超過三百萬人被迫離開大平原，造成美國史上最大規模的人口集中遷徙。[72]黑色風暴重災區的人口減少了三分之一，人們離開支離破碎的農田與殘缺的生活，單單在北美大平原的高平原地區，就有一萬座被遺棄的農舍，超過三．六平方公里的土地上只剩風滾草和沙丘。[73]當時只要車子或拖車裝得下，不管是床墊、零星家具、廚房用品或幾件歷經風霜的舊衣服，人們都會盡量帶走。如同攝影師桃樂絲．蘭格（Dorothea Lange）著名的照片顯示，許多人就這樣推著手推車，走了好幾百公里的遷徙之路，把整個人生裝進一輛小車。

並非所有人都選擇離開。黑色風暴地區的農民與住在大平原東部的居民不同，很多人都是地主。而政府的援助也讓他們勉強度過歉收的歲月等待轉機。因此，這一代的民眾並沒有遠走他鄉，只是搬到附近的城鎮或郡。

但像是堪薩斯州的艾爾卡特（Elkhart）這種地方就幾乎變成鬼城。如今大平原的人口都還未恢復過去的水準。

——

最終，唯一能終結塵土的就是「水」。

「我還記得我們住在農場，終於下了第一場雨時，」胡安妮塔．威爾斯想起將近六十年前的記憶：「媽媽正在菜園裡整土，突然間就下雨了。那真的是我們聞過最好聞的味道，你知道嗎，我們聞到了那場雨的氣味。」

「你現在還記得那個氣味？」採訪者詢問。

「對，我真的還記得。」[74]

當時胡安妮塔才大概十二歲。

一九三九年秋天，雨水重新回到高平原地區，雖然降雨量仍低於平均，直到一九四一年才好轉。隨著美國再次進入戰爭動員狀態，北美大平原似乎再次出現致富的曙光。由於過去耕種規模較小的農田都被低價收購，如今農場規模遠大於以往，農民也有資金投資新技術。例如以電力或柴油驅動的水幫浦能從地下數百公尺抽取水，中心樞軸灌溉系統能將水灑遍新開墾、直徑可達一．五公里的圓形農田。在這片乾旱且氣候變幻莫測的土地上，農民終於找到王牌——人造雨。透過人造雨輔助，大平原高地被澆灌成一塊塊綠意盎然的圓形拼布。當一九五〇年代出現連續幾年的乾旱危機，黑色風暴已消聲匿跡。

但這種轉變背後是有代價的。大平原的每個水幫浦和灌溉系統都仰賴於奧加拉拉蓄水層的水源。那是地球最大的地下含水層之一，範圍從南達科塔州與懷俄明州一直延伸到德州西部。奧加拉拉蓄水層的水源是長期密封在岩層裡的「古地下水」(paleowater)，數百萬年來，河水從洛磯山脈流下，經由黏土層、砂礫層過濾後，在大草原下的地層持續積聚。涵蓋地下水的土地範圍約為七百平方公里，可容納多達十七萬口井，似乎是一個取之不盡用之不竭的來源。用水量占九十四%的農民因此得以提高產能，讓北美大平原成為美國的穀倉；同時，他們的用水成本又受到相關減稅優惠補貼。

然而，奧加拉拉含水層本質上是一個封閉系統，每年獲得的淡水挹注量不到二．五公分，附近某些地區的地下水用水量卻抽取了一至兩公尺。[75]因此除了蓄水層最深的地區，這座含水層的地下水位已大幅下降，例如堪薩斯州、奧克拉荷馬州和德州地區的水位下降超過三十公尺。許多農場的水井已開始枯竭。

政治生態學家馬休・山德森（Matthew R. Sanderson）和R・弗雷（R. Scott Frey）以「水文循環中的代謝斷裂」形容這種情況。[76]這是一個強而有力、非常具分析性的概念。「代謝斷裂」最早由馬克思提出。他在《資本論》中寫道，早期人類與土地之間存在一種簡單的「代謝互動」，城市多仰賴周邊生態系統的食物來源，並將這些資源經代謝後（也就是化為人類的糞便），歸還給田地作為肥料。然而，隨著資本主義興起與全球市場誕生，這種生態物質的交換平衡被迫中斷。城市充滿自己產生的廢棄物和汙染（如同第一章中描述），鄉間農地則被「掠奪」營養，這些營養不再被回收。因此，代謝斷裂意指被借用卻從未償還的債，以及其所導致的斷裂。

馬克思提出代謝斷裂的概念，是因為當時英國土壤肥力下降，帝國從秘魯進口糞肥、從智利進口硝石，甚至將化石化的糞便（即糞化石，coprolite）溶於硫酸中，以提煉能增強土壤肥沃度的氮源。這段歷史再次反映人類從遙遠過去借來資源，以滿足當前需求的習性。但這種資源利用不可能永續。如同馬克思寫道：「資本主義農業的所有進步，不只是一種剝削勞工的進步，也是一種剝削土壤資源的進步。這些在短時間內增加土地肥沃度的進步方法，其實都在破壞原本可讓地力持久的珍貴資源。」可以說，資本主義的生產方式只會不斷「破壞所有財富的原始來源，那就是土地和人。」除了土地和人，我們應該再補充一項——水。[77]

北美大平原的農民早就意識到，他們抽取的地下水是來自歲月長河的水，總有一天會枯竭。二〇一五年，《堪薩斯城之星》（*Kansas City Star*）的記者琳賽．懷斯（Lindsay Wise）在報導中提及，當地農夫極盡所能克服水資源短缺，不僅使用更有效率的灌溉技術、衛星氣候追蹤、基因改造的耐旱作物，更考慮與鄰居共同協議減少地下水的用量。然而，在二〇一〇年代初期發生的旱災，致使某些農場連續四年遭逢少於二十公分的年降雨量，無奈的農夫只好繼續抽取地下水。[78]

懷斯在報導中指出，如今農民談論的「水資源開採」是把水當作石油從地下貪婪抽取，那是一種活生生的榨取式經濟。而農民將地下水灌溉的穀物用來飼養牛隻，更變相加劇全球暖化。不過這般光景也沒持續太久，北美大平原南部的水資源持續枯竭。二〇〇四年，環境歷史學家唐納德．沃斯特（Donald Worster）哀痛地預言：「所有開採經濟的結局都一樣，是空城、廢棄的家園、荒廢的農場與破產的企業。當一地不再有足夠水分種植作物、一切循環走到盡頭，大地是否會再度捲起沙塵？歷史總是這樣重演的。」[79]

當我造訪昔日的黑色風暴地區時，花了一點時間才理解高平原的地景。原先我們以為會看到一九三〇年代被遺棄的農舍，實際上卻沒有。但當看得更仔細，我們開始發現一些稀疏的樹叢標示出過去屋舍的遺跡。那些樹叢最初被種植是為了抵擋高原吹拂的強風，在遼闊無屏障的草原上提供一些庇護。而當

我看著那片無邊無際的土地，有一件事變得很清楚：沙塵暴來襲時絕對無處可躲。

一旦眼睛適應景觀，我發現土地上遍布歷史的蛛絲馬跡。例如路邊常豎立著「歷史地標」的指示牌，當我們停車查看其中一處，發現它標示的是一小段生鏽的金屬圍欄，那是農場鐵絲圍籬的遺跡。鐵絲網是白人得以殖民美國西部平原的三大技術之一，其他兩項技術分別是維持荒地生計的抽水風車，還有用來結束生命的左輪手槍。鐵絲網的出現限制牛群行動，讓過往開放的牧牛方式與牛仔生活型態終結。同時，鐵絲網也在一八八六年寒冬造成牛群死亡，當時約有二十萬頭牛被困在圍欄前，無法繼續向南避寒而凍死。

其他地標則指出舊時的聖塔菲小徑和西馬隆捷徑（Cimarron Cutoff），這兩條加起來約一百六十公里長的道路，是十九世紀初鐵路尚未建成時拓荒者與商隊的捷徑，能夠省下十天的跋涉，但代價是要穿越一片乾燥而毫無地貌特徵的土地。我們發現自己也沿著相同路線返家，駛入取代昔日六十六號公路的四十號州際公路。在諾貝爾文學獎得主約翰·史坦貝克（John Steinbeck）撰寫的《憤怒的葡萄》中，喬德一家正是從六十六號公路逃離沙塵暴肆虐的東奧克拉荷馬州。知名的「血淚之路」（Trail of Tears）也通往此地，當時約有一萬名原住民族人，包含切羅基族（Cherokee）、克里克族（Creek）、喬克托族（Chocktaw）在美國政府開發土地下被迫遷離家園，走上這條死亡之路。在美國西部，每一條道路都有一段黑歷史，訴說著流離失所與強迫遷徙的過去。

回到新墨西哥，我們距離目的地還有一段路，於是開啟收音機，車內響起ＦＭ九〇·五電臺鼓舞人心的音樂，那是希卡里拉阿帕契（Jicarilla Apache）部落經營的電臺。不久，電臺訊號突然被一陣基督教布道的雜音吞沒。是電磁地層學現象嗎？一隻老鷹與一隻渡鴉在公路上爭鬥盤旋。我們轉到FM一〇二．五頻道，電臺先播放了堪薩斯合唱團的〈風中之塵〉（*Dust in the Wind*），接著是皇后合唱團的〈又一個陣亡〉（*Another One Bites the Dust*）。我的旅伴錢布利斯也是一位詩人，他談著「粉碎的敘事，落在白紙上的黑色塵埃」。我不禁笑了，我們的旅程總是以這種詭異的呼應收場。

如果說現代性本身就鬼影幢幢，那今日的北美大平原可能被兩種鬼魂糾纏：一種是昔日繁榮的農業殞落後化作的幽靈，一種是曾經存在卻被消滅殆盡的野牛和原住民世界，塵土本身彷彿就是死者歸來的象徵，威脅著再度降臨於世。

科學家擔心黑色風暴終將捲土重來。

二〇二〇年，猶他大學的研究者指出，大平原地區空氣的塵土濃度每年增加多達五％。[80]儘管從一九三〇年代以來農耕作法已大幅改進，例如現在農民已鮮少犁田，甚至完全不犁田。但隨著二〇〇〇年代後期，生質燃料的市場需求迅速成長，更多未開墾的土地被轉變為農田，其中很多新耕地的土壤品質並不好，因此難以耐受乾旱和土壤侵蝕（畢竟品質好的土地早已被耕種了）。研究者推測：「在氣候變遷下，北美大平原的雨量很可能持續減少。當一切條件俱足，重創一九三〇年代中西部的黑色風暴便將重演。」他們列舉沙塵對人體造成的健康影響，包含腦膜炎、溪谷熱（Valley Fever），因為心血管與呼吸道疾病住院的人數，也可能在本世紀末增加為四倍。[81]這將不只是另一場環境危機，更是人類社會的災難。

今日，美國內陸地區正遭遇比一般乾旱更嚴重的災害，即所謂的「超級乾旱」（megadrought），意指持續數十年的極端低降雨期。這場乾旱不僅超過一九三〇年代引發沙塵暴的那段無雨歲月，更是自十六世紀末以來最嚴重的乾旱，也是從西元八百年以來第二嚴重的一次。超級乾旱的重災區位於新墨西哥州、亞利桑那州、內華達州和猶他州，同時在科羅拉多州和內布拉斯加州肆虐，並禍及奧克拉荷馬州和堪薩斯州邊界。「隨著全球暖化加劇，目前情況似乎只是邁向更極端超級乾旱的開端，」研究者寫道：「現代社會無法想像的旱災將會發生。」[82]

如果再發生一場與一九三〇年代沙塵暴規模相當的乾旱，根據農業模型預測，乾旱可能使美國的小麥庫存量減少九十四％，並對全球糧食生產系統產生連鎖衝擊。[83]氣溫不斷上升本身即為重大威脅。根據預測，到二〇五〇年，北美大平原每六年就會有五年的夏季平均最高溫度超過一九三六年異常酷熱的夏季。即使降雨正常，這種高溫無疑將嚴重影響玉米農收，造成與三〇年代黑色風暴時期相當的農業損失。[84]

高度現代化的大平原農業模式可能已時日不多，這或許正是黑色風暴給我們的啟示。但七十年來，企業化農業仍不斷透過攫取地層深處的古老水資源，推遲註定發生的毀滅。他們採取的措施一度奏效。但塵土充滿耐心，最終我們統治環境一世紀的代價終將到來。

數千年來，人們在大平原的寬闊草原上過著極其輕盈的生活。早期北美原住民文化留下的考古遺跡

不多，通常只有石矛和石鏃。這些在草原游牧的小型狩獵採集部落，幾乎無痕跡地生活。

十七世紀初，美國在東岸建立十三個殖民地。當時，隨著英國殖民者到來的人，包含追求宗教自由的德國人、蘇格蘭人和愛爾蘭新教徒，以及被強行帶來的罪犯與非洲奴隸，殖民地每一代人口都翻倍成長。殖民者在向內陸推進的同時，也帶來致命的流行病，許多北美原住民族群因此被迫遷往西部，進一步驅逐原本居住在西部的其他部落。例如，最初來自五大湖地區的夏安族（Cheyenne），在往西迫遷時先進入達科塔地區，再向南進入奧克拉荷馬州。他們在那裡與阿拉帕荷族（Arapaho）結盟，聯手逼迫奇奧瓦族（Kiowa）往南遷移。而十八世紀初，科曼奇族（Comanches）也從懷俄明州移居到最南部的平原，除了偷走阿帕契族的馬匹（那些馬匹是阿帕契人從西班牙人手中獲得），還搶了他們的野牛獵場。

這波動盪衍生出引人注目的戰士文化，北美原住民重新回到游牧生活，比古早時期移動速度更快、游居範圍也更大。族人騎上馬背後能緊追野牛群並對其狩獵，最初先是用弓箭，後來使用火槍。多虧了馬匹，讓原住民能跨越大範圍土地，以應對在北美大平原這個詭異多變、容易乾燥的環境生存所需的食物和資源。當時野牛的總數有兩千五百萬至三千萬頭，牛隻數量之多，讓原住民族能維持某種奢華的游牧生活。從帶有珠飾、流蘇與豪豬鬃毛刺繡的華麗衣物、身體的刺青裝飾，到依循季節變遷舉辦的盛大儀式，例如令人精疲力盡的太陽舞（Sun Dance）等。馬匹更是珍貴的資產，因而也引發部落之間的掠奪與交戰。這種驍勇、壯麗的北美大平原原住民文化，最終成為美國白人觀眾對原住民的典型印象，並進一步傳播至世界各地。[85]

然而，原住民部落並非一種過度消耗資源的社會，而是一種自覺維持生態平衡的生活模式，其核心是深刻的互惠關係。正如奇歐瓦族小說家斯科特・莫馬代（N. Scott Momaday）所說：「人在投身於土地同時，將土地風景融入到自身最基本的生命經驗中。」[86] 對原住民族而言，他們生活的大平原並非一種「物品」，不是能被擁有或開發的財產資源，而是一個有生命的存在，並且在物質與精神上與人建立互相依存與照護的關係。當時大平原上的原住民族群人口穩定落在一萬人左右，相當於每八十平方公里平均只住一人。這個人口密度比今日的西馬隆郡（每二・六平方公里只有兩人）更低。原住民的生活方式並非完全定居於某地，而是會隨著野牛、季節和氣候而遷徙的游牧生活。

歷史學家唐納德・沃斯特便評論：「他們選擇這種生活方式並不是因為道德高尚，而是對人類依賴於自然環境的深刻認知。他們從未想過自己能以其他方式跟草原共處。」[87]

「當一個國家的土地利用模式已根深蒂固，並成為該國經濟的基礎，如果要採取一種新的符合自然環境承載力的土地利用模式，可能會引發一場社會和政治的革命。」

——葛拉漢・傑克斯（Graham Vernon Jacks）與羅伯・懷特（Robert Orr Whyte），一九三九年

我們能否修補環境生態中的代謝斷裂？馬克思認為不無可能。

當然，資本主義的市場力量無法為這個問題提供解方。資本主義的內在驅動力就是攫取競爭優勢

與利潤，進而導致人們短視近利以及環境資源的枯竭（回顧一八六二年至今的歷史，馬克思似乎所言不假。）然而，馬克思身為一名現代人，並不鼓勵人們回到某種「原始狀態」，以狩獵採集的經濟模式維生。相反地，他想像的未來是人類能以「集體共管」方式，理性維持「文明與自然的代謝關係」。[88]從當代的語言來形容，就是所謂的「回歸土地」（Land Back）。

「回歸土地」是一種將原住民土地歸還給原住民族的權利回復運動，意味著承認過去美國原住民的土地是被非法奪取，並試圖對不義的歷史作出回應。回歸土地也代表承認當前的土地管理方式不僅無效也不可持續，人們必須嘗試一種新的治理方向。

這項行動名稱或許會引發一些憂慮，讓部分人擔心「回歸土地」將成為一場報復行動，致使好幾世代務農的定居者被迫遷離。但事實並非如此。反而，至今大多數土地轉移案例是以一種最具有美國風格的方式達成，那就是商業買賣。例如在二〇二一年，緬因州的帕薩瑪奎迪族（Passamaquoddy）在文化保存慈善機構支持下，募資到三十五．五萬美元買回派恩島（Pine Island）。那塊土地原本在一七九四年已正式劃分給部落，但在一八二〇年卻又被政府奪回。如今，環保團體與部落常攜手合作，因為保育人士開始認知到原住民族傳統的土地管理技術對保護與重建生物多樣性極為有效（這點我們也將在第九章看見）。

今日的北美大平原地區，有許多土地仍處於低度使用狀態。從黑色風暴時期以來，許多鄉村郡縣的人口已減少超過六成。農民逐漸老化，而他們的子女未必願意接手農業工作。在地下含水層已經枯竭的地方，即便有人接手農田，也得面臨兩個選擇——接受低產量的旱作農業或直接放棄土地。如今，有些郡縣可以說已是「邊疆地區」，每二・五平方公里土地居住不到兩人，讓人能想像這片土地在殖民與被自耕農劃為私有財產之前的樣貌。

大平原土地的發展，讓人們開始討論重建「美洲野牛的公有地」（the Buffalo Commons）。一九八七年，土地使用規劃師法蘭克和黛博拉・波普夫婦（Frank and Deborah Popper）發表一篇論文，標題相當貼切地取名為〈北美大平原：終歸塵土〉（*The Great Plains: From Dust to Dust*）。他們在論文中回顧大平原地區從繁榮到蕭條的殖民定居歷史，試圖從中構想出一條新的道路。這條道路將引領人進行一場大規模、需耗時數個世代的土地修復工作，讓貧瘠且作物單一的農地和牛隻飼養場轉變為曾經存在的大草原，並透過生態廊道連接野生保留地，讓原生草原的動植物得以自由穿梭在原屬於它們的自然棲地。在這種生態系統核心，主要的優勢物種會是在大平原具有代表性的草原草食動物——美洲野牛。牠們的啃食、踩踏與排泄，都維持著整個草原生態系的平衡。

這種對地景使用的想像，不再依賴於工廠製造的氮肥，或從古老地層抽取的水源，是一種能自給自足、蓬勃發展的土地願景。北美大平原將再一次成為由深入土壤的草根與真菌菌絲連結起來的土地，一片能盡其所能抵禦強風和沙塵的土地，正如北美大平原復育委員會（Great Plains Restoration Council）勾勒的圖景。他們希望能「同時恢復社區的健康與永續性，讓土地與人能長久繁榮。」[89]

這項倡議並不容易推廣。大平原地區的農村郡縣屬於美國共和黨鐵票倉，其中只有南達科塔州的原住民保留區是這片紅海中唯一的藍點（民主黨的票倉）。想當然耳，許多人並不認同「野牛公有地」的倡議。波普夫婦也觀察到當地居民並不信任聯邦政府，也「極度不喜歡公有地的象徵意義，那讓他們聯想到集體主義和個人選擇權的喪失」。[90]更重要的原因是人們痛恨聽到別人說他們的家園正在衰敗，也不滿政府主張人口減少對環境反而是好事的說法。在一九九〇年代，波普夫婦甚至收到死亡威脅。

但人們的想法正在一點一點改變。

曾任美國內政部部長的德布．哈蘭德（Deb Haaland），本身即為拉古納．普韋布羅族的公民。她在任職期間提出一項願景，希望能「恢復草原生態系統，強化仰賴草原健康為生的農村經濟，並將野牛帶回原住民擁有或祖傳的土地」。目前，美國內政部在公共土地上一共管理了約一．一萬頭野牛，並在過去二十年，透過「部落間野牛理事會」（InterTribal Buffalo Council），將另外兩萬頭牛轉交給部落或部落組織。[91]二〇二一年，美國農業部宣布，國內已有一萬六千平方公里的土地加入「草地長期休耕保育計畫」（Grassland Conservation Reserve Program），這項數值創下歷史新高。該計畫將補助農民，讓他們停止在「環境敏感區」進行農耕，轉而恢復原生草原物種。[92]

如今，人們逐漸意識到高平原地區並不是為資本主義而生的土地。那淺淺十二公分厚的表土，無法供養年復一年的農業生產週期。

事實上，世界上並沒有任何一塊土地能支持這種農業生產方式。這又是另一個故事了。

第四章 清潔與控制

我們目前還沒談到灰塵與人的親近性。

我描寫了一些你也許已經知道、也曾好奇過的地方。或許你曾走在倫敦某些至今仍沾染煤煙的街道，又或者你看過《唐人街》這部描繪洛杉磯水資源爭奪戰的電影。我談過細小的塵粒如何隨著每次呼吸滲入每個人體內，但對一些人造成更嚴重傷害，也討論何以這現象對任何人都沒有好處。

但這不過是剛開始稍微掌握到灰塵的當下性，也就是它無孔不入的存在感。我們吸入的每一口空氣、觸摸的每個表面，都逃不出灰塵的掌心，正因如此，它提醒了我們與這世界之間的摩擦，也提醒我們的脆弱與終將一死。灰塵其實並不像人們常認為的主要由皮屑組成，我們在這個星球上沒有那麼重要，會日漸走向毀壞的也不只有人類。一切事物都遵循成住壞空的定律，無論是我們的衣物、地毯、椅墊、被套；汽車以及公車、火車與腳踏車的煞車和輪胎；道路表面、磚塊、混凝土、屋瓦、石膏板、甚至是土壤本身，一切都在崩壞。人們打造的所有事物、人類文明的一切成就，以及所有自然界中缺乏實質用處（幸好如此）但美好奇妙的景觀，假以時日都將走向同樣的終點。灰塵提醒我們只要觀察時間夠久，世界最終只會朝一個方向前進，也就是最初它誕生其中的那片無形混沌。塵埃是如此一絲不苟地公正，既不帶偏見、也不留慈悲，而它的恐怖之處恰恰在此。

灰塵不只象徵死亡，更象徵那令人不寒而慄的冷漠。它不只代表生命的缺席，更代表連「曾經有意義」的可能性都會消失。在《創世記》中，上帝警告亞當不要過於自負：「你本是塵土，仍要歸回塵土。」在聖灰日（Ash Wednesday），基督徒會用灰燼在頭上畫十字架，以提醒大家塵世短暫，唯有信仰上帝才是正途。

每當我看著書桌上堆積的棉絮，就像在凝視虛空。但對我們大部分人來說，虛空只是個抽象的概念，塵埃則是無所不在且相當具體的，而且還肆意對我們發號施令。現在我們要討論的是家務，這種最薛西弗斯式的工作。在所有物質會不斷再生的日常家事中，有什麼是比擦拭灰塵更徒勞而惱人的？為什麼？因為灰塵幾乎無法完全被清除。這正是本章將反覆討論的主題。儘管現代人嘗試各種方法，每當我們揮舞雞毛撢子或掃把，都只是把動能轉移到灰塵粒子上，讓它們能在空中快樂地飛舞，飄浮一陣後再緩緩降落，重新分布在方才擦拭過的表面。或許你會想要點小聰明，說你用的是濕抹布，或在電視購物頻道上看到的某種高級微纖維產品。但結局差不多，你手的壓力會同時磨損物體和布的表面，拖出一條表面材質遭摧毀後留下的細微殘骸。你永遠沒辦法把東西徹底清乾淨，這是不可能的任務。

面對這樣的挫折，我們到底該怎麼辦？你也許會開始質疑塵土的本質與功能，然後花上十年陷入某種奇怪而枯燥的執念之中，最後總算生出這本書作為交代（也希望從此能驅逐這份執念）。或者，你會把塵埃視為一種罪惡，一種對健康、衛生以及理性秩序的冒犯。對此，現代主義得出的答案是：徹底消滅灰塵。

本章探討現代社會如何在居家、建築、都市規劃與實驗室中「發明」了潔淨的概念，又如何試圖支配室內與室外空間。我們將從中發現，現代社會在創造「必須根除塵埃」這種必要與徒勞之間，展現出它不可能實現的烏托邦本質。

過去，人們根本不在乎灰塵。

從十三世紀起，「家庭主婦」的概念就已存在，是一種相對於農民照料作物與牲畜等工作的室內勞動形式[1]（housewife 這個詞最初出現在中古英語宗教寓言《靈魂守護者》（*Sawles Warde*）中，寫作 husewif。）但在中世紀和近代早期的歐洲家庭，所謂的「家務」與我們今日認知的內容相當不同，諸如打掃灰塵、掃地、刷洗等等，其實並非家庭主婦的主要職責。她們的時間多花在家庭生產，包含擠牛奶、織布、製作肥皂和蠟燭，以及將商品拿去市場販售等，清潔活動則可能是每週一次的任務。在自來水出現前，洗衣服是件大工程，每年春天人們也會進行一次大掃除，把牆上因為燒柴而累積的煤灰與汙漬洗刷掉，重新粉刷上一層稀石灰。

我們很容易將中世紀視為一個骯髒混亂的年代，但歷史學家認為這個觀點並不公允。人們回頭檢討昔日的髒汙，往往是為了建立一套進步的敘事，如同約翰·斯坎蘭（John Scanlan）指出：「過去必須被視為垃圾，今日我們才能顯得潔淨。」[2]然而，我們也可以說在過去，髒汙從未承擔如此強烈的道德意義，曾經一抹汙漬就只是一抹汙漬，不會成為人格上的汙點。根據歷史學者蘇倫・霍伊（Suellen Hoy）描述，十九世紀初的美國農村家庭「對於泥土仍抱持無比敬重。對他們來說，塵土不僅是生命的起源，也象徵著樸實生活、辛勤工作和健壯的體格。」[3]

在當時，保持潔淨是一種體面與禮貌的表現，人們會在星期日特地洗澡、換上最好的衣服上教堂，但除此之外，如果在日常工作中穿得太整潔，反而會被認為是「裝腔作勢」。一八四一年，改革家凱薩琳・比徹（Catharine Beecher）在教授家政學的著作中，認為與其不切實際要求一切一塵不染、毫無瑕疵，更重要的是讓事物整齊有條理。[4]

但是到了十九世紀的工業化城市，髒汙逐漸成為一場危機。隨著生產規模擴大，貧窮問題跟著加劇，更多人來到大城市，落腳於貧民窟，成為工廠的勞動力。從一八〇一到一八四一年間倫敦人口整整翻了一倍，有些英國北部城市如里茲（Leeds）的人口甚至增加三倍。過去為了應付生活臨時湊合的衛生系統，如簡易廁所、糞坑以及收集排泄物給農民當肥料的「夜香人」，已經負荷不了增長的人口密度。一八五五年七月七日，科學家麥可・法拉第（Michael Faraday）在泰晤士河上待了一天後寫信給《泰晤士報》，描述那條河已經成為一條「發酵的下水道」：「在橋邊，糞汙已經濃到翻滾成一團雲霧，肉眼可見地浮現在水面。」[5]

無論是英國或美國，都市的貧窮人口多半住在被稱為「公寓樓」（tenements）的磚造房屋。這種四五層樓高的建築興建成本低廉，居民的生活條件通常十分糟糕。作家狄更斯在一篇文章中就曾描述：「那些破爛的房子只能用破布與紙補起破窗，每個房間都會出租給不同家庭，有些甚至是兩三個家庭共用……汙穢到處都是，房屋前有一條溝渠，後方是一條排水溝，居民會在窗邊晾衣服與倒廢水。」[6]根據紐約市衛生檢查員的報告，紐約市的居住條件也差不多，新進移民如沙丁魚般擠在市中心潮濕的地下室，無法逃離這座城市屠宰場發出的惡臭。每天城裡的十萬馬匹會產出一千噸馬糞，而倫敦的馬匹數量是紐約的三倍。《泰晤士報》因此在一八九四年預測：「再過五十年，倫敦的每條街道都會被二・七四公尺高的馬糞掩埋。」[7]

擁擠而不衛生的城市成為傳染病的完美溫床。在十九世紀，全球總共爆發五次霍亂疫情。一八三二年，霍亂奪走五萬五千名英國人的性命；一八四九年，許多從饑荒與病熱中倖存的愛爾蘭人因此喪命。美國的兩波霍亂疫情造成高達十五萬人的死亡人數，而德國、墨西哥與日本等地也遭受類似打擊。在此同時，黃熱病則隨著蒸汽船路線從紐奧良傳播，重創費城和紐約。美國記者H・L・孟肯（H. L. Mencken）描述巴爾的摩市聞起來「像有十億隻臭鼬」。[8]

是時候好好整頓城市了。

有趣的是，當第一波公共衛生改革興起時，科學家還沒完全搞懂我們現今理解的衛生知識。一八三九到一八四三年間，英國社會改革家愛德溫・查德威克（Edwin Chadwick）調查並揭露英國勞工階級惡劣的居住條件；一八五四年，英國內科醫生約翰・斯諾（John Snow）則繪製出蘇活區霍亂

疫情的案例分布圖。這是人們首次明確建立起環境髒亂與傳染病之間的因果關係。當時，人們普遍認為疾病傳播的媒介是「瘴氣」（miasma），那是一種來自腐敗植物與汙水的惡臭空氣，會影響體質虛弱或具有特定身體特徵的人。儘管斯諾醫生對這種「瘴氣」理論抱持懷疑態度，但直到一八六〇年代，真正具有科學實證性的「細菌學說」才因為路易・巴斯德（Louis Pasteur）與約瑟夫・李斯特（Joseph Lister）的研究，逐漸受到西方世界接受。

不過認為微生物會導致疾病的想法並不新鮮。早在西元前三十六年，羅馬學者馬庫斯・瓦羅（Marcus Varro）就曾警告人們，沼澤中可能潛藏「肉眼不可見的細小生物」。[9]波斯醫學家伊本・西那（Ibn Sina，又名阿維森納，Avicenna）也在他的著作《醫典》（*The Canon of Medicine*，一〇二五年）中表達類似觀點。一直到十七世紀，《醫典》在歐洲都被當作醫學教科書使用，但西那提出的這項觀念始終未被廣泛採納。一直要到一八五四年至一八八三年間，霍亂弧菌（cholera bacterium）被人們反覆發現，醫學機構才開始認真看待這項資訊。

所幸，疾病傳染源的不確定性並未阻礙人們找出有效解決方法。一八五五年夏天，倫敦發生著名的大惡臭事件（Great Stink）。當時，被汙水灌滿的泰晤士河在酷暑中腐敗發臭，讓辦公地點緊鄰河邊的英國國會不得不採取應對措施。國會議員批准土木工程師喬瑟夫・巴澤爾傑特（Joseph Bazalgette）提出的下水道計畫，興建一條長達一百六十一公里的主幹下水道以及數千公里的連接管線，避免汙水溢入泰晤士河的支流。這項工程的成效極佳，不僅消除水源中的霍亂病菌，也大幅減少斑疹傷寒與傷寒的傳染案例。

當時剛從克里米亞戰爭歸來的南丁格爾，開始推廣環境清潔、通風與衛生習慣對拯救性命發揮的關鍵作用。倫敦最髒亂的居住區，包含柯芬園以北與位處法靈頓番紅花丘（Saffron Hill）的「貧民窟」則被直接拆除。這項舉措導致成千上萬的人流離失所。這些人是倫敦最底層的市民，包含了臨時工、小販、竊賊、性工作者以及無家者等。針對這項拆除行動，記錄倫敦勞工階級歷史的部落格「過去式」（Past Tense）寫道：「有些推動拆除貧民窟的改革者認為，只要讓貧民窟居民脫離他們混亂的居住環境，其中一些人或許還**有藥可救**；但另外一部分人可能已跟敗德生活方式密不可分、無藥可救。」[10]可以說這場運動不只是清理物質環境，更是一場「社會清洗」，彷彿城市的髒亂不只威脅健康，也象徵道德和社會秩序崩壞。

這場十九世紀中葉的清理行動，聚焦於水利設施、廢棄物處理與房屋等基礎建設，灰塵則很少受到關注。只有像負責家務的僕人等專職人士才會為此煩惱。當時，英國一名管家羅伯・羅伯茲（Robert Roberts）在他的著作《家僕與管家指南》（*Guide for Butlers and Household Staff*，一八二七年）中，以大量篇幅抱怨燃燒煤灰的不便：「你的衣服會布滿髒汙，皮膚會被染黑，家具與牆壁也會變得烏黑……更別說那些在房中四處飄蕩，像蝌蚪一般油膩而漆黑的小球。」羅伯茲認為燃燒無煙煤產生的灰塵好處理許多，它們的質地輕盈細緻、乾淨純粹，而且容易從壁爐和家具上清理掉、不留一絲痕跡。[11]

但南丁格爾並不認為創造乾淨的環境有那麼簡單。她在一八六〇年出版的著作《護理札記》（*Notes on Nursing*）中，批評當時「清掃灰塵的方式」只是無效的「胡亂拍打」。她寫道：「現在人們打掃灰塵的方法，其實只是讓灰塵平均分布在整個房間內，」結果是：「從房間蓋好那一刻開始，一直到最終沒人居住為止，沒有任何一粒灰塵真的離開過那個空間。」

南丁格爾明白灰塵絕非「無害」，一個人房間牆上綠色壁紙剝落的碎屑可能含有砷，壁爐則會將煤煙散播到整個房間。因此，房間內部的設計應該避免藏匿灰塵，不應設有難以清潔的窗臺或邊緣，不應使用壁紙或地毯，家具也要挑選能承受濕布頻繁擦拭而不會受損的材質。「醫院病房最理想的牆面，應該是純白且沒有吸附性的水泥、玻璃，或光華的磁磚，只要外觀能設計得夠美觀。」她寫道。[12]天花板應該夠高、窗戶要能打開以確保空氣流通。

南丁格爾的建言對醫院建築留下深遠影響，但這種極簡、甚至帶有現代主義風的室內設計美學，並沒有影響十九世紀的一般家庭；相反地，人們家中堆積的物品愈來愈多。

雜物堆積是屬於現代的問題。工業化前的世界與現代世界最明顯的差別之一，是人們過去擁有的東西相當少。在每件物品都需要手工製作，人們不僅得縫製襯衫與洋裝、還要親手紡絲織布的年代，擁有一件物品既昂貴又耗時，因此大多數人只有極少財產。當時家庭布置相當簡樸，物品表面也十分粗糙（在機器出現以前，平滑光亮是奢侈品的象徵），如果灰塵落在粗糙的木地板或泥地上，你可能不會注意到也不會在意。由此可見，灰塵之所以成為一種「髒汙」，是因為它落腳的物件本身變得重要，讓灰塵成為同等重要的問題。

這是在消費主義誕生後才可能發生的事。

根據歷史學家描述，人類社會在十七、十八世紀發生一場「欲望的轉型」。當時殖民主義和全球貿易將茶、咖啡、印度棉花等商品運送到歐洲，人們受到剛萌芽資本主義的薰陶，開始學會追求新奇與奢華。同一時期在地球另一端，明朝晚期的中國社會也經歷所謂「資本主義萌芽」，絲綢、漆器、瓷器與書籍開始大量流通。但一直要到工業革命與商業興起後，大量生產的商品才讓中產階級家庭能真正負擔更多物品，無論是瓷器和餐具、窗簾和地毯、玻璃器物與鏡子等，這些物件陸續進入生起火爐、煙霧瀰漫的客廳，也很快就喪失原有的光采，如同班雅明（Walter Benjamin）所說：「天鵝絨沙發就像灰塵的收集器」，即便是全新家裝的家具軟墊，也容易沾染煤灰。[13]

這些新物品需要定期清理，但新興中產階級家庭希望透過「家中女性不從事家務」彰顯地位，於是家務成為另一個階級——僕人的責任，也就是家庭女傭。

到了十九世紀末，在十歲以上的女性中，有八分之一的人都曾做過家務勞動；在十五歲到二十歲的年輕女性中，更是每三人中就有一人從事過家務。[14]在一天中，女傭有大半時間都在跟灰塵、煤煙、沙粒和塵垢搏鬥。她們在天未亮時就得起床，接著得清理壁爐中的灰燼、點燃爐火，讓一家人在溫暖的房屋中醒來。早餐前，她得掃好走廊地板與門前踏階；晚一點可能還得徹底清潔某一個房間。

在當時流傳的一本書籍《家事的藝術》（*The Art of Housekeeping*，一八八九年）中，作者指出：「一個中等大小的房間，如果要維持每兩個禮拜清掃一次的頻率，每次得花三個小時徹底清潔。」這本書是當時眾多教導新興中產階級如何管理家僕的家事手冊之一。書中為灰塵的管理設下十分嚴明的規範：

「所有裝飾品都必須移到另一個房間，或集中放在桌上並以乾淨的布蓋住，椅子也是，在將椅子搬出房間前，應該先好好擦拭與刷洗過……之後是掃地，接下來，女傭終於有時間下樓吃午餐，午餐為一片麵包加起司，以及一杯……希望不是啤酒的飲料。」（好歹讓這些可憐的女孩喝一杯啤酒吧！）「在空中飛揚的灰塵大約需要半小時才會落定，在這段時間內，女傭可以清洗飾品或擦亮金屬物件。然後再開始整理、打蠟，最後才是除塵。」這本書則提醒家中女主人應該「留意角落與高處的架子」，確保女傭是否認真確實完成任務。[15]灰塵成了細微管理的手段、也成為階級戰爭的工具。

為了防止灰塵落回剛清潔完的表面，有些家務專家建議從上而下打掃房間。有的人則教導在清掃地毯前先灑上濕茶葉，防止塵土飛揚，但也有人擔心茶葉會留下汙漬，而建議改用「剛割下的青草」，認為那比茶葉「更為有效，而且能讓地毯看起來格外清新亮麗。」（但也可能留下鮮明的葉綠素痕跡。）[16]

如果在一棟中產階級的住宅樓上有十二個房間，那可能就需要一名女傭全職打掃，而且每隔兩週就要深度清潔每個房間一次。如果這名女傭在星期日早上還有空去教堂，那已是天大的好運。

然而，這些清潔依然無法因應現實的需求。在一八九〇年，儘管英國土木工程師喬瑟夫・巴澤爾傑特興建大型的拜占庭式「下水道教堂」，以及改良相關基礎設施，讓傷寒和霍亂等水媒傳染病比起上個世紀減少許多，但肺結核病情依舊猖獗。當時嬰兒的死亡率居高不下，無論在歐洲或美國，每七個嬰兒

中就有一個活不過週歲。在某些城市，嬰兒的死亡率甚至高達三分之一。[17]這一次，土木工程師無法幫忙解決問題，因為主要的死因是細菌感染，患者之間透過咳嗽、打噴嚏與唾液直接傳播病菌。要對抗這種病源，需要採取更為私密的介入方式，那就是創造「個人衛生」的概念。

當然，在十九世紀以前，人們也會清潔自己的身體。有些文化對沐浴情有獨鍾，例如古羅馬與早期伊斯蘭城市，都發展出精密的管線系統與悠閒的蒸氣浴文化。古希臘甚至有祭祀「清潔與衛生女神」海吉亞（Hygeia）的信仰。這種信仰在西元前四三〇年雅典大瘟疫（Plague of Athens）後開始傳播。儘管「衛生」（hygiene）一詞源自古典文明，意指透過個人清潔避免疾病傳播，但一直到十九世紀中葉，這個詞彙都很少在英語中使用。[18]要到一八八〇年代至一八九〇年代，西方醫界才普遍接受細菌傳播疾病理論，並耗費幾年對公衛專家與社會改革者推廣。但這個觀念被接受後，便如野火般傳開。

歷史學家南西．托姆斯（Nancy Tomes）將細菌理論的傳播稱為「病菌福音」。[19]這場「傳教運動」主要有兩種形式，其一是透過報章雜誌、家庭手冊與婦女協會講座，以恐懼與道德約束的方式說服中產階級女性提高家務水準。其二是以一種「慈善型母職」的形式展現，一群「做善事的人」會一手提著清潔用品、一手拿著教育傳單走進窮人家中，教導他們如何清洗耳後、打噴嚏時要遮住口鼻，以及不要共用杯子和牙刷，以避免交換唾液。公共衛生訪視員會不斷強調：「在任何情況下，保持清潔、節儉和節制都非常重要」。[20]

他們傳達的訊息很清楚：細菌是全民公敵，這是一場戰爭。一八九九年，美國公衛專家哈麗葉特．普朗克特（Harriette Plunkett）在《美國廚房》（*American Kitchen*）雜誌二月號中寫道：

細菌學這門學科是在過去二十年間發展出來的奇妙學問，公共衛生專家必須好好研究；……女人必須閱讀、學習與觀察，除了記住與內化知識，也要發揮身為女人的力量，將知識轉化為行動，毫不妥協、積極且不間斷地行動，對抗灰塵、汙垢、濕氣與細菌組成的王國。[21]

微生物成為人們巨大的焦慮源頭。別忘了，那是個還沒有抗生素的年代，一直要到一九四一年盤尼西林才被用於醫療中。你看不見細菌、不知道它們在哪裡，卻可能因為細菌而喪命。有什麼比這更令人恐懼？

當時灰塵成為焦點，主要因為灰塵與結核病有特殊關聯。如同美國病理學家西奧菲爾．普魯登（Theophil Mitchell Prudden）在其著作《灰塵及其危害》（*Dust and its Dangers*，一八九〇年）中寫道：「在所有死亡人口中，有七分之一的人是因為肺結核不幸早逝，其中有很大比例死於灰塵中毒。如果我們願意，能有效預防這種病因。」[22]當時科學家主張，一般家庭積聚的灰塵容易成為結核桿菌的溫床，而根據「表面傳播」（fomite transmission）的理論，物體與原料能長時間攜帶具有感染力的活性細菌。這讓居家物品的表面成為致命的病源。儘管這項論點後來被證實有待商榷，如同南西．托姆斯指出：「灰塵培養的細菌幾乎沒有傳染力。」但人們對灰塵的恐慌已傳播開來，而女性更是「被教導要假設凡有灰塵處就有病菌，必須立即採取行動」。換言之，女人將必須清潔灰塵視同攸關性命之大事。[23]

除了主張灰塵與疾病的關聯，普魯登的「衛生宣導」也受到一種新身分女性的熱烈歡迎，她們是一群家政學家。從十九世紀中葉起，學校與大學開始開設家政課程，教導女孩烹飪、縫紉與育兒。但到了二十世紀初，這些課程突然改變論調。由於世界正在發生劇烈變化，日用商品變得愈來愈便宜與多樣化，電氣化設施更徹底改變日常生活。女性必須為這個新世界接受訓練，學習成為現代的消費者。她們的需求受到企業與政府關注，家務管理也成為一種像工廠管理般嚴謹、理性的專業，兼具知性與成就感。

一九〇六年，一名來自波士頓的年輕女性克莉絲汀．坎貝爾（Christine Campbell）從西北大學畢業後，嫁給企業主管J．喬治．弗雷德里克（J. George Frederick）。她放棄了教師工作，投入家庭生活，並育有四名年幼子女。她發覺自己每日都在「與家務奮鬥」，在打掃、煮飯、洗衣、修補衣物等勞動間不斷循環。「要能兼顧家務，又要有足夠時間陪伴孩子，這實在是一場持續不斷的掙扎。」坎貝爾感到相當自責，認為自己能力不足，「欠缺管理好家務的能力」。[24]

在此同時，克莉絲汀的丈夫每天下班回家，總是滔滔不絕地談論科學管理以及各種提升效率的理念。儘管疲憊，她還是聽著她先生和朋友高談闊論，瞭解他們的目標是要「發展一套簡化與系統化工作，讓商店、辦公室或任何企業管理起來更輕鬆、更少浪費，而且成本更低。」她於是想到，這一套方法能否也應用在自己家的工作？但這不是一件容易的事，因為家庭主婦面對的任務種類遠多於工廠作業員。但弗雷德里克夫人興致勃勃，很快在位於紐約州格林勞恩（Greenlawn）的家設立一間實驗室，開始進行家事勞動的實驗。她一步步簡化流程、安排時間表、建立標準化程序，最重要的是培養出一種嚴謹的「追求效率」態度。舉例來說，洗碗槽、爐子、冰箱的位置要如何安排，才能減少動作？洗碗最有效率的步驟是什麼？今日我們廚房流理臺的高度為九十公分（只要去量量看就知道了！）那是因為在一世紀前，弗雷德里克夫人跟我們說要這樣設計。她相信只要有足夠的分析精神，家事也會成為「充滿智性趣味的研究對象，就像男人在工商業世界熱衷挑戰的問題一樣」。[25]

如此一來，家事就不再是「枯燥或令人感到羞辱」的差事了。何況克莉絲汀・弗雷德里克後來不只是家庭主婦，而是一名「家事效能工程師」。她成為一名作家與雜誌編輯，經營一家規模可觀、銷售函授課程的公司，並以「消費者教育」的名義推廣各種品牌商品。早在Instagram問世前九十多年，這名創業女子已奠定現代「網紅」的基礎。但是我之所以將她納入本章故事，主要原因是她對研究、量化、理性、最佳化與控制的熱忱，讓她跟任何一名工程師一樣，成為二十世紀極端現代主義的代言人。

弗雷德里克與許多同業撰寫的手冊和雜誌文章，都毫不掩飾其中充滿技術官僚主義的語言，例如《家庭工程學：居家科學管理》（*Household Engineering: Scientific Management in the Home*）與《像經營工廠一樣經營家庭》（*Running the Home Like a Factory*）等書名。看來要達到進步，就得將家庭環境從柔和、舒適與溫馨的場所，轉變成一個更堅硬、最好是一塵不染的空間。在弗雷德里克的觀點中，家幾乎是一個不留有情感的空間，只有理性的時間管理、嚴謹的排程，以及堅定的「自律與意志控制」。[26]經濟學家大衛・哈維（David Harvey）曾指出，早在現代主義建築師勒・柯比意（Le Corbwsier）說出「房屋是居住的機器」那句名言前，這些女性已率先將家庭想像成「一座生產幸福的工廠」，一個應當「配備好相對應機械設施」的場所。[27]

日常生活正以驚人的速度改變。在二十世紀初的歐洲與美洲，家庭生活主要倚賴木材、煤炭與手工勞力。當時，美國只有三分之一的家庭有自來水，不到五分之一的家庭有沖水馬桶。然而短短數十年內，日常生活的節奏被徹底改寫。一九四三年，美國小說家伊迪絲．華頓（Edith Wharton）在自傳中寫道：「我出生的那個年代，電話、引擎、電燈、中央暖氣（除了熱風爐之外）、X光、電影、鐳、飛機與無線電報等事物不僅尚未問世，甚至還未被預見。」而當她動筆撰寫回憶錄時，這些曾令人感到新奇的玩意都已成為日常。[28]

儘管這些技術似乎讓世界變得更大，像是白天變得更長、日常活動範圍更廣，但它們對女性生活的實際影響卻恰恰相反。科技不僅沒有將女性從家事的牢籠中解放，反而創造了更多家務。更明亮的燈光讓灰塵和髒汙更容易被看見，女性必須更仔細頻繁清掃。衣服不再是只有弄髒才會洗，而是每一兩天就要洗一次，幫孩子洗澡也是。不僅如此，中產階級女性也逐漸意識到，她們必須自己動手做這些清潔工作。一九二七年，小說家約翰．普里斯利（J. B. Priestley）宣稱，家庭女僕的服務「就像馬車一樣過時了」，[29]因為年輕的工人階級女性寧願從事商店與辦公室工作，而不願再做累人的居家雇傭。當中產階級女性第一次得親手操作吸塵器，她們的社會地位就因為勞動行為而在某種意義上跟著下降，那解釋何以家政科學運動的目標是將家務專業化。

當然，社會大眾對清潔與髒汙產生新觀念，並非受到技術革新影響，而是被廣告宣傳與教育潛移默化。公共衛生官員、家電製造廠商和家政學運動者正是共同的推手。如同歷史學家南西．托姆斯所說，現代的公衛宣導模式始於二十世紀初的「對抗運動」。她表示：「結核病的防治人員熱切地參考二十世紀新興的廣告文化，透過印製海報、發明口號與各種宣傳形式，**推銷**防治結核桿菌的訊息」。[30]這些修改方式幾乎未經修改地沿用至今。確實，在二〇二〇與二〇二一年新冠疫情的封鎖期間，我在倫敦北部散步時，經常看到「洗手、戴口罩、保持距離」的公共衛生標語，那些標語幾乎成為每天我唯一能看見的廣告。可見商業廣告無論在過去或現在，不僅塑造新的消費習慣，更建立新的社會規範，標舉出身為現代人生存在這個世界的新守則。

為了激起人們購買這些嶄新的現代消費產品與科技的慾望，科學──或至少科學的外表──扮演重要角色。標準石油公司（Standard Oil）鼓勵讀者索取西奧菲爾．普魯登所寫的偽學術專論《灰塵及其危害》，利用冗長的篇幅說服大眾必須使用地板亮光漆。[31]瑪格麗特．霍斯菲爾德（Margaret Horsfield）在她探討家庭勞動史的著作《咬塵至死》（*Biting The Dust*，一九九七年）中，探討胡佛牌吸塵器的銷售策略。其中一則廣告展示一張「地毯生態系統分析圖」，以高倍率顯微圖標示多達五種不同類型的髒汙，從「可見的碎屑和灰塵」到「藏在縫隙中的汙垢」，讓家庭主婦焦慮不已。接著，家事手冊與家政課程就會教導女性使用各種不同吸塵動作來對付這些髒汙。[32]

克莉絲汀．弗雷德里克作為胡佛牌吸塵器的代言人之一，也現身說法證明該牌吸塵器效果多麼卓越超群：「他們的設計奠基在一個極為優良的衛生原則：遠離灰塵與細菌，從而遠離疾病。」她強調使用吸塵器之所以有效率，是因為它「真正移除了灰塵」，不像雞毛撢子或抹布只是把灰塵推來推去。你可以想像她在廣告中眼神誠懇地看著鏡頭，懇求道：「購買這臺機器能讓家人更加健康，哪個家庭主婦能拒絕這項提議？若有必要她們甚至願意為此省吃儉用。」[33]一世紀以來，這種行銷策略並沒有什麼改變。今日，美國的消費日用品公司寶僑集團（Proctor & Gamble），贊助一名叫為欣曲夫人（Mrs Hinch）的迷人金髮女子，讓她在艾塞克斯郡（Essex）潔淨無瑕的家中，推銷滴露（Dettol）牌消毒劑的神奇功效。

除了健康訴求，廣告也透過情感與社會語境，聲稱能協助中產女性在快速變遷的社會中找回自己性別角色的定位。在戰間期，吸塵器常被當作「取代僕人」的解方。例如在一九三七年，《女人》（*Woman*）雜誌上一支廣告就宣傳：「只要花四便士就能買到一名女傭！她不需要午休或晚上回家，能一直辛勤地工作」。[34]二戰結束後，廣告敘事採取極度保守的立場來塑造理想中的居家女性。在美國，受過維也納訓練的心理學家恩斯特．迪希特（Ernest Dichter）將佛洛伊德心理分析的洞見應用在消費者行銷上，主張：「購買行為只是一段複雜關係中的高潮，很大程度上奠基於女性渴望成為更有魅力的女人、更稱職的家庭主婦，以及更優秀的母親。」[35]而一臺尤里卡公司的旋轉式吸塵器則讓許多女人實現夢想，因為吸塵器「如此安靜！能讓嬰兒安心入睡、讓女主人跟鄰居自在聊天，也讓神經不再緊繃」。[36]在這類敘事中，家庭主婦的情緒穩定度都被描述得極其脆弱。

儘管吸塵器被當成節省勞力的機器，實際上它並未真正減少勞動量。克莉絲汀．弗雷德里克非常清楚這點，她曾以科學管理的碼錶時間進行測量。在《家庭工程學》一書中，弗雷德里克指出吸塵器節省的時間「少之又少，甚至幾乎沒有」，「主要優點只是不會讓灰塵四散，清潔效果也比較徹底」，讓打掃頻率可以略微減少。[37]但這點優勢也未必能實現，當清潔工具變得更有效率，人們對清潔的標準也隨之升高，進而填滿節省下來的時間。一九三〇年，一期《婦女家庭雜誌》（*Ladie's Home Journal*）便提到：「今日的家庭主婦因為擁有這些清潔工具，每天都在挖掘過去她們祖母只在春季大掃除時才會清理的灰塵。」[38]

對此，作家與社運人士芭芭拉．艾倫瑞克（Barbara Ehrenreich）尖銳地指出，人們對家事的完美主義傾向絕非偶然，而是源自於極端保守的社會價值：

> 我們今日對家務勞動的理解，並非取決於人體免疫系統的極限與需求，而是在世紀之交的刻意發明，目的是讓中產階級女性有事可做。當食品加工與衣物縫紉的勞動離開家庭、進入工廠，家庭主婦開始對生活的空虛感到不安。她們該投身於婦女參政運動嗎？或者該進入職場與男性競爭？一九一一年，一篇《婦女家庭雜誌》的社論就表示：「太多女性成天無所事事，這十分危險。」於是家政專家登場。這些女性勸導其它女性不要擁有職業，因為「家務已是一份全職工作」。如果有一個女性主義者為家政專家設置的專屬地獄，那在那裡，家政專家將永遠被雞毛撣子折磨。[39]

二戰結束後，「每天追著灰塵跑」成為一整個世代美國女性的全職工作，伴隨而來的是再度大舉入侵女性生活的性別保守主義。在歷經多年外患與焦慮後，美國在一九四〇和五〇年代步入「家庭狂熱」與家庭主義復興的時代。無論何種階級、種族與教育背景的男女，都更早結婚也生更多孩子，創造所謂的「戰後嬰兒潮」。[40]

在兩次世界大戰與戰間期，許多女性在男人從軍時進入職場填補產業空缺，也獲得一定的獨立性。但戰後情況迅速改變，在一九四五年，有三十七%的女性有工作收入，但僅僅兩年後這項占比就降至三〇%。同時，雜誌和媒體不斷灌輸「女性的歸宿在家庭」的觀念，鼓勵她們以家庭主婦的角色為傲。當時許多家庭確實也有條件讓妻子不需工作，因為生產力提升與勞工運動強大，從事製造業的男性可以單靠一份薪水就養活全家，甚至生活得還算舒適。戰後聯邦政府也大力投資住宅建設，不斷擴張郊區，讓上百萬來自愛爾蘭、希臘、義大利、波蘭等國的移民，能搬出市中心享受新的中產階級生活。這些族群逐漸融入白人社會；在此同時，美國黑人與其他有色人種則受限於歧視性的法律條款、房仲與房貸制度，被排除於這一波郊區發展之外。

前面描述的並非所有美國女性的狀況，但這群人數量龐大，足以構成全新的消費族群，也催生出新一代的家務手冊，教導女性應有的態度、行為和焦慮。一九四九年出版的《第一次做家事就上手》（*The ABC of Good Housekeeping*）規劃了一名家庭主婦每天從早上七點到晚上七點的行程。每天上午九點半，家庭主婦要開始清理灰塵。首先她要打掃臥室，接在著十點十五分打掃客廳、餐廳與樓梯間。從十一點半到十二點半，以及從下午三點到四點，主婦則需執行一個「每週特殊任務」，也就是每週六天中有四天得選一間特定房間，進行深度清潔。此外，家庭主婦每天都需要清理地板，每週要用吸塵器清理過一次地毯，每天要把灰塵揮掉並擦拭乾淨，每個星期也要擦一次牆面。

你會每個星期擦牆壁嗎？我可能比絕大多數人更常思考關於灰塵的問題，但從沒想過做這件事。連蜘蛛網都沒有那麼快形成，這種手冊是在教導人留意「看不見的灰塵」，進行一種強迫症般的訓練。

這些手冊也從未真的解釋為什麼清潔灰塵如此重要，而且要做得如此頻繁。十九世紀末，人們對肺結核的恐懼已大為減少。五〇年代諷刺作家艾利諾．史密斯（Elinor Goulding Smith）總算說出大家的心聲：「灰塵是家庭主婦最大的敵人，必須全力對抗。」[41]環境整潔跟過去一樣，依舊關乎體面與尊嚴：「你永遠不知道哪位親密的友人會突然來訪，用他戴著白手套的手指，抹過沙發後面的踢腳板，那時你會做何感想？」但這背後也藏著更深層的焦慮，那就是對「被入侵」的恐懼。灰塵會「從門縫、窗縫、通風口、小孩的口袋登堂入室，還會從床墊、沙發坐墊、舊外套、書籍或櫥櫃底部跑出來。」灰塵無孔不入、永無止境。歷史學家伊蓮恩·泰勒·梅（Elaine Tyler May）在探討冷戰對美國家庭影響的著作中提及，在受到地緣政治威脅的背景下，郊區住宅的穩定象徵充滿意義與安全的生活。[42]但灰塵揭露家庭神聖性的虛幻，也威脅著我們將家視為穩定避風港的想像。對抗灰塵這場戰爭看似無足輕重，但在潛意識中卻攸關生死存亡。

女性主義運動者貝蒂·傅瑞丹（Betty Friedan）在她的戰鬥性著作《女性的奧祕》（*The Feminine Mystique*，一九六三年）中也描述：「數百萬名女性依循美國郊區完美的家庭主婦形象過活，在落地窗前跟丈夫親吻道別、把一整車的小孩送去上學，然後微笑著用新買的電動打蠟機清潔一塵不染的廚房地板。」[43]傅瑞丹認為這些女性的生活被簡化成奴役，她們的抱負與興趣被家人的需求取代。她將這種狀況稱為「無名的問題」，那是一種源自於無意義的家務和極為受限的生活視野導致的心靈病症。想想看電視劇《廣告狂人》（*Mad Men*）中完美的金髮嬌妻貝蒂（Betty Draper），當她在洗碗和做家事時，因為壓抑的身心症狀而雙手緊繃麻木。在劇中，她看著一天將在空虛中度過，竟然拿起ＢＢ槍，走進花園射殺鄰居的鴿子，只因為牠們竟敢呼吸她沒有的自由空氣。[44]

儘管有些評論家批評傅瑞丹過度誇飾絕望主婦的困境，認為她沒寫出其他女性的掙扎，包含有色人種、勞工、單親媽媽、女同志與單身女子。她們面臨的物質困境比單純感到無聊更為嚴峻。但傅瑞丹描述的場景在當時的社會情境中，還是具有鮮活的象徵意義：一位完美的郊區白人家庭主婦竟然會因為一丁點的汙漬而瘋狂。

戰後的美國郊區是二十世紀歷史上其中一個追求清潔達到巔峰的時刻，另一個時間點則是在一九二○年代的法國。如果要討論現代性，我們就不得不討論先前提到的偉大建築師查爾斯・愛德華・詹奴勒（Charles-Édouard Jeanneret），他較為人熟知的名字是柯比意。柯比意致力於將「家」轉變為「居住的機器」。

一八八七年出生於瑞士的柯比意，是現代主義建築中「國際風格」（International Style）的先驅。這種風格的特徵是充滿方正筆直的線條與重覆的樣式，避免繁複裝飾和多彩色系，並大量使用混凝土、鋼鐵和玻璃等建材。柯比意的設計涵蓋家具、私人住宅，以及例如巴黎或昌迪加爾（Chandigarh）等城市的整體規劃，柯比意是一名烏托邦主義者，是二十世紀相信人類生活能透過理性而臻至完美的思想家之一。因此，他的建築理念中潛藏對灰塵的莫大恐懼，那些無形無狀、象徵腐敗與混亂的物質，正是他理念的對立物。

柯比意在一九二三年出版的著作《朝向新建築》（*Toward An Architecture*）中，主張：「現代生活需要並期待一種全新的設計規劃，不論是房屋或都市。」在世紀之交，科技徹底改變日常生活的樣貌。電力、電話和汽車已進入半數美國人家中，飛機能跨越大西洋，並在空中互相纏鬥。十九世紀法國詩人波特萊爾創造「現代性」(modernité)一詞，描述都市生活的短暫與飄忽；如今六十年過去，在柯比意心目中設計卻遠遠沒跟上新生活的節奏。例如倫敦的街道設計仍是維多利亞風格的建築，巴黎除奧斯曼大道之外，多數街區更為老舊。一九二五年，巴黎在國際裝飾藝術博覽會展出的是充滿碎花與東方風情的裝飾藝術(Art Deco)，彷彿在復興古典與異國趣味。

柯比意厭惡巴黎市中心的骯髒空氣和混亂秩序，表示：「那裡的公寓住宅層層堆疊，擁擠狹小的街道相互交錯，到處都充滿噪音、汽油臭味與灰塵，而房屋每層樓敞開吸入一切髒汙。」[45]城市必須有更好的設計方案，一種更能反映時代精神、真正適合人居住的空間。柯比意認為只有新的建築才能治癒工業化城市的病痛，甚至避免革命發生。「空間、光線和秩序，這些事物跟麵包和床一樣滿足人類的基本需要。」他如此寫道，主張建築外形和材質的純粹性，能夠創造理性、和諧與美感。

但是他心目中的新建築應該呈現什麼樣貌呢？柯比意在他推出的「瓦贊計畫」(Plan Voisin，一九二五年)中，描繪對於嶄新巴黎的構想：「那是一座由高聳入雲、間隔寬廣的玻璃幕高塔」構成的城市，玻璃外牆「在夏日豔陽下耀眼奪目、在灰色的冬日天空下柔和閃爍，在黃昏時分則魔幻地閃耀光采」。這些建築雖然巨大，但因為由雕塑般的混凝土梁柱支撐，看起來彷彿「漂浮在半空中，與地面沒有接觸」。柯比意設想的建築有一百八十三公尺高，街道會給機器使用，人們則從高處往下觀看世界的動靜，彷彿俯瞰遙遠的奇觀。「每當黑夜降臨，高速公路上的車潮會劃出一道道如同流星尾巴般的光影。」[46]

在他的計畫中，這座新城市會是一座公園城市，只有五%到十%的土地用於建築，其他土地則會設計為「高速公路、停車場和空地」。儘管藍圖中的城市以汽車為中心，柯比意仍宣稱：「城市的空氣將清新純淨，幾乎沒有任何噪音。」他希望用新鮮的空氣、陽光和充滿綠蔭的花園，追求人、建築與自然之間的和諧，達成身體與道德上的衛生。

儘管強調新鮮空氣與自然的重要性，柯比意並不追求「天然」的空氣，因為自然太難預測。交替的季節時冷時熱、時濕時乾，不利於身體健康。既然如此，從理性角度來看，當然是要改良與控制自然。「讓我們給肺部一個正常運作所需的長久條件，那就是精準的空氣，」一九三三年他寫道：「讓我們製造恆定的空氣，將空氣過濾、除濕、加濕、消毒。這些機器非常簡單……人們無論是在家中、工廠、辦公室、夜店或表演廳，都能吸入精準的空氣。通風機是如此普及卻又那麼常被錯用的機器！」[47]

歷史上第一座有空調系統的建築，或許是一六二〇年倫敦西敏寺的大廳。當時，科學家科內利斯・德雷貝爾（Cornelius Drebbel）利用硝石（炸藥中的氧化劑）與水的化學反應降溫，為英國國王詹姆士一世製造「夏天變成冬天」的魔法。[48]南丁格爾也曾倡導良好通風的重要性，認為那是「護理的首要法則……讓患者呼吸的空氣如室外空氣般純淨，卻不使他受寒。」她在著作《醫院札記》（*Notes on Hospitals*，一八六三年）中指出，開窗是最佳解決之道，如果天氣較差，通風井與機械通風裝置則作為備案。[49]多年後在一九〇二年，紐約的薩克特—威廉斯印刷出版公司（Sackett-Wilhelms Lithographing & Publishing Company）大樓安裝了世界上第一臺電動空調系統，該設施能同時控制溫度和濕度，讓紙張順利滾過印刷機。

雖然柯比意不是空調系統的發明者，但他是最早想方設法將十九世紀的冷卻技術應用於建築空間的先驅之一。他提出兩個解決方案：「精準呼吸」（respiration exacte）是能提供攝氏十八度恆溫通風空氣的機械空調系統；「中性化牆面」（mur neutralisant）則是一種雙層玻璃牆，牆內流動著經過調節的空氣，以調節室內外與室外的熱交換。這套建築系統最初的基本原則，是以新鮮空氣對抗工業城市的汙染，最終卻演變成一種徹底排除自然空氣的系統。柯比意在《光輝城市》（*The Radiant City*，一九三〇年）一書中就寫道：

> 從那時起，我們見證一個新時代的展開。在未來，建築將與外界完全隔絕，室內空氣將由上述的封閉空氣循環系統供應。建築外牆不再需要窗戶，因此不論灰塵、蚊子或噪音都進不了屋內。為此，我們必須著手進行鋼鐵與鋼筋混凝土建築的隔音實驗！

柯比意的陳述，清楚點出這一章重點：灰塵是一種威脅，必須從現代世界中被驅逐。灰塵必須被粉飾掩蓋。

「粉刷是極為合乎道德的事，」柯比意在一九二五年寫道。當克莉絲汀・弗雷德里克在為胡佛牌吸塵器宣傳時，柯比意則大力推銷 Ripolin 牌亮光磁漆。他幻想該品牌成為一道由上而下頒布的法令。「想像一下，如果頒布《磁漆法案》會帶來什麼樣效果。每個公民都必須將家裡的掛布、織錦緞、壁紙或油印蠟紙，換成一層純白的磁漆。他們的家中從此清潔明亮，再也沒有骯髒陰暗的角落，一切都如其外觀般被呈現出來。」[50]

我的一名建築師友人道格拉斯・墨菲（Douglas Murphy）提醒我，柯比意對衛生清潔的執著本身並不荒謬。在他寫下那些話語的時空，抗生素尚未普及，結核病也依然肆虐。[51]但他的執著超出實用層面，變成一種追求進步與完美的道德教條。例如他主張透過石灰粉刷，「人的內在也會變得潔淨，因為這種作法讓人排除任何不正確、不被同意、不被預期、不受歡迎，或沒有經過深思熟慮的事物……一旦在牆上刷上磁漆，你就會成為自己的主人。」[52]

這是一種為了支配而生的建築學。柯比意相信規劃者擁有上對下的絕對權力。在以消滅灰塵為目標的行動中，他對現實的混亂不留任何餘地。這種建築沒有保留空間給人類會流汗、會腐朽、既脆弱又奇異的身體，也容納不下任何超越建築師以外的主觀感受。這種建築甚至無法實踐自身理想，它們因為漏水問題而惡名昭彰。尤吉尼・薩伏伊（Eugénie Savoye）與她丈夫是知名建築薩伏伊別墅（Villa Savoye）的共同委託人，她曾多次寫信向柯比意抱怨：「房子裡的玄關在漏水，坡道在漏水，整個車庫的牆面都濕透了……我的浴室也是，只要天氣不好就會淹水，雨水會從天窗跑進來。園丁小屋那邊的牆壁也都是濕的。」她在一九三七年又寫了一封信，宣告那間房子「已無法居住」。[53]極端現代主義對理性與潔淨的理想，事實上是不可能實現的，它們敗給灰塵、濕氣與水滴這些微小卻頑強的力量。正如道格拉斯・墨菲所說：「現代建築的歷史總是與失敗跟毀壞密不可分。」[54]

二戰過後，人類希望將灰塵從世界上驅逐的渴望愈來愈強烈。

一九六〇年，美國桑迪亞國家實驗室（Sandia National Laboratories）的物理學家威利斯・惠特菲爾德（Willis Whitfield）發明了無塵室，那是世界上最乾淨的場所。「我開始思考關於灰塵的種種，」惠特菲爾德在一九六二年接受《時代》雜誌訪問時表示：「我想知道這些搗蛋鬼是從哪裡來的，又都跑到哪裡去？」[55]問題是這世界上的灰塵比我們想像得還多。人們通常以每立方公尺有多少微克（一百萬分之一克），作為計算空氣中粒子濃度的單位。這些數字看似微小，例如戶外空氣品質尚可時，PM2.5的濃度只有約每立方公尺十微克。但灰塵本身就極其微小，若將濃度換算成「微粒的顆數」，那表示一立方公尺的房間內，可能含有超過三千五百萬顆尺寸大於〇・五微米的灰塵粒子。[56]當你在生產半導體、包裝高規格底片，或嘗試分析數百顆星際塵埃粒子時，三千五百萬顆細小微粒就成為很大的問題。你需要的不是「稍微乾淨一點」的環境，而是比平常乾淨數十倍甚至數百倍的空間。

可是問題是，我們在陽光照射下看到的灰塵只是冰山一角。人眼可看見的極限約為十微米（一百分之一毫米），這種尺寸以上的「大型灰塵」會在幾秒內掉落到地面，很容易用吸塵器清理。相較之下，小於一微米的「小型塵埃」才是空氣中懸浮粒子的主體，這種粒子帶來兩種麻煩。

其一是它的黏性很高。一九六一年，一篇論文指出灰塵「具有很強的附著力」。[57]即使把落塵的表面翻過來，也很難去除灰塵，因為重力無法跟靜電的吸附力抗衡。如果對落塵表面用力吹氣，那也只能吹掉極少微粒。要將這些細小微粒從表面去除，必須要使用更大的物理力量，那就是刷洗。但刷洗灰塵會產生另一個矛盾：你愈努力清除掉灰塵，愈可能因為磨損表面而製造更多灰塵。

其二是小灰塵會飄浮。它們太小也太輕，無法靠重力沉降到地面，反而會一直在室內隨著氣流漂流。

惠特菲爾德的突破，是他發現要去除灰塵就必須「吸走」空氣本身。他設計一個小而密閉的空間，以便徹底掌控空氣流動。空氣會先通過一組超細的過濾器，這組過濾器能以高達九十九．九七%的效率過濾掉大於〇．三微米的顆粒，並在每十分鐘就完全更換空氣一次。因此不論科學家操作什麼實驗，空氣中的汙染物都不會持續累積。同時，密閉空間中的空氣會以每小時約二．六公里的速度流動，輕柔掃起靜止的灰塵，讓灰塵落在設有格柵的地板上被順利吸走。當人們第一次測試無塵室時，灰塵計數器測到的數字幾乎是零。「我們以為計數器壞掉了，」惠特菲爾德在一九九三年受訪時回憶。計數器上的數字從每立方公尺三千五百三十一萬顆微粒，掉到只剩兩萬六千多顆微粒。桑迪亞實驗室甚至宣稱：「如果從一端吹入香菸煙霧，你會看到另一端出來的是乾淨空氣。」[58]

一九六四年，惠特菲爾德發明的「無塵室」（ultra-clean room）獲得美國專利號第三一五八四五七號。後來，無塵室的標準被正式訂定為ISO14644。[59]該標準明確規範不同等級的無塵室必須達到的潔淨程度，並揭示灰塵一種奇異的特性，那就是灰塵含量不能以線性尺度計算，而得用對數尺度衡量，就跟地震規模、聲音分貝或光的強度一樣。

一般室內的空氣品質為ＩＳＯ－9級，如果你在室內烤吐司或焚香，製造出的碳微粒可能會讓空氣品質更差。一艘太空船必須在ＩＳＯ－8或ＩＳＯ－7等級的無塵室中組裝（ＩＳＯ－8比一般空氣品質ＩＳＯ－9潔淨十倍）。在加洲帕沙第納（Pasadena）的美國太空總署噴射推進實驗室（Jet Propulsion Lab），工程師與技術人員必須全身穿著「兔子裝」，確保他們身上不會掉落皮屑或帶進外來微生物。為了確保太空任務不會讓其他天體受到地球微生物汙染，太空總署設下嚴格的「行星保護」規定，除了嚴密監控室內濕度，任何暴露的表面也要定期塗抹採樣、培養，甚至執行DNA定序，以檢查是否有「活生生的旅客」隨行。[60]

某些特殊任務需要更極致的潔淨環境。二〇〇一至二〇〇四年，美國執行「起源號任務」（Genesis mission），旨在蒐集太陽風。那是一種從太陽不斷發出的帶電粒子流，遍布整個太陽系。在為期八百五十天的任務中，由金、矽晶、藍寶石與類鑽石碳製成的拋光採集陣列持續暴露在太陽風中，捕捉能揭示太陽精確成分以及太陽系起源的原子。三年飛行任務結束後，返回艙在重返地球時降落傘未能打開，以每小時三百公里的速度墜落於猶他州偏遠地區，幾乎讓所有成果毀於一旦。[61]所幸最終人們仍成功回收艙中稀有且珍貴的樣本，並送往噴射推進實驗室內的ISO－4等級實驗室進行分析。該實驗室的潔淨程度比一般室內空氣高出五個數量級，也就是乾淨十萬倍。這樣的環境不存在任何尺寸超過五微米的游離粒子，而每立方公尺空氣中，尺寸為〇．一微米的粒子也只有一萬顆。

但還是有比噴射推進實驗室更乾淨的環境。即使令人難以相信，ISO－1等級的無塵室確實存在。在那裡，每立方公尺只有十顆〇．一微米的微粒，更大粒子的數目則趨近於零，甚至連冠狀病毒都無法穿過無塵室中的高效濾網（HEPA）。冠狀病毒大小約為〇．〇五到〇．一四微米，尺寸可能還太大了。在那種陌生而罕見的環境工作，感覺有點像準備展開太空漫步。科學家在踏入嶄新無瑕的世界前都得經歷一套嚴格訓練，包含空氣沐浴、潔身作業，以及一絲不苟地穿戴裝備。他們或多或少都會抱持一絲焦慮，因為那些ISO－1等級的無塵室是被用來製作探測火星表面生命跡象的精密偵測器。一旦出任何差錯，都可能改變星際歷史。

由於桑迪亞國家實驗室是政府出資的實驗室，無塵室的專利被免費提供給製造業與醫院使用，這項科技因此迅速傳播。在短短幾年內，世界各地建造價值五百億美元的層流式無塵室（相當於今日的四千五百億美元），推動包含半導體、太空科技、生物科技、奈米科技與醫療保健等產業的發展。最新的蘋果手機用的五奈米製程電晶體，尺寸約略等同於十顆大原子。為了生產這些晶片，蘋果的晶片供應商台積電必須打造面積超過二十五個足球場的無塵室。[62]可以說，惠特菲爾德最初對這些「搗蛋鬼」灰塵的思索，塑造今日我們熟知的科技世界。我們應該將無塵室視為打造現代社會的關鍵基礎建設。

「在進入無塵室的東西之中，人類是最髒的。」噴射推進實驗室的技術主管維克・莫拉（Victor Mora）曾評論道：「但由無塵室生產出的技術更髒。」[63]歸根究底，人類建造更好的無塵室的主要動機，是為了建造更強的核武。一九五九年，隨著核子武器中某些元件設計得愈來愈小（特別是機械開關），灰塵微粒讓工程師難以達成作業要求的品質。惠特菲爾德任職的國家實驗室是由桑迪亞公司營運，而桑迪亞公司為全球最大軍事承包商洛克希德・馬丁（Lockheed Martin）的子公司。桑迪亞實驗室只不過是遍布美國西南部沙漠一系列核子軍事工業的據點之一。在本書第六章，我們會繼續討論這些場所。但由此可見，無塵室的「工業衛生」與更大的地緣政治有緊密關係，並牽涉到國境與國防、核子汙染、對外力入侵的恐懼等民族國家與生命政治的議題。

如果仔細想想，會發覺灰塵其實會引發重大政治問題。

每當我感到緊張焦慮或覺得生活失控時，就會有一種想打掃公寓的強烈衝動。那是一種希望重建所處環境秩序與平衡的渴望。我期待透過某種神祕的魔法或隱喻手段，將那份秩序帶回混亂的內心。

在社會上，這種信念同樣存在。

你可能聽過人類學家瑪麗・道格拉斯（Mary Douglas）那具知名的話：「汙穢是錯位的事物。」也可能一直在等這句話出現在本書中。道格拉斯這項見解重要的地方在於，她談論的不只是物質的秩序，也是社會的秩序。「我相信有些汙染是用來作為類比，用以表達人們對整體社會秩序的看法。」她寫道。而人類圍繞灰塵與居家衛生寫下的焦慮歷史，則清楚佐證這點。[64]

無論是十九世紀中葉的公共衛生改革者，或二十世紀初的「家政學狂熱」實踐者，這些人的論調往往帶有強烈的階級偏見。倫敦大學學院設計與建築史教授阿德里安・福蒂（Adrian Forty）就指出，「對於衛生的迷戀」與「中產階級對失去社會和政治權威的恐懼」兩者有密切關聯，他寫道：「當一個社會的外部邊界受到威脅時，汙染的焦慮就會隨之浮現。」[65]過去，都市化與工業化對原有的社會秩序造成劇烈衝擊，並創造一個新興的城市勞動階級。這些勞工參與抗爭、遊行和罷工，甚至在法國和德國發動革命，爭取合理薪資、更好的工作條件與投票權。在這種新興階級形成的背景中，衛生成為區分「良好」、「體面」的窮人，以及無賴、低端的「賤民」的工具。如果願意遵守中產階級公共衛生官員的指示，那在貧民窟被夷為平地後還能獲得安置。但若不配合國家政策方針就會遭受驅逐。最不幸的一群人則得在倫敦的灰塵中掙扎求生，像是在王十字車站南邊的垃圾山，靠撿拾他人丟棄的東西為生。

同樣地，中產階級也必須維持居家的潔淨，才能顯示自己地位高於那些「幹骯髒活」的群體。由於許多家庭才剛躋身中產階級，地位並不總是穩固。比頓夫人（Mrs. Beeton）在她知名的著作《比頓夫人家務管理書》（*Mrs. Beeton's Book of Household Management*，一八六一年）中，就哀嘆道：「如今僕人不再認分。廉價的絲綢與棉布，還有近期那些可疑的『混紡布料』與粗花呢，讓女主人和女傭、男主人和男僕之間的界線變模糊了。」[66]比頓夫人寫下這本指導手冊，是為了協助那些剛晉升到中產階級、還不熟悉雇傭制度的女性。她教導讀者以不合理但令人嚮往的上流階級標準管理家務，例如用戴著手套的手指特意滑過畫框與壁爐，尋找是否有灰塵。這種規訓方式讓新手女主人得以透過不斷測試女傭是否勤奮，來建立自身的權威。畢竟這些女傭與女主人的差異未必那麼大。

在二十世紀中葉，對英國工人階級來說，灰塵——或者說灰塵缺席的狀態——一直作為身分體面的象徵。例如住在市中心連棟房屋中的女性，每天或每週會定期洗刷門前的臺階，並用紅色鞋油或磨石拋光，直到臺階表面閃閃發亮。人們也會定期清掃街道以抑制塵土飛揚（這在工業區尤其重要），清理完後還會用肥皂水沖洗人行道。「這麼做代表你對家園感到自豪。」一九九七年，八十五歲的瑪格麗特·霍頓（Margaret Halton）在接受《蘭開夏郡電訊報》（*Lancashire Telegraph*）訪問時表示。「只要看一眼一戶人家的臺階，就知道這戶人家是否愛乾淨。」[67]而在一個討論一九五〇年代諾丁罕生活的論壇上，另一名女性懷舊地表示：「除了保持門口臺階的清潔，人們還會定期清洗起居室的窗簾。如果窗簾髒兮兮的，那大門再怎麼乾淨也沒用！」[68]這些窄巷與緊密的社區中，所有人的目光都緊盯彼此，即便生活艱困也要保持潔淨。這是人們展現自尊的方法。

最初在撰寫這章時，我以為討論的主軸會是關於清理灰塵的行為，如何成為現代社會建構過程一個微小卻不可或缺的拼圖。透過征服疾病與髒汙，人類從中創造新的事物，並把清潔視為一種控制生活中最細微層面的教條。然而，在寫作過程中，我發覺「潔白」這個概念總是與灰塵相伴而生。潔白不只是理想中一塵不染居家環境的外在形象，也是一九五〇年代郊區典型家庭主婦的代表膚色。當時，黑人家庭因為「紅線制度」和種族條款，而被系統性排除在郊區之外。在倫敦，你得閉上眼睛才不會注意到大多數打掃灰塵、清理住家和辦公室的人，都是拉丁美洲人與黑人等有色人種。由此可見，二十世紀的清潔史不只是區分性別與階級的歷史，也是種族不平等的歷史。

清潔很少只是清潔，它不只是一種實用、功能性的行為，例如吸地毯或用肥皂洗手。清潔從不中立，往往帶有額外的社會意涵與象徵。清潔的問題不只是「髒汙」會玷汙道德或形塑社會汙名。這種關係是雙向的。

衛生的概念也隱含一種詭異的謬誤，那就是人們在潛意識中仍相信「清潔近乎聖潔」這句古老格言。因此清潔的益處連帶被轉化為對道德正直與社會地位的認可。二十世紀初，人們對居家衛生的執著與一場「社會衛生」運動的風潮並行，後者是透過消除性病、性工作、藥物使用與其他「惡習」來促進公共健康。一九一一年第一版的《童軍手冊》就明白寫道：「童軍必須潔淨。他的身體和心靈都要保持潔淨，維持純潔的言語、運動、習慣，並與乾淨的朋友往來。」[69]社會衛生主義者則進一步推展理念，公開倡導優生學。例如女性權益與計畫生育倡議者瑪麗．史托普斯（Marie Stopes）主張應該對那些「無可救藥地腐敗、屬於病態種族的人」進行絕育。史托普斯所採用的汙染與種族衛生修辭，構成歐洲歷史上最嚴重的罪行。而直至今日，像羅姆人（Roma）或其他遊居群體（Traveller）仍常被以「骯髒」形容。

我從家中那張滿是灰塵的書桌開始寫起，似乎已經討論得太遠。但像是瑪莉．道格拉斯寫道：「對髒汙的反思，即是對秩序與混亂、存在與不在、有形與無形、生命與死亡之間關係的反思。」[70]當我們意識到「清潔」常被用來區分不同類型的「人」時，原本清潔看似理所當然的美德就變得模糊不清。在光譜兩端，一邊是品格良好的公民，一邊是被邊緣化、汙名化或成為代罪羔羊的他者。女性更容易被「蕩婦」、「懶女人」、「隨便的女人」等詞彙規訓，這些詞語將性的不道德與骯髒、懶散劃上等號。相反地，「好女人」依舊常常等同於細心、乾淨的家庭主婦。

別誤會我的意思，請繼續使用家裡的吸塵器。塵蟎會引發氣喘，沙發老化時釋放出的阻燃劑內含的防火化學物質會干擾內分泌，對身體也沒什麼好處。十九世紀的衛生改革者確實改善公眾健康，那些傳播「細菌福音」的人也拯救不少性命。但我們是否真的能去除髒汙引發的道德恐懼？這才是問題所在。

或許對灰塵採取一種「侘寂」的價值觀是一種吸引人的解答。這個觀念來自日本美學，主張接受不完美、腐朽與老化的生活之道，是一種與灰塵共處的溫柔哲學。如果現實生活中灰塵無所不在，這或許是唯一合理的解方。

地理學家阿拉斯泰爾．邦尼特（Alastair Bonnett）曾探討柯比意對灰塵的厭惡。他認為那種厭惡不只出於對衛生的考量，更牽涉到灰塵具有的「隱蔽性」特質。換言之，灰塵挑戰了他試圖將城市打造為「全面可見與可理解環境」的願景。相較之下，「與灰塵為伍，承認灰塵將繼續飛揚與落下，則反映出我們有能力跟非理性事物和歷史共存，也渴望如此。」這種能力正是和柯比意所厭惡的「無法透視的黑暗」共處。邦尼特認為，閃亮無瑕的表面只是一種烏托邦式想像，不可能存在於現實。[71]即便如同ＩＳＯ－1等級的無塵室仍有十顆灰塵微粒。比起與灰塵奮戰，我們的生活有更值得做的事。

就連瑪莉．道格拉斯這名發展出髒汙理論的先驅都會同意上述觀點。在《潔淨與危險》一書最終章，道格拉斯表示人們最終必須理解到「那些具有毀滅性的髒汙，也如何充滿創造性」。她認為，人們對垃圾與廢棄物的態度會經歷兩個階段：「首先，它們會被視為不合時宜與對秩序構成威脅的存在，必須被大力清除。」然而在這個階段，髒汙依然具有自己的身分：「它們依然能被辨識為某物不被需要的殘渣，例如頭髮、食物或包裝紙。」由於打破既有邊界，髒汙被賦予危險性。但隨著時間過去，情況跟著改變：「這些被視為髒汙的物質，將經歷一個粉碎、溶解與腐爛的漫長過程。最終，一切身分都會消失，最初的來源已不可考，它們與一般垃圾的總和匯流。」當這些物質的身分消失，它們不再違反規範，而是重新找到歸屬之力，屬於垃圾堆裡的垃圾以及溫柔勾勒出周遭萬物輪廓的灰塵。[72]

道格拉斯指出，水之所以具有如此強大的象徵力量，不只因為它滋潤生命，也因為它能溶解物質，能夠「瓦解一切形體、抹除一切過去」，並帶來嶄新的開始。[73]同樣地，灰塵能回歸無差別、無形體的特質，也讓它同時兼具新生與成長、腐敗與消亡的象徵意義。最終，灰塵不再令人厭惡，如同道格拉斯所說：「即使是國王，死後被埋葬的遺骨也不會再引發敬畏；即使空氣中充滿已逝人們遺骸化成的塵埃，也無法再撼動人心。」

說到底，我們談論的是生命。「只要生命仍存在於肉體中，它就無法被全然排除」，即便現代社會如何努力排斥它。

灰塵同時是時間、毀壞與死亡的象徵，也是生命殘留的痕跡。它的意義從不非黑即白，而是模糊不清的灰色。與灰塵共處是一段緩慢的學習過程，我們也不得不然。我們得學會擁抱矛盾；我們得學會清潔，但不讓清潔本身成為一種認同；我們要尊重物質層面的衛生需求，也同時對衛生作為一種社會隱喻所蘊含的意識形態保持深刻懷疑。

如果我們仔細閱讀瑪莉・道格拉斯的著作，會發覺她是在指出灰塵並不總是一種威脅，也不總是那個逾越邊界的存在。它並不總需要受到現代主義式的掌控與征服，如同我希望透過克莉絲汀・弗瑞德里克與柯比意的話語，揭示那樣的控制往往是一場註定失敗的戰爭，是我們嘗試對抗自己那難以管教馴化的身體。

當然，對灰塵的征服，正是一種想征服自然的縮影。但如同這本書一再顯示，從個人層次到行星尺度，這種控制都註定失敗。既然如此，我們或許應嘗試另一種策略，揚棄等級分明或充滿支配性的關係，而是尋求一種共存甚至協作的生態方法。

第五章　海的遺跡

午夜時分，舞池中的ＤＪ放了一首讓我心跳漏拍的曲子。

這裡是木伊那克（Moynaq），一個遠在烏茲別克西部偏鄉的小鎮。當地有一萬三千五百位居民，也是二十世紀其中一個最慘烈的人為環境災難現場。曾經是全世界第四大湖泊的鹹海竟然乾涸了。

二〇一九年八月下旬，我在這待了兩晚，參加一場紀念鹹海的音樂節。在那裡，世界級的鐵克諾（Techno）電子舞曲透過出乎意料強大的音響系統，震撼整片空曠的沙漠，綠色的雷射光數掃過繁星密布的星空。我身邊數百名民眾隨之瘋狂舞動，彷彿他們從未聽過這種音樂。確實，這對大多數人來說是第一次。

這場音樂節的名稱為Stihia，在當地語言中意指「勢不可擋的自然力量」。這場為期兩天的音樂節是由律師歐塔貝．蘇雷馬諾（Otabek Suleimanov）和塔什干的Fragment團隊策劃，試圖打造當地新興的電子音樂文化。從二〇一六年實施獨裁統治的總統伊斯蘭．卡里莫夫（Islam Karimov）過世後，烏茲別克在文化與政治上逐步開放，這場音樂節正是在這樣的轉變下誕生的公開活動。

有數百人來參加活動，他們大多數是來自塔什干的烏茲別克人，也有不少來自莫斯科的鐵克諾電子樂迷，以及來自中亞地區的聽眾。女性主義運動者埃琳娜（Arina）從一千九百公里外的哈薩克城市阿拉木圖（Almaty）搭便車前來，一名德國健康議題相關的非政府組織工作者，從吉爾吉斯的比什凱克（Bishkek）前來，若干名法國旅客則從亞塞拜然搭乘渡輪越過裏海（Caspian Sea）。我和電子音樂媒體*Resident Advisor*的記者湯姆．費伯（Tom Faber）從倫敦出發，也有幾位來自日本、舊金山與柏林的DJ前來共襄盛舉。除此之外，當地有兩千多名卡拉卡爾帕克族（Qaraqalpaq）的居民，在晚餐過後散步走出家門，看看音樂節是怎麼一回事。

音樂節的舞臺與音響設備搭在木伊那克鎮與新形成的阿拉庫姆沙漠（Aralkum Desert）交界處的柏油路上，舞臺四周是長滿低矮多刺灌木且飄著沙的荒漠。沿途當地人設起攤販，販售啤酒、汽水、葵花籽零嘴和糖果，也有小販兜售電信儲值卡、手機配件與給小孩的塑膠玩具。炭火爐與臨時廚房正在烤羊肉串與烹煮烏茲別克隨處可見、香氣四溢的抓飯（plov）。據說一名提供帳篷營地餐飲的婦女在三天的音樂節中，就賺到一整年的收入。

從設在懸崖的帳棚營地向下俯瞰，會看見十多艘生鏽的漁船殘骸擱淺在下方沙地。這些船是鹹海的紀念物，見證逝去的事物。

當太陽下沉，無雲的藍天被染成透明的金色，接著轉為暗粉、橘黃與紫羅蘭色，人群也開始聚集。人們走過有警察駐守的路障，婦女穿著印花洋裝、懷裡抱著嬰兒，小孩子開心奔跑嬉戲，對音樂、燈光、一切陌生的人事感到驚奇。青春洋溢的少女則精心打扮，像世界各地的女孩一樣成群結隊自拍。

隨著音樂節奏加快，一名穿著「AK47步槍保衛烏茲別克」（AK-47 DEFEND UZB）T恤與緊身牛仔褲的青年率先跳入舞池，緊跟在後的是一名頭髮染成金色、穿著傳統紗紡染織（ikat）T恤的二十多歲年輕人。人群慢慢聚集。一名戴著扁平軟帽、雙眼周圍因為長年日晒而布滿皺紋的老人站在舞池中間，他的臉上掛著淡淡微笑。派對正式展開。

在音樂節開始幾週前，我透過網路電話訪問主辦人歐塔貝・蘇雷馬諾，詢問他是什麼契機催生這場活動。歐塔貝表示，他相信鐵克諾音樂可以改變世界。「我第一次接觸現場的電子音樂是在一九九〇年代，當時我在英國謝菲爾德（Sheffield）攻讀法律學位。」歐塔貝說他當時去了後來風靡全球的超級夜店「不速之客」（Gatecrasher）：「那是我第一次聽到正宗的底特律鐵克諾音樂，真的非常震懾人心。鐵克諾大師傑夫・米爾斯（Jeff Mills）說鐵克諾音樂的真諦不是追求舞曲的巔峰，而是一種面向未來的宣言，這完全打中我的心坎。」

對歐塔貝而言，過去是鹹海的阿拉庫姆沙漠有如一片有毒且無法容下生物棲身的火星地景。鹹海乾涸為當地居民帶來嚴重的健康危機。一九八〇年代末，鹹海地區有三分之二的居民因為環境惡化、貧困與營養不良而出現健康問題。「其中，人們罹患急性呼吸道感染死亡的比率是蘇聯的三倍，因為沙塵暴災害將鹽分與毒素送入人們肺部；受到汙染水源的影響，肝癌患者的數量呈倍數增加，膽結石與腎結石的發病率是正常數值的六到十倍。許多孩童也在出生時就患有佝僂病、貧血與發育遲緩。儘管在二〇〇〇年初期，世界衛生組織曾在當地實施各項援助計畫，仍無法解決嚴重的健康不平等與貧困問題。

歐塔貝是一名懷抱幻想的未來主義者，他希望親手修復這片殘破的土地。「我的靈感來自雷・布萊伯利（Ray Bradbury）的《火星紀事》（*Martian Chronicles*）。」他向我介紹書中一則故事：一名被派到火星出任務的太空人，為了增加火星大氣中的含氧量而開始種樹，當他種下所有樹苗後，「在一夜之間，火星土壤裡的神奇成分讓樹苗迅速長成一整座森林。我們覺得那跟我們夢想修復這片土地的艱難目標非常類似。」

他所說的「艱難任務」，就是配合Stihia音樂節推動一項名為「六十億棵樹」的計畫，目標是在乾涸的鹹海植樹造林。

「為什麼是六十億棵樹，因為這是要覆蓋原來鹹海面積需要的數目量，我們有實際算過。阿拉庫姆沙漠大約有四萬平方公里，根據專家估計，每平方公里土地大約能種十五萬棵樹，所以用簡單的乘法就會得出六十億這個數字。這是一個非常誇張的數字。」歐塔貝笑著說。「但，這就是我們的目標。」

在那次電訪中，我無法完全釐清植樹計畫是歐塔貝團隊的個人計畫，或是烏茲別克政府已在進行的造林政策。但這種界線模糊的情況，以及這名與政府體系緊密連結的國際律師與國家之間的關係，似乎解釋了當地事務運作的方法。

事實上，造林計畫已被納入國家議程多年，鹹海的南部已經乾涸近四十年，但直到今年才有重大進展。「有上千輛卡車正在挖掘鹹海的海床。」歐塔貝表示。

我們開車經過木伊那克北端時，看見數十輛停放的曳引機。現在是八月，也是工作淡季，因為天氣太乾熱不適合作業。但去年冬天，工人們在這片昔日的海床種下梭梭（Saxaul），那是一種原生於中亞沙漠地區，像是灌木叢的鹽生植物，可以在高鹽環境中生存甚至茁壯。它們的根系能固定土壤，防止強風侵蝕，一棵樹就能防止十噸土壤變成沙塵。[2]種植這些樹木可說是讓這片荒漠恢復生機的關鍵一步。

這片四萬平方公里的阿拉庫姆沙漠，是目前地球上最大規模的初級生態演替場域，也是人類歷史上最接近「空白畫布」的地表。它是否能像馬斯克夢想將火星改造為宜居星球一樣，成為人類改造地景的實驗對象？不過，我們真的應該這麼做嗎？

進一步去想，如果消失的水不可能回來，那我們能阻止沙塵嗎？一場音樂季能否真的為這個偏遠而破碎的地區做出實質貢獻？當我們頂著攝氏三十五度的炙熱豔陽，站在努庫斯市（Nukus）薩維茨基博物館（Savitsky Art Museum）的臺階，Stihia音樂節共同主辦人兼塔什干電音DJ亞歷山大（Aleksandr）對我們說：「這是世界盡頭的最後一站。」是否有些地方真的太過邊陲，有的夢想也太不切實際？

二十世紀中，鹹海遭遇人類歷史上最大規模的環境災難之一，人們將之稱為「緩慢的車諾比」或「寂靜的車諾比」。這場人為災害持續六十年，直到鹹海的水已乾涸多年才被真正注意到。現代化與科學進步所編織的夢想最終化為有毒的塵土，成為人類代代相傳的夢魘。隨著全球暖化加劇，水成為珍稀資源，這場災難也預告著後續接踵而至的水資源危機。

令人詫異的是，在西方國家幾乎沒有人知道鹹海的遭遇。

我來到木伊那克的目的，無非是為了親眼看見鹹海的遺跡，以及湖水乾涸後留下的塵土。

鹹海曾是全球第四大湖泊，但在過去五十年間幾乎完全消失。曾經繁忙的漁港以及蘇聯最大的魚罐頭出口地（根據鎮上博物館自豪宣稱）如今已經擱淺，無論在經濟、政治或地理意義上都是。木伊那克曾是一個三面環水的半島，然而現在站在懸崖邊眺望，只會看見一片延伸到哈薩克邊界的沙漠。

我們星期四中午，也是音樂節前一天開車抵達小鎮，各種不尋常的風景都暗示著我來對了地方。人們坐在路邊涼蔭處聊天，他們戴著墨鏡，用頭巾蓋住口鼻，頭上裹著白色頭巾，整張臉都遮起來抵擋沙塵。整個小鎮就像一個建築工地，街道兩旁堆滿泥土，還沒拌入混凝土的水泥粉隨風飄散。

在那一週，烏茲別克總統沙夫卡特．米爾濟約耶夫（Shavkat Mirziyoyev）剛來過此地，視察他從二〇一六年當選總統後推動的重大開發計畫。木伊那克每個角落都在建設中，連位處國土邊陲、長期受到忽視的卡拉卡爾帕克（Qaraqalpaqstan）自治區，也終於在住房、基礎建設與就業等方面獲得資金挹注，以彌補過去五十年的環境破壞。每當風吹起，塵土被捲起，汽車擋風玻璃就會被一層厚厚塵土覆蓋。儘管主要街道都鋪上柏油，新大樓也以水泥磚和灰泥建成，但其餘地區仍保留原先的泥土路，小鎮偏遠地區也是以泥磚搭建房屋。

我的住所是鎮上第一家旅館，那個月才剛開幕。但我卻無法在任何一張地圖上找到旅館，手機訊號也時有時無。我們的車子轉彎時，街尾有個高達一百公尺的塵捲風在空中盤旋扭動，在天空中留下一抹褐色的痕跡。「龍捲風，」我的導遊薩岑拜（Sarsenbay）表示。塵土彷彿有生命，正不斷升騰。

這些在空中飄浮的塵土來自工地水泥、沙子、鹽巴、殺蟲劑和化學肥料，是六個中亞國家長年降雨、灌溉與地表逕流的殘留物，它們最終匯聚在此，在河流終點處沉積。當風吹起這些物質，最遠甚至能把它們帶到格陵蘭和日本。[3]

我就是為了見證這一切而來到此地，但當我愈接近目標也愈感到畏懼，這座城鎮實在太難以辨識。

當地的建築與道路相隔遙遠，讓人難以看見任何招牌與營業跡象；在攝氏三十八度的氣溫下，工地的沙塵滿天飛舞；而大部分主幹道未設有人行道，令人寸步難行。

之前在烏茲別克旅遊時，我曾在塔什干與歷史悠久的絲路古城撒馬爾罕（Samarqand）步行好幾公里。當時我走過高牆環繞的傳統馬哈拉（makhalla）街區，透過家家戶戶敞開的大門，窺見庭院、桑樹與水池。我也在大樓林立、相對嶄新的俄羅斯街區間漫遊，跟當地人語言的隔閡讓我深刻意識到自己是名外來者。在卡拉卡爾帕克首都努庫斯，為了支付沙漠的包車費與導遊費，我穿梭於各家銀行試圖找尋一家外幣兌換所。後來，我帶著七百美元回到飯店，心裡很清楚這筆金額相當於當地人半年的薪資。如果我選擇提領烏茲別克的貨幣索姆（soum），手上的鈔票恐怕會厚得像十五公分的磚塊。

如今，我抵達木伊那克，這裡有著過去我從未見過的地景地貌。

我入住的旅館建築品質很差，幾乎跟鎮上所有建築一樣。房間對面的走廊被用塑膠布封住，顯示旅館一側還在施工；浴廁磁磚未完工，牆面也有油漆滴濺的痕跡；在房間內會看到精緻藍色條紋壁紙的牆面轉角，突然出現略有差異的圖案。不過淋浴間的熱水充足，雙人床單薄但乾淨，我行囊中也還有餅乾能充飢。於是我就這樣待在房裡閱讀、寫作與修照片，整整一天都沒出門。後來我終於說服自己留下來參加電子音樂節。即便那是此行最主要目的，它的後續發展還是令人緊張。我在心中不斷默念好友的座右銘安慰自己：「不一定要當下覺得好玩才是好玩。」即始這場音樂節辦得很突兀，也可能是場失敗的活動，但來到這裡，我的任務就是把這個故事記錄下來。

中亞地區幅員廣闊，涵蓋四百萬平方公里的山脈、河谷與沙漠，面積約為中國或美國的一半。這片區域從裏海沿岸延伸到中國新疆（或稱東突厥斯坦）的塔克拉瑪干沙漠，從西伯利亞邊緣綿延至伊朗與阿富汗邊境，位處於亞洲大陸中心地帶。其中，烏茲別克更是全球唯二的「雙重內陸國家」（另一個國家為列支敦斯登），四周被其他內陸國家包圍，至少需要穿越兩個國家邊界才能觸及真正的海岸線。有了這樣的環境脈絡，你便能理解鹹海與其上游河流對烏茲別克有多重要。

烏茲別克南邊有阿姆河（Amu Darya）流經，古希臘與羅馬人將這條河流稱為奧克蘇斯河（the Oxus）。千年後，阿拉伯人將之命名為基訓河（Jayḥūn），名稱取自《聖經》中伊甸園的四條河流之一。阿姆河的支流發源於天山與帕米爾高原（Pamir Alai），往下游灌溉土庫曼的沙漠，最終在烏茲別克邊界與絲路古城希瓦（Khiva）形成三角洲。從這裡開始，阿姆河往西北方綿延三百五十公里流入鹹海，抵達昔日的鹹海南端，也就是昔日木伊那克的海岸城鎮。而另一條河流錫爾河（Syr Darya）則從哈薩克北方注入鹹海。鹹海名字中的 Aral 意指島嶼，因為這片水域曾有上千座在淤泥中不斷變動的小島。

如果從高空俯瞰，無論是從飛機或衛星影像中都會看到這片區域，彷彿淺黃色沙漠中潑灑開來的深綠墨點，是真正的綠洲。水滋養著生命，至今三角洲地區仍仰賴阿姆河灌溉，只是河水流經木伊那克就不再前進。河水灌溉棉花田、水稻田與哈密瓜園，每年烏茲別克的棉花就需要約一到一．二公尺深的水量。[4]但數千年來，當地仍沿用簡陋且效率低的漫灌與溝渠灌溉法，漫灌法就是將水引到田中，讓流水淹過田地直到腰部高度。會維持此種做法，背後原因是蘇聯不願投資更有效的灌溉設施，例如美國沙漠棉花田常見的地下滴灌系統或中心樞軸灌溉系統。挖掘運河的人力相當低廉，如果徵召古拉格監獄的囚犯則完全免費。最初蘇聯開發這個地區單純是為了榨取經濟資源。然而由於努庫斯的年均降雨量只有一百〇九毫米，不足棉花田需求灌溉量的十分之一，人們還需從阿姆河與地下水層抽取高達六十二立方公里的水量，透過無數條運河網絡輸送到農田。[5]在超過攝氏四十度的烈日下，涓涓渠流難逃蒸發命運，最後只留下淤泥、汙染物與鹽分。

鹹海與本書提到的許多地方，例如加州的索爾頓湖（Salton Sea）與歐文斯湖一樣是個內流盆地。內流盆地是處於低窪的凹陷地形，水只會從河流溪水流入，不會流出到海洋。河水在盆地裡擴展成寬闊的三角洲，進而形成湖泊與濕地，最終水分在烈日下蒸發。非洲波札那共和國（Botswana）的奧卡萬戈三角洲（Okavango Delta）或許是最知名且最美麗的內流盆地。每年氾濫的草原提供豐富棲地給野生動物，包含河馬、鱷魚、獅子、長頸鹿與逐水草而居的羚羊。然而，大部分的內流盆地都比奧卡萬戈三角洲更加淤塞。由於河水攜帶的泥沙無法流出內流盆地，最終形成陸地的沉積物。儘管這些淤泥相當肥沃，讓阿姆河三角洲等地自古就是綠洲，但因為沉積物顆粒極為細小，容易被風吹起，而成為狂暴的沙塵來源。

九〇年代中期，當我尚且年幼時，我常翻閱世界地圖，探索地中海以東的世界。首先是黑海，再來是裏海，然後是鹹海——那是一塊位於陸地中央的蔚藍斑點。當時世界的模樣就是如此。但當我真正開始認識鹹海時，那片廣大的水域已經不見蹤影。

從一九六〇年代開始，鹹海面積就不斷縮小，到了一九八〇年代初，木伊那克終於被新形成的阿拉庫姆沙漠包圍。鹹海沙漠化的歷程看似漸進，但早在一百年前，災難的種子就已種下。當時，俄羅斯帝國征服還被稱為「突厥斯坦」的中亞地區。一八三七年，軍隊從北方進軍，占領南方的希瓦汗國（Khanate of Khiva），該地當時仍由成吉思汗後裔統治。自此，鹹海成為俄羅斯帝國疆土內最大的湖泊。一八八二年，俄羅斯氣候學先驅亞歷山大・沃耶科夫（Aleksandr I. Voeikov）呼籲當局應讓鹹海消失。他在一份研究俄羅斯河流的地理報告中寫道：「當今鹹海浩大的存在形式，是我們落後的證明。」對於沃耶科夫來說，那反映出「我們無法利用阿姆河和錫爾河攜帶的大量水資源與沃土」。[6]他主張冬季可以讓阿姆河流入鹹海，因為該時節不需要灌溉用水；但到了夏季，河流就該被用於灌溉棉花與稻田，達成強化帝國產業、脫離對美國進口依賴的目標。沃耶科夫已預見鹹海水位將因此下降，儘管他是十九世紀研究人類活動對氣候影響的重要人物，卻從未探討鹹海水位下降的後果。如果當時他願意為鹹海發聲，今日的世界地圖將有所不同。

隨後當地發展的灌溉工程即便缺乏規畫、規模也不大，卻具有深遠意義，它延續十九世紀末俄羅斯構築的發展願景與地緣政治布局，即便歷經政權更迭，卻仍延續至蘇聯統治時期。這種政治布局的治理本質，無論在沙皇政權或社會主義體制下都帶有帝國主義色彩。中亞地區從來不曾被當作跟莫斯科和聖彼得堡對等的存在，從邊陲的位置到差異的文化都讓中亞地區更像殖民地，如北非之於法國，或印度之於英國。而鹹海地區更是邊陲中的邊陲，不僅對莫斯科來說遠在天邊，對烏茲別克而言也屬於邊緣地帶，相對於首都塔什干更是一個荒涼偏僻之地。正因如此，鹹海就像歐文斯谷之於洛杉磯一樣，只被視為純粹可供開發的土地。

一九一七到一九一八年俄國革命期間，美國中斷供應棉花，導致俄國國內棉花原料短缺。為了因應產業需求，共產黨黨中央命令所有具備條件的國營與集體農場皆以棉花為主要生產作物。[7]史達林延續此項政策，在其實施的「五年計畫」中擴大生產目標。短短十年間，棉花產量成長超過三倍。對此經濟學家弗拉基米爾・蘇耶夫（Vladimir Zuev）表示：「到了一九四〇年，列寧所提倡的『作物輪耕制』已被烏茲別克農夫拋諸腦後，沒有人在乎如何妥善利用水資源，包含實際需求量為何、如何使用、灌溉何種作物與為何灌溉。」為了將最肥沃土壤用於棉花生產，農夫剷除果園、破壞牧場，在開挖灌溉渠時也未考慮如何減少蒸發耗損的水分或處理灌溉後的廢水。最終，六個中亞上游國家的肥料與農藥匯入河水、浸潤土地，鹹海地區開始鹽化。

第二次世界大戰後，蘇聯歷經更大災害。戰爭造成的農業資源匱乏與後來發生的大規模乾旱，讓烏克蘭到哈薩克有超過一百萬人死於饑荒。為此，史達林頒布「自然改造大計畫」（Great Plan for the Transformation of Nature），昭告環境不再是阻止進步的絆腳石。

烏茲別克總書記烏斯曼・尤蘇波夫（Usman Yusupovich Yusupov）響應莫斯科的指導方針，重申六十年前氣候學家沃耶科夫的觀點：「我們不能眼睜睜看著豐沛的阿姆河毫無用處地流入鹹海！」河流被轉化成一種生產機器，水壩被用於水力發電，運河與水庫則用於提高農作物產量。人們種下長達七萬公里的防風林，防止中亞的風往西吹侵襲歐洲的農地。這些措施都與十年前美國總統羅斯福在沙塵暴災難後實施的復原工作一致，不過環境史學家史蒂芬．布雷恩（Stephen Brain）指出，史達林的政策動機不只是技術官僚的規劃，更帶有一種普羅米修斯式的浪漫願景。他的目標不是恢復原有的自然景觀，或回歸到某種人類想像的原始狀態，而是創造一種「進步的自然」。[8]

在這項宏大的計畫中，最先動工的是世界上最大的灌溉運河之一——土庫曼主運河（Main Turkmen Canal）。這條運河沿著古老且已經乾涸的烏茲伯伊（Uzboy）水道引入阿姆河河水。烏茲伯伊水道曾兩次將水流引入裏海。如同大多數「共產主義的偉大建設計畫」，這條運河是靠著古拉格勞改營囚犯的強迫勞動建造，並在過程中迫使上萬村民遷離家園。但這些都所謂，蘇聯有自信他們推動的工程能讓荒蕪的卡拉庫姆沙漠綻放生機。一旦有穩定水源，就能開拓大片新土地進行農業耕作、擴大棉花生產，並促成航運發展。這條運河每年輸送約十五立方公里的水，相當於阿姆河四分之一的流量。然而，這項工程因為沒有鋪設防滲襯底，不但有大量水分在長達一千四百公里的運輸過程中被沙漠炎熱的陽光蒸發，更多水分因為滲入沙地而流失。從一開始，這個計畫就註定是一場有如《奧茲曼迪亞斯》（*Ozymandian*）般的徒勞工程。*

然而最一開始，大家都以為建造運河的計畫有機會成功。如同一九三〇年代黑色風暴侵襲美國前，眾人因為最初幾年有利的氣候條件，忽視經濟成長帶來的環境災害。一九五〇年代，阿姆河流域的水量高於平均值，同時當地灌溉用水增加，也減少水庫中蒸發的水分。結果在鹹海水位暫時不變的情況下，蘇聯不斷增提高棉花生產目標。

如同前段提及，烏茲別克總書記尤蘇波夫向史達林立下誓言，要在一九五三年前，達成每年生產兩百四十萬噸棉花的目標。赫魯雪夫接替史達林位置後，進一步要求烏茲別克在一九六〇年前達到每年三百萬噸的產量。在此同時，烏茲別克蘇維埃社會主義共和國科學院估計，國內有兩十萬平方公里土地具有灌溉潛力，但目前只有四萬平方公里土地從事農業生產，可見其中開發潛力有多龐大！於是愈來愈多土地被改造成棉花田，引入抽水灌溉系統。終於在一九六四年，烏茲別克兌現四百萬噸的棉花產量，但在同一年赫魯雪夫也遭到推翻。

赫魯雪夫的繼任者布里茲涅夫在政策上換湯不換藥，他宣稱：「棉花田裡長的都是白色的金子」，並要求烏茲別克不計手段，達到每年生產五百至六百萬噸棉花的目標。一九七七年，棉花生產量達到五百七十萬噸的高峰，烏茲別克境內土地變成了棉花的單一栽種地。所有能種植棉花的土地都被徵用，原先不適合種棉花的地區也照樣灌溉。即便那些土地排水性差、鹽分過高或土壤含石膏量太高（棉花無法耐受該種土壤），但因為上層忽視現實條件差異，強制推行生產目標，大量河水浪費在各種不適宜耕作的土壤。許多居住在泥磚建造村落（qishlaq）的居民也被迫離開家園，前往國家農場工作。原先，那些村莊是半游牧時期的傳統冬季居所，如今隨著居民遷離，一種生活方式永遠消失。每年九月，數十萬

* 奧茲曼迪亞斯（Ozymandias）為古埃及法老拉美西斯二世的希臘名，他被後世譽為最強大的法老之一，在位期間於領土上建立許多雕像，記錄自己的豐功偉業。但英國十九世紀著名浪漫主義詩人雪萊（Percy Bysshe Shelley）以奧茲曼迪亞斯之名創作十四行詩，描述旅行者在沙漠中發現剩下殘骸的雕像，其刻字仍可見拉美西斯二世驕傲地吹捧著自己，以此諷刺再強大的王國與傲慢的統治者終將在沙塵中衰落、被世人遺忘。原文將奧茲曼迪亞斯轉成形容詞 Ozymandian 使用。

人被送到田間做摘棉花的苦工。由於當局認為年輕學生與兒童的小手更加靈巧、能更俐落摘下棉花，大量童工因此每天被迫摘取超過或等同於自身體重的棉花。這種強迫勞動惡習至到今天仍未完全終止。

布里茲涅夫設下的六百萬噸棉花產量目標從未被兌現，因為那本身就是不可能的目標。

從一九六〇年起，鹹海的水位開始下降。在那十年間，由於河流注入鹹海的水量，已無法超越這片寬淺湖泊每年的蒸發量，每年水位平均下降二十二公分。一九七〇年代，隨著棉花田灌溉量擴增，鹹海水位下降速度來到每年五十八公分，到了一九八〇年代更加速到每年下降七十六公分。每一季鹹海的海岸線都明顯往內縮，每年有一千平方公里的海床暴露在空氣中受到沙暴吹襲。

在一九七〇年代末期，北部的錫爾河已經沒有任何一滴水流入鹹海。到了一九八〇年代，阿姆河注入的水流也開始變得不穩定。僅僅三年內，阿姆河在進入鹹海前就枯竭為泥灘與蘆葦床，不斷萎縮的鹹海也一分為二，成為面積較小的北部鹹海與較大的南部鹹海。往後這兩片海水再無相連機會，反而繼續分裂，南部鹹海進一步像肺葉般分裂成東西兩湖。二〇〇九年，最東邊的湖泊徹底乾涸，如今只是一片隨季節變化偶有水位波動的閃爍鹽水坑。這座曾為世界上第四大的湖泊，如今有九成水體早已蒸發到大氣中。蘇聯的社會主義與美國大平原上的資本主義可謂殊途同歸，兩者皆以地質規模的等級改造地球，卻帶來億萬顆沙塵微粒的災難。我書寫現代性，是為了給這樣的傲慢命名。

一九九〇年代末，美國和平隊（US Peace Corps）的志工兼記者的湯姆．比塞爾（Tom Bissell）曾到訪卡拉卡爾帕克，那時鹹海仍不只是長輩口中的傳說。他的報導記錄了木伊那克的漁民在海岸線不斷退縮時如何「追逐海水」，為了捕魚謀生，漁民會挖掘河道，好讓漁船可以行駛到愈來愈遠的鹹海。

一九八六年，鹹海最後一批原生魚群死亡，最終漁船也被拋在乾涸的海床上生鏽。

「我發現我不願細想那天他們走回鎮上的艱辛路程。」比塞爾寫道：「那天，他們明白一切都結束了。」

—

我來到烏茲別克，是為了親眼見證鹹海的遺跡。

我帶著一個二十五公升的背包，裡面裝了威廉・艾金斯（William Atkins）寫下關於沙漠的著作、羅伯特・拜倫（Robert Byron）的遊記《前往阿姆河之鄉》（*The Road to Oxiana*）、一件為了參加音樂節準備的連身裙與兩對假睫毛。我搭飛機抵達塔什干。頭幾天，我先拜訪撒馬爾罕，被湛藍色的清真寺圓屋頂與閃亮的金色陵墓深深震懾。那座陵墓是十四世紀征服者帖木兒的遺產。被稱為「伊斯蘭之劍」（Sword of Islam）、自封為成吉思汗繼承人的帖木兒，是歐亞大草原上最後一名游牧征服者。接著，我搭上夜車，從撒馬爾罕前往卡拉卡爾帕克自治區的主要城市努庫斯。

晚上十點上車後，我找到自己的臥鋪：六號車廂、二十四號床、上鋪，好極了！與我共用車廂的是兩名烏茲別克男子，他們早已熟睡，任憑桌上手機的鬧鐘響個不停而毫不理會。我用列車提供的枕頭與棉質睡袋鋪好床，很快便進入夢鄉。火車穩定向西駛去。

我在清晨六點半左右醒來，映入眼簾的是窗外一片翠綠，火車正穿越阿姆河，沿岸的土地相當肥沃。窗外房屋為長方形平頂的泥磚屋，有些房屋的屋頂露出木梁，有些是較具現代感的波紋鋼板。當地人以河邊的蘆葦與木材搭建斜斜的陽臺，作為動物棚舍或田中央的遮蔭處。每戶人家都有自己的農園，種植高聳的玉米、果樹、堅果灌木叢，還有一些小規模的稻田，所有田地都由人力作業。透過車窗，我看見不少驢車，反而少見曳引機或其他機械化設備。每一座農莊周圍都種著高大的白楊樹作為圍籬與防風林。

與我同車廂的乘客開始吃早餐，他們主動分給我一些麵包。起初我有些不好意思，但知道當地人都相當好客，於是便下床與他們一起用餐。他們請我喝加糖的綠茶與咖啡，我也拿出先前在撒馬爾罕火車站買的罌粟籽肉桂捲麵包一起分食。他們懂的英語不多，我會說的俄語更少，但我們用有限的語言努力交談。他們知道我是一名觀光客，要去努庫斯、木伊那克與鹹海。對方其中一人是在終點站昆格勒（Kungirot）的機械技師，當他問起我的職業時，我遲疑了一下，思索該如何解釋「網路研究者」這種連英國人都覺得陌生的工作。於是我乾脆稱自己從商，他們聽了點頭附和：「原來是做生意的！」

但他們最感興趣的是我的家庭狀況，我是否有結婚、父母的背景是什麼、有沒有兄弟姐妹。我展示一張我爸爸在薩塞克斯（Sussex）採黑莓的照片，他們也輪流向我介紹自己的孩子。

早餐後，我站在車廂外走廊遠眺窗外風景，有六七位小販不時經過。他們兜售食物、點心、電子產品、中國製手錶與珠寶首飾。附近身穿沙漠迷彩裝的士兵靜靜站著。一名綁著雙辮子的小女孩對我笑了笑，突然又靦腆跑回家人的車廂。

火車經過卡拉卡爾帕克附近時，窗外景色從生機盎然的河岸轉變為乾燥荒涼的草原，克茲勒固姆沙漠（Kyzylkum Desert）到了。這代表我們已經進入鹹海東邊的紅色沙漠。沙漠土地零星生長著矮灌木叢，春天開的花如今已經枯萎，看起來像倒插在樹上的瓶刷。遠處有一群黑白綿羊在吃草，一匹野馬則獨自站在電線桿旁。乾涸的溪床劃開灌木叢，偶爾在沙土中侵蝕出旱谷。我又回到沙漠了，心中莫名感覺踏實。

在努庫斯，我聯絡到一名司機，帶我北上前往鹹海的遺跡，以及海水早已消失的地方。這趟行程出乎意料容易，當地旅遊業已開始萌芽，雖然大多數遊客都是包車或搭公車到木伊那克一日，參觀擱淺在沙裡的廢棄漁船和鹹海博物館，但有些人希望走得更遠，親眼目睹鹹海現存的景色。有鑑於此，一位名叫塔沙拜（Tazabay）的男人成立一家旅遊公司提供相關服務，他在努庫斯經營的民宿外停放幾臺白色的豐田越野車，專門將遊客載往北方三百公里外的蒙古包營地，那裡可以眺望鹹海西部的遺跡。我請他盡可能帶我多看幾個景點，他很爽快地答應了。

我很好奇此地吸引國際觀光客的原因，除了我以外，還有哪些人會為了看這片荒蕪的景色不遠千里而來？這趟旅程能算是一趟歷史之旅嗎？但它沒有絲路城市那樣迷人的建築古蹟，只有殘破的堡壘與孤單的驛站。相對來說，阿姆河三角洲的蘇多奇濕地（Sudochie wetlands）倒有發展生態旅遊的潛力，蘇多奇濕地位於中亞候鳥的遷徙路線上，每年春天有超過兩百種鳥類來訪，從成群的紅鶴到罕見的卷羽鵜鶘（Dalmatian pelican）與細嘴杓鷸（slender-billed curlew），濕地成為生物多樣性的熱點。但真正吸引旅客的是這片土地偏僻與荒蕪的地理條件，當我與其他旅人聊起時，發現他們會來到此地，某種程度上是因為「幾乎沒有人會來」。

帶我去阿拉庫姆沙漠的人名叫薩岑拜，他是當地的卡拉卡爾帕克人，自稱是「鄉下孩子」，因為他出生在距離努庫斯七十公里遠的小鎮上。他用放大的Google地圖指出母親的娘家，他也在那裡買了一塊地，計畫未來蓋房子。薩岑拜曾在大學學英語，本來希望當老師，但未能如願，於是改行當導遊，在春夏秋三季接案。他的收入並不穩定，希望能開自己的旅遊公司，為此他在整趟旅程中仔細觀察我。他的服務無微不至，不斷詢問我水夠喝嗎？是否感覺太熱或太冷？每當我拿出相機，他馬上問我需不需要停下來拍照，還跟著拍下我拍攝的景物。顯然他在記錄外國旅客會感興趣的景點，並計畫之後分享在他新架的旅遊網站。當我說出他不熟悉的英語單字時，他會請我解釋，於是我們在路上反覆練習英文，三天下來他學了五個單字。我不太習慣被人如此殷勤對待，但其實我也在觀察他。

我們從努庫斯坐車出發，途經一座陵墓、一座古堡，一路北上至烏斯秋爾特高原（Ustyurt Plateau）找尋鹹海遺跡。烏斯秋爾特高原是一片由白堊岩與石灰岩組成的二十萬平方公里惡地，整片地景由泥土般的卡其色與鹿毛般的淺褐色構成。由於這片高原的西側沒有任何道路可通往鹹海，我們以時速八十公里奔馳在泥土路上，車子揚起數百公尺的塵土。這些道路縱橫交錯，但我們的司機麥克斯（Max）不需要地圖、指南針或GPS，他很清楚要走哪條路。

每當車子經過兩旁暗褐色的高原矮灌叢，就會有受到驚嚇的鳥群飛出，牠們的羽毛大多也是淺褐色。這裡的萬物都呈現褐色，從定格在某種乾枯生命狀態的植物、鳥類、土地與空中飛揚的塵土，到標示著舊貿易路線的哈薩克古墓遺址。過去，該條貿易路線與更南方、如今已荒廢乾涸的城市基奧涅烏爾根奇（Konye-Urgench）相連，構成絲路的一部分。在一片沙土中，只有頭頂上的藍天給予這片景色彩度，天空澄澈、遙遠，帶著沙漠獨有的透明感，並理所當然沒有雲朵。在一處破碎坍塌的懸崖邊緣，昔日海岸線的輪廓映入眼簾。

就在此時，我終於看見鹹海。

午後時分，日光轉成金黃色，灌木叢與沙丘的影子逐漸拉長，延伸到水邊。土壤被被沉積的礦物染成乳白與赭黃，海水則有如青金石和磁磚般，呈現過度飽和的明亮波斯藍。鹹海美得近乎虛幻，好像孩童筆下理想中的海。我站的地方能直接看到對岸。烏茲別克境內所剩無幾的鹹海，就是這座寬度只有約二十公里的西鹹海。

與鹹海拉近距離後，我發現它的氣味令人反胃。雖然鹹海鹽分高得嚇人，卻沒有一般海洋的鹹香與清新，水邊的空氣反而厚重怪異，帶著一種勉強稱得上甜膩的氣味，彷彿在陽光下曝晒過久的炒麵。海水深處充滿像腐臭雞蛋的硫化氫味，我赤腳站在岸邊，小腿肚以下陷入濕黏的泥地，想下去游泳但無法克服反胃感。

海面像是鏡子，隨光線變換，黎明時分的玫瑰粉在太陽升起後，逐漸轉變成鏡面般的銀白色，之後是與天空相同的湛藍，海洋與天空的邊界模糊不清，彷彿整片海洋憑空消失。薩岑拜說他曾在暴風中看見鹹海變成黑色。

隔天早上他問我要不要再去海邊，我拒絕了。我來到烏茲別克是為了理解曾經存在的海洋，但發現從遠處觀察更加清楚。從高原邊緣望去，那裡不只是一片悲哀、腐敗與死寂的水域，也是不同生物生長的地方。我看見金鵰乘著熱氣流盤旋，在梭梭與耐鹽的灌木叢間獵捕田鼠與地鼠。隨著水流退去，植物一點一點奪回土地，開始繁衍。

這片土地看似貧瘠，實際上仍生機勃勃。當我們走近烏斯秋爾特高原旁的峽谷，薩岑拜提醒我要小心野豬；清晨我走向鹹海時，他則警告我留意野狗。在山谷中，我們聽見鳥兒啾啾鳴叫。一隻蜻蜓在空中盤旋，身上閃耀金屬般的綠光，兩對翅膀像螺旋槳一樣嗡嗡作響。蝴蝶沐浴在陽光中，牠們種類繁複，有藍色的、玳瑁紋的與黑白相間的鳳蝶。一隻亮橘色的小蟲正在啃食夏末第二批盛開的花朵。每年春季，烏茲別克的沙漠會被罌粟花蠟質傘狀的花瓣染紅，那個時節，克茲勒固姆沙漠將會更符合其名，想必景象會十分壯觀。*但我造訪的時間點，當地只剩下花謝後的果莢以及生物隱隱的活動足跡。一些地洞與穴居的痕跡暗示著一些未曾露面的哺乳動物應該藏身在地下，躲避酷熱的白日。這片土地雖然不像薩岑拜形容的富饒，如同曾在當地出沒的裏海虎與薩岑拜祖先曾獵捕的鹿群早已消失，但這裡絕非一片死地。放眼望去，大地上殘留的古老堡壘與城鎮，都提醒我們許多事物被時間與沙塵無情吞噬。

我們在蓋奧爾堡壘（Gyaur-Kala）稍事停留，那是一座西元前四世紀，在山丘上建造的泥磚祆教堡壘。如今堡壘正慢慢與岩層相連。對面山丘上的米茲達坎（Mizdahkan）墓地同樣壯觀。在祆教信仰裡，人類始祖蓋約馬德（Gayomard）被葬於此地，他的陵墓就像一個地質規模的巨型時鐘。這座廢墟有著八到十公尺高的泥磚牆，牆上滿是裂痕。建築頂端破敗，天花板早已塌陷，但支撐起結構的拱型磚牆仍屹立不搖。薩岑拜告訴我，這座陵墓每年都會失去一塊磚，彷彿透過一塊塊磚頭記錄時間的流逝，直到世界終結。

「這裡最嚴重的問題就是沙塵。」歐塔貝曾告訴我帶有鹽分的沙塵，如何持續帶來災情：「所有鄰近國家都受到沙塵侵襲，包含哈薩克西部、卡拉卡爾帕克、土庫曼，甚至裏海周邊的國家也遭殃。」

沙塵無處不在。

一九七五年，俄羅斯太空人觀察到鹹海東南部裸露的海床捲起巨大沙塵暴。當時鹹海的水位已經下降五公尺，數千年來累積的砂質沉積層就這樣暴露在空氣中。在缺乏植被固定的情況下，這些新裸露的表土極易受到風侵蝕。來自西伯利亞平原的強風就在當地形塑出新的風成地形，新月形的沙丘隨著風沙吹拂不斷移動與延展。[9]顆粒細小的沙粒被帶到更高空，飄散到數百公里之外。當鹹海持續乾涸，裸露海床面積愈來愈多，沙塵問題就愈發嚴重。

每年鹹海因為風蝕而流失的沙土，多達四千三百萬至一・四億噸。[10]當風吹起的速度達到每小時七十公里以上，哈薩克北部遭受的沙塵暴最為劇烈，當地一座名為烏佳里（Ujaly）的無人監測站，每年經歷的沙塵暴次數竟高達八十四次之多。南邊的木伊那克每年會遭遇十一次沙塵暴，努庫斯則為二十次。[11]在鹹海地區，每個月至少有一次當地人必須躲進屋內，因為一道土色巨浪般的沙塵雲會侵襲市鎮。屆時天空將被遮蔽，空氣中會充滿如砂紙般尖銳的沙粒，令人幾乎窒息。

* 克茲勒固姆沙漠（Kyzylkum Desert）的原文中 Kyzyl-kum 就是紅沙之意。

風捲起的不只是沙粒，還包含鹹海海床的所有物質。地理學家彼得・米克林（Peter Micklin）指出：「根據估計，鹹海原本含有約一百億公噸的鹽分」。[12]這些言不只是常見的氯化鈉，還有硫酸鹽、碳酸鹽，它們來自幾十年來棉花田注入的殺蟲劑、除草劑與肥料。種種物質都隨著逕流匯聚到鹹海，在低窪處沉澱發酵。如今海水已消失，但毒素仍以塵土形式留存。

人們將這些鹽塵稱為「鹹海眼淚的結晶」。這些鹽乘著風溶入雨水，再降落在土壤。當土壤的積水退去，這些鹽就浮上土表形成白色的結晶，土壤就此鹽化、死亡。於是新形成的沙地長不出任何植物。當帶有鹽塵的風往南吹向阿姆河三角洲，它不僅造成電線短路起火，還毒害當地的棉花、稻米與飼料作物，進而讓食用這些植物的動物受害。

想當然耳，鹽塵對人也造成深遠危害。

當土地被毒害時，人類也逃不了同樣命運。

一九七〇到八〇年代，在沿海地區正值生育年齡的女性中有七成罹患貧血，產婦的死亡風險是蘇聯其他地區的三倍。當地的嬰兒更面臨多重健康威脅，舉凡先天性異常、傷寒、病毒性肝炎、慢性支氣管炎，以及日復一日吸入沙塵造成的呼吸道疾病。孩子們營養不良、貧血、佝僂病、身體發育遲緩。即便居民生活在綠洲，但過去供應牛奶與肉類的牧場與農場已被棉花田取代，讓他們再也無法過著自給自足的生活。而由於攝取蛋白質不足，人們更容易受到水源與空氣傳染病侵襲。[13]時間可以證明，任何施加在棉花田的化學物質最終都會進入人體，這片土地已被灑了太多化學物質。由於單一作物農田是個不平衡的生態系，植物本身缺乏對付害蟲與疾病的自然抵抗力，因此需要使用大量除草劑與殺蟲劑維繫作物生長。蘇聯統治時期，農民為了滿足不斷提高的生產目標，不再實施輪作，並使用蘇聯規定上限十倍到十五倍的肥料灌溉土地，造成地力嚴重耗損。在此同時，當地使用的傳統漫灌法會沖走農藥，因此得重複施加農藥以維持產量。這些化學物質包含ＤＤＴ、丁酯（butyphos）、六氯化苯（hexachloran）、林丹（Lindane），都是二十世紀農業革新的重大發明，能長久存在於環境與人體，到後來蘇聯垮臺都還未消失。

當地居民在成年後，紛紛罹患肝癌、食道癌與消化系統癌症。由於身體無法有效排毒，腎結石與腎臟疾病的發病率是平均值六倍。經過毛髮檢測，當地人的體內含有非常高濃度的重金屬，包含鉛、鎘和鉬。這些物質會抑制人體造血功能、損害中樞神經，並傷害腎臟、骨骼與皮膚。

蘇聯解體，鹹海也乾涸了，但沙塵帶來的健康災難依然延續。在這片土地上，每四個人中就有三人患病。棉花田裡的「白金」最終創造大量的「白肺」患者，在二〇〇〇年代初期，木伊那克的肺結核發病率高居世界之冠，[14]連一般只會進駐戰地的無國界醫生組織都前來提供援助，居民則開始離開家鄉。

當鹹海消失後，漁業提供的六萬個職缺跟著消失，過往在一九五〇年代高達四萬四千噸的漁獲量也跟著歸零。昔日的漁村開始荒廢，木伊那克人口從三萬人萎縮到約一萬人。然而移居並不容易，離開家鄉需要一張國內跨區遷徙簽證。為了解決問題，擁有財富或人脈資本的人會以賄賂方式取得簽證，過去遷徙至此的俄羅斯移民會回到故鄉，許多卡拉卡爾帕克人則悄悄北上，越過邊境進入哈薩克。相較於烏茲別克的首都塔什干，哈薩克的語言跟文化與他們更接近，而且哈薩克的阿拉爾斯克（Aralsk）有內陸湖泊，移居到該地或許還能維持過去的生活方式。

「我對國家的未來感到擔憂。」薩岑拜向我吐露心聲。他擔心卡拉卡爾帕克人的身分認同會消失。當地的年輕人都希望離開，最好是去英國留學。為了在日後歸國取得公職機會，他們多選擇進修法律和國際關係。薩岑拜年輕時也曾希望出國留學，但在申請過程不敵其他有人脈的申請者，於是選擇到努庫斯研修卡拉卡爾帕克的古老故事與神話，帶著觀光客參觀他祖先的陵墓。

薩岑拜與所有當地人一樣，很高興看見新任總統開始在卡拉卡爾帕克投資與推動現代化建設，他的家鄉終於被重視了。然而，他對這些政策仍持保留態度。他對我說：「這裡曾經有過美好的生活。」過去人們靠著捕魚與獵鹿為生，當時氣候較溫和，因為有湖水調節，夏天不那麼炎熱，風也沒那麼兇猛。而現代化有如一把雙面刃。幾年前，木伊那克的居民近開始使用手機，薩岑拜認為人們「變懶了」，不再像以前一樣習慣互相串門子，而是只會打電話與傳訊息。

薩岑拜出生時，鹹海早已消失十年，他的記憶中不曾出現鹹海。

「那段逝去的生活方式，讓老人們很悲傷。」他告訴我。而他也帶著一絲憂鬱，因為他同樣失去某種無法取代的事物。

直到今日，這片土地依舊脫離不了榨取式經濟的命運。但現今被抽取的資源不再是水，而是天然氣。

我們從西北方開車進入木伊那克，穿越曾經是湖水的地方。車子從烏斯秋爾特高原的崩裂懸崖面下切一百公尺，再花兩小時車程行駛約一百公里，跨越乾裂的舊湖床。如今那裡是一片梭梭樹森林，放眼望去都是強韌耐鹽的灌木，以及葉面光亮的地被植物。抵達目的地後，我們一下車瞬間被寂靜包圍。腳下踩著的貝殼喀喀作響，彷彿剛被潮水沖上岸般潔白如新。我試著屏住呼吸，讓自己沉浸在這片寂靜之中。

遠方有一座天然氣工廠，龐大異質的鋼鐵工業景觀籠罩過去曾是海洋的沙漠。那是烏茲別克國營石油與天然氣公司（Uzbekneftegaz），該公司的營業額占據國內生產毛額的十五％，並立志成為下一個荷蘭皇家殼牌石油公司或英國石油公司。烏茲別克是全球第十四大的天然氣生產國，光是在二〇一四年，就產生六・二兆公升的天然氣。這些能源多半用於供應國內需求，終極目標是發展出口。我們在高原上經過剛鋪設好的管線，將天然氣輸送到俄羅斯與哈薩克。附近還有另一座天然氣廠，距離地圖上任何地標都有一百多公里，但工廠附近的村落還是住了幾十到幾百人，為工廠運作提供勞力。村民居住的混凝土板公寓矗立在操場、學校和稀疏的樹木之間。我試著想像如果自己是孩子，要如何在這個實質為勞動營的單調原野上長大。偶然間我看見駱駝漫步經過，牠們可能是少數殘留的游牧文化遺跡。

這裡是新絲路，也是中國「一帶一路」計畫的北方陸路支線。在我寫下這些的當下，中國石油天然氣集團有限公司剛與烏茲別克簽署合作協議，將烏茲別克的天然氣運輸管線納入土庫曼經過中亞延伸到新疆的管線。不過，中國必須與韓國競爭取得這些化石資源，因為在烏斯秋爾特高原上，烏茲別克與三家韓國企業已合作投資三十九億美元，建立「烏韓」天然氣綜合園區，目的是掌握更多石化產業的附加價值。如今烏茲別克不再將天然氣出口到國外加工，而是就地生產聚乙烯與聚丙烯的塑膠。這就是今日當地所說的「現代化」，一場環境災難取代原先的環境災難，為這個亟需就業機會的地區帶來工作機會，但資金一如往常流向中央核心地區。

當我拍攝到一半時被人阻止。在這個國家，基礎建設也屬於國家安全事務。

與此同時，傳聞烏茲別克總統想將木伊那克打造成中亞的拉斯維加斯。這聽起來令人難以置信，但我在參加音樂節時向很多來自塔什干的民眾確認，他們都堅稱是真的。很難想像這個漫天沙塵、環境退化的地方會成為觀光景點。但某種程度來說，這裡已經是個景點，賣點就是環境災難。

幾年前，有十艘漁船從擱淺處被運送到一個帆船形狀的「鹹海紀念碑」下，排成一個類似公園的空間。如今這些船已完全鏽蝕，引擎被拆下來出售。其中一艘船的船體所剩無幾，看起來像是龐大的鯨魚骨架，僅存金屬肋骨與航海的記憶。正是因為所有中亞旅遊指南將這些船隻列入景點，許多外國遊客才會來到木伊那克。黃昏時，這些鏽蝕的漁船在夕陽下閃耀著紅銅色與橘色光芒，非常適合拍照。

這座公園是一個奇異的遊樂場。現場幾乎沒有提供觀光客任何指標或說明，於是人們在廢船上爬進爬出，彷彿不太尊重遺址。但其中幾艘船確實加上樓梯，擺明是要讓人攀爬用。參加音樂節的人們會坐在船上好幾小時，啜飲著啤酒、天南地北聊天，就像觀光客一樣。

更重要的是，無論是在地人或觀光客，大家都會把自拍照上傳到Instagram。公園與廢船在陽光下映照出金黃色光芒，拍起來相當好看。網路上有些人因此批評這種行為。二〇一九年，線上藝文雜誌

《卡爾弗特雜誌》（*Calvert Journal*）形容這一波流行是「又一種自我耽溺的災難觀光」。[15] 但我不完全認同這點。

同一時期，車諾比也成為攝影話題。有一名網紅穿著防護衣與丁字褲在車諾比拍照，此舉引發嚴厲譴責。時常報導網路文化的記者泰勒．勞倫茲（Taylor Lorenz）就分析道：「將創傷景點以美學方式重新包裝，並期待大家點讚，似乎哪裡不太對勁。」勞倫茲進一步補充：「人們對這種照片感到憤怒，是因為影像呈現的重點（自拍的人），與實際上該關注的重點（車諾比事件的悲劇）之間存在巨大落差。」[16]

但在今日，將自己放進照片中是相當常見的攝影方式。人們在鹹海紀念碑前自拍，是為了證明自己曾來過此地，並向他人傳達這個地點隱含的意義。或許這是一種經過稀釋的見證方式，但依然作為觀看的方法，而非視而不見。

世界早已將鹹海的悲劇拋諸腦後。對人們而言，鹹海乾涸已屬舊聞，每年國際新聞也只會形式性報導幾次，如果社群軟體上的自拍能讓更多人知道當地的經歷，我想不出太多指責的理由。

在鹹海的氈房營地，我與另一名二十多歲的年輕導遊阿瑪德（Ahmed）聊起來。阿瑪德是一位土生土長的木伊那克人，一年中有一部分時間在無國界醫生組織擔任助理，夏天旅遊旺季則會當導遊賺外快。我很好奇無國界醫生組織現在的工作重心是什麼，他表示，治療肺結核的計畫在二十年前已經結

束，現在組織比較像後勤支援，協助國家衛生部門培訓人員與進行汙染物監測。他還分享一個關於當地醫療廢棄物處理標準的故事，實在令人毛骨悚然。

隔天吃早餐時，我問他木伊那克居民對Stihia音樂節有什麼看法，他的回答非常謹慎客觀。他表示，有些人並不太喜歡，因為他們不喜歡這個地方「曾經發生過的不幸」被過度放大，也不覺得以這種「歡樂」的方式面對是合宜的。當地人擔心這場音樂節會變成對鹹海環境悲劇的「嘲弄」，尤其在災難紀念碑前開派對傳達的訊息相當矛盾，甚至不敬。

但阿瑪德也補充，當地也有一些人持正面看法，認為能舉辦這種「慶典」是好事，這個地區也能吸引遊客與外界關注。他提起前幾年在木伊那克舉辦的另一場活動，是以九十九道魚料理頌揚當地文化與傳統的美食節。他和薩岑拜都比較喜歡那種類型的活動。

當我坐在鹹海旁邊的中亞傳統沙發tapchan上，心裡也有一絲不安，身為記者，或許我可以用採訪名義合理化自己的參與；但如果只是單純來旅遊，我就無法輕易消除這份不安。

確實，對於當地人來說，電子音樂聽起來是個外來物。但音樂節的主辦人歐塔貝或許會說，這正是活動目的，要帶給當地未來的聲音。第一次接觸新事物總是比較陌生。

畢竟這裡的人都希望木伊那克能現代化，問題是，現代化應該是什麼樣子？

星期六下午，我多了一位新室友。對方是來自哥本哈根的ＤＪ Mama Snake。整個下午我們聊個不停，話匣子一打開就停不下來。我們年齡相仿，政治立場與價值觀也接近，並且都努力在正職工作與創作之間尋找平衡（她除了當ＤＪ，也是一名醫生）。夜幕降臨時，我們一邊在音樂節會場閒逛，一起感嘆倫敦乃至於其他地方的夜店文化正在衰退，不但演出場所紛紛關閉，執照審查也日益嚴格。一整個世代人們的文化視野限縮到Uber、Netflix和Deliveroo等服務，人們遠離彼此與城市。我在工作上認識的二十幾歲年輕人，似乎不知道也不在乎舞池曾帶來的魔力。

我們兩人像是一對三十出頭的夜店老人，抱怨著：「現在小孩都不懂歷史！根本不知道愛之夏的意義！」*我們聊到社群、反抗與解放等議題，Mama Snake說她現在比較喜歡去開發中國家表演，也就是才剛接觸到電子音樂的地區。那裡的人不會單純將她的表演當成平凡的週末夜狂歡，而是真心感受到它的意義。她演出的上一站是亞塞拜然。

接著，輪到Mama Snake表演的時間。我站在舞池正中央，讓自己完全沉浸在人群中。這裡的氛圍帶著一種年輕而野性的衝動，每個人都在試探自己可能的理性邊界，其中，有上千名年輕人或許是第一次接觸到這種文化體驗。此刻的烏茲別克正在孕育一個剛起步的電子音樂景觀，重新界定舞曲音樂能為這個國家帶來什麼。三年前國內根本不可能舉辦這種活動。當時女孩們能只穿著比基尼與外國人熱舞、在公開場合喝啤酒嗎？也許這是她們第一次有這樣的自由。

舞池前方主要是十幾歲和二十幾歲的年輕男子，他們充滿一觸即發的陽剛能量，讓活動幾乎快變成

---

* 愛之夏（Summer of Love）係指一九六七年夏季美國舊金山舉辦的一場青年社會運動，多達十萬人聚集在舊金山的海特—阿什伯里街區（Haight-Ashbury）和金門公園，參與者多為反文化人士、嬉皮，這場活動開啟一系列烏托邦式突破社會舊俗框架的行為與倡議。後來這場集會被稱為嬉皮革命。

衝撞的場合。少女則成群結隊站在比較後方，人手拿著新款的中國製安卓手機自拍，手機的廣角鏡頭能同時容納三四個人。她們很熱情邀請陌生人入鏡，於是我欣然加入。而在舞池外圍燈光照不到的地方，一排身穿海軍藍制服的警察不動如山站在那邊，有如一條權力的邊界與沙漠夜色融為一體。

突然，一股有如鑼聲般渾厚的聲響迴盪在整個鹹海夜空，Mama Snake上場了。她頂著金髮、身穿黑色短袖洋裝與軍靴，站在面對觀眾的一個低舞臺。我心想：天啊，她的音樂多麼浩瀚！在一段女聲的顫音下，觀眾能聽見綿延不絕的管風琴旋律，兩者交融的殘響讓整首曲子既像阿拉伯曲風又像西方音樂。我有種似曾相識的熟悉感，覺得這些樂曲就像《銀翼殺手》或《沙丘》這些沙漠科幻史詩的配樂，風格既新奇又大膽，而且愈來愈磅薄。Mama Snake以音樂逗弄觀眾，讓眾人的心懸著好幾分鐘，整首歌彷彿無窮無盡。

我跟身邊來自塔什干的電子音樂迷都感到不可置信，原來在這麼開闊的沙漠空間、這麼棒的音響系統，能創造出如此震懾人心的音樂。我們彼此對望，嘴型都說著：「天啊！天啊！」Mama Snake在我們前面的舞臺，臉上掛著大大燦笑。

終於，音樂來到尾聲，她結束最後一顆音符，全場氣氛為之瘋狂。

表演結束後，我興奮地跑到後臺跟Mama Snake和歐塔貝聊天。歐塔貝穿著他那件湯米・席爾菲格（Tommy Hilfiger）的水藍色襯衫，看起來依然乾淨利落。在此同時，作為壓軸的DJ Sodeyama為這晚劃下句點。

Sodeyama演出的最後一首歌很特別，是二十世紀俄羅斯電音之父愛德華・阿爾捷米耶夫（Eduard

Artemyev）的作品，阿爾捷米耶夫曾為俄國導演安德烈・塔可夫斯基（Andrei Tarkovsky）許多電影製作配樂，包含《潛行者》（*Stalker*）這部令人心神不寧且很符合此刻景觀的電影，情節發生在一片蘇聯時期過度開發的工業廢墟，該地區在發生某起事故後從此被列為「禁區」。儘管當地飽受破壞，但在某些角落，大自然正在悄悄奪回主導權。

我們在路邊愉快地交談，頭頂是一片燦爛的星空。一個朋友傳遞一瓶三美元的伏特加，我大口喝下，酒精沿著下巴流過，在夜空中迅速蒸發，令人感覺無比沁涼。

突然遠方傳來喊叫聲，我們衝過去一探究竟，看見路邊豎立了三個高達三公尺高的木頭，拼出「海」（SEA）的字樣。有人將木頭點燃，眩目的火焰快速蔓延，在夜空中翻騰、舞動，然後隨著木板燃燒殆盡一起消失，只留下如剪影般的支架輪廓。

這場焚燒似乎不具有特別意義，純粹只是為了吸引目光。

但這一點都不重要。

我們佇立在那裡，臉龐映著火光與飛舞的火星，沉浸在那一刻的光與熱。

週日中午，我搭上DJ們的車返回努庫斯。司機遲到了好幾個小時，我們只能說：「沒辦法，這裡是木伊那克！」彷彿這句話就能解釋一切。在這裡，很多事仍無法如期運作。

歐塔貝幫我們打了幾通電話，終於一輛大型的四輪休旅車來了，載著我們經過崎嶇不平的舊蘇聯道路返回城市。整趟車程非常顛簸，不時要閃避像火山口般巨大的坑洞，有時還得繞到沒有鋪路的泥地行駛，我們只能緊抓車內把手。在離開小鎮不久，我們第一次看到當地刮起塵捲風，接著又有一個，再來出現一個最大的沙塵風暴。我們看見一道一公里高的旋轉沙柱在梭梭樹叢上空狂舞，最後才慢慢逸散成朦朧的霧氣，幾頭棕色的牛經過沙塵的煙霧時踢起更多塵土，這片土地早已破碎不堪。

在離開木伊那克時看見這樣的場景，無疑是強烈的象徵。我心想：大自然很少有這種詭異的現象，接著糾正自己：這不是自然現象，而是由人類造成。它們就像奇美拉，是嵌合各種元素的怪物。

最初寫下沙塵暴的文學家，是希臘的悲劇作家索福克里斯（Sophocles），他在公元前四五〇年左右完成的《安提戈涅》（*Antigone*）中寫道：

> 時間緩慢流逝，直到正午太陽高掛在頭頂，成為一顆巨大、熊熊燃燒的白色火球。突然一股旋風出現！一陣沙塵暴從地面捲起，像是來自天空的黑色瘟疫般籠罩平原，吹落每一棵樹的葉子。空氣變得令人窒息。我們閉上眼睛，默默承受諸神的鞭笞。[17]

木伊那克還要忍受多久鞭笞？我自問。

「造成環境破壞的主因是沙塵。」歐塔貝告訴我：「它飄落在所有鄰近國家，從哈薩克西部、卡拉卡爾帕克、土庫曼，甚至裏海周邊的國家。」

那政府怎麼回應呢？政府現在的說法是：「好吧，各位，這個問題確實存在，我們不需要再討論它如何發生，而是應該討論可以採取什麼行動，才能緩解與降低它造成的損害。」

「這也是為什麼在總統的倡議下，聯合國成立一個名為『鹹海人類安全基金』的專門基金，」相當具有政治手腕的歐塔貝，特地將功勞歸於總統：「該基金投入大量資本，以降低環境災害風險。其中一個最有效的方法，也可能是唯一的方法就是造林。」

科學家們一致認為唯有植物能阻止沙塵。[18]一棵梭梭樹的根系能抓住一萬〇六百公升的土壤，並能減緩風蝕、防止沙丘流失，進而改善空氣品質。[19]包含梭梭樹與鹽角草這些能耐受嚴苛環境的鹽生植物，是讓沙漠綠化的最大希望。

我在阿拉庫姆沙漠的導遊薩岑拜曾告訴我，蘇聯是第一個開始在鹹海地區造林的執政者。當時他們用飛機播撒種子，讓這片乾涸的土地恢復綠意。但我查了歷史與科學文獻，卻完全找不到這方面的資料，薩岑拜分享的內容也不符合烏茲別克長期對沙漠化議題的否認態度。不過，或許在一九八〇年代末，蘇聯短暫實施「開放政策」(glasnost)時曾有類似行動。*假如當時他們真的使用飛機造林，或許就能解釋何以從烏斯秋爾特高原到木伊那克路上，沿途穿越的鹹海海床都覆蓋一層綠意。有些地方的灌木較為稀疏，彼此間隔數公尺距離；有些地方，像新建的天然氣工廠設施附近，樹叢則茂密得幾乎無法讓人通行。但我也知道通常飛機造林的成效都不彰，一方面因為種子會隨機散落在地面，另一方面，在缺少設施幫助存活的情況下，植物在這麼貧瘠的土地難以生長。但不論我們沿路上看到的植物來自哪裡，能看見沙地重現生機總令人感到欣慰。

---

* 開放政策是指一九八〇年代末，蘇聯總書記的戈巴契夫為提倡政府透明化，於一九八五年提出的改革開放政策，主要包含司法制度的改革與言論自由的提升。

今日，在聯合國糧食及農業組織與世界銀行支持下，許多像是「拯救鹹海國際基金」的組織都開始投入行動，擴大造林的規模。

為了在貧困地區創造就業機會，造林計畫會採半人工半機械的方式。振興當地經濟本身就是造林計畫的重要效益之一。當地婦女會採集梭梭樹的種子，在專門的苗圃中以犁溝成列栽種，等到一年後樹苗長得夠強壯，才會將它們移植到沙地。在裸露的鹽沼與沙地上，曳引機會拖著一種配有兩個低座位的特殊犁具，座位剛好各坐一人，在犁具前進時把樹苗放進剛犁出來的溝槽。人們也會從水庫跟阿姆河三角洲採集蘆葦，然後將蘆葦捆成一束，以格狀鋪設在新月形沙丘以保護沙土免於風蝕。風中的沙子也會在梭梭樹周邊堆積成約四分之一棵樹高的沙堆。[20]隨著灌木叢在十年間逐漸成熟，風吹沙的現象也會慢慢消退。

到二〇一二年為止，造林計畫已經涵蓋乾涸鹹海海床約十分之一的面積，相當於四千平方公里土地。根據估計，防風林每年可吸收約四百六十萬噸二氧化碳。烏茲別克農業科學家的報告指出，六年樹齡的造林區風速能減弱九十%，也就是幾乎可以阻絕鹽與塵土流動。[21]而且由於造林區運用的植物多屬原生種，至少能達到一半的植栽存活率。

「令人驚訝的是，在短短五十年內，一個原本屬於海洋生態系的地方就轉變成森林生態系。」世界銀行的環境與自然資源全球行動部門主任班諾瓦・博斯凱（Benoît Bosquet）說道。[22]

不過他也提出警告：面對環境快速變遷，我們需要審慎規劃與實施監測。烏茲別克政府與國際投資者必須思考這個新環境如何滿足當地人口需求。當鹹海地區的漁業成為歷史，這片土地能否提供當地居民工作與收入？除了天然氣產業，風力發電與其他綠色能源是否也有機會在此發展？當第一批鹽生植物改善土壤環境，這片梭梭樹能否發展為更具多樣性的林地，提供食物、飼料與相關林木產品？「發展單一作物幾乎不可能是永續的經營方法。」博斯凱提醒我們，儘管他也承認這種策略是合理的：「當我們必須穩定鹹海土壤，同時防止毀滅性的沙塵暴發生，我們擁有的選擇並不多。」

對此，歐塔貝當然早有計畫。二〇一九年，他告訴我：「我們正在從莫哈維沙漠引進五百顆約書亞樹（Yucca brevifolia）的種子。」看來，我不是唯一發現鹹海與美國加州索爾頓湖極為相似的人。索爾頓湖位於洛杉磯水文系統邊緣，是一座鹽度極高且持續乾涸的鹹水湖，約書亞樹就生長在湖泊附近。

為什麼歐塔貝選擇移植約書亞樹？「那是我的主意。我第一次在U2樂團的同名專輯《約書亞樹》上看到它時就被深深迷住。去年我們開車去加州、內華達州與亞利桑那州，我親眼看到那種樹時內心真的很震撼。」他滔滔不絕講述這些奇異植物在一片荒漠中生長的詩意景象。

「最有趣的是，莫哈維沙漠跟阿拉庫姆沙漠有著幾乎一樣的氣候，」他指出：「無論是土壤品質、氣溫、濕度幾乎都一樣，等於我們這裡有栽種約書亞樹的一切條件。」

他想測試約書亞樹是否真的能在地球另一端的烏茲別克存活，為此，他已經聯絡美國國際開發總署（United States Agency for International Derelopment，簡稱為USAID）與美國大使館規劃後續試驗，希望隔年能收到相關成果。

當下我心想：「這個計畫真的會實現嗎？這兩座位於世界兩端苟延殘喘的水域，真的有機會靠一種植物建立連結嗎？」歐塔貝也許是個夢想家，但他不一定是個園藝高手。約書亞樹的生長速度極為緩慢，每年平均只會長七、八公分，而阿拉庫姆沙漠的鹽分對植物有害無益。雖然我很喜歡電子音樂，但我仍無法像歐塔貝一樣相信科技能改變世界。即便如此，我認為歐塔貝還是有潛力改變這裡的地景，他擁有文化企業家的天賦，還有如催化劑般的執行能力，或許他的想法聽起來天真夢幻，但能夠完成像Stihia音樂節這種政治背景與行政細節都極為複雜的活動，他顯然非常有本事。

音樂祭結束後，我們在薩維茨基博物館的臺階前道別。這間博物館收藏了世界知名的蘇聯異議藝術品。在一九五〇與六〇年代，一位名叫伊果·薩維茨基（Igor Savitsky）的男子開始在這裡收藏並展出在蘇聯境內遭到禁止的前衛畫作，因為這座博物館地理位置偏遠，幾乎沒有人知道他從事的活動。

我與另一名先前未曾交談過的Stihia音樂節籌辦人亞歷山大聊了幾句。他是一名約莫三十歲、身材削瘦、五官銳利、留著短髮的男性，身上散發一股苦澀而憤世嫉俗的氣息，與歐塔貝帶有創業家的樂觀性格截然不同。

亞歷山大正在塔什干的醫院接受治療，那家醫院的腎臟科病房滿是來自卡拉卡爾帕克、受到鹽塵毒害的病患。他給我看在木伊那克拍攝的照片，那裡的家戶還是從井中取水，井水直接來自地底，等於孩子們仍喝著被數十年農藥與化學肥料汙染的地下水。大家暢談著地區發展與現代化，在總統來訪時做出浩大排場，但那真的有為人民帶來實質改變嗎？

「我對Stihia音樂節感興趣的不是電子音樂，或辦一個大型節慶活動。」他表示：「根據我看到的景觀、對鹹海的瞭解，還有對烏茲別克獨立後二十七年到現在的認識，政府一直在濫用這場環境災難，以鹹海名義向各種基金機構乞討資金。但募到的錢都進了塔什干高官的口袋。」

「音樂節無法讓鹹海的水回來，但為了住在這裡的居民辦這場活動是值得的。幾十年來，他們被遺棄與遺忘，必須在這麼艱困的環境下生活。音樂節不是在一個道路盡頭的偏遠城市放放音樂、讓大家狂歡，而是讓當地人感受到他們並不孤單，不是被獨自丟在這片充滿鹽與殺蟲劑的沙地。」

那麼，對於木伊那克這個曾經有海，如今成為人造沙漠的地方而言，未來還有什麼希望？

二〇二二年夏天，烏茲別克總統沙夫卡特·米爾濟約耶夫頒布憲法修正案，即將剝奪卡拉卡爾帕克作為自治區的地位，並取消當地人透過公投脫離烏茲別克的權利，幾萬人走上街頭，在努庫斯與其他地區進行大規模和平抗議，國家則以手榴彈、槍擊和暴力鎮壓回應民眾，造成數百人受傷與殘疾、至少二十一人被謀殺、超過三百人被捕、九十一人被失蹤，至今下落不明。社會運動者卜拉·山什多夫（Polat Shamshetov）是因為參與抗議而被判刑的二十二人之一。二〇二三年二月他在獄中過世，他的朋友懷疑他受到了酷刑。[23]

同一個政府一邊鎮壓卡拉卡爾帕克的異議分子，一邊又強調對當地社會經濟發展的應許。從二〇一七年以來，政府投入數億美元來增加當地就業機會、工業廠房與交通基礎建設。一家沙烏地阿拉伯的能源公司得標，在當地建造一座由二十五臺風力渦輪機組成的風力發電廠，接下來五年還會擴充兩組設施。當局還宣布他們「正在積極保護與復原鹹海地區生態系」，並強調目前造林面積已達一萬七千平方公里，之後將繼續「綠化鹹海乾涸的核心區域」。政府的「願景」還包含推動「電子地圖測繪」（electronic cartography），建立瀕危動植物的資料庫與植物種子基因庫，並且還要成立「青年科學院」（Academy of Young Scientists）、「青年科技園區」（Youth Technopark），甚至一個「鹹海地區國際創新中心」(International Innovation Center of the Aral Sea Region)。[24]表面上這些政策聽起來都不錯，但我們幾乎能確定實質與表面將大有不同。

在此同時，二〇二三年的Stihia音樂節不再在這座乾涸鹹海旁的小鎮舉辦。

二〇二三年二月，歐塔貝・蘇雷馬諾宣布當年的音樂節將移至布哈拉市（Bukhara）旁的圖爾達庫爾湖（Lake Tudakul）舉行。他跟歐亞網新聞社（Eurasianet）表示，在這個時間點舉辦一場有夜間狂歡元素的慶典活動不是很適宜，也不太尊重。「音樂節的宗旨依然不變，就是要促進木伊那克永續發展。我們自始至終都會致力於達到這個目標。」歐塔貝說道。他承諾音樂節總有一天會回到木伊那克。[25]

當海水乾涸後，炎熱的沙子反射陽光映照出海市蜃樓，讓人難以看清一切真正發生的事。也就是說，我在一片不確定的迷霧中寫下這一切，無法確定事態的發展最終意味什麼。當然，很大部分的原因是我作為一名外來者，只是短暫拜訪，既不懂當地語言，也缺乏當地人脈與報導所需時間。但即使我再怎麼希望，這個國家也不可能允許這類報導。二〇二二年，烏茲別克唯一的國際新聞記者安格涅絲卡・皮庫利茨卡—沃雀斯卡（Agnieszka Pikulicka- Wilczewska）因為在報導中揭露對當局政治不利的資訊，而被驅逐出塔什干（我在Stihia音樂節後就開始追蹤她，當時她也在現場。）同樣地，如果有人針對環境正義進行調查報導，幾乎能肯定會遭遇相同命運。那麼，政府宣稱的造林計畫是真的嗎？這裡的沙塵對人們造成哪些健康影響？這些問題依然沒人知道答案。

在本書其他章節，沙塵是一種能管窺巨大、接觸難以理解概念與過程的媒介。但在卡拉卡爾帕克，沙塵或許是象徵意義的，勾勒出一個持續模糊、沒有解答的空間。

第六章 落塵

一九四五年七月十六日，凌晨五點二十九分四十五秒，一顆新的太陽在美國新墨西哥州上空爆炸，宣告一個新的地質年代與地緣政治秩序的誕生。同一時刻，一個閉合的電路引爆三十二個雷管。第一層化學炸藥的外殼劇烈燃爆，衝擊下一層爆震速度較慢的巴拉托（Baratol）炸藥。這場爆破的幾何結構經過精密設計，兩次爆炸互相交疊、融合，匯聚成向內坍塌、強度漸增的球體，衝擊炸彈的核心。衝擊波穿透一層由高密度天然鈾製成的緩衝塞（tamper plug），在高度擠壓下升溫液化，接著再穿過直徑略小於十公分、密度更高的鈽核心，點燃中央有如高爾夫球大的引爆器。

在引爆器中，具有放射性的釙－二一〇釋放出高能的阿法粒子撞擊周圍鈹原子，釋放出游離的中子。這些中子迅速湧入核心，撞上不隱定的鈽－二三九原子核，引發連鎖裂變反應。每一個原子分裂成兩三顆較輕的元素（如鋯和氙、鍶和銫），同時釋放大量伽馬射線與更多中子。在僅僅百萬分之一秒的時間內，這一串連鎖反應反覆發生八十次，電漿球的溫度瞬間飆到上千萬度，那是地球上從未見過的高溫。[1]

理查德・羅茲（Richard Rhodes）在他贏得普立茲獎的著作《原子彈祕史》（*The Making of the Atomic Bomb*，一九八六年）中，把剛爆炸最初幾毫秒的原子彈形容為「一隻眼睛」，他寫道：「當那顆球體逐漸向內塌陷成一顆眼珠，它短暫重現宇宙最初爆炸後的狀態。」羅茲繼續描述：「當球體冷卻後，前層開始變得透明。如果這世界還有眼睛能看，那能透過衝擊波看進更熾熱的火球中心。」但就連機器也無法看清整體，人們無法測量那團火球的亮度、也無法記錄最初百萬分之一秒的輻射溫度。一九四五年那次試爆後，指揮報告唯一的描述是那場爆炸就像一顆地球召喚出的人造太陽，是一種人類難以完全理解、無比壯觀且充滿威力的裝置。[2]

當時，身處在爆炸中心外九千多公尺觀察碉堡中的科學家，以及在西北方三十二公里遠的坎帕尼亞山（Compania Hill）貴賓觀測點的來賓，事前都接獲不要直視爆炸的指示。但根據物理學家愛德華・泰勒（Edward Teller）的回憶，沒有人真的遵守。「我們打定主意要直視這頭猛獸。」他表示。他戴上一副焊接護目鏡，「接著就死盯試爆地點。」[3]

「突然間，一道巨大的閃光出現，那是我此生見過最明亮的光，甚至可能是任何人此生見過最亮的光。」物理學家伊西多・拉比（Isidor Rabi）回憶。[4]「那道光炸開後猛撲而來，彷彿貫穿我們的身體。是一幅不只用雙眼感受到的景象。」在爆炸最初〇・一秒，只有完全不動的人造攝影機才能清楚記錄。在畫面中，一個完美對稱的圓頂向外向上擴張，基部湧起一股塵土和焰火。整個過程不過只有短短兩秒，在目擊者的描述中卻彷彿永恆。

當火球溫度降到攝氏五千度以下之後，便無法再於原地繼續冷卻。火球會變得昏暗，「像是一股巨大的油火」。物理家奧托・弗里施（Otto Frisch）回憶道：「火球從地面慢慢上升，與地面保持一條不斷拉長的灰色塵土長柱」。[5]火球周圍籠罩著離子化空氣的鬼魅藍光，讓弗里施想起他的友人兼同事哈里・

達格利恩（Harry Daghlian）。達格利恩在實驗室進行測試時，意外讓鈽金屬達到臨界狀態，受到強烈中子輻射照射。當時他應該也看到那種藍光，而且是世界上最初幾位看到這種光的人。幾天後，達格利恩就死於急性輻射中毒。

進行試爆時，翻滾的火球閃現黃、紅、綠交錯的閃光，讓東邊的歐斯鳩拉山（Oscura Mountains）照映出金黃、豔紫、鐵灰和湛藍的光澤。[6] 接著爆炸產生的蕈狀雲升起，一路竄升到一萬兩千公尺的大氣層中。

「那是場驚人的表演，」弗里施在一九七九年出版的回憶錄中寫道：「任何看過原子彈爆炸的人永遠都不會忘懷。而且爆炸那一刻完全無聲，幾分鐘後才傳來聲響，我即使塞住耳朵還是聽得見。那是很響亮的爆炸聲，接著是一連串低沉的隆隆聲，像是遠方的車流。至今我仍記得那個聲音。」

「我們當然為那場實驗成果感到雀躍不已，」拉比說道。那天，物理學家肯尼斯・班布里奇（Kenneth T. Bainbridge）在南側觀測站中，向所有人恭賀內爆式核彈設計大獲成功。在試爆之前科學家還不完全相信設計會奏效。身軀瘦削的奧本海默（J. Robert Oppenheimer）戴著一頂寬簷西部牛仔帽回到基地營，[7] 拉比形容：「他的步伐就像在演《日正當中》（*High Noon*）中的決鬥場景，那是我能想到最貼切的形容。」拉比說：「他做到了。」[8]

「我們最初都興高采烈，接著才感到疲累，然後開始擔心起來，」奧地利裔美國物理學家維克多・魏斯科普夫（Victor Frederick Weisskopf）回憶。[9]

接著，另一股遲來的震撼席捲而來，讓這群科學家陷入沉默、開始意識到自己到底做了什麼。事後拉比反省道：「某種全新的事物剛剛誕生了，那是一種人類對自然全新的理解與控制力量。」他猶豫片刻，繼續說道：「我想到我在劍橋的木屋、在紐約的實驗室，以及住在那附近的上百萬人們，也想起最初我們以為只是自然力量的這股能量，呃，如今它就在那裡了。」他一時語塞。

奧本海默想起他在耶魯大學研讀過《薄伽梵歌》（*Bhagavad Gita*）的一句話：「我現在成了死神，世界的毀滅者。」他也想起普羅米修斯，如他所說：「人類握有嶄新力量後認識了邪惡的面貌，因而感受到深沉罪惡感。」[10]

這種恐怖或許能被理性詮釋。當時國家正處於戰爭狀態，眾多科學家作為支援戰爭的人力，而奧本海默引述的那句經文，是來自毗濕奴試圖說服王子履行義務的場景。又或者，這群人首次觸發核分裂反應的行為並不是一種**發明**，而是一種**發現**。他們只是偶然揭露原子內部的恐怖潛能。如同奧本海默指出，原子彈試爆雖然是一個新發現，「但所謂的『新』，其實源自人類生活中極為古老的事物。我們所有方式都根植於它。」[11]或許原子彈是現代世界必然的產物，它終究會被發現。如果發現人的不是他們，那就會是俄國人。但事實擺在眼前，最終成功的是他們。而這份責任重得讓人喘不過氣。

「現在我們都成了該死的混蛋了。」班布里奇對奧本海默這麼說。[12]

那次試爆任務被命名為「三位一體」（Trinity Test），但為何如此命名似乎已無從考察。[13]據說任務

名稱是曼哈頓計畫主持人奧本海默的主意，取自玄學詩人約翰・多恩（John Donne）的作品。但歷史文獻也沒有明確提及究竟是出自多恩哪一首詩。有可能是〈連禱文〉（*A Litany*）（「喔受祝福而榮光充滿的三一神／哲學之骨幹／滋潤信仰之乳汁」）；有可能是〈聖詩第十四首〉（*Holy Sonnet no. 14*）（「三一神啊，求祢破碎我的心」）。也許這都不重要，這兩首詩都是關於毀滅，描述一個走向崩壞的人發出的祈求。那是一個「有如塵埃般存在」的人，請求神以力量粉碎、擊毀、焚燒他，使他重獲新生。我們知道奧本海默是受到情人珍・塔特洛克（Jean Tatlock）影響而熟悉多恩的詩歌，珍在試爆前一年才剛自殺。但當人們追問詩歌的來源時，他卻宣稱不記得了。也許他比參與研發原子彈的任何人都還要清楚，自己釋放到這世間上的威力有多麼強大。也或許他試著遺忘。

一九四五年七月的三位一體試爆是人類史上首次製造的核彈。不到三週後，以該次試爆為原型的核武器就被用在戰場上。美國對日本廣島與長崎投下原子彈，奪走約二十萬人性命，其中大多數為平民。那場轟炸結束了第二次世界大戰，也開啟冷戰時代的軍備競賽，蘇聯隨之加速發展毀滅性武力，試圖追上美國的軍事腳步。

在此，我刻意不過度著墨廣島與長崎的核爆歷史，是因為從我微小而模糊的視角，無法提供新的洞見。廣島的爆炸是徹底的毀滅，當時許多建築被夷為平地、爆炸中心處的生命瞬間汽化。一名歷史教授回憶當他從比治山（Hijiyama）山丘俯瞰城市時，發現：「廣島根本不存在——我看見的基本上就是那樣——整個廣島都沒了。」[14]

當時許多人死於爆炸造成的灼傷、火災、建築倒塌與玻璃割傷。數千人吸收致命劑量的伽馬射線，但在輻射病症發作前就死於其他傷害。那兩顆炸彈都在城市上空約五、六百公尺處引爆，這種設計能讓物理破壞威力達到最大，同時減少殘留的輻射劑量。[15]雖然在爆炸過後，當地降下黑雨，但長期汙染的程度並不如人們預期的嚴重。日本南部沒有變成完全無法居住的廢墟，儘管癌症發生率確實上升，但只上升九%。[16]因此輻射落塵並非廣島與長崎案例的主軸。我想要寫的是之後的核子試爆。在那些故事中，灰塵才是主角。

在人類歷史上，以和平名義進行的核爆次數比在戰爭時期還要多出上千倍。從一九四五年至今，全球總共進行兩千五百五十六次核爆試驗。試爆產生的輻射落塵在地層中留下明顯的放射性同位素痕跡，成為現代世界開端的眾多標記之一。

全世界總共有八個國家曾進行核子試爆，包含美國（一千五百五十四次）與蘇聯（七百一十五次），法國（兩百一十次）、英國（四十五次）、中國（四十五次）、印度、巴基斯坦與北韓（各六次）。南非與以色列也擁有生產核武技術，但從未正式進行試爆。另外，有一起未獲確認的試爆「船帆座事件」（Vela Incident），發生在一九七九年九月二十二日，當時衛星在印度洋上空偵測到試爆跡象，但最終無法無法查證是哪個國家所為。

最初的核子試爆大多是在地表上進行的大氣層試爆。人們會把核彈裝在兩百公尺高的高塔上，用氣球帶到高空，接著用漂浮式駁船載走，或從飛機上拋下引爆，藉由衝擊波反射地面讓破壞力加倍、最大化破壞強度和範圍。在一九五八年到一九六二年間，有少數幾次試爆發生在更高空，甚至在太空中進行，目標是產生威力強大的電磁脈衝癱瘓數百公里外的電子設備。水底下的核彈試爆則是用來測試核彈在海軍防禦中的潛力。一九六一年十月，蘇聯進行一場名為沙皇炸彈（Tsar Bomba）的試爆，引爆一顆當量達五千萬噸、相當於三千八百五十顆廣島原子彈的氫彈。那次試爆產生的火球吞噬了十六平方公里的地表。

一九六三年，出於對輻射落塵的顧慮，各國簽署了《部分禁止核試驗條約》（*Partial Test Ban Treaty*），禁止大氣層中的試爆，核武試爆因而轉往地下發展。美國在一九六一到一九六七年間推動「犁鏵計畫」（Project Plowshare），試圖將核爆應用於土木工程，例如用來拓寬巴拿馬運河、挖掘蓄水池、建造基礎交通設施，或在莫哈維沙漠中鑿出隘口，製造讓高速公路和鐵路軌道通行的空間。

俄羅斯實施的「國民經濟用核爆計畫」（Nuclear Explosions for the National Economy）也根據相似理由，試圖藉由核爆產生的震波，找出油田與天然氣田、提高能源生產量，並撲滅失控的天然氣井。隨著民眾對充滿核能的現代世界愈來愈反感，一整個世代的學童在「撲倒掩護」的演練中長大，預演世界毀滅的場景，原子能委員會開始試著強調「核爆裝置的和平用途」與「友善原子」的益處。[17]

根據「國際防止核戰爭醫生組織」（International Physicians for the Prevention of Nuclear War，IPPNW）估計，過往至今進行的大氣層核子試爆，可能已導致約兩百四十萬人喪生。[18]這是廣島與長崎遭受原子彈轟炸造成立即死亡人數的十倍，然而這筆數目卻鮮少受到關注，原因是輻射落塵是一種行動分散、緩慢的致命物質，有可能在核子試爆被禁止後四十年，半數以上受到影響的人都還活著。但這不代表試爆產生的落塵就此消失，反而它們仍緩慢而隨機地發揮效用。除了少數靠近爆炸中心、直接暴露於高劑量輻射的人之外，每一個被核子試爆殺死的人永遠不會知道自己是受害者。他們的甲狀腺癌或血癌究竟是落塵導致，還是肇因於其他終其一生會接觸的輻射源，例如醫療用X光、天然氡氣或宇宙射線？正因如此，人們很容易否定輻射落塵的致命因子，這正是政府單位數十年來一貫的策略。

美國對核子試爆的態度充滿矛盾，既像一場盛大公開的演出、又展現最徹底的否認。當局彷彿想製造那朵蕈狀雲，又不想接受它帶來的落塵；既想要原子彈在地緣政治上代表的巨大影響力，又不想面對任何具體後果。他們甚至不打算遮掩行為，如果國家從不有系統測量全國輻射劑量，就沒有什麼紀錄需要隱匿。

像原子彈這樣的文化符碼，不可能在最初問世時就已形成。它的形象是靠政府與媒體教導大眾如何解讀所見，透過語言、影像與公共傳播的選擇被刻意形塑出來的。文化史學家彼得．黑爾斯（Peter B. Hales）曾指出，《時代雜誌》、《生活雜誌》、《新聞週刊》等刊物對廣島與長崎的報導以及對後續核子試爆的描述，都是「以極度美學化，而非倫理、道德或宗教性」修辭呈現。

最初，軍方與後來的原子能委員會，都相當嚴格控管試爆場址的出入權限，以及記者能取得的資訊和影像。當時從廣島和長崎釋出的影像紀錄，很少拍到地表、城市、轟炸目標和毀滅後的景象，爆炸造成的傷亡與人類承擔的後果多從視覺中被抹去。相反地，原子彈經常被呈現為一層濃厚的煙雲，看起來「更像一場巨大的風暴，而非人為事件」。[19]黑爾斯指出，這是一種「抽象視覺」的表現手法，核彈被簡化成一種「自然的奇觀」，而非精心計算過的毀滅裝置。透過這種手法，「誰該對爆炸後果負責的問題就變得模糊不清」。如此同盟國才能相信轟炸兩座充滿平民的城市不是戰爭罪行。

在本章中，我想透過灰塵來看見那些被忽視的事物，包含核子試爆如何既是公開演出，又是一場隱蔽行動。人們大肆慶祝蕈狀雲誕生，甚至將核子試爆轉化為扭曲的觀光景點，卻又忽視並否認在試爆後數天，被吹往東北方、四散而無形的輻射落塵。

牧場主人威廉·萊伊（William Wrye）住在三位一體試爆場東北方三十二公里處。他對當地記者說：「在試爆後四五天，有種像麵粉般的白色粉末飄落在所有東西表面。這些粉末在白天不容易看清楚，但到晚上會發光。」[20]

矛盾一開始就存在。所有回憶三位一體試爆的人們，都強調爆炸帶給視覺的震撼。例如一名目擊者表示：「那是我此生見過最明亮的光。」但同時人們在關鍵的一瞬間根本無法看見，因為爆炸放射出的電磁波與能量，遠遠超出人類能承受的等級。

對此，理查德·羅茲在記錄中寫道：「如果這個世界還有眼睛能看。」這句話一直縈繞在我心中，因為這世界已經看不見了。

無論是從隱喻意義或是字面意義上來看，核爆的末日景觀都十分「奪目」。如同三位一體試爆現場的目擊者在爆炸當下紛紛緊閉雙眼，否則眼睛將會瞎掉。住在附近古魯姆礦區（Groom Mine）的席恩（Sheahan）一家則表示，在試爆後他們看見當地的野馬眼睛真的被活生生燒掉，只剩下空蕩的眼眶。[21]

因此，我們是透過一片混濁的玻璃回顧核子試爆的年代，那片玻璃上瀰漫著冷戰神話、官方宣傳與否認的濃霧。人們讚嘆於核子戰爭的眩目景觀，只為了掩蓋背後的現實。如果要真正看清楚核子試爆的暗面，我們也許能嘗試以原先掩蓋的煙霧為觀察的透鏡，也就是以灰塵當作媒介，去看見那些原本被忽略的人、地點與後果。這樣的比喻或許有些矛盾，但或許反而能幫助我們將現實的矛盾想得更清楚，也讓被隱蔽的事物重見光明。

塵埃幫助我們看見電漿冷卻、蘑菇雲擴散至大氣層的那一刻；讓我們得以追蹤爆炸留下的物質痕跡，觀察風如何將它們帶到北方與東方數千公里之外，進入一個國家的骨骼與地球的沉積層。追溯灰塵的起源與後果，讓我們被迫思索核子材料整個生命週期，從開採與提煉鈾礦，到永無盡頭的核廢料貯存問題。灰塵延展我們對時間的想像，穿過一次又一次的半衰期，讓我們在半衰期與半衰期之間看見核汙染的風險逐漸降低，但永遠不會歸零。它也讓我們理解輻射風險既是可預測的，同時具有隨機性。最重要的是，灰塵的議題總是離不開政治。灰塵帶領我們超越國界，看見世界各地核子試爆的共同特徵，包含試爆執行者的冷酷、魯莽、草率，他們如何認定哪些人可以被犧牲、背後的殖民邏輯是什麼。灰塵提醒我們去思考：誰面對被遺棄的後果？誰要負責清理善後試爆場？誰又必須與核子落塵共存，直到遙遠的未來？

這些提問或許有助於我們看見整體真相，而不只是讓問題像《生活雜誌》中光鮮亮麗的照片。如果我們只盯著原子彈看，那就會錯過真正的災難。[22]

三位一體試爆場址位於新墨西哥州，在阿布奎基（Albuquerque）往南開兩小時車程之處。這個試爆場地距離核彈的研發場所洛斯阿拉莫斯（Los Alamos）核武實驗室不遠，對測試來說既方便也夠偏遠。此外，那裡也是負責尋找試爆場的物理學家班布里奇能找到最空蕩偏遠的地方。這片名為「死者之徑」(Jornada del Muerto）的沙漠盆地，位於東邊的歐斯鳩拉山和西邊格蘭德河（Rio Grande）狹長的河岸綠地之間，是一片平坦乾燥、長滿灌木和絲蘭的土地。這裡原本是梅斯卡萊羅—阿帕契族（Mescalero Apache）原住民的家園，後來被移入的牧場經營者占據，直到一九四二年牧場主也被美國陸軍驅趕，土地被徵用為炸彈試爆場（三年後，當地麥當勞家族的農莊被改造為核彈裝置的組裝地點，該棟房屋的窗戶被用膠帶貼起來防沙塵，成為臨時的「無塵室」。）這個地點夠偏遠，讓政府單位得以完全隱瞞他們進行核彈試爆的事實。他們只跟媒體表示有武器倉庫發生爆炸，並擬定好計畫，萬一風向轉變，便會以「化學貯槽遭到攻擊」為由疏散鄰近居民。

實際上，沒有人察覺端倪。三位一體核彈在距離地表僅三十公尺的高度引爆，雖然當局控制了爆炸範圍，大量放射性沙塵卻被捲入空中。當時，那些沙塵幾乎沒有落回試爆場，反而隨著高達八公里的蕈狀雲升空，並在一小時內被風吹散，同時不斷釋放放射性物質。主管醫官史丹佛．瓦倫（Stafford Warren）在報告中表示：「雖然在調查住宅區域內，沒有任何居民區暴露於危險劑量的輻射中，但塵埃落下的區域寬約四十八公里、長約一百四十五公里，在這個範圍內核爆帶來的落塵具有嚴重潛在危害」。[23]三週後，美軍對日本廣島與長崎採取空投引爆的轟炸方式，恰恰產生相反效果，爆炸的力道更強，但輻射量較少。這是為什麼今日長崎和廣島仍能居住。

第二次世界大戰結束後，美國在一九四六年與一九四八年間在馬紹爾群島進行五次核子試爆，隨後發現需要開始尋找新的地點。原子能委員會顧慮的並非馬紹爾群島的居民，這些居民往後還得承受更多次試爆與終身的後遺症。必須另覓地點只是出於後勤問題，對美國人來說，那些偏遠的環礁群島太難抵達，而且當地不僅常有風暴與颱風強制延後試爆，不時出現的陰霾天氣也讓測試人員難以順利攝影。此外，馬紹爾群島位處太平洋中部，該地開放的空域也難以避免其他國家暗中觀測。於是在一九五〇年，美國的核子科學家再次齊聚於洛斯阿拉莫斯實驗室，選擇下一個「可犧牲的地景」。

他們決定選用的地點，是內華達州的奈利斯空軍射擊與轟炸訓練區（Nellis Air Force Gunnery and Bombing Range）。這片空曠乾燥的沙漠地區跟新墨西哥州的試爆場相仿，但有一個缺點：那裡距離拉斯維加斯只有一百多公里。因此在接下來四十年間，所有試爆都只會在風往東北方吹時進行，以確保拉斯維加斯以及位於西側、擁有上千萬人口的加州能免於放射性落塵洗禮。然而，住在東邊及東北邊農場、牧場與鄉村地區的居民就沒那麼幸運了。如同反核運動人士瑪莉·迪克森（Mary Dickson）後來對一名口述歷史訪問者挖苦地說道：「那些人就只是住在猶他州的一小撮人……猶他州在哪裡？他們只是一群摩門教徒、牛仔和原住民，誰在乎他們？」[24]

內華達州的試爆場址位於西部秀修尼族的土地上，東邊的下風處則是南部派尤特族的領地。

一八六三年，秀修尼族在簽署的《和平條約》中，從未將土地所有權讓與美國，而是只給予通行與使用權，作為興建鐵路、電報、採礦、放牧、軍事設施與驛站之用。那一年美國白人探礦者很快進駐當地尋找白銀。一八八九年，派崔克與艾維斯·席恩（Patrick and Avis Sheahan）在偏遠的古魯姆礦區定居，該地距離印第安斯普林斯區（Indian Springs）有三天路程。他們在半山腰建立起家族礦場，往南眺望有三十公里以上的寬闊視野。

一九五一年初，一名來自原子能委員會的男子前來拜訪，告訴他們在五十多公里以外的法國人平臺（Frenchman Flat）即將進行核子試爆。那名男子並未透露細節，席恩一家人與員工便繼續工作，直到二月二日清晨，一個震耳欲聾的爆炸聲將他們從床上震醒。那場爆炸震碎了窗戶、爆開前門。當局引爆了八千噸當量的貝克二號（Baker 2）炸彈。當太陽升起時，輻射落塵與沙土如雷雨般傾瀉而下，金屬碎片掉在礦場小屋的鐵皮屋頂上發出劇烈聲響。[25]席恩一家肯定嚇壞了，但他們被告知這些試爆只是「暫時性事件」，因此覺得「出於愛國心」，他們有義務去配合。[26]

第一輪的試爆被當局視為成功，科學家沒有測量到重大輻射問題，也只收到一宗人民抗議陳情案，一名來自拉斯維加斯的婦女抱怨她的房屋被衝擊波損壞。於是，洛斯阿拉摩斯實驗室的科學家不僅沒根據爆炸高度、天氣規律與灰塵傳播模式來提升安全措施，還加大了試爆規模。正如環境史學家萊斯爾·奇爾德斯（Leisl Carr Childers）所說，他們的操作「愈來愈逼近自己所設下的環境安全界線。」[27]

然而，輻射暴露劑量並沒有真正的安全上限，這是輻射物質具有的隨機風險本質。只要有一顆原子衰變與損害DNA關鍵部位，就可能引發癌症或突變。對此，奇爾德斯寫道：「所謂的可接受暴露劑量，是一種充滿彈性，而且本質上屬於社會層次的判斷。訂定劑量的決策本身，受到戰爭與產業邏輯兩者交織的需求影響。」當時美國確實處於戰爭狀態，沒有時間考慮預防原則。就連國家輻射防護委員會（National Committee on Radiation Protection）都沒有反對地面核子試爆，也沒要求採取任何安全措施。

委員會的主席勞里斯頓．泰勒（Lauriston Taylor）表示：「除非能證明某次試爆行動有危險，否則我們只能預設這種試驗是安全的。當然，要證實某件事有害，你可能得犧牲一些人。這聽起來並不公平，但我想不出有其他辦法。」[28]

一九五一年秋天，第二輪的「剋星－爭吵」（Buster-Jangle）試爆規模更大，當局先引爆一顆當量為兩萬一千噸的炸彈，再來是一顆三萬一千噸的炸彈。原子能委員會的人再次造訪古魯姆礦區，這次建議席恩一家人在試爆時將女人與小孩撤離。他們教導丹．席恩和他的兒子鮑伯如何使用蓋格計數器，並提供他們可以監測落塵中輻射劑量的設備，包含用於收集空氣中微粒的真空吸引機，和表面像捕蠅紙一樣具有黏性、能用來接觸落塵的托盤。席恩一家人開始感到不安，他們不再看到野兔在三齒蒿和加萊塔草叢之間奔跑，鄰居的馬匹背上也開始出現詭異的白斑與潰瘍。[29]

這些試爆製造出的落塵，一路乘著對流層的風降落在美國東岸。紐約州羅徹斯特（Rochester）的伊士曼柯達（Eastman-Kodak）工廠便曾抱怨輻射摧毀了總價上千美元的底片，但原能會發布了一份新聞稿，堅稱一切正常。[30]

每一輪試爆都比上一次更劇烈，也製造更多汙染。一九五二年，在「不倒翁－鯛魚」（Tumbler-Snapper）試爆中，科學家們將四顆核彈裝置在高塔上引爆，引爆高度比空拋炸彈低很多，離地表只有九十公尺。在那之前，核彈所產生的落塵有三個來源：核分裂反應的放射性產物、沒有參與反應而殘留下來的鈾和鈽、以及徹底汽化的殘餘核武部件。但是高塔上引爆的核彈還多了沾染上輻射後被炸碎的金屬塔架碎屑，以及在地上炸出大坑洞而產生的輻射泥塵。此外，由於這些試爆大多在乾涸的湖床和鹽灘上進行，先前我們已知道那裡的塵土特別細微，因此試爆產生的輻射微塵不只微小、甚至達到奈米尺度，直徑大約介於十奈米到二十微米之間。一般的細菌平均直徑約為一微米（千分之一毫米），放射性落塵可算是各種灰塵之中最細小的。雖然阿法粒子和貝塔粒子很容易就被皮膚擋住，但輻射微塵會透過人們呼吸的空氣、吃下的食物進入體內，對人體造成傷害。

一九五二年春天，在天候不佳與草率行事之下，「不倒翁—鯛魚」試爆帶給平民的輻射暴露量達到前一年試爆的十五倍。在美國本土核子試爆的四十年歷史中，這八枚核彈總共製造二十九%的碘-一三一輻射劑量。碘-一三一是核分裂反應的產物之一。[31]當時落塵隨風飄向東方，落在數千公里外的牧場與草原，被牛羊吃下肚，最終進入牠們的乳汁之中。那正是美國學校與家庭餐桌上的日常飲品，一杯冰涼的鮮奶。那些在核子試爆時正值童年的人們，日後受癌症所苦的程度往往最嚴重。

碘-一三一的半衰期相對較短，只有八天。假如當初受影響地區的鮮奶能銷毀一兩週，如同原子能委員會在警告某些落塵風險特別高的地區時偶爾會這麼做，那些人或許就不會死。但甲狀腺癌本身就需要數十年時間才會發病，而在一九五〇年代初期，原能會關注的是短期目標，那就是平撫大眾恐慌，以及合理化核科學的發展。一九五二年五月七日，當原能會進行「不倒翁—鯛魚」第五次試爆，引爆代號為「簡單」（Easy）的原子彈時，在鹽湖城一帶造成放射性塵雨，落塵的輻射劑量高到持有蓋格計數器的人們甚至能聽到儀器「滴滴作響」。但原能會在新聞稿中卻宣稱這些數值「微小到不足為懼」。「原能會進行核子試爆產生的輻射，從未對任何人類、動物或作物造成危害。」[32]這當然不是真的，但當風險如塵埃一般分散、細微並作用緩慢時，要否認風險存在就變得再容易不過。

柯恩・布洛赫（Kern Bulloch）和麥克瑞・布洛赫（McRae Bulloch）兄弟跟他們的父親和祖父一樣，一家人都以放羊維生。這個摩門教家庭定居於雪松城（Cedar City），每年冬天他們會將羊群帶到內華達州東部放牧，那裡是距離試爆場所東北方約六十公里處的山谷與隘口。柯恩後來說，雖然那種生活有時很孤獨，但他不會拿任何事物與之交換。[33]一九五三年三月某天清晨，布洛赫兄弟正帶著羊群通過郊狼山口（Coyote Pass），進入提卡波谷（Tikaboo Valley）。柯恩騎在馬匹上，腳垂在馬鐙外、一條腿翹在鞍角上，突然間：「那該死的炸彈引爆了。」

眩目的火球嚇壞所有人。柯恩的馬匹嚇得揚起前蹄，讓他差點摔下去。羊群也四處逃竄。兄弟兩人看著「一團該死的雲」像蘑菇一樣衝上天、擴散開來。「我不知道雲裡頭有什麼。」那團雲往山谷飄來，正好「掠過我們的頭頂上空」。[34]

這般情景不斷重演。某一天，當他們正在集結羊群，一臺軍用吉普車開過來，幾名靴子上套著防塵保護套的軍人從車上跳下來。一名軍官跟他們說：「你們在高輻射熱區！快帶著你們的羊群離開這裡！」但兩千隻羊沒辦法走多快，特別是母羊帶有身孕時，他們每天只能行走十公里。當他們往西返回猶他州的路途上，羊隻臉上開始出現結痂的傷口、背部出現白斑。牠們在小徑上不支倒地。母羊也開始流產。[35]

五十年後，當柯恩・布洛赫上電臺講述這段故事，你都還能聽見他語氣中的激動：「天哪！那些羊就像蒼蠅一樣死去，我們完全搞不清楚到底發生了什麼事。一天早上我們拖走一百隻死羊，隔天回來餵食時，發現又有一百隻羊暴斃在飼料槽旁邊。原子能委員會的獸醫來進行解剖，一邊用蓋格計數器掃描一邊說：『這隻很毒。天啊，這隻也超毒！』」

事實上，每一隻羊都非常毒。當獸醫將蓋格計數器掃過成堆的羊隻屍體，指針瞬間破表。「他們絕對把真相壓下來，毫無疑問。有天一位律師把我帶進一間房間，告訴我：『我們承認害死你們的羊，』他說：『我們承認這件事。但你們在法庭上一定會輸，因為每一位孕婦、每個病人都想告政府，還會讓這些核子試爆終止。但這些試爆非得進行下去不可。』」

風險明明就在眼前，但因為風險會為人帶來太多不便，而被視而不見。核子試爆就這樣繼續進行。從一九六三年起，全世界在十年間進行超過五百次核試驗，其中大多是美國和蘇聯所為。蘇聯從一九四九年開始在哈薩克進行試爆；英國從一九五二年起在澳洲西南部沙漠、北部蒙特貝羅島（Montebello Islands）以及太平洋上的吉里巴斯（Kiribati）進行試爆；法國從一九六〇年開始在阿爾及利亞的沙漠與太平洋進行試爆。這樣的地理分布赤裸裸反映其中的殖民性。「他們總是選擇覺得人命無足輕重的地方進行試爆，」二〇一七年，反核運動人士瑪莉・迪克森在一項猶他州口述歷史計畫中說道：「無論是原住民、人口稀少的聚落，或教育程度低的民眾，他們都認為那些人是可以被犧牲的。」[36]

隨著炸彈威力與日俱增，原能會最初認為試爆只會影響到羊群和牧羊人，而抱持的致命性輕率態度，也在愈來愈大的規模下重演。落塵雲所含的細微塵埃飄散到猶他州南部的農莊和小鎮，也籠罩哈薩克城市塞米巴拉金斯克（Semipalatinsk）。正因為塵埃具有極其微小的特性，才使得它如此致命。

核子落塵不像子彈一樣迅速致命，而是經年累月、隨機地以統計方式累積風險，必須等上數十年甚至數百年後，才可能完整計算它引發多少癌症病例。這是一種模糊的風險，也因此容易被否認。當局確實也否認了，從美國到阿爾及利亞、從澳洲到哈薩克，每個進行核子試爆的國家都是如此。他們往往將試爆地點稱為「無人地區」，但實際上那裡居住著游牧民族、原住民，或是社會地位過低而不被計入的人口。那些隨風飄移、順風擴散的風險，也因此從未被測量或承認。

——

透過塵埃思考，也讓我們看清核子時代另一個看似矛盾的面向：它既具有矛盾的可見性，又作為一種視覺的奇觀。核爆造成的傷害也許是緩慢無形的，但爆炸本身卻絕非如此。爆炸時眩目刺眼、多彩絢爛的亮光，以及作為末日符碼般的蕈狀雲收尾不僅完全沒被遮掩，反而成為官方電視節目播放給全美上億家庭的內容。為什麼？這種壯觀的視覺影像試圖傳達什麼訊息，又隱藏了什麼？

人類學家約瑟夫．馬斯科（Joseph Masco）曾寫道：「從一九五三年到一九六一年，每年美國舉行的民防演習重頭戲，都是由聯邦政府主導的模擬核武攻擊。」[37]至此，核子試爆目的已經不只是測試核武材料與設計，而是發展核武戰略。核武攻擊對美國郊區家庭意味著什麼？小型核武要如何在地面作戰中與其他部隊配合、被有效運用？為了找出答案，美國陸軍規劃了兩套演習計畫，分別是一九五一年到一九五七年的「沙漠岩石計畫」（Desert Rock），和一九五五年的「線索計畫」（Operation Cue）。但它們的意義不只如此。*

在「線索計畫」中，美國陸軍在沙漠中央蓋起一系列模擬郊區住宅，其中配有完整家具、家用品，櫥櫃裡也放滿罐頭食品。這項計畫的目的部分是要測試民防相關問題：人們可能接觸到多少輻射劑量？

居家規模的核彈避難所能夠保護他們嗎？（**幾乎不能**。）罐頭食品能倖免於毀滅性的核災中嗎？（**可以**。）於是，一整戶穿戴整齊的模型假人，有的端坐在餐桌前、有的看著電視，各自擺出不同居家姿態。同時，軍方在附近引爆名為「蘋果二號」（Apple-2）的核彈。頓時一陣衝擊波、熱能與瓦礫殘骸湧入房屋。聯邦民防管理局（Federal Civil Defense Administration）將一切畫面都捕捉下來，拍成上億人觀看的紀錄片。

這座被核爆摧毀的「生存小鎮」（Survival Town），不僅向美國民眾與敵方展現核彈的威力，也教導人們如何解讀影像。影片旁白告訴觀眾：「核子時代創造出的高聳蘑菇雲，是全世界熱愛自由人民的力量、安全與防衛的象徵。」同時，影片也宣稱進行核子試爆對維繫美國國家存亡至關重要。[38]正如同人類學家馬斯科所說：「每一年，美國人都以這種方式演示他們化成灰的過程，官員會愉快地疏散城市人口、評估緊急計畫，內華達州和南太平洋的核子試爆則提供嶄新的火球與蕈狀雲影像，來強化核武危機迫在眉睫的觀念。」當時美國的傑西潘尼（JCPenney）百貨公司還會在櫥窗展示模型假人穿的焦黑破爛衣物，旁邊配上一句有點不祥的標語：「這可能就是你！」[39]

透過這場公開展示國族毀滅想像，美國政府試圖獲取人民對持續進行的試爆與軍備擴張的支持。但如同馬斯科所說：「這種對災難的思考方式，不僅殖民了人們的日常生活與未來，同時根本上忽視實際

* 「線索計畫」（Operation Cue）為一部短片，記錄一九五五年五月五日在核子試爆計劃「茶壺行動」（Operation Teapot）中，「蘋果二號」（Apple-2）核彈引爆對於模疑小鎮「生存小鎮」（Survival Town）造成的破壞與後果。

發生的災難，」它讓大家集體忽略這件事：美國其實已對自身數萬國民投下了核彈。

美國陸軍指揮官相信，一般士兵對輻射有種「神祕的恐懼」，如果要讓他們在核子戰場上發揮作用，就必須先克服這種恐懼。而這件事的解方，是把整批軍隊載到內華達州觀看核子試爆，期望他們親眼目睹這全能的力量後，學會「愛上核彈」。一九五七年，空軍戰略司令部（Air Force Strategic Air Command）的少尉羅素・菲爾斯特（Russell Fjelsted）就是被派去現場觀看試爆的人之一。他向猶他州「下風區居民計畫」（Utah Downwinders Project）的核能受害倡議者描述，*當時他和另外兩三百名軍人被指示站在深三・六六公尺的壕溝中、彎下身並用手遮住臉，同時一顆爆炸當量為一萬七千噸的核彈就在只有一・五公里處引爆。[40]

他被告知要遮住雙眼，但那場爆炸的光熱無法被遮擋。菲爾斯特回憶道：「我透過眼皮看見了光，甚至從指間縫隙中看到站在前面的人的鞋……那光線就是亮到這種地步。」[41]

他們沒有穿防護衣，只穿著正規制服。原本軍方承諾會發給每人一臺輻射劑量計，用來測量每個人的輻射暴露劑量，最後也沒有發。多年後回想起那段經歷，菲爾斯特就跟許多參與核子試爆計畫的人一樣，不知道該如何調和他對國家的忠誠與個人經驗之間的矛盾。「我不知道我們是不是白老鼠，但感覺就像那樣，」他說道：「我的身體應該沒有受到影響。我在七十歲時得了攝護腺癌……也許那是其他原因造成的，誰說得準。」

讓人在現場見證核彈爆發，親眼目睹它的破壞力，這是兩次軍事行動的核心。「我們必須透過許多雙眼見證鉛錘計畫（Operation Plumbbob），」聯邦民防管理局影片的旁白宣告：「不只是透過自己的雙眼，而是透過記者的眼睛，以及美國一般男女的眼睛。」[42]西方文化是以視覺為本位的文化，視覺作為優先的知識來源。我們會說「眼見為憑」、「我明白了」（I see）之類的話語。但在觀看核彈試爆這件事背後，還有一種深層而矛盾的渴望，既希望全國人民能看見不可見之物，又希望核子試爆計畫造成的後果能被好好隱藏。這是一場最初炙熱到超出可見光譜的爆炸，足以燒毀靠近者的雙眼。但同時，這也是一場每家電視臺新聞頭版大肆展演的爆炸，展現出超乎人們能揣摩的威力和破壞力，卻被包裝成保障國家安全的手段。

一九七三年，美國聖路易的國家人事文件中心（National Personnel Records Center）發生一場大火，許多參與這些核子試爆的退役軍人檔案紀錄遭到燒毀。從此，沒有人知道他們承受多大的健康風險。

謝瑞·菲尼肯—H（Shere Finicum-H）是當時住在猶他州西南部的一個小女孩。她在「猶他州下風區居民口述歷史計畫」中，描述某天父親開車載她前往家族牧場的回憶：「當我們越過雪松嶺時，我看到地平線上出現一團巨大無比的白色雲朵，那是我從未見過的景象。我驚呼道：『那是什麼啊，爸爸，

---

* 猶他州下風區居民計畫（Utah Downwinders Project）為一項聲援行動。該計畫將猶他州因為核子試爆、鈾礦礦業或核子事故，暴露在輻射汙染或落塵影響的個人與聚落集結在一起，透過故事與歷史為他們的權益發聲。

那是什麼？』我父親嘗試向我解釋……他談到戰爭之類我根本聽不懂的事，但他講了一句話讓我印象特別深刻：『我希望你永遠不會真的目睹這件事。』」[43]

但她**確實**目睹了一場真正的核爆，那正是美國核子試爆計畫的威力所在。他們能將核彈塑造為某種象徵性、不真實的事物。這股毀滅性的力量在人們想像中被簡化為國力及軍事威力的展現，而非公共危機。

「那個場景對我造成很大衝擊，」謝瑞說道：「我永遠不會忘記那個畫面……我記得它的模樣，那畫面真的很壯闊，某種程度上來說，真的是很震撼的景觀。」

美國歷史學家黑爾斯指出，這種公共想像的建立，源自軍隊和原子能委員會對資訊與影像的嚴密管控。人們所看到的核爆照片都是政府挑選過後才釋出的版本。一九四五年媒體對廣島與長崎遭受原子彈轟炸的報導也經過嚴密管制，後續在《時代雜誌》、《生活雜誌》與《新聞週刊》等刊物中刊載的長篇幅報導，也聚焦於視覺上的描述，但對道德議題及人命損失的討論就比較輕描淡寫。「值得注意的是，媒體報導會強調核爆的自然意象，」黑爾斯寫道：「透過這樣的比喻，媒體模糊了『人為』與『自然』之間的界線，原子彈成為一種崇高的自然奇觀，那團蘑菇雲則成為最具有代表性的象徵，甚至成為流行文化的符碼。」[44]

一九四六年，設計師路易・雷爾德（Louis Réard）在巴黎著名的莫利托游泳池（Piscine Molitor），首度揭露他設計一款極為暴露的兩件式泳裝。雷爾德將這款泳裝命名為「比基尼」，取自馬紹爾群島的比基尼環礁。四天以前，美國才在那裡進行戰後和平期間首次的核武試爆。據說雷爾德希望他設計的泳裝引發「爆炸性」迴響，能在商業與藝文界獲得跟核爆知名度相當的討論度。[45]

內華達州的試爆場甚至成為觀光景點。一九五二年，拉斯維加斯的舞者坎迪絲・金（Candyce King）在亞卡臺地（Yucca Flats）為剛結束核子演習任務的海軍陸戰隊進行勞軍表演，而被冠上「核爆小姐」的名號。報紙描寫她「散發出迷人的魅力，而非致命的放射粒子。」[46]賭場大力推銷面朝北方的房間，拉斯維加斯商會還會公布試爆的時間表，吸引觀光客湧進城裡、站上飯店屋頂，一邊啜飲「核子雞尾酒」一邊觀賞蕈狀雲在清晨天空中升起。有那麼一個片刻，冷戰的威脅竟然成為近乎刺激的感官體驗。

這場核子奇觀持續了十八年。一九六三年《部分禁止核試驗條約》生效，讓地面與大氣層中的試爆走入歷史，之後所有核子試爆都必須在地底下進行。這項改變理應能防止輻射物質外洩，但事實上並未完全防止。一九六二年七月六日，「蘇合香─塞丹」（Storax Sedan）核武試爆造成美國史上最大的人為隕石坑，並釋放出八萬八千居里的放射性碘－一三一。一九七〇年十二月的「類葉升麻」（Baneberry）試爆則因為地質條件估算錯誤，再度造成放射性塵雲升起，落塵先降落在當地，接著變成放射性雪落在加州東北部。兩名接觸到高劑量輻射的男子不到四年就死於急性骨髓性白血病。法院雖然判定政府行為疏失，卻仍裁定國家不需為兩人的死亡負責。

正因為這些灰塵細微、分散、作用緩慢，而非常容易受到否認。

無論在個體或整體層面，要計算核彈造成多少人死亡都有很大的模糊地帶。如同前段提及，大氣層核子試爆最終可能導致兩百四十萬人死亡，這筆驚人的數字是廣島與長崎原爆喪生人數的十倍，其中可怕之處在於大部分死亡實際上都還未發生，統計數據因而隱含極高的不確定性。最初這筆數字是一九九一年國際防止核戰爭醫生組織模擬出的結果。該組織由全球六十三個國家的醫療團隊共同組成，他們將聯合國估算全球各地輻射暴露劑量的數據套用一組公共衛生模型，然後將暴露劑量換算為癌症死亡人數。透過這種計算方式，他們估計出一九四五到一九八〇年間，核子試驗預計造成約兩百四十萬人罹癌死亡。[47]

這項推估最驚人的地方在於它的時間尺度，國際防止核戰爭醫生組織將估計值推算到無限久以後。在他們的估計中，截至二〇〇〇年，只有不到五分之一的死亡（四十三萬人）會實際發生；其餘死亡將在未來數十甚至數幾百年潛伏，像一顆懸掛在兩百萬人頭上緩慢倒數的定時炸彈。造成這種長期後果的元兇是碳-十四。它是核爆中的活化產物，當游離中子撞擊普通的碳-十二原子核時，會使其變得不穩定並帶有放射性。碳-十四的特殊之處在於它的半衰期長達五千七百三十年，幾乎等同於人類文明的永恆尺度。這意味著冷戰的遺產將永遠與我們同在。

其他有關核子試爆對人類造成影響的研究，則聚焦於不同的放射性同位素，而得到不同結論。美國國家癌症研究所（National Cancer Institute）在一九九九年進行研究，分析內華達州試爆讓人們接觸到的碘-一三一輻射劑量，估算出這些輻射將造成四萬九千名甲狀腺癌患者（多數為當時仍是孩童的受試者），以及一萬一千名癌症患者。[48]美國每年約有四十萬起甲狀腺癌病例，研究因而指出，接觸碘-

一三一輻射只造成約十二%的罹病率增長，數字小到讓這場犧牲看起來「幾乎合理」的。

如同前述提及，碘－一三一的半衰期只有八天，造成風險相對短暫，只要過了三個月，碘－一三一就會下降一千倍。因此，國際防止核戰爭醫生組織估計到了二〇〇〇年，碘－一三一在人類整體接觸到的輻射劑量中只會占據二．〇二%。反之，像是銫－一三七這種半衰期較長的放射性同位素，則構成大部分的輻射劑量，因為它的危險性會維持較長時間。如果放眼更遙遠的未來，碳－十四則成為主要隱患。幾十年後，人們還是可能會因為吸入居家灰塵中的放射性粒子，或因為這些粒子在體內隨機衰變釋放出伽馬射線而遭受身體損害。這些游離輻射會打斷分子鏈結，在體內產生自由基，造成細胞損傷並造成DNA斷裂。當細胞發生基因突變、經過多代分裂增生，最終將發展為癌症，這個過程可能需要十年、二十年甚至更久時間，因此當病症出現時，已經難以追溯起源。

國際防止核戰爭醫生組織估計出兩百四十萬人並非絕對。由於估計模型的時間延伸到極遠的未來，任何一點對模型做出的統計微調，例如更新暴露劑量的模型、或過度高估世界總人口數，都可能讓最終估算出的數字有極大變動。也許未來醫學在偵測及治癒癌症等方面將會有長足進展，我們只能如此希望。

然而，綜合檢視各種估計結果，儘管存在數據差異與誤差範圍，我仍認為至少有一百萬人會死於核子試爆的後果。這一百萬條生命是為了什麼而犧牲？是為了阻止一場更慘烈的戰爭？無論是美國、蘇聯或中國，都可能為此犧牲數十萬國民；[49]英國與法國則將風險轉嫁給殖民的國家、人民與上萬名士兵。沒有一個國家曾完整測量試爆場址附近居民承受的輻射劑量，或追蹤隨風飄散達數千公里的輻射落塵造成的後果，從軍事層面來看，機密性是首要考量。從政治層面來看，「不知道」則是最方便的解方。即使有人真的去測量輻射暴露劑量，依然無法排除測量數值的不確定性，這正是核災風險的本質。

另一方面，暴露在輻射之中是否對健康造成影響，這個問題的答案並不絕對。人體比較容易吸收某些放射性同位素，同時吸收的媒介也很關鍵，包含透過空氣、飲用水或受汙染食物吸收。而延遲多年才發病的病症也讓人難以歸結病因。人在一生中會接觸到各種輻射來源，其中有不少來自醫療，例如進行斷層掃描、X光檢查與放射性追蹤；一部分則來自自然界，例如氡氣與宇宙射線。如果不小心，連數字也可能產生誤導。近期有一項流行病學研究就警告：「在解讀特定癌症類型的研究成果時必須小心，因為光是隨機因素就可能讓我們每分析二十種癌症成因，就發現其中一種具有顯著的統計關係。」[50]因此，大多數因為核彈而付出生命代價的人，將永遠無法知道核彈造成的真實後果。核彈對人類的影響，無法從個人尺度被辨別。

這詭異、布滿塵埃的暴力。

這種不確定性對許多英國退伍軍人而言更加殘酷。這些軍人年輕時曾在太平洋某座環礁上，穿著短袖短褲親眼見證核子試爆。他們堅信自己與家人的癌症與疾病是觀看試爆的後果，但直至今日，英國政府仍否認一切責任並拒絕賠償，而加深他們一生的傷痛。

二〇二二年二月，我前往曼徹斯特參加一場由「白老鼠組織」（LABRATS）舉辦的研究會，該團體為全球核子試爆影響者成立的倡議組織。有一場講座的與談人是一群退伍軍官。這些老人已年過八十，他們身穿筆挺的海軍藍西裝，胸前別滿服役勳章。他們描述一九五〇年代在太平洋地區親眼目睹的核彈試爆經歷。那場活動出乎意料令人激動，即便事件發生後過了六十五年，過往目睹的場景依舊深深烙印在軍官腦海，他們受背叛的感覺也仍然深刻清晰，彷彿前一天才發生一般。

阿奇・哈特（Archie Hart）曾在英國皇家海軍驅逐艦戴安娜號（HMS Diana）上服役，該艘船艦在澳洲外海的蒙特貝羅島核子試爆後僅僅三小時，就被命令駛入爆炸區域，目的相當明確，就是要盡可能吸收核汙染。哈特描述那些放射性落塵「像從天國輕柔降下的細雨，但它們一點都不溫柔，那是游離輻射。」他們沒有獲得任何像樣的防護裝備，只有一套用二戰時期發霉舊布料縫製的棉質「防閃光服裝」。他們被當成實驗用的白老鼠。

二〇〇八年，這艘船的船員提起一場法律訴訟，要求政府對他們罹患的疾病做出補償。船員之中許多人罹患癌症、罕見血液疾病、不孕、嬰兒夭折，誕下的新生兒也有嚴重先天畸形與健康疾患。[51]在接下來的數年間，哈特身上長出上百顆脂肪瘤（雖然是軟組織裡的良性腫瘤），有些大得跟網球一樣，他也在二〇〇二年罹患大腸癌。[52]二〇一二年，他的賠償申請最終被最高法院以證據不足為由駁回。為此，哈特對《沃靈頓衛報》（*Warrington Guardian*）表示：「其他國家都補償過退伍軍人，但吝嗇成性的英國政府做不到，真是太可恥了。」

儘管「白老鼠組織」成員的個人經歷令人震驚，但要有系統證實英國核子試爆造成的危害卻極其困難。多年來，針對接觸核輻射軍人與對照組進行比較的流行病學研究都顯示，兩組的罹癌率和致死率相差不大，或只有極小差異，令人難以分辨是否為統計數字隨機浮動。舉例來說，二〇二二年相關研究進行的第四輪分析指出，接觸到核輻射的退伍軍人死亡率高出二%，但其中主要差異來自於腦中風等心血管疾病，而目前沒有任何已知的生物學機制，能解釋接觸輻射跟中風風險之間的關聯。在整體癌症類別中，只有慢性骨髓性白血病在接觸到核輻射的軍人身上，出現明顯較高的罹患率。其他過去觀察到的趨勢長久下來則都無法證實，只被視為隨機因素。要從這些數據中汲取社會意義十分困難。核子落塵的風險本質上是隨機、細微且緩慢的，而且往往延遲數十年才出現。

然而，該研究仍肯定了「白老鼠組織」成員的經歷。那項研究指出，某些軍人群體，尤其是「最可能接觸過放射性同位素」的人罹患攝護腺癌、腦瘤與中樞神經系統腫瘤的比例也偏高。這些人是當年在戴安娜號上服役，航行穿越落塵雲霧的人，或者曾在澳洲南部馬拉靈加（Maralinga）一片塵土飛揚的沙漠參與核子試爆的人。他們同樣在呼吸或喝水時吸收到輻射微塵。[53]

當然，歸根究柢，灰塵本身並非不公義的源頭，而是讓人暴露在輻射落塵中的掌權者。因為掌權者的輕忽，讓一群年輕男子在不曾被告知的情況下成為白老鼠，不僅沒人發給他們監測劑量的佩章，他們的血檢與尿檢結果還「被遺失」。地理學家貝姬．亞歷克西斯—馬丁（Becky Alexis-Martin）就寫道：「人們對核武長期影響的不確定性，讓心理壓力與恐懼成為核武試驗持續存在的重大遺緒。」[54]人們不只是因為炸彈本身受到傷害，更是因為當權者漠視的態度，那才是真正對人性的背叛。

直到二〇二二年十一月，在英國首次執行核子試爆七十年後的「鈽禧年」（Plutonium Jubilee），英國核武試爆的退伍軍人總算獲得應有的承認。政府頒布給他們一枚「核子試爆動章」，表彰他們服役期間遭受的特殊創傷。然而，他們爭取實際補償的戰鬥仍在進行。

並非每一位受試爆影響的人都想伸張正義。對某些人來說，不確定性可能是一種仁慈。有時與其面對家人、伴侶或自己作為冷戰受害者事實，不如相信得癌症指示「不走運」。有些下風區成員會洋洋灑灑舉出家族中的癌症病史，以及不幸英年早逝的案例，卻仍說：「我們家從來沒有人因為核子試爆影響而死亡」。[55]也許把病因歸咎於不好的運氣，會比面對自己被政府當作可被犧牲的人更容易接受。

這種不確定性對未來具有啟示意義。計算人類因為全球暖化付出的代價，跟計算核子試爆造成死亡人數的方式相似，都是不帶感情地透過人口模型與對「額外死亡」人口的統計，梳理背後眾多的潛在成因。所謂「熱壓力」致死不僅單指熱衰竭，還包括讓心臟病、中風與呼吸困難等病症發生率提升。但究竟哪些數值需要測量評估？哪些被忽略、逃避或否認？如同槍枝暴力、藥物過量、吸菸等造成大規模死亡的事件一次次發生，在短短兩年內，美國就有超過一百萬人因為新冠肺炎喪生，卻如科學記者艾德・楊（Ed Yong）所說：「沒有激起應有的社會清算」。[56]如果這麼多死亡都能被合理化，只要歸因於高齡、地區性特例、共病因子或錯誤的個人選擇就好，那美國和其他進行核子試爆的國家當然能持續進行試驗，即便導致成千上萬人喪生也能全身而退。如果要等到試爆五十年後才會有人因此過世，那不會有任何電視媒體有興趣報導。

但人權學界早已強調，記憶是至關重要的事。社會學家艾米・索達洛（Amy Sodaro）寫道：「記憶對於理解過去的錯誤，進而避免暴力重現於未來是必要的……我們有道德義務記住。」[57]

見證核子時代造成的人命損失，能幫助我們更有力面對今日因為空氣汙染而死於塵埃的人。我們關注這件事，就是對核災的死者表達敬意。

——

人們很容易震懾於蕈狀雲的壯觀景象，但生活在蕈狀雲與輻射落塵陰影下的人，不是唯一受到核子時代影響的族群。從開採到成為廢棄物處理，現代社會的核能始終是一項骯髒、布滿塵埃的工程。

一九三九年，英國和法國對德國宣戰時，歐美各國官員很快意識到鈾的戰略重要性，誰手中掌握這種金屬，就能掌握核武和核能的終極力量。曼哈頓計畫開始祕密採購鈾礦，來源包括現今剛果民主共和國的欣克洛布威（Shinkolobwe）以及加拿大熊湖（Bear Lake）的礦場。同時，計畫組織人員也與美國聯合碳化物（Union Carbide）公司訂下合約，交給他們尋找新的鈾礦源的任務，目標是掌握世界上九〇%的鈾礦供應。

二戰結束後，曼哈頓計畫的任務被轉移到新成立的原子能委員會。原能會提出保證鈾礦價格與提供穩定市場的政策，引發美國西部上演一場「鈾礦熱朝」，特別是從新墨西哥州阿布奎基西北一帶延伸到亞利桑那州與猶他州邊界。那一帶主要是原住民族領地，包含拉古納．普偉布洛族（自稱為卡韋卡，K'awaika）、阿科馬．普偉布洛族（Acoma Pueblo，又稱為阿庫，Áak'u）與納瓦荷族（Navajo，又稱為迪內，Diné）的部落保留區。光是新墨西哥州的礦場就生產出美國將近一半的鈾礦。[58]

二〇二二年四月，我在拉古納．普偉布洛的環境主管格列哥里．霍霍拉（Gregory Jojola）陪同下前往造訪當地。那裡是核子時代眾多重要據點的核心，三位一體試爆場址位於該地東南方一百多公里處，研發核彈的洛斯阿拉莫斯實驗室則在相近距離的東北方。過去，由阿納康達礦產公司（Anaconda Minerals Company）經營的傑克派爾—帕瓜提礦場（Jackpile-Paguate mine），就在聖泰勒山起伏的山谷間，曾一度是世界上最大的露天礦場。聖泰勒山又名為啟必納（Tsibiina），是許多當地部落的聖地。

格列哥里和我在六十六號公路旁的一家小餐廳會合，之後開車沿著礦場繞行三十多公里。他帶我認識這座礦場對鄰近地貌與社群造成的深遠影響，也近距離觀察他與同事今日在進行的減災工作。

空氣中潛藏的危害不只來自鈾塵。當時新冠疫情對美國原住民社群也造成重大打擊。由於醫療系統資源不足、基礎建設落後與既有的健康不平等，原住民染疫住院的比例是美國國民整體平均的三・五倍。格列哥里和我各自開不同臺車，全程都不進入任何室內空間，即使在戶外也戴上口罩。對於這次出訪能夠成行，我已經萬分感激，因為有些保留區至今仍全面禁止居民以外的人進入。

我們開過一片半乾旱地帶，放眼望去都是暗黃棕褐的沙地，其中偶爾點綴零星深綠油亮的刺柏樹叢。之後，我們在路邊停下車，對面一條乾涸河床旁邊矗立著一座人造臺地。那個底部平坦的「山丘」，完全是由低純度鈾礦堆積而成。

「他們將這種礦稱為『礦胎』(protore)，」格列哥里解釋。有些礦石的金屬含量太低，不具商業開採價值，但也許未來有利可圖。「因此他們會先把純度較高的礦石堆在方便回收的地區，等哪天鈾礦價格漲了再來開挖。」

從一九五三年到一九八二年的三十年間，這座礦場總共採了四億噸岩石，其中有兩千五百萬噸的礦石經由鐵路運出，剩下的全堆置在三十二個廢棄廠與二十三座礦胎貯存場。這讓原本約十平方公里的土地變成由高原與陡坡組成的新地貌，其中分布三個從地表綻開的巨大傷疤，就是三座鈾礦礦坑。[59]

我們又開了幾分鐘車，突然礦坑映入眼簾，我這才明白這座礦場為什麼被命名為傑克派爾—帕瓜提礦場。原來整座帕瓜提村落就位於礦場正上方，村裡的房屋建於坡地上，俯瞰著南方與北方的礦坑，距離過去工人爆破開挖的地方不到半公里。有一段時間，採礦工程是一週七天、一天二十四小時不停進行。那不只撕裂了大地，也撕裂了拉古納人的社會結構。

桃樂絲・安・普爾利（Dorothy Ann Purley）在帕瓜提長大，那時村莊還是一個自給自足的務農聚落。一九九四年，普爾利在新墨西哥州一場環境會議上發表證詞，回憶過去每天中午與下午四點的爆破聲，「會讓房子震得搖搖晃晃，碗盤叮噹作響，玻璃杯從櫥櫃上掉下來。你可以感覺到腳下的大地在震動。」當爆炸距離家中房屋夠近，「你還能聽見岩石爆開後落地的巨響。更糟的是那股硫礦氣味。他們告訴我那只是炸藥，沒什麼好怕的，但那股氣味會在房子裡待上好幾小時都不散去。」[60]反覆的爆炸損毀居民的房屋，有些房子的牆壁傾斜、屋頂塌陷，普爾利家的地板還垮了。「假如我們一開始就知道那有多危險就好了。」她表示。

最初拉古納・普偉布洛十分歡迎礦場進駐。「他們跟我們說：這一切努力都是為了戰爭。」格列哥里・霍霍拉說：「這裡有很多打過二戰的老兵，很多部落長老都是退伍軍人。所以當政府派人上門，表示該為國家盡一份力時，大家二話不說就答應了。」

「而且，礦場還有錢可賺，」普爾利提到。礦場帶來就業機會，不只是臨時工，還是全年穩定的工作。「拉古納・普偉布洛一向以自給自足為榮。」眾人因此將礦場進駐當作改善生活的機會。

「當礦場開始全面運作後，生活看似非常美好。人們領著高薪、過著舒服的日子。」通常原住民工人只會領到標準工資的三分之二，但這對過去未進入正式薪資體系的人而言，已經是向前邁進一大步。[61]「幾乎每個人都買了新車。我們試著忽視土地被破壞的事實。」普爾利補充。

土地、家園、生活方式，部落的語言、文化甚至對時間的感知，都在礦場進駐後被徹底撕裂。拉古納族與納瓦荷族部落原運人士、同時擔任律師與法官的茱恩．羅倫佐（June Lorenzo）曾經描寫，由於男性工人每週帶錢回到家，家庭的權力結構開始改變。排班的工作也讓他們無法再參與傳統祭儀。為了讓阿納康達公司採礦與建造聯外道路，一些具有文化與精神意義的地標就這樣被「消除」了。[62]當然，礦場也奪走人們的健康。一九七〇年代，當地居民開始紛紛死於癌症。普爾利描述：「那就像一場瘟疫。」

在一九六九年之前，美國的鈾礦場幾乎沒有設下任何職業安全措施。工人沒有戴面罩或呼吸器，沒有測量暴露劑量的佩章劑量計，甚至沒有接受任何關於炸藥使用方法的訓練。礦坑裡缺乏充足的通風設施，因此無法排除礦塵或放射性氡氣。連砂岩中的二氧化矽土都會像玻璃一樣切割人們的肺，導致肺氣腫與矽肺病。過去在當地社區，癌症的病例罕見到醫學研究人員都納悶當地人是否對癌症免疫；如今，三四十歲的男人卻相繼罹患癌症與死去。

接觸到輻射的不只是男性。當礦工穿著骯髒的工作服回家，妻子將工作服與家人衣物一同清洗，她們的皮膚開始長出疹子。[63]礦塵也落在曝晒的肉乾與果乾表面，被人們吃下肚。「我們社區裡年輕人紛紛罹患白血病和腫瘤，」普爾利說道：「許多嬰兒一出生就有先天缺陷。」

當時，人們還不知道他們暴露在輻射中，甚至不知道輻射有什麼危險。在納瓦荷族與普偉布洛族的語言中，根本沒有「放射性」這個詞。採礦公司雖然跟礦場監工告知輻射的風險，卻下令監工不得通知礦工，或只發放英文資料，但大多數當地人根本讀不懂英文。一九五〇年代，美國公共衛生局其實一直在監測鈾礦礦工的健康狀況，但他們是透過採礦公司才取得研究對象資料，而採礦公司向他們下了封口令，因此自始至終，美國公共衛生局都沒有告知監測對象，他們生的病可能跟輻射有關。[64]

——

二〇二一年二月，強風再次將撒哈拉沙漠的沙塵吹往北方，籠罩南歐和中歐。侏羅山區的天色泛起鐵鏽般的橘，阿爾卑斯山滑雪勝地的雪道也覆上一層細沙。科學家採集樣本後發現，這些沙塵帶有內含銫－一三七放射性同位素，來自法國六十年前在阿爾及利亞進行的核子試爆。[65]西方核輻射管控協會（Association for Control of Radioactivity in the West）的報告指出，這些沙塵的輻射含量極低，大約為每平方公里八萬貝克（becquerel），數值還低於天然氡氣的平均輻射量，因此不會對歐洲居民造成實質健康威脅。但圖阿雷格裔法國學者瑪亞・泰莉特・哈瓦德（Maïa Tellit Hawad）反問：「那撒哈拉沙漠的居民呢？」[66]儘管輻射沙塵的劑量極小，這起事件的諷刺意味卻相當濃厚。如同西方核輻射管控協會的報告指出：「這場發生在遙遠地域的汙染，在核子試爆六十年後捲土重來，提醒我們撒哈拉沙漠地區長久經歷的輻射災害正是法國的責任。」殖民的過去如影隨形。

讓我們回到這些沙塵的源頭——阿爾及利亞南部。一九六〇年代，法國在阿爾及利亞總共進行兩百一十次核武試爆，其中前十七次就是在阿爾及利亞南部進行。[67]先前，我們已經了解鈾礦開採過程的混亂狀況，以及從核爆數小時到數天後的汙染情況。現在，我想更深入探討核爆長期的影響，以及法國未清理核爆場址、任由輻射汙染的沙粒隨風飄揚的極端失職行為。

法國是世界上第四個開始進行核子試爆的國家。他們試爆計畫的戰略意義濃厚，會模擬戰時情境，研究核彈作為武器的實際效果。法國首次試爆計畫的代號為「藍色跳鼠」（Gerboise bleue，為一種沙漠中出沒的嚙齒類物）。軍方將車輛、坦克和大砲停放在試爆場地周圍，測試核武攻擊如何影響軍事設備。在短短幾秒內，數十噸機械全數遭到輻射汙染，成為危險的輻射廢棄物。軍方甚至派出飛機進入蘑菇雲，讓飛機和飛行員也受到汙染。在第一輪試驗的四次試爆之中，核彈有三次是在數百公尺高的鋼塔上引爆。爆炸將塔體徹底粉碎，造成帶有高放射性的金屬碎片四處散落。有時，造成輻射汙染甚至是試爆目的之一。之後在代號為Augias與「花粉」（Pollen）的四十次試爆中，主事者則模擬鈽外洩造成的事故場景，以預測更大災難的後果，包含推想有多少土地將被汙染？輻射會擴散多遠？

核子試爆意外是另一種主要的環境汙染源。法國第二輪的核子試爆改在地下進行，地點是在阿爾及利亞南部的阿哈加爾高原（Ahaggar Mountains），一座花崗岩山脈內挖鑿的隧道。在舉行試爆幾週前，阿爾及利亞才從法國的殖民中獨立，但談判協議中保留讓法國繼續在他們的國土上進行核子試爆的權利。一九六二年五月一日，在「貝里爾」（Beryl）試爆中，原本用來封住核爆外洩的混凝土封塞嚴重失效。一道像噴槍般猛烈的火焰從隧道噴出，隨後一股黃棕色塵霧湧出。很快塵霧轉為不祥的黑色，並伴隨著熔岩與碎片般的火山渣。這些微粒和輻射塵埃湧升到離地表二．六公里的高度，產生的輻射落塵在好幾百公里外的下風處都還偵測得到。當時，有一群官員和士兵受邀前往現場觀看試爆，事後都急忙衝往淋浴間，試圖洗去輻射汙染。那時人也在現場的法國科學研究部（State for Scientific Research）部長加斯東．帕雷夫斯基（Gaston Palewski），在二十二年後死於血癌。雖然未能證實罹病的原因，但帕雷夫斯基確信核子試爆是疾病元凶。

至於現場軍人與附近阿爾及利亞居民受到的影響，則從未有公開文獻記載。二〇一三年，電工技師尚—克洛德·埃赫維厄（Jean-Claude Hervieux）向《德國之聲》（*Deutsche Welle*）的記者表示：「我們透過淋浴沖洗身體和衣服，但無法洗掉吸入跟吞下體內的輻射。」當他向政府索取自己的輻射接觸劑量檢驗報告時，拿到的報告結果看起來相當「詭異」，彷彿經過造假、充滿錯誤紀錄或已佚失。[68]紀錄片導演拉爾比·本席阿（Larbi Benchiha）和伊利莎白·勒芙黑（Elisabeth Leuvrey）指出，在貝里爾事故發生後，輻射落塵一路飄到六十公里外、位於塔曼拉塞特省（Tamanrasset）的麥爾圖特克村（Mertoutek）。[69]隨後有十七位村民突然死亡，至今村民仍飽受健康後遺症所苦。

核爆意外過後，被弄丟的資料不只包含健康紀錄。根據一些機密文件揭露，一九六七年法國國防部將核子試爆場歸還給阿爾及利亞時，疑似完全沒有記錄那些地點的輻射殘餘劑量。[70]法國當局從未好好善後清理兩個主要的試爆場，除了將含鈽廢棄物簡單埋入沙裡、封存在灌滿混凝土的金屬桶，還將大量廢棄金屬與淘汰設備棄置在原地，至今在地表仍清楚可見。不僅如此，殖民時期兩座管制的碉堡還半埋在沙中，受汙染最嚴重的爆炸中心區域更任由太陽照射、沙土被風捲起吹散。[71]正規的善後措施應該將表土全數鏟除、埋進深坑，並以瀝青封住地面。這項舉措雖然對環境傷害極大，但至少能壓制輻射塵土飄散。然而法屬阿爾及利亞完全沒進行上述任何措施。當地居民對相關風險毫無知悉，他們將廢金屬視為寶藏，紛紛跑去蒐集來蓋房子、架柵欄、打造鍋具甚至首飾，銅線則被高價賣出。

二〇二一年，阿爾及利亞的前任退伍軍人事務部部長塔耶布·齊圖尼（Tayeb Zitouni），批評法國

「拒絕交出可協助尋找尚未發現的放射性或化學汙染物的地形圖」。法國當局則回應：「已將現有地圖都交予阿爾及利亞。」但也許真相是，當初根本沒有人製作輻射汙染物埋藏地的地圖，這樣反而更方便埋沒這段有毒的歷史遺產，況且沒有清理行動，就不會有後續補償。如同齊圖尼譴責道：「法國從未主導試爆場址的清理行動，更不曾基於人道主義提供受害者任何補償。」[72]

「沙漠被視為一片**汪洋**，」二〇二〇年一份關於法國核廢料的報告寫道：「它是如此空曠荒蕪，不管你隨意丟棄什麼東西進去，它們都只會沉入幽深、無聲無息的空間，遭到徹底遺忘。」[73]

人們之所以選擇沙漠為核子試爆場址，是因為沙漠「空無一物」。這個描述乍看之下合理，其實大錯特錯。沙漠並非空無一物，儘管沙漠人煙稀少，但事實上是殖民體系「隱蔽」沙漠中生活與遷徙的人民，將他們視為不值得平等對待的人類，才會有沙漠空無一物的說法。

早在十七、十八世紀，殖民者就利用某種自然法則的邏輯合理化對各處土地的所有權，主張凡是「無主物」就能由「先來者」占為己有。他們並不真的認為美洲、澳洲與非洲的內陸土地杳無人煙，而是認為那些地區是「無主之地」（*res nullius*），不屬於任何人。[74]

在殖民者的歐洲法律觀念中，土地權利需要透過使用取得，也就是定居、建築和耕種。但十九世紀的早期人類學以「原始」形容原住民，指稱他們剛脫離自然狀態，採取的游牧狩獵採集生活方式，不足以證明他們具有合法使用土地的所有權。同時，原住民本身也不會將土地視為可買賣的財產，因此最初殖民者就宣稱可任意占領原住民土地。這種思維一直延續到殖民末期，在英、法的核子試爆行動甚至至今日仍可窺見其遺緒。

瑪亞．哈瓦德曾描述撒哈拉沙漠如何被「建構」成一個可征服、開發與控制的邊陲地帶。二十世紀以降，沙漠的邊緣化處境並非其自然地貌造成，而是受到殖民剝奪的現代性產物。其中，沙塵的存在能讓我們更清楚看見這段歷史。如同哈瓦德寫道：「這場重返歐洲的**紅色旋風**，提醒人們掠奪性資本主義數百年來希望人們遺忘的事實：在大環境尺度下，世界各地已無可避免地互相交織在一起。」[75]

—

二〇二二年五月，我與新墨西哥州環境法律中心的執行主任維吉尼亞．奈可切亞（Virginia Necochea）和律師艾瑞克．揚茲（Eric Jantz）對談，深入探討核子落塵作為一種環境不正義的議題。他們毫不保留地表達看法。

「儘管每個人都會受到灰塵的影響，但不同社群承受的環境衝擊並不相等，」奈可切亞說道：「這不是隨機的，而是一個刻意安排的決策過程，例如將某些產業場址設置在特定社群中。新墨西哥州就是一個持續運作至今的經典案例。」

鈾礦含量最豐富的地方剛好在原住民保留地，這也許真的是地理上的巧合，但是這些礦場沒有被好好善後則絕非偶然。

揚茲指出：「這些採礦活動所在地的附近社區，多數居民都是非裔與原住民等有色人種，社區資源極為匱乏，所以他們缺乏能有效施壓的政治動員力，要求善後清理的訴求也很難獲得實質回應。你看看猶他州摩押城（Moab）的阿特拉斯（Atlas）礦渣貯存場，或者杜蘭戈（Durango）礦坑的案例，那兩座礦場都在以富裕白人為主要居民的社區附近，抗爭者就拿到豐碩的補償金。但在納瓦荷族領地的希普羅克鎮（Shiprock）、教堂岩（Church Rock）與圖巴市（Tuba City）等地，居民獲得的補償金就沒那麼優渥了。」

幾十年來，原住民社區一直在努力抗爭，試圖阻止原住民保留區成為美國核廢料的最終棄置地。儘管部落主權讓他們的土地不受州法律與許多環境法規約束，但他們也極為貧困。有鑑於此，聯邦政府或私人企業向這些有三分之一人口生活在貧窮線下的社區提供數百萬美元，這種不平等的經濟關係，讓所謂的「補償」更像是「脅迫」。要拒絕這項誘惑很不容易，但有愈來愈多的部落開始勇敢地說不。二○○七年，猶他州骷髏谷（Skull Valley）的果須特族（Goshute）便拒絕州政府將用過的核能燃料存在他們土地上的提議；長達數十年時間，內華達州的西秀修尼人也反對將亞卡山（Yucca Mountain）作為核廢料長期地下處置場。儘管對抗「核能殖民主義」可能會帶來經濟損失，但許多部落族人表示相較於犧牲土地、讓土地數千年來都無法使用，這種代價還是更能忍受。他們已經犧牲太多，如今已經到了修復的時候。

在今日，傑克派爾—帕瓜提礦場已關閉已久，但拉古納·普韋布洛的族人依舊對那裡產生的沙塵滿

懷憂慮。

過了四十年後，那座礦場如今已被美國國家環境保護局（Environmental Protection Agency，簡稱為EPA）列入「超級基金」的名單，作為國家優先清理的汙染場址，這意味著那裡是全美最嚴重的一千三百個環境汙染區之一。一九八〇年代，當地初步的整治工程，是嘗試透過改造地貌來保護環境，但由於地面坡度太陡峭，廢棄土堆表面因為雨水而布滿一道道溝痕，讓低純度鈾礦被沖刷到下游河中，進入整個河川流域。我們去到帕瓜提河（Rio Paguate）岸邊，聽格列哥里．霍霍拉描述當初環境保護局如何用伽馬射線偵測儀器進行測量，以監控當地現今的輻射量。「這一片區域就是熱區，」霍霍拉一邊說一邊指著遠方：「那裡那座山丘，熱區！那片山坡，熱區！」當地牧場協會還會在當地放牧牛隻。「牠們倒沒有突然暴斃或怎麼樣！」他補充道：「看起來挺健康的。牛很耐操。」但這片土地真的適合放牧嗎？這是人們最需要知道的事。

「大家都很擔心輻射殘留造成的健康風險，」格列哥里補充。這些焦慮一部分源自人們所能掌握的資訊極少。不論是在運作期間或是關閉了幾十年後，礦場都缺乏環境監測，「人們因此擔心呼吸時吸進什麼。」他們也擔心水源，不管是民生用水或是農業畜牧業用水。除此之外，他們也對持續至今的健康問題感到憂慮：「從來沒有人進行過全面的公衛研究。很多礦工年紀大了，有些人得了癌症、有些人腎臟或肺出狀況，但很難確定是否與礦場有關。」這再次反映核廢料特殊的暴力本質，它讓人們永遠無法知道自己的死因。

「有些年長者甚至寧願不要知道，」格列哥里表示：「他們會說：『我們一輩子都住在這裡，在這裡長大，也會在這裡死去，別告訴我們這些！』但我真的很想教育年輕一代的人，因為未來是屬於他們的，他們有權利知道答案。」

拉古納．普偉布洛的環保部門正在跟新墨西哥大學的一個團隊合作，嘗試回答這些問題。該校的「金屬超級基金研究計畫」（METALS Superfund Research Program），便是在研究鈾礦放射物質對美國西南部原住民的影響。我在為這本書取材過程，遇到很多聰明絕頂的科學家，但「金屬超級基金研究計畫」團隊是我見過最令人敬佩的一群人，他們盡心盡力改善在地社群的健康與安全。在阿布奎基一棟外觀平凡的平房裡，七十多歲、頂著一頭紅短髮的堅強女性強妮．路易斯（Johnnye Lewis）建立了一個「一條龍廠房設施」，致力於找出核汙染社區在傳統領域過上更安全生活的途徑。

核汙染的風險確實十分驚人。二〇一五年，「金屬超級基金研究計畫」團隊執行的「納瓦荷族出生世代研究」（Navajo Birth Cohort Study）指出，八十五％的納瓦荷族家庭中的灰塵都含有鈾與其他毒性金屬，例如砷、錳和鉛。[76]這些物質同樣具有塵埃的特性，很容易進入人體。在實驗中，所有受試的嬰兒一出生體內就含有鈾，隨著他們開始四處爬行、蹣跚學步探索世界，他們體內的鈾含量也逐步升高。在針對七百名母親與兩百名新生兒的尿液檢測中，研究者發現每五人中就有一人體內的鈾含量高於全國九十五％人口。但由於過去幾乎沒有相關類型的公衛研究，研究者無法證實接觸鈾輻射的風險有多高，也無從得知哪種接觸途徑風險最大，是空氣、水、食物、室內或室外環境？誠然，我們已確定鈾礦廢棄物會造成健康危害，這反映在納瓦荷族社區出現的高比例病症，包含癌症、肺氣腫、腎臟病與某些兒童罕見發展性疾病（例如「納瓦荷神經病變」）等，但仍無從得知鈾在體內的致病機制。

接下來幾年中，來自醫療科學、化學、工程、地理與人類學等領域的研究人員組成團隊，開始建構出一幅從頭到尾較完整的圖像，說明鈾礦開採對當地人與環境的影響，並提出減緩風險的方法。

其中，研究員林彥（Yan Lin）運用地理資訊科學技術，繪製廢棄鈾礦的汙染風險地圖，計算輻射經由風力、河流與地下水搬運在各地造成的暴露風險程度。[77]接著，化學家梅莉莎・恭札雷斯（Melissa Gonzales）分析被搬運顆粒的尺寸與礦物組成，將上述地理資訊轉譯為各社區的暴露劑量與承受毒性的風險。[78]數十名修習田野研究課程的學生實地參與水井中的鈾含量檢測，他們之中有不少人正是來自普偉布洛與納瓦荷社區。為了瞭解這些鈾如何影響身體，凱薩琳・齊巧斯基（Katherine Zychowski）將具有代表性的灰塵樣本注射進小鼠身上，試圖找出實際的生理損傷路徑，結果發現鈾的主要傷害性並非來自放射性物質，而是其作為重金屬會替代掉體內的鋅，進而干擾蛋白質功能。因應這項結果，黛博拉・麥肯錫（Debra MacKenzie）進行一項臨床試驗，嘗試透過補充鋅作為暴露防護措施。[79]同時，工程師荷西・瑟拉托（José Cerrato）也研究是否能利用當地豐富的石灰岩將重金屬固定下來，避免鈾汙染當地水源。而艾里安・艾爾・哈耶克（Eliane El Hayek）則研究生物修復方法，尋找可以生長在毒廢棄堆上，將鈾牢牢固定在地底的植物。

這才是真正的解殖科學，這些研究不只是在學術會議開場時，形式性地向土地致敬（雖然研究團隊也會做這件事），更是每天實際面對汙染問題，將在地居民的需求作為優先事項進行研究工作。對此，強妮解釋「金屬超級基金研究計畫」的動機：「當時有二十個納瓦荷族社區詢問我們能否一起合作，因為他們看到第一批環境正義補助金開始釋出，而希望回答有關鈾輻射暴露的疑問。那是一切的起點。」

如今，這間中心聘請社區參與主任克里斯・舒韋（Chris Shuey）與駐地藝術家瑪洛莉・奎塔基（Mallery Quetawki），確保這項研究能回應社區的問題，並帶來實際、具體的社會效益。

克里斯解釋道：「我們在拉古納地區進行的研究工作之一，是回應關於水井的疑慮。如果人們在帕瓜提村附近種植作物，作物會吸收到汙染物嗎？在那些地方耕種安全嗎？我們初步檢測當地植物與土壤結果，顯示情況似乎不算太糟，因為農地在礦場區的上游。」

當新冠病毒侵襲保留區時，瑪洛莉親手作畫，解釋RNA疫苗的運作原理，並用熟悉的原住民符號與隱喻，幫助人們理解這項新技術，讓他們安心接種疫苗。研究團隊也將井水監測資料回報給附近居民，並有計畫設置空氣品質警報系統，好讓人們在風大、沙塵飄散的日子戴上口罩與留在室內。

儘管一切措施仍只是減輕危害，而非解決問題，如同科學家無法將鈾變安全，或讓鈾礦憑空不見。但如同黛博拉・麥肯錫所說：「透過橫向思考，我們找出能夠改變的事情，這比把廢料搬走或封鎖整個州帶來更大影響力。」

我承認有時確實會懷疑美國，乃至於全世界的核汙染問題是否太大、太難以解決。是否從礦場、提煉廠、武器試爆場到長期貯存廢棄物的設施，整條產業鏈的汙染問題根本龐大到無法解決？目前為止，美國環境保護局已在全國各地識別出超過一萬五千個與鈾汙染相關的地點。其中許多小規模的場址相對容易改善，只需要花幾萬美元就能封閉礦坑入口，並將仍具有放射性的礦石與廢棄物移到地下，或用岩石與表土掩埋，再進行復育以防止大規模侵蝕。[80]然而，像傑克派爾－帕瓜提礦場一樣大的場址，整治經費則高昂許多。整體而言可能需要數花費數十億美元。

對此，我詢問新墨西哥州環境法務中心的團隊：這真的能做到嗎？

然而，他們與我不同，絲毫不抱持懷疑。「這種感覺無能為力的情緒，其實正是政府與企業用來維持現狀的伎倆之一。」艾瑞克・揚茲回答道：「坦白說，所謂財政經費不足這種說法，根本是一派胡言。舉例來說，在紅水池塘路（Red Water Pond Toad）這個案例中，汙染者是奇異公司（General Electric Company，簡稱為GE），他們的資金可說是源源不絕。」（奇異公司在二〇二一年的營收為七百四十億美元。）「即便假設造成汙染的私人企業都不願協助，如果我們只拿出美國年度國防預算的〇・五%（二〇二一年為八千〇一億美元），還是能很有效解決這個問題。」揚茲的說法確實很有說服力。

在第四章中，我們探討了灰塵、清潔與種族之間的關係。而在本章，我們更清楚看見塵埃作為殖民與暴力的媒介。核武試爆將世界一分為二，其中一半的人從採礦、引爆到善後，得承受核武每個階段骯髒蒙塵的後果。另一半的人，則有能力將一切問題運送到世界另外一端，讓它們徹底隱形。[81]

這讓我想起我的哲學家與編輯好友羅賓・詹姆斯（Robin James）所說的話：「『誰在善後』其實比『誰在統治』這個問題來得更重要。」[82]只要有心，各國都有能力收拾好自己製造出的輻射性垃圾。無論是美國之於西南部的原住民保留區與馬紹爾群島，或英國之於澳洲內陸。過去英國由於不把原住民當作「人」看，而將原住民領地視為「空曠無人煙」的地區。除此之外，諸如俄國對哈薩克的游牧民族，法國對舊殖民地阿爾及利亞，或者中國對主要居住維吾爾族的西部省分，詹姆斯提出的觀點都同樣適用。但要做到這些，我們必須重新調整自身視角，不再將沙漠視為荒蕪之地，也不再認為偏遠地帶必定無人居住。要達到這點，我們需要徹底轉變人類整體的經濟與政治思維，不再將空氣、水和土壤視為可忽略不計的「外部成本」，而是承認它們作為不可取代、無比珍貴的事物。我們每一個人也都必須學習原住民族理解土地的方式，那就是土地不是用來剝削的財產，而是人類生存不可或缺的基礎。

我們永遠無法讓核汙染的地景回復到從前的樣子，原子彈作為現代性的代表性標誌，是一段無法抹去的歷史行跡。然而，我們可以對它們所遺留下的殘骸負起更深責任，將當下的世界照顧得更好。

第七章 冰封的歷史

格陵蘭，這個當地人稱作「因紐特人的土地」（Kalaallit Nunaat）的地方，乍看之下彷彿是一個位於虛無邊陲的國度。據說，住在最北端的因紐特人（Inughuit）曾相信他們是世界上僅存的人類。[1]格陵蘭作為地球上最大的島嶼，全島只有約五萬六千人，他們散居在少數幾個城鎮和六十多個小村落。這些小村落位於峽灣切割而成的崎嶇海岸線，宜居土地極其狹窄。四千五百年前，格陵蘭首次有人類定居，從那時起這片土地便仰賴海洋而生。海洋既是道路，也是糧倉、神話與經濟命脈。在公元九八四年左右的中世紀暖期，維京人首先沿著大西洋航線而來，接著是捕鯨船，再後來是丹麥殖民者。在這片冰雪大地與在地球另一端最乾燥的沙漠一樣，水就是生命，水就是整個世界。

然而，格陵蘭的中心地帶並非水，而是冰。這座位於島中央的冰蓋面積達一百七十萬平方公里，僅次於南極。冰蓋地區沒有任何動植物，更沒有人類，但根據因紐特人的傳說，那裡住著狗頭人身的怪獸*erqigdlit*。過去，這種怪獸被流放到此處，萬一有人闖進牠們的地盤，便會遭到猛烈攻擊。這個傳說可能是用來警告孩子不要離家太遠。[2]但唯一會造訪此地的人都是短暫的訪客，可能是偶爾迷途的北極熊、遠道而來的風箏滑雪隊伍，或幾個如同太空站般孤立的科學觀測營地。

在本章中，我們將一起前往這座冰蓋探險。我將跟你訴說這座島如何封存全人類歷史，甚至是超越歷史的故事，而冰封的塵埃就是幫助我們理解過去氣候變遷、預測未來變化的關鍵。不過塵埃不只是一種測量工具，它本身就是氣候變遷的主要推手之一。根據最新科學研究指出，未來幾世紀，冰蓋上的塵埃將對地球造成深遠影響，因為它們加速冰層融化，進而引發洪水。

透過這些最微小的使者，現代性已滲入世界每個角落。

——

一般來說，從倫敦搭機飛往舊金山或西雅圖，航班都會穿越格陵蘭上空。如果天氣許可（雖然常常天公不作美），你將有機會一睹格陵蘭的面貌。首先映入眼簾的，是零碎的海岸浮冰散落在深藍海面，那碎裂複雜的形狀令人著迷；接著，飛機飛越沿海山脈，你會看見冰河流入峽灣與海岸時刻劃出的緩和流線。然後，你就會看到冰蓋本體。

乍看之下，冰蓋或許是一片耀眼的白色，反映出它作為一片潔淨、荒蕪而了無生機的異地。但事實並非如此，如果你仔細看，會發現冰蓋上有其他色彩，例如鈷藍色。這種顏色可能來自表層雪融化的冰河湖，或當一種名為piteraq的狂風以每小時一百六十公里以上的速度吹走表層雪時，下方壓縮沉積的古老冰層呈現的顏色（在格陵蘭語中，piteraq的意思為「攻擊你的事物」）。

雪有時也可能是粉紅色。一八一八年，一支英國探險隊前往格陵蘭，探勘往太平洋的西北航道。這支由船長約翰・羅斯（John Ross）率領的團隊，在巴芬灣（Baffin Bay）的約克角附近發現「暗紅色的雪」

在冰上劃下深淺不一的色條，有些則聚集於冰洞中，深紅的色澤有如波特酒。[3]他們採集了樣本帶回英國，一開始認為紅雪的成因是隕石碎片的氧化鐵，後來透過顯微鏡，才發現真正的始作俑者是名為「極地雪藻」（*Chlamydomonas nivalis*）的藻類。這種藻類為了保護自身細胞免於強光破壞，本身帶有豐富的紅色類胡蘿蔔素。有時，極地雪藻形成的紅色雪地也會被稱為「西瓜雪」，據說雪本身也帶有微甜氣味。但千萬不要吃它，這種藻類其實是天然瀉藥。

有時，冰蓋也可能因為塵埃而呈現棕色或黑色。事實上，藻類也是隨著塵埃來到格陵蘭，這部分在下一章將更詳細探討。格陵蘭位於世界的穹頂，同樣是全球物質循環重要的一站，這裡收集來自世界各地的塵埃，從塔克拉瑪干沙漠與戈壁沙漠的風沙，到中歐和東歐肥沃的沉積黃土顆粒；甚至有十分之一的塵埃來自環太平洋地震帶火山活動，是由碎石和玻璃質碎片組成的火山噴發碎屑（tephra）。

另一種落在冰蓋上的特別灰塵名為冰粉（cryoconite），它的名稱來自希臘語 kryos（寒冷）和 konis（塵埃）。第一個觀測且命名冰粉的西方人，是一名極地探險家尼爾斯・阿道夫・艾瑞克・諾登舍爾德（Nils A. E. Nordenskiöld），他在一八七〇年發現一根幾十公分長、直徑約十多公分的「圓筒型冰柱」，在冰柱底層沉積了「奇特的粉末」。[4]這些深色的顆粒吸收更多太陽熱能，因而融化周圍冰層，形成他所看見的洞。諾登舍爾德對這些冰粉沒什麼好感，因為它們讓地表變得崎嶇難行，影響穿越格陵蘭冰蓋的行程。諾登舍爾德與另一名斯堪地那維亞探險家兼科學家弗里喬夫・南森（Fritjof Nansen）都曾研究冰粉顆粒的組成，以及冰蓋坑洞上「骯髒、灰白甚至褐色」塵粒的成分。他們想瞭解當中的奧祕，並發現這些物質中不僅有礦物成分（例如石英、長石和普通輝石），還有生物成分（細菌與藻類）。[5]

一百年後，格陵蘭的科學團隊又有一項驚人發現：他們發覺冰粉不僅是由地球沉積物組成，每公斤的冰粉還有約兩百顆星際碎屑與八百顆「宇宙塵埃」（cosmic spherules），這些微流星體（micrometeoroids），是微小的隕石從寒冷太空墜入地球大氣層時，摩擦融化產生的碎屑。科學家因此從這個研究得出結論：「沉積在格陵蘭冰蓋的大量冰粉，可說是目前地球上最豐富、保存最完整的宇宙塵埃礦床。」[6]這種宇宙塵埃大多是從太陽系內彗星與小行星的擦撞生成，或許你有機會在「黃道光」（zodiacal light）中看見它們。所謂的黃道光，是當太陽透過其黃道面上塵埃裡的硅酸鹽結晶散射，形成類似晨曦的微弱光線，不過黃道光上的塵埃不只散射陽光，同時也散射來自其他遙遠恆星星系的光。能在冰蓋的裂縫與坑洞裡找到外星碎屑是多麼不可思議的事，這還不是我們唯一可以從冰粉裡發現的世界奇觀，日本科學家甚至從南極冰蓋的樣本中解凍出一種緩步動物，就是後來大受網路鄉民喜愛的「水熊蟲」（tardigrades），或稱「蘚苔小豬」，這種只能透過顯微鏡觀察的生物，實際尺寸不到一毫米，牠們在被日本科學家發現之前已在樣本中冷凍了三十年。上述提及在融冰裡的宇宙塵埃，都保留最初從太空墜入地球時部分大氣層的化學成分；而像水熊蟲一般能忍受極端環境的微生物，則暗示在截然不同的星球、大氣層中或許存有其他生命樣貌。[7]從這些物質與生物痕跡，我們將意識到看似空無一物的地方，其實都是一種微觀的生態系，就連冰也是有生命的。但冰也可能是骯髒的，甚至汙穢不堪。

格陵蘭冰蓋的西邊被稱為「暗區」（Dark Zone）。二〇一三年與二〇一四年，冰川學家強尼・萊恩（Jonathan Ryan）與傑森・巴克斯（Jason Box）在他們的群眾募資科學研究計畫「黑雪計畫」（Dark Snow Project）中，分享該地區骯髒又令人不安的空拍照片。[8]影像中，整片冰蓋看起來就像被犁過的田地，上面滿是坑坑疤疤的深土色裸露痕跡，一路向地平線延伸好幾公里。在一些照片中，冰蓋龜裂成塊狀，有如乾涸的河床，被更淺色的裂縫劃分開來，融水順著裂縫流入冰層深處。在另一張照片中，可以看到一隻展開的「象腳狀」冰川延伸到海洋，冰川上布滿塵土覆蓋的條紋。這些景象令人感到不安，且具有強烈警示意味：一定有什麼地方出了問題，冰蓋顏色不可能那麼黑。

「我當時真的震驚不已。」二〇一四年巴克斯接受時政評論雜誌《頁岩》（*Slate*）訪問時表示。[9] 巴克斯分析美國太空總署的MODIS衛星資料，[*] 結果發現當年高緯度地區森林大火的火勢比過往更猛烈，北方針葉林的燃燒速度達到前所未有的程度。他認為這件事與冰蓋暗區脫離不了關係，因為吹往格陵蘭的風會夾帶西伯利亞與加拿大西北部森林大火產生的灰燼與煤灰，黑雪計畫就是要瞭解在格陵蘭冰蓋上發現的灰塵，有多少比例來自森林大火，又有多少比例來自其他來源，例如隨風吹來的礦塵和工廠排放汙染物。黑雪造成的環境問題，就是它會干擾全球氣候回饋機制裡的一項關鍵要素，也就是反照率（albedo）。

反照率是對光線反射能力的測量，會以百分率呈現反射度數值，從〇％（所有光線都被吸收）到一百％（所有光線都被反射）不等。剛落下的新雪反照率極高，可達九十％，這也解釋會什麼新雪看起

---

* MODIS為Moderate Resolution Imaging Spectroradiometer的縮寫，譯為「中級解析度成像分光輻射度計」，是指美國太空總署研發的太空遙測儀器，可接收可見光到紅外波段的光譜數據，進而提供雲層變化、地表輻射能量變化、分析大氣氣溶膠的含量、空氣品質的監測、海洋水色分析、潮流與漁汛調查等等多樣資料。

來明亮潔白，因為大部分光線都會被反射回去，正如氣候科學家馬可・泰德斯科（Marco Tedesco）在他的回憶錄《冰：消失中的大陸》（*Ice: Tales from a Disappearing Continent*）中提到：「當天氣晴朗時，直視太陽和新雪實際上是差不多的體驗。」[10]因此在從事冰蓋研究時，冰川護目鏡（極暗的包覆式太陽眼鏡）是必要的裝備。

由於新雪反射力強，能將太陽的輻射能量反彈回去，地表因而能保持低溫，有利於更多新雪持續累積。這是一種的「良性循環」，亦即一種正向、能自我強化的回饋迴路。當降雪愈多，反射的陽光愈多，氣溫也愈低，不易造成融雪。如此一來，大地得以周而復始地保持低溫。但同時反向的回饋機制同樣存在。當顏色愈黑也愈髒的裸冰吸收愈多太陽能，地表溫度會隨之增加，剛降下的新雪也更容易融化，不易形成穩定積雪。此時地表裸露的深色區域將持續吸收太陽能，引發溫度上升。

反照率的原理本身簡單明瞭，但實際上它會不斷累積，有如層層堆疊的回饋迴路，形成一個更複雜、彼此交錯的網絡。可以說回饋機制的影響就像循環利息般持續放大，冰蓋的暖化與融雪現象不斷加劇，所有與冰蓋相關的地球生態系統也被步步推向高風險的臨界點，走向無法挽回的崩潰邊緣。

當我們細數讓冰蓋暖化的種種成因，就會發現灰塵從不缺席。

我們先從微小尺度開始說起。每年在北極圈夏季日光曝曬下，雪地變得愈來愈溫暖、新雪也逐漸變少。這使得雪中的冰晶顆粒變得更大、更尖銳，在視覺上也愈粗糙。因此它們反射陽光的能力比剛降下的新雪低，顏色也會變得更暗。這些較暗的雪會吸收更多陽光，讓地表進一步升溫，這是第一種回饋機制。

當冬天積雪融化後，底下較暗的多年冰層裸露出來，使得地面反照率剩下三十%到六十%，地表因此吸收更多太陽能進而升溫。[11]這是第二種回饋機制。

與此同時，冰川在千百萬年的推移中不斷研磨下方岩石，產生被科學家稱之為冰川岩粉（glacial flour）的大量細緻沉澱物。[12]這些微粒被強風捲起，吹往四周與更遠地方，沿途還伴隨來自非洲與亞洲沙漠、隨著地球高速氣流（jet stream）遊走的沙塵，最終落在冰蓋上形成一層塵土。塵土中同時包含冰島火山的火山灰與噴發碎屑，還有來自柴油引擎、燒柴火爐與森林大火產生的煙灰，這些物質都是最能吸收光與熱的黑碳。受到塵土覆蓋的冰蓋，反照率進一步降低，甚至降到只有二十%，冰層吸收光線因而達到反射量四倍。[13]

這些塵埃也有自己的回饋循環。法國國家氣象研究中心的科學家瑪莉．杜孟（Marie Dumont）就指出：「現在極圈的季節性積雪消退時間一年比一年早，早春時節就會有裸露土壤釋出塵土。」[14]當風吹塵更早落在冰蓋上，融冰時間也會跟著提早。而氣候變化也連帶致使地表升溫、裸露岩層更乾燥，攜帶沙塵的風也更強勁。這些條件都促使更多塵土被帶到冰上。[15]杜孟與她的團隊利用衛星遙測資料，建立一整個格陵蘭冰蓋表面的模擬模型，發現只要新雪反照率減少一%，每年冰蓋就會多減少二十七立方公里的冰，除了讓融冰速度加倍，也讓內陸冰川加速消融與產生更多裸露地表。[16]這便是第三種回饋機制。

接下來，氣溫不斷升高導致液態水增加，藻類便更容易生長。同時，不斷累積的塵土也提供藻類更多營養來源。「當塵土含量上升，微生物數量也可能隨之增加。」杜孟接受《氣候前線》（*ClimateWire*）雜誌訪談時說道。近期研究指出，藻類會以岩石釋放的磷為營養來源，這又形成另一種正回饋機制：裸露岩層產生的塵土會刺激藻類生長，進一步加深冰蓋表面顏色，使其吸收更多熱能而融化，接著就會有更多岩石暴露。這是第四種回饋機制。雖然像是藻類這種微生物需要靠顯微鏡才能觀察，但它們數量一多，對環境變遷就發揮關鍵的影響力。在格陵蘭冰蓋地區，有高達十三%的融冰都肇因於這些藻類。[17]這種現象反映乍看空無一物的白靄冰蓋，其實是一個生氣蓬勃且瞬息萬變的生態系，每平方公尺都蘊含數億顆活細胞。可見即便是在地球最嚴峻的環境中，生命仍會找到自己的出路。而看似最無趣、最靜默的塵土，竟然是這些微生物最仰賴的物質，在生態系中扮演獨特且重要的角色。

若上述種種現象不會為全球氣候帶來如此嚴重的影響，那它們本身可說相當美麗，例如冰層上浮現深紅、橙黃、翠綠的色彩，其中來源之一是一種名為「極地雪藻」的藻類。但是回過頭來看，冰蓋上不斷加劇的惡性循環，確實造成氣候變遷加劇。

二〇一二年七月十日到十一日，格陵蘭冰蓋發生一場史無前例的事件。有高達九十七%的表面冰層都在融化，融冰範圍一路延伸到海拔三千兩百公尺高的頂峰，甚至在距離北極只有數百公里的北緯八十度處也出現融化現象。[18]在地理學中，冰蓋的基本特徵為「結凍」，但這兩天內格陵蘭的冰蓋並不符合這項特徵。當時，一股大氣層中的高壓脊將溫暖的大西洋空氣帶到格陵蘭；*同年夏天，西伯利亞與北美洲森林大火產生的煤灰也讓冰層變暗、加劇融冰。

現今，我們每年都能看到類似情況。隨著氣溫上升，每年北美西岸發生的森林大火日益嚴重。日本名古屋大學的科學家佐藤陽祐與其團隊便指出，目前的氣候模型低估「北極圈空氣的汙染程度」四倍之多，這將對全球暖化產生「深遠衝擊」。[19]一些科學家也認同煤灰是在氣候變遷中令人擔憂的問題來源。

氣候學者凱特琳・基根（Kaitlin M. Keegan）就發現，黑碳不僅是二〇一二年格陵蘭融冰事件的元凶，更早在一八八九年就造成格陵蘭前一次大規模融冰。[20]她的團隊還發現另一個負回饋循環：當融化的流水重新結冰時，會形成較深色的冰層，使得反照率下降，冰蓋更容易再次融化。

目前我已整理出五種回饋機制，現實中也許有更多影響融冰與氣溫變化的循環，其中可能包含礦物塵、碳、微生物與積雪顏色深淺等不同因素間無窮的交互作用，但我們沒辦法一一驗證。而這些回饋機制，都讓冰蓋表面的融冰水池持續變大，呈現出耀眼又駭人的湛藍色，直到某個時刻積水忽然崩潰，水流從原先的涓涓細流變成急流，湧入冰蓋中的冰臼（moulins）。冰臼是通往冰層底部的垂直井洞，如同天然滑雪道般蜿蜒深入冰層。當這種井洞將水一路送到底層，冰蓋內部會開始融化，在融冰水的潤滑作用下，冰川的移動速度也隨之加速，更快流入海洋。

本世紀最棘手的問題之一，是格陵蘭與北極地區究竟會有多少冰融化。而塵埃是關鍵的變因。地球系統模擬科學家尼可拉斯・布爾斯（Niklas Boers）和馬丁・雷普達爾（Martin Rypdal）曾指出，格陵蘭冰蓋正接近環境系統的臨界點。隨著冰層融化、冰蓋高度下降，暴露在低海拔空氣中的冰層

* 高壓脊（A ridge of high pressure）為高氣壓的延伸，在等壓線圖上呈現脊狀。高壓脊內常有下沉氣流，因而呈顯出晴朗天氣。

融化速度將進一步加快。在二一〇〇年的未來，地球的海平面可能上升三十公分到一．一公尺，其中有四十二公分的上升幅度可能是由冰蓋融化造成。[21]不過海平面上升的主因不是冰蓋融化，而是物質的熱脹冷縮。當水溫愈高，水分子間的動能愈大，水占據的空間就愈多。對此，有科學家主張一切都還未成定局，因為這個過程可能需要幾百年時間（整個格陵蘭冰蓋要融掉則需耗時一千年），只要企業、政府與全球高碳消費者盡快改變以化石燃料為主、嚴重影響氣候的碳排放活動，就能保留更多冰層。布爾斯和雷普達爾也認為，在未來好幾世代，地球或許會進入一段保留較少冰蓋的穩定時期。

但即使在最樂觀的預測中，我們仍無法忽視格陵蘭融冰對全世界海岸線與人類文明的重塑。在過去，我們靠著水道建立城市聚落。當海平面上升，人類將被迫往內陸撤退，現今的曼哈頓下城將被洪水淹沒、地勢低的邁阿密難逃一劫，太平洋島國如吉里巴斯（Kiribati）可能得集體遷徙到紐西蘭，或被迫四散在全球各地，成為數億名氣候難民的其中一員。在此同時，從冰蓋融化的大量淡水也可能擾亂海洋暖流的循環（如墨西哥灣暖流），[22]讓原先鹽分相當高的高緯度海水密度變大往下沉，進而產生溫鹽環流（thermohaline circulation），使得來自熱帶地區的溫暖表層洋流，流向歐洲大西洋沿岸。根據統計，截至目前為止，每年有約兩千六百八十億公噸的融冰水流入這個洋流循環系統，二〇一九年的融冰水量更增加為平均值兩倍，創下最糟糕紀錄。[23]這種被海洋學者稱為「格陵蘭淡水挹注異常」（Greenland freshwater flux anomaly）的統計方法，是以立方公里為計算單位。目前最尖端的研究，就是追蹤這些淡水流動的路徑，以及它是否將劇烈改變整個大西洋環流系統。因為這種現象一旦加劇，後冰河時期以來持續一萬年的穩定氣候將面臨終結，致使全球進入前所未見的不穩定時代。在過去，墨西哥灣暖流為不列顛群島帶來溫和氣候，讓英國西南部的康瓦爾郡（Cornwall）長出棕櫚樹，也讓愛爾蘭西南部的威斯克（West Cork）開滿吊鐘花。而在可見的未來，這些景色將走入歷史。

北極圈的地景變化並非線性過程，而是會在過了某個臨界點後發生突如其來的劇變。每一年，北極夏季田野調查產出的報告都令人愈來愈悲觀，這些報告記錄冰川如何加速流動、冰層如何大量消失，也提出愈發嚴峻的預測。當我在二〇二一年十二月寫下本章時，南極正好成為新聞焦點。美國冰河學家艾琳・佩迪特（Erin Pettit）提出警告，認為思韋茨冰棚（Thwaites Eastern Ice Shelf）最快可能在五年內就會崩塌。

這片浮在海上的冰棚就像一道水壩，阻擋著陸地上的冰流入海洋。但如今冰棚上已布滿裂縫，如同車窗玻璃上的裂紋，一旦破裂，這座已經造成全球海平面上升四%的冰川將加速解體。在本章後段，我將提及深埋在冰蓋底部的塵埃，也訴說著新仙女木期（Younger Dryas period）的故事。*在那段冰期，格陵蘭的平均氣溫在短短十三年間就暴跌了攝氏五度，反映不同的溫度回饋機制會互相影響並有加乘作用。

* 新仙女木期（Younger Dryas period）是指距今一萬兩千八百年至一萬一千五百年前，一段持續一千三百年左右的冰期。兩萬年前最後一次冰期結束後，地球開始回暖，但在一萬二千八百年前，北美融冰產生的大量淡水流入北大西洋，削弱全球海洋環流，導致北半球氣溫驟降。十九世紀末，科學家在歐洲低緯度地區一萬兩千年前的地層發現了仙女木花粉化石。由於仙女木屬於寒帶植物，那證明當時歐洲氣溫大幅下降；科學家根據格陵蘭冰芯的紀錄，發現當時高緯地區在數十年內便下降到最低點。這個持續約一千三百年的嚴寒氣候事件被科學家命名為「新仙女木期」，也成為美國好萊塢電影《明天過後》（*The Day After Tomorrow*）的靈感來源。

綜合上述具體案例，我們可得知格陵蘭絕非一座偏遠孤島，而是調節地球環境系統的重大角色。原先可能顯得不起眼的塵埃，實際上也具有影響深遠的力量。如同蝴蝶效應中一隻在巴西振翅的蝴蝶，可能引發美國德州一場龍捲風，[24]複雜的環境回饋系統也催生非線性改變，讓周遭的世界變得更加危險與不可預測。

格陵蘭的冰蓋依然存在，也仍然廣闊無邊。但它即將走向的未來充滿危機，讓人光是觀看他的外貌就感到沉重詭異。

——

我十八歲時就想去格陵蘭，理由和我曾夢想去亞北極的西伯利亞地區一樣，想體驗那份遼闊無垠的空間感。我著迷於一個問題：人們如何在那樣的氣候中生活？對我這種來自溫帶歐洲的人來說，極地的環境幾乎超出人類所能忍受的極限。後來，在二〇一六年我終於實現夢想，再次與一向充滿冒險精神的韋恩．錢布利斯踏上旅程。

在我規劃旅程同時，格陵蘭的末日也逐漸逼近。二〇一六年，北極圈的覆冰率幾乎每個月都刷新最低紀錄。那年春季因為異常高溫，冰蓋表面提早兩個月開始融化。四月十日，格陵蘭首都努克（Nuuk）的氣溫高達攝氏十六．六度，比歷史上的平均氣溫高出整整二十度。那讓我產生必須趁還來得及時，趕緊親自遠赴那片土地的念頭。

我與韋恩經過三天航程，換的飛機一架比一架小，終於抵達伊盧利薩特（Ilulissat）。這座住了四千五百位居民與四千隻雪橇犬的城市是格陵蘭的第三大城。我們抵達時是五月底，當地氣溫略高於〇度，但全天都可見到太陽，因為我們在永晝圈的北緯六十九度正處於北極圈的夏季。

隔天，我們徒步前往伊盧利薩特冰峽灣（Ilulissat Icefjord），那裡距離鎮上約一．五公里，並且被聯合國教科文組織指定為世界遺產。當時要前往冰峽灣，必須通過一大片濕地上的木棧道，之後才會看見沿路花崗岩石堆上的繽紛圓點，指引著徒步方向。如今那裡新建了一座由丹麥建築工作師多爾特．曼德魯普（Dorte Mandrup）領導團隊設計的極簡風遊客中心，該工作善於處理地標背後複雜的議題與面對的環境挑戰。我們經過古老的考古遺址塞爾默繆特（Sermermiut）後，佇立在岬角上凝視遠方。

峽灣的出口寬約七公里，其中錯落堆疊巨大的冰山。放眼望去，能看見如喜馬拉雅山一般高聳尖銳的冰峰、峭壁般的冰牆，還有像滑雪坡般平滑令人嚮往的積雪坡地。那些冰山的規模之大，以至於每座冰山都有自己的池塘、洞穴與冰拱。除此之外，無數個「冰山塊」（bergy bits，低於五公尺的冰山的正式學術名稱）與「小漂冰」（growlers，低於一公尺的冰山），彷彿冰川崩裂時產生的碎片般散布在海上，讓視線所及幾乎少有大於一公尺寬的清澈海面。

每年這條峽灣有三十八億噸的冰通過，整體水量為英國用水量的三倍。[25] 其中，伊盧利薩特冰川排出格陵蘭冰蓋六．五％的冰，是全世界流速最快的冰川。在夏季，這座冰川流速可高達每日四十公尺（而且現在仍持續加速中），當冰山從冰川前緣處碎裂，沿著峽灣往出海口流動，速度約為十五個月移動七十公里。最大型的冰山接近一公里長（其中一大部分在海面下），因此當冰山移動到峽灣出海口時，會被困在海底山谷之間，形成壯觀的「交通堵塞」場景，等到冰山裂解到夠小尺寸，才會漂進巴芬灣與北大西洋。一九九一年初秋，這座冰山很可能崩裂出導致鐵達尼號沉沒的冰山。災難屬於這片地景的一部分。

當我們凝神欣賞眼前的風景，一座七十公尺高的冰山，忽然沿著外觀可見的深藍色垂直裂縫當場爆裂。韋恩走到岸邊撈起一塊透亮堅硬的冰，我接過來咬了一口，冰塊有種很古老的滋味。畢竟格陵蘭底部的冰可追溯到十三萬年前，也就是上個冰河時期之前。我們目睹的爆炸，讓一塊凍結地質時間的深層物質浮出地表。

這片地景從來都非靜止不變。冰是動態的，總是順著地勢往下流，最終匯聚成冰川。在夏天時冰層會部分融化，冬天降雪時則又補回來。這座峽灣的歷史與冰蓋一樣長久，但人們在認識冰蓋時，經常忘卻以「整體系統」的觀點，包含水文循環、全球暖化現象與人類責任等層面予以理解，更不用說去思考這一切的意義。

人們與其說試圖理解冰蓋，不如說只是單純凝視這些冰山，彷彿在直視一片白色、耀眼、令人難以接近的虛無。冰蓋的龐大令人難以思考，它既要求我們注視、靜坐、觀看，同時又讓語言在它面前失效。在冰蓋面前，人們難以集中精神，思緒總會自動繞開眼前這個龐然大物的存在與重量，轉而去思考更小的問題。

這是一種浪漫的困境，英國藝術評論家羅斯金曾說：「崇高，只是用來形容被偉大事物震懾的感受，不論這種事物為物質、空間、力量、品德，或者美。」[26]格陵蘭，是上述種種的總和。

韋恩也提起生態哲學家提摩西・摩頓（Timothy Morton）提出的「超物件」(hyperobjects）概念。這個詞非常吻合眼前這片地景的特色。[27]在格陵蘭的大多數時間，我都在試圖理解這種遼闊與寂靜，以及這片冰川在更廣大的全球水文系統中扮演什麼角色、造成哪些影響。我不確定我是否真正理解什麼，甚至不知道理解的感覺會是什麼。對此，摩頓可能會解釋，要理解冰蓋這種超物件的關鍵，就在於我們根本無法真正感知它們。相對來說，塵埃的存在或許將這種龐大縮小到人類尺度，讓我們嘗試一窺冰蓋的內裡。但我無法保證透過這種方法必然得到解答。

人類在格陵蘭冰蓋上建立的第一個科學觀測站名為Eismitte，意指「冰之中」。一九三〇年七月，德國科學家阿爾弗雷德・韋格納（Alfred Wegener）與十三名格陵蘭人及另外三位歐洲人組成探險隊，建立了這座營地，目的是要測量冰蓋厚度並首次記錄當地冬季氣候。

韋格納本身是一名有趣的跨世代人物。根據傳記作家莫特・格林（Mott T. Greene）記載，韋格納從一九三〇年到一九三一年的探險是一起「分水嶺事件」，因為那場探險「連結過去與現代的探險方法，前者包含帆船、馬匹、雪橇狗與對未知地區的探索，後者則為汽艇、動力雪橇與無線電通信系統」。[28]韋格納在探勘與考察過程遭遇的痛苦與飢餓經歷，讓他的旅程被稱為「偉大英雄時代的最後一舞」。不過他的考察目標，跟大多數極圈探險家的軍事浪漫主義不太一樣，是帶有現代色彩的科學與知識研究。事實上，他在展開考察之旅的十八年前，就已發表「大陸漂移說」的相關論述。韋格納如同上一代探險家克努德·拉斯穆森（Knud Rasmussen），與當地格陵蘭人建立較對等的合作關係，並仰賴格陵蘭在地的知識、服裝與工具技術存活。相較於英國極地探險家羅伯特·史考特（Robert Falcon Scott）仍以羊毛與帆布作為衣物，韋格納從頭到腳都穿著因紐特式毛皮衣，更符合極地最佳生存法則。

儘管韋格納已經是如此老練的格陵蘭探險家，他在一九三〇年第四次前往Eismitte觀測站的考察行程，卻不如計畫般順利。[29]那年春天由於融冰時間比預期中晚，他的團隊被困在第一個營地將近六週之久。該營地位於格陵蘭西海岸中段、烏瑪納克（Uummannaq）以北四十八公里處。韋格納一行人帶了二十四匹冰島馬，拖運著一百噸物資，向內陸推進四百公里，終於在九月三十日抵達北緯七十·五度的Eismitte觀測站預定地，比原訂抵達時間晚了許久。格陵蘭幾乎沒有什麼春秋交替的過渡季節，現今的田野研究人員通常在八月中旬就會收隊搭機離開，九月下旬當地已稱不上是秋天，而是冬天的開始，因此研究團隊只會有短短六週進行夏季鑽探。

由於探險隊沒有足夠糧食度過漫長的極地寒夜，成員需要返回西岸補給物資再回到觀測站，來回路程總共八百公里。在這趟跋涉中，韋格納、氣象學家弗里茨·勒委（Fritz Loewe）與十四名來自格陵蘭的團隊成員，似乎都順利回到西部營地。但當他們再次東行返回冰蓋的觀測中心時已是冬季，除了其中一名二十三歲的因紐特人拉斯穆斯·威廉森（Rasmus Villumsen）選擇留下，其餘格陵蘭人都選擇返回原營地，最後只剩韋格納、勒委與威廉森繼續前行。最終，三人在十月三十日抵達觀測站。在旅程中由於氣溫驟降到攝氏〇下六十度，勒委的腳趾因此凍傷，必須以小刀截肢。他與另外兩名科學家恩斯特·

佐爾格（Ernst Sorge）與約翰內斯・格奧爾基（Johannes Georgi）一起留在觀測站度過冬天，但因為觀測基地剩下的糧食不足以維繫五人駐留，韋格納與威廉森不得不再次走四百公里回到西岸補給。

這次為了加快速度，兩人必須輕裝上陣，因此只帶了兩座雪橇，糧食的部分也只準備人類基本所需分量，沒有帶雪橇犬的飼料。在路途中，他們靠著宰殺雪橇犬來餵其他狗。韋格納本身在一九一三年第二次格陵蘭考察時，就是以這種方式倖存，當時他殺到只剩一隻狗才獲救。

遺憾的是，這次他們無法以意志力戰勝冰雪的威力。隔年春天，另一支前往Eismitte觀測站的探險隊發現一對插在雪堆裡的滑雪板，中間橫躺一根斷掉的滑雪杖。他們往下挖掘後，發現了韋格納的遺體，應該是威廉森將他安放在馴鹿皮上，並將兩個睡袋套縫起來包住他。發現韋格納遺體的人們形容他看起來「放鬆平和，似乎還帶著微笑」。[30]威廉森在安葬韋格納後，只帶走他的菸草與日記（也是他們考察的官方紀錄）。他大概希望能繼續走下去回到西部營地，然而至今他的遺體從未被找到。

這兩名男子不只長眠於冰蓋之中，更確切來說，他們是被深埋在幾百公尺厚的冰雪下。這座寂靜的冰之陵墓隨著北美板塊的漂移慢慢往西流動，從山頂乘著冰川向海漂流。

一九三〇年冬天，在格陵蘭長征中倖存的佐爾格，在他與格奧爾基住的冰洞旁挖了一個十五公尺深的地洞，在那個冰冷的洞穴中度過七個月，其中兩個月是完全黑暗的極夜。他在洞穴中分析因積雪形成的地層，每年積雪會被壓縮並結晶化成碎粒冰雪（neve），接著變成粒雪（firn），最終轉化為冰。他的研究證明透過分析雪層結構監測每年積雪週期是可行的方法，那正是七十年來冰川學家在格陵蘭與南極洲持續進行的工作。

冰蓋是一種動態、具有可塑性的地質環境。最剛開始冰層從中央分水嶺兩側分頭往下流動，期間逐漸扭曲變形，最終則在冰川邊緣形成充滿裂縫、難以行走的崎嶇地形。但在冰蓋中央，每年的積雪讓層層結構有如樹木年輪般被完整保留。當我們垂直向下鑽探冰芯（ice cores），就像是踏上一段回到過去的旅行。

從一八四〇年代起，人們開始在冰川上鑽孔提取樣本以測量冰川溫度。但直到一九五〇年，才有人試圖取出冰芯。那是一種直徑約十公分的冰柱，由於垂直貫穿冰蓋，而記錄連續的冰層歷史。[31]鑽取冰芯是一件既困難又繁瑣的工程，光是要組裝鑽桿與對準鑽芯點就得花一小時；在真的開始鑽取後，不到幾分鐘又得再將鑽頭上每節螺絲鎖緊。等到要拉出鑽頭時，又必須再花一個多小時鬆開螺絲。即便如此，研究員也常在鑽探後只獲得少許碎冰，而缺少連貫的冰層。往往最原始的冰芯會破碎斷裂，難以成為理想的樣本。然而，隨著科學技術日新月異，一九五〇年代末，格陵蘭與南極的冰芯研究團已能往下鑽至三百多公尺，提取到約一半完整度的冰芯，足見其中進展。

當時美國在格陵蘭西北部駐留，並非完全出於科學研究的目的。二戰過後，美國在北極圈以北一千兩百公里處建立「圖勒空軍基地」（Thule Air Base，今日的皮圖菲克太空基地），作為偵察蘇聯的飛行基地，並在當地建立飛彈預警系統，以及安置核轟炸機。那時大約有一萬名美軍前來駐紮，直到今日基地仍持續運作（有鑑於此，川普在二〇一九年提出看似怪異的「購買格陵蘭」言論，一部分其實是看準格陵蘭之於美國的殖民地定位。）這座基地的建立，致使一百三十名因紐特人被迫遷離在皮圖菲克（Pituffik）的家園與放棄原先狩獵生活。直到今日他們的後代仍在爭取賠償。

十年後的一九五九年，美國在原空軍基地以東約兩百四十公里處，設立了名為「世紀營地」（Camp Century）的基地，啟動美國高度機密的「冰蟲計畫」（Project Iceworm），目的是在格陵蘭冰蓋下設置核彈發射基地，並將中程彈道瞄準蘇聯。在完全未告知格陵蘭與丹麥政府的背景下，美國在冰下開挖超過三公里的壕溝，還建造一座機能完備的冰下城鎮，包含一間有十張床位的醫院、一座電影院、數家商店與教堂，所有電力則由一座移動式核反應爐供應。然而，地質學家發現這個地區的冰流動得比預期中快，在短短三四年內，冰層已將壕溝擠壓變形，使得基地不堪使用。最終，冰蟲計畫遭到廢止，不到十年間，世紀營地就被冰川壓垮。該計畫只留下兩種截然不同的遺產：其一包含二十萬公升柴油、多氯聯苯與放射性廢棄物；其二則是全世界第一支真正的深層冰芯。一九六六年，科學研究團隊向下鑽探一千三百八十七公尺抵達岩床。[32]經過檢測，該處的冰層有超過十萬年的悠久歷史，提供有關北美上一個冰河時期最為詳細的氣候資訊。

每經過十年，人類可鑽探的地層就愈來愈深，取得的冰芯也更古老。一九八五年，俄羅斯團隊在歷經六個鑽探季後，在南極洲的「東方三號」（Vostok 3）冰洞下探兩千兩百〇二公尺，取得距今十五萬年前屬於大冰期（the Ice Age）的冰芯。一九九〇年代初期，歐洲與美國的兩組團隊在格陵蘭並肩作業，彼此不帶競爭地交叉比對數據，共同鑽探從未被觀測過的地質世界，最終達到三千公尺深度。二〇〇四年，歐洲的南極冰芯研究計畫（European Programme for Ice Coring in Antarctica，簡稱為EPICA）在南極的冰穹C區（Dome C）鑽取出長達三千兩百七十公尺的冰芯，橫跨長達八十萬年與八次冰期循環的歷史。[33]雖然這根冰芯的長度與同時期在格陵蘭鑽取到的冰芯沒有太大差異，但古氣候學家兼英國南極調查局（British Antarctic Survey，簡稱為ＢＡＳ）冰芯研究小組召集人莉茲・湯瑪斯（Liz Thomas）博士表示：「南極中心實際上被歸類沙漠，當地一年降雪量不到一毫米。」（相比之下，格陵蘭內陸的年降雪量大約為七十公分。）[34]因此在南極進行鑽探，同樣的深度能取得「更多年的冰層」。

二〇一六年，普林斯頓大學的科學研究團隊從南極阿倫山（Allan Hills）取得的冰芯中，發覺兩百七十萬年前的冰層，時間遠比人類演化史還要悠久。這個團隊的鑽探策略看似違反直覺，實際上非常聰明。他們不是在結構穩定、流速緩慢的冰蓋區域進行垂直鑽探，而是橫向鑽入一個較淺層區域。那裡有一條底下的岩石脊，將冰流推斜至側邊，擾亂了冰層的地層結構；同時，那裡的強風也讓新雪甚至比較年輕的冰層難以沉積。這讓團隊更有機會接近比較古老的冰層。他們的運氣很不錯，成功提取出的冰柱竟然記載了地球冰河期與間冰期循環的開端。

「我們才剛開始探索而已。」地質化學家艾德・布魯克（Ed Brook）接受知名期刊《科學》（*Science*）採訪時說道。他們對於未來的鑽探相當樂觀，認為將有機會採樣到五百萬年前的冰層，那將帶領人們追溯到上新世（Pliocene）。該時期的二氧化碳濃度與今日相同，超過百萬分之四百（parts per million，ＰＰＭ），[35]平均溫度比現在高攝氏二到三度，海平面則比現在高二十五公尺。那時的格陵蘭還是一片鬱鬱蔥蔥的森林，北極海的冰也只是季節性現象。

這個情境聽起來太過熟悉與令人憂慮，也是地質學家不遺餘力鑽探冰芯的原因。探測地球遠古氣候，就像是為未來繪製可能的地圖，試圖去理解諸多問題：一個溫度與二氧化碳濃度更高的地球如何運作？降雨量會是多少？風會吹向哪裡與攜帶哪些物質？是沙漠顆粒還是草原上的花粉？地質學家理查・

艾利（Richard B. Alley）將他們的研究比擬為解讀地球的使用說明書：「陸地與水域、空氣和冰、土壤與植物，如果我們能找出它們運作的方式、彼此如何影響，那也許就能對氣候暖化、臭氧層破洞與其他全球性議題做出更明智的決定。」[36]陸地與水域、空氣和冰、土壤與植物，除了上述三個組合，我們還有塵埃。這種看似沉靜的物質，是地球系統中非常活躍的元素。

但現在讓我們將目光回到冰芯身上。這段脆弱而冰凍的編年史，蘊含著對過去（以及未來）的可怕洞見，也時刻提醒我們現在應負的責任。擁有晶瑩剔透外表的冰芯，是人類費盡千辛萬苦從地球最極端環境取得的珍貴結晶。在我寫作當下，人類只鑽取二十二支完整涵蓋表面到基岩的冰芯，這讓每一支冰芯都蘊含無可估量的價值。[37]它們為建立氣候模型的研究提供高解析度視角，揭示過去地球系統的運作。如果沒有這種完整連續且大量的年代數據，人們將難以藉由數學建模預測未來發展。

要從三公里深的鑽孔中取出一段十公分的冰芯，本身就是一項艱難的挑戰。英國南極調查局的氣候學家艾瑞克．沃爾夫（Eric Wolff）主持冰芯研究計畫三十多年，是執行六次南極與兩次格陵蘭研究的專家。他指出，大多數冰芯都會有一個稱為「易碎區」的區段，裡頭的氣泡因為壓力遽變而膨脹，「彷彿隨時都會爆開。」[38]但處理其他段落的冰芯也很不容易，如同沃爾夫說道：「我會很緊張，深怕它掉落破碎。」他知道這樣的擔心有些多餘，因為在數千年壓力下，冰晶彼此融合得十分緊密，整個結構也非常

堅固。「即使你踩在一塊三公尺長的冰芯任何一端，它也不會碎裂。」是冰芯本身的珍稀性讓它顯得脆弱。

從鑽孔中取出冰芯後，每段冰芯會被送到蓋在冰蓋上的當地實驗室。後勤人員會先出動鏟雪機（snowblowers），挖掘深達六公尺的壕溝與雪洞作為處理站，如此一來就有能隔絕陽光、保持在〇下二十度左右的低溫環境，讓冰芯避開陽光照射。在二十四小時輪班制下，由十二名成員組成的工作線會分別檢查、拍攝、切冰與測量每一段冰塊。有些冰塊會被融化來分析化學成分，有些會被拿去測量導電度來分析其中雜質。為了因應如此多樣的分析，原先就已相當狹窄的冰芯會被縱向切成五到十二段，如此也便於分送到全球。冰芯研究本身極度依賴國際合作，這意味著不同單位與人都需要分得一部分冰塊。不過最後研究員至少會保留一段冰芯在南極研究基地，以因應突發狀況。如同沃爾夫說：「如果在運送途中出現可怕的意外，例如冷凍設備故障、冰芯融化，那這邊至少還有備份。」

當研究員回到實驗室後，無論是位於劍橋的英國南極調查局、丹佛的美國國家冰芯實驗室（National Ice Core Laboratory），或哥本哈根的尼爾斯・波耳研究所（Niels Bohr Institute），分析冰芯的第一步都是建立時間表。要根據冰芯上端比較新生的區段進行年代判定，就跟解析樹木年輪一樣單純。雖然格陵蘭冰蓋一年四季都有降雪，但夏季雪層受到陽光照射後會昇華（也就是從固態冰轉變為水蒸氣），留下大量蓬鬆、充滿空氣感的結晶，因此便於研究者進定年。[39]

通常，研究團隊鑽探冰芯的地點會在冰蓋中央地區，那裡很少有融冰現象，往往幾百年才發生一次。然而近十年來中央冰脊的融冰事件已發生三次，其中一次是在二〇二一年八月十四日。當時冰蓋下了一場雨，雨水在地面形成一層堅硬的冰層。研究員為了讓這種地層結構視覺化，將冰芯樣本磨平拋光，再以線掃描相機拍攝其中紋理。其中，較淺色且呈雲霧狀的條紋是由礦物粉塵造成，代表在上個冰期的某個時間點粉塵被帶到格陵蘭冰蓋。如果是堅硬緻密的冰，那成像會比較暗。再往冰芯下端觀察，隨著冰雪在經年累月壓縮下成為冰川一部分，並跟著冰蓋流動與擴散，該區的樣本的年分分界不會再那麼容易用肉眼辨識。於是科學家改用其他方法分析，例如測量融化冰芯的導電度，以測量其中雜質；進一步分析冰芯中是否有冬季塵埃；或者分析是否有因夏季強烈日照下而產生的過氧化氫。於此同時，研究員也利用數學建模來推測不同深度的冰芯年齡。

塵埃在鑑定冰芯年代的研究過程非常關鍵。偶然的火山爆發可能會在當年的冰層中留下黃色斑痕，或不規則狀、斑駁的火山噴發碎屑。一支來自南極西部冰蓋（WAIS）的冰芯，就留有一條寬達一公分、相當明顯的深棕黑色線條。這條線記錄了兩萬一千年前一次劇烈的火山爆發，反映當時冰蓋被上覆蓋了一層厚厚的火山灰。

「火山爆發對我們的定年研究具有很高價值。」英國南極調查局的古氣候學家莉茲．湯瑪斯告訴我：「因為你可以將這些爆炸事件跟其他已精準定年的冰芯互相比對，來推斷某一段冰芯對應的環境紀錄。」她補充道：「如果冰芯的年齡比較小，你甚至可以拿它來對照比較近期的環境事件。舉例來說，如果你知道坦博拉火山（Tambora）在一八一五年爆發，或者喀拉喀托火山（Krakatau）在一八八三年爆發，也有關於噴發規模與持續時間的文獻資料，那就能把冰芯條紋與這些火山噴發紀錄連結起來。」火山碎屑對南極冰芯研究尤其重要，因為南極的降雪量與沉積量遠少於格陵蘭，冰芯裡年層之間的區隔較不明顯，分析上就會相對困難。

但如果發生大規模火山爆發，以立方公里為單位的巨量火山灰被噴發到至平流層，在高空氣流中繞行地球，最終降落在地球上每一片冰蓋，那科學家就能對比不同地區的冰芯紀錄，找尋同樣的火山爆發痕跡。目前有兩種特定的火山灰沉積層，分別為一萬年前的薩克森火山灰（Saksunarvatn Ash）與一萬兩千年前的韋德火山灰（Vedde Ash）能作為對照標記，連結格陵蘭冰芯與北大西洋沉積岩的紀錄。從一九四五年以來，廣島原子彈爆炸噴發的放射性同位素也成為一個鮮明的地質標記，與上述火山灰發揮相似作用。因此，對地質學家來說，塵埃就像一種共享的視野，讓人們得以超越時空理解過往的地質歷史。塵埃也像一種古環境學的通訊工具，讓不同地質年代的檔案跨越鴻溝彼此交談。

當冰芯樣本被整理出清楚的時間軸後，科學家就能進一步討論各時期的氣候與環境系統。湯瑪斯向我說明這個原理：「簡單來說，我們要想像大氣層中存在的所有物質都有機會沉積在冰芯裡。」無論是氣體、氣懸膠體或有機汙染物，都會從大氣層中被化學性清理，成為雪的一部分降下。同時間，「從海洋升起的灰塵與更大的顆粒則會被風帶走，沉降在冰上。隔天或下次降雪時，這些沉積物就會被封存在雪中，最終形成一個時間膠囊，保存當時的大氣資訊。」

冰川學家兼氣候科學家理查德・艾莉（Richard B. Alley）也將冰芯比喻為「三公里長的時光機」，[40]因為冰芯能以直接且驚人的方式保存數十萬年前的大氣，讓科學家不需透過其他間接證據，就能讀取最完整的古氣候數據。通常冰芯會被存放攝氏零下二十度的無菌低溫實驗室，當研究員要解凍冰芯片段時，會使用接觸面鍍有惰性金屬的容器，避免過程中發生化學反應。同時，為了避免外部物質的汙染，研究員會排除冰芯最外層的融冰水，只分析鑽探過程完全沒接觸到當下空氣的內部冰層。在融化冰芯後，研究員會讀取其中壓縮氣泡保存的古老空氣，進行數十項分析，例如估算當時大氣中的二氧化碳、氧氣與甲烷濃度，如果要推算過去的氣溫，則能透過比對氧同位素「氧-十八」、氫同位素「氘」與一般水的比例，因為比較重的同位素需要較多能量，才能留在大氣中，因此蒸發速率較低，遇到降雨跟降雪也比較快凝結。這代表在冰河期那樣寒冷的時候，重的同位素比較難出現在降雪中，也因此較難沉積在冰蓋上。而宇宙輻射產生的鈹的放射性同位素「鈹-十」（Beryllium-10），則能用來推測過去太陽活動強弱，以及估算地球獲得多少太陽能。

當冰芯融化後，一部分的樣本會被送去進行礦物塵分析。研究員會利用一種Abacus品牌的雷射分析儀計算冰中的粒子數量與大小，接著透過質譜儀辨認這些顆粒的元素組成。由此可知，塵埃不僅能輔助一開始冰芯的定年，還能提供每個時間點的古氣候證據。

根據過往分析，冰河時期的地球是個灰塵異常多的世界，當時大氣中的灰塵量是今日二到二十五倍。[41]在上一次冰河時期氣候更為嚴峻，除了更冷、更乾燥，當時的風勢也更強烈、風暴更頻繁。大量水分被封存在橫跨大陸的冰蓋中，使得海平面比今日低了一百二十五公尺。也因如此，大片大陸棚成為裸露地表，提供更多沙塵來源。每當風吹起，大量沙塵被捲入大氣，在降雨稀少情況下會有更長時間停留在空中，最終穿越幾千公里落腳在南極與格陵蘭冰蓋，留下地球的印記。

透過分析塵埃的顆粒大小，我們能推斷特定時期的風速。對此，艾瑞克．沃爾夫解釋：「風大的時候更容易搬運大顆粒的沙塵。」不同來源地的塵埃也有像指紋一樣獨特的化學組成，它們的特徵會展現在含有鍶（strontium）與釹（neodymium）同位素的比例上。透過分析這兩種同位素，科學家辨識出風如何在地球上交錯穿行，將塵埃帶到最終目的地。

如同我們在海邊時彷彿能嚐到空氣中的鹽分，冰芯裡的鹽分也能作為線索，讓人分析每層積雪在沉積時與海洋的距離，推論海冰如何隨時間變化。透過微小的玻璃碎屑，我們能推論各時間點火山的活躍程度；從黑碳煙灰的濃度，能判斷森林大火的發生情況；藉由花粉顆粒，則可以推論鄰近較溫暖地區的植物樣貌。當然，有時分析結果並不明確，可能衍生諸多討論，例如沙塵量增加的原因是因為土地沙漠化情況嚴重、風勢較強，或降雨量減少，導致塵埃沒有被沖刷到沉積層？「在我們這個領域，不同研究者還在爭論哪一項因素比較關鍵。」沃爾夫表示。每當出現新的冰芯紀錄，氣候模型專家也會努力更新他們的電腦模擬。

但有時候，塵埃提供的證據則異常明確。二〇一八年，一個由水文學家、冰芯科學家、古典文化研究者與考古學家組成的國際團隊，宣布他們在北格陵蘭冰芯研究計畫（North Greenland Ice Core Project，簡稱NorthGRIP）中，發現的鉛汙染濃度與一系列歷史事件驚人地吻合，其中包含帝國擴張、戰爭與傳染病爆發等史事。由於古羅馬、迦太基與腓尼基的經濟體系都仰賴銀本位的貨幣，而銀是從含鉛的礦石中冶煉而成，因此鉛汙染程度可作為推測貨幣鑄造量的指標，進一步分析經濟發展的強弱。舉例來說，在公元前二六四年第一次布匿戰爭（Punic War）爆發時，礦工被徵召入伍，讓鉛汙染程度下降；隨後迦太基為了支付傭兵費用，不得不加大貨幣鑄造量，鉛排放量再度上升。[42]凱撒在統治羅馬帝國期間為了恢復帝國秩序與穩定，努力發展經濟，鉛排放量跟著上升。但後來他發起內戰造成經濟停滯，鉛排放量又往下掉。

「我們可以從汙染物與有機化合物的組成，追蹤其來源，甚至能找到特定的發電廠或生物源頭。」莉茲・湯瑪斯解釋道。目前她在從事的另一項研究，是觀測一種名為「矽藻」的單細胞海藻與海洋鹽度，兩者能協助她推估過去的風速與風力，進一步提供資料給氣候科學家建立過去大氣環流的模型。科學家能從事這類研究，是因為整個冰蓋就像無塵室一樣潔淨，即便有雜質也只占十億分之一的極微量濃度。同時冰蓋遠離任何土壤，時間上也早於人類任何行動。

「我們的檢測方法必須非常敏銳，要能偵測到非常微量的物質濃度，好比在五十公尺長、注滿純水的游泳池中檢測出一小撮鹽巴。」哥本哈根大學尼爾斯・波耳研究所的「冰與氣候分析中心」（Centre for Ice and Climate）表示。[43] 冰芯研究有如一場艱困且漫長的偵探推理工作。氣候科學家得在地球最偏遠的角落，長年不懈地尋找這些微小的「替代性指標」與時間序列，從中推論出地球在人類尚未出現以前的樣貌。

美國明尼蘇達大學的冰川學家彼得・內夫（Peter Neff）是研究塵埃如何被傳送到南極冰蓋的專家，同時他也是一名抖音網紅，經營一個名為「@icy_pete」的帳號。我聯繫上他，請教他在冰蓋這般令人震撼的環境中工作的真實感受。

內夫跟我分享他的工作點滴：「通常我們得花十年時間籌備一項大型鑽探計畫，才能進入實地鑽探岩床階段。所以當你終於鑽到最底部，看到七百六十公尺深，或更深處的綠色冰層與泥土時，真的會鬆一口氣。能完成單調乏味的鑽探工作，看到冰芯樣本獨一無二的物質組成，實在令人感到興奮與解脫，對研究計畫主持人來說尤其如此。因此工作結束當晚……終於能在晚餐餐桌上好好放鬆，我們會開一瓶早已準備好的威士忌來慶祝。」[44]

能探索一種既熟悉又無比珍貴的物質，感覺肯定很奇妙，那就像鑽探出純淨如化石般的地質時間軸。我詢問莉茲・湯瑪斯對這件事的感觸。莉茲說道：「二〇〇四年，我們在一座名為伯克納島（Berkner Island）的島嶼進行鑽探工作，推估那裡的冰層可能比上一次間冰期還早，可能有十四萬年歷史。當時我參與該計畫團隊，就是負責鑽出最後一段冰芯的人。當我們把鑽頭與冰芯拉上來時，看到各種沉積物、沙子與小卵石，就確定鑽頭已鑽到岩床。那支冰芯的深度為九百四十八公尺，應該是我親手鑽探跟處理過最古老的冰了。」

「坦白說那種感覺非常不真實。你身處在地球最偏遠的地方，身邊只有一個小小的野外營地，像是龐大冰蓋上不起眼的小點。然後你從地下拉出一支有十四萬年歷史的冰芯。」她稍作停頓後說：「那感覺真的很奇異。」

那種奇異感來自人們潛意識深處，是人們在意識到眼前的物件遠比其形貌更龐大、更深遠時產生的感受。

二〇一二年，科學家在南極的鑽探突破了沃斯托克湖（Lake Vostok）的冰蓋頂部，這座與世隔絕的冰下湖有超過一千五百萬年歷史。根據科學家推測，沃斯托克湖的冰芯可能存有人類從未見過的生命形式與地質化學過程，並可能幫助我們更理解木星衛星上冰封海洋的環境。冰芯就是帶領我們穿越時空的蟲洞。

透過解讀冰芯中逐年、細緻的數據，科學家得以瞭解過去曾發生的快速氣候變化，進而掌握氣候臨界點的規模、速度與潛在威脅。

一九六六年，格陵蘭西北部的世紀營地鑽探計畫首度鑽到岩床，留下十萬年的完整冰河時期氣候紀錄。之所以能達到精準的定年，是因為一九五〇年代，一名丹麥地質物理學家威利・丹司葛德（Willi Dansgaard）研究水分子中的氧同位素，發明了前段提及的冰芯定年法。丹司葛德的團隊透過比對氧-十八與氧-十六的比例變化，成功描繪出格陵蘭過去十萬年的氣溫變化，[45]以及格陵蘭充滿不穩定與交錯變化的氣候系統。

在觀察近一千年的氣候紀錄時，丹司葛德團隊發現當地氧-十八的比例變化，約為每一百二十年一週期，而推測太陽輻射能量的波動導致氣候冷暖交替。接著，他們再往前推進到一萬一千七百年前，也就是上一個冰期結束之時，發覺氧同位素的變化週期約為九百四十年，期間出現十一次明顯變化，同樣與太陽有關。再向前跨越一整個冰河期到十萬年前，團隊發現第三種週期平均為一萬三千年一次，這次他們將週期歸因於地球自轉軸的「擺動」（wobble）。這種現象會稍微改變地球不同地點與太陽的距離，也因此造成氣候變化。

後續研究顯示，地球軌跡的其他種變化也會引起更長期的氣候震盪週期，這種現象被稱為「米蘭科維奇循環」（Milankovitche cycles）。其中一項變化是地球公轉軌道的形狀每十萬年會從圓形變為橢圓形，之後再變回來。一九七六年，科學家指出這種幾何式的軌道變化受到木星與土星引力影響，正是催生冰河期的重要原因。[46]

讓我們先暫停一下，體會上述的科學發現。這一切正是生態學中那句名言——「物物相關」（everything is connected to everything else）的極致展現，而且範圍涵蓋行星與行星之間的尺度。在這種巨量尺度下，人類渺小得令人心驚。

然而，我們也必須理解，上述的氣溫震盪週期是一種自然現象，與當前人為造成的全球暖化並不相同。你可能還記得前面章節提到的「小冰期」（Little Ice Age）。那段發生一三〇〇年到一八五〇年歐洲的寒冷化時期，並非正式的冰河期，卻足以讓倫敦人在結冰的泰晤士河上舉辦「冰上市集」（Frost Fairs），也迫使維京人撤離格陵蘭。更早之前在中世紀暖期，美國西南部曾經歷長達數十年的超級乾旱，造成北美阿納薩齊文明（Anasazi civilisation）滅亡。環境史學家也認為氣候震盪促使柬埔寨的高棉帝國（Khmer Empire）衰落，因為十年來頻繁的聖嬰現象削弱了季風循環。[47]

除卻地球會在時間與空間中搖晃前行，太陽本身釋放的輻射能量也有自身變化週期。科學家從冰芯中發現的第二項洞見，是氣候可能會以驚人的速度轉變。地球科學家理查．艾利指出：「在地球進入與退出上一個冰河期的過程，整體的冷卻與暖化趨勢，經常被突如其來的氣候劇變打斷。某些氣候轉變的幅度，甚至高達冰河期與現代氣候條件之差異的一半，而且這樣的變化只在短短數年至數十年間發生，影響範圍橫跨整個半球，甚至更廣。」[48]

當上一次冰河期結束，氣溫開始回暖之際，地球曾進入一段長達一千兩百年的異常冷期。這段時期被稱為「小冰期」或「新仙女木期」。當新仙女木期在距今約一萬一千七百年前結束時，格陵蘭的氣候出現驚人巨變，[49]如同科學家指出，我們身處的世界實際上只花了約四十年時間邁入溫暖的全新世（Holocene），而且整段過程並非溫和穩定地升溫，而是經歷一連串劇烈的跳躍式變化。

在格陵蘭的氣候過渡期間，當地氣溫就上升了十五度，而且其中有一半變化發生在短短十五年內。科學家從格陵蘭冰蓋鑽取到的兩支深層冰芯，分別來自「格陵蘭冰芯研究計畫」（Greenland Ice Core Project，簡稱GRIP）與「格陵蘭冰蓋研究計畫二號」（Greenland Ice Sheet Project 2，簡稱GISP2）。這兩支冰芯忠實記錄了上述變化。艾利指出，當時格陵蘭的降雪量加倍，隨著濕地面積增加，甲烷濃度也增加了五十%。而空氣中的塵埃量則因為冰期的強風減弱，而驟降好幾倍。

大約在此時期，雖然研究者運用的解析度只到數十年等級，但大氣中的塵埃濃度出現數量級的銳減，反映從乾旱或植被稀疏地區傳送到冰蓋的塵埃量大幅減少。這些紀錄精確到研究者能將事件間隔年代界定在兩年之內。一項同位素氘比例的急遽變化也顯示，距今約一萬一千六百四十五萬年前，地球的氣溫開始驟升。同年冰蓋裡沉積的塵埃顆粒變小，海鹽量也下降，代表當年風速突然減弱。氣候進入一種極端異常的狀態。

艾利描述，有多項氣候紀錄顯示，在此次與其他氣候轉換期，氣溫出現更劇烈震盪，其中包含所謂的「閃爍現象」（flickering behavior）。閃爍現象意指氣候數據在低溫與高溫基準線之間來回擺盪，直到最終趨於一種狀態。根據這些數據，科學家歸結：「北大西洋地區的氣候系統具有快速自我重整與回復穩定狀態的能力，並可能在短短幾十年內就完成」。相對來說，「近期氣候的穩定狀態反而可能是例外，而非常態。」[50]

這些都是對未來的重要警訊。

然而，我們必需留意的是，新仙女木期的氣溫變化並非全球現象，而是在一系列被稱為「丹司葛德—厄施格」(Dansgaard-Oeschger, D/O）的事件中發生的最後一次。這一系列事件得名自前文提到的丹麥氣候科學家，每次事件都呈現出南北極有如蹺蹺板般的氣溫關係。當北半球變暖，南半球就會變得比較冷，這種不對稱的平衡狀態受到大西洋洋流調節，並存在一點時間差。因此前面提及的種種暖化事件，都與人類目前在經歷的全球性快速暖化不同。這也加深我們對當代氣候變遷的擔憂。

「海洋循環系統不應該被視為理所當然的存在。」氣候學家沃爾夫提醒我。目前一些冰芯研究團隊正試圖拼湊出十三萬年前間冰期時，溫鹽環流究竟發生什麼變化。我詢問他，這種洋流循環系統是否不僅會在寒冷時期變弱，在地球暖化時期時也可能停止？沃爾夫回答：「這個系統可能有個臨界點，一旦超過就會發生嚴重後果。但我們並不知道這個臨界點在哪裡，最好離臨界值愈遠愈好。」

二〇二一年，科學家針對世紀營冰芯底部的基岩進行分析，得出一項驚人的發現：在過去一百萬年內，格陵蘭冰蓋上這個鑽探地點曾經完全融化。地質學家安德魯．克里斯（Andrew Christ）與保羅．比爾曼（Paul Bierman）解釋道，這支冰芯在實驗室冷凍庫中保存了五十年，「直到我們的丹麥同事在一盒貼了褪色標籤、上面寫著『世紀營地冰下土壤』的玻璃餅乾罐中，發現了這些土壤樣本。」[51]

研究團隊以最先進的技術分析這些土壤樣本，包含在粒子加速器中計算放射性原子，以及觀察石英砂顆粒的釋光，來推測樣本接觸陽光的最近一次時間，進一步揭示冰蓋何時變脆弱。那片冰蓋可能在四十萬年前一次溫暖的間冰期期間大幅融化。透過顯微鏡，研究員觀察到樹枝、樹葉與苔蘚的碎屑，展現出格陵蘭北部沒有冰覆蓋時的樣貌。團隊記錄道：「沒想到在一座為了應對核武戰爭等潛在威脅而建北極的軍事基地，我們竟然發現另一項相同等級的威脅，那就是人為導致的氣候變遷造成海平面上升的威脅。」

二〇〇一年，聯合國跨政府氣候變遷專門委員會（UN Intergovernmental Panel on Climate Change，簡稱為IPCC）在發表的第三份報告中，首次警告地球系統可能面臨的臨界點：「大規模的地球環境變遷可能造成全球或區域性的嚴重災害。」當時，委員會提出的三種可能的環境變遷包含：驅動溫鹽環流的北大西洋與南冰洋低溫深層水不再形成、碳循環劇烈變化，造成凍原與泥炭地從碳匯轉變成二氧化碳排放源，以及南極西部和格陵蘭冰蓋崩解。[52]跨政府氣候變遷專門委員會承認目前仍無法確定這些事件發生的機率，上述情況也應該只會在最嚴重的暖化情境下發生，例如當平均氣溫比工業化前高了攝氏五度以上。然而，如今這項評估已經不適用，因為有更多來自冰芯研究的證據指出災難臨界點的風險不容忽視。二〇一九年，一群氣候科學家在科學期刊《自然》（*Nature*）上寫道：「愈來愈多證據指出，這些環境變遷事件比想像中更有可能發生。它們造成的影響巨大，將跨越多個生態物理系統，進一步將地球環境推向不可逆的改變。」[53]

如同本章一開始提到，塵埃透過「反照率」機制影響格陵蘭冰蓋融化現象，並藉由此機制與地球其他現象串聯在一起。根據氣候科學家尼可拉斯．布爾斯與馬丁．雷普達爾建構的格陵蘭冰蓋臨界點模型顯示，若格陵蘭冰蓋完全融化，將導致全球海平面上升超過七公尺。這將增加北大西洋淡水量，導致整個大西洋環流系統失靈，並進一步觸發一連串骨牌效應，影響其他已接近臨界點的生態系統，例如亞馬遜熱帶雨林和熱帶季風降雨。[54]

災難會引發更多災難。

任憑格陵蘭冰蓋融化是一種對人類的罪行。大約會有四億一千萬人口因為海平面上升被迫離開家園、農田與生計，他們的記憶將被海水淹沒。[55]近期首批人權法庭訴訟與氣候庇護案件審理也已展開。[56]然而，冰蓋融化不僅是一種災難，也代表塵封在冰蓋深處的人類歷史，以及冰層氣泡與氣體水合物中保存了一百萬年生態記憶都將跟著消失。失去它們就像是焚毀亞歷山大圖書館一般，將帶來無可彌補的損失。

星期二中午，韋恩買啤酒回來，突然提議：我們要不要坐飛機去冰蓋邊緣看看？

此行來到格陵蘭，我的夢想就是徒步走到冰蓋。這段路程來回直線距離約四十到四十五公里，途中要經過崎嶇的地形、涉水過河與穿越沼澤。雖然這條路線幾乎沒有出現在地圖上，但行程本身聽起來浪漫十足，讓人願意為此砸下旅費、準備妥羽絨睡袋與緊急救援GPS定位器等裝備。但當我們真正抵達格陵蘭，腳步卻慢了下來，因為我們深切意識到在這片陌生的土地，需要花時間好好認識氣候風土與旅途風險。即便只是一段短程的健行，我們也會花上好幾小時，只為了凝視眼前風景，努力將其收入心底。我們決定不急著趕路，太緊湊的行程反而會錯過真正重要的地方。

如今我們不是透過艱辛的步行窺看冰蓋的面貌，而有了另一種方式與這個龐然大物相遇。我想起最初從冰島飛來時，我們只在一片白雲的遮蔽中，短短瞥見夾在雪山之間的冰蓋。當飛機降落時，首都努克特剛好籠罩在一片雲霧中，造訪伊盧利薩那天也剛好是個多雲的日子。這將會是第一次完美地看見冰蓋全貌。我毫不猶豫地答應了。

前往機場的路上，頭頂是湛藍的天空與燦爛的陽光。下午五點，我們在航廈裡張望，等待接我們的人。一架格陵蘭航空的飛機降落，十分鐘內卸下三十多位愉快交談的乘客。當整個機場幾乎又只剩我跟韋恩兩人時，身材高眺、留著一頭金髮、長得像電影男主角的瑞奇（Ricky）出現在我們眼前。韋恩表示，有這副長相不是飛行員還能是什麼？

瑞奇來自丹麥，去年剛取得到飛行執照。由於希望有朝一日能駕駛小型機飛往更遠的地方，他來到伊盧利薩特駕駛八人座的螺旋槳小飛機，作為未來職涯的一部分準備。他充滿朝氣地向我們打招呼，然後從機場角落打開一扇門，領著我們直接走出停機坪，走到與他身高差不多的飛機旁。我們繫好安全帶、戴上耳機，接著瑞奇向航空交通管制中心報告飛行計畫，同時將飛機對準八百公尺長的跑道，接著我們便起飛了。飛機升空後往左轉兩百一十度，飛越迪斯科灣（Disko Bay）金黃的海面上空，接著穿過伊盧利薩特內陸山丘，朝冰川前緣飛去。二十分鐘後，我們盤旋在伊盧利薩特冰川的正上方，那裡正是冰山崩落之處。瑞奇降低飛行高度到兩百公尺，讓我們看得更清楚。

冰川承受後方一千公里冰層的壓力，前緣被擠出無數道鋒利的冰隙與脊線。在冰川與海水接觸的地方，不時會有崩落成漿狀的冰雪，或整塊崩解成數平方公里大的冰山群。後方十一萬平方公里的冰往下擠壓，可看見壓力造成的裂縫以輻射狀整齊地擴散。在裂縫之中，偶爾會有融冰形成的融水池，透著美到不真實的鈷藍色。

在一場北極海冰的線上論壇中，冰川學家與地球科學家紛紛憂心指出，冰蓋的融水池比去年早一個月出現。他們推測未來冰川將創下史上最大的退縮記錄，冰川崩塌前緣將一路往後縮到冰蓋深處，讓更大範圍的冰蓋融化。冰蓋是如此龐大，卻終究並非無窮無盡。

面對冰蓋時產生的敬畏感說到底更像一種茫然。我所拍下的照片都是一片白茫茫的顏色，沒有具體形狀。如果真的按照原訂計畫，走完這趟來回九十公里的冰蓋環線，那我們可能也算完成一趟朝聖之旅。

第八章　灰塵是大地代謝之道

有時，天空也會流血。

自古以來，人們就知道血雨這種自然現象。在《伊里亞德》史詩中，宙斯曾因為聽到他兒子薩爾珀冬將戰死沙場的預言，在戰場上流下血淚。根據古羅馬作家普林尼（Pliny）記述，西元前四百六十一年義大利曾降下「血肉之雨」；而羅馬時代的希臘作家蒲魯塔克（Plutarch）也描寫菲德納（Fidenae）曾降下象徵壞兆頭的血雨，預示了隨後而來的瘟疫與不孕。[1] 幾千年來，這種說法其實沒什麼改變。二〇一八年七月，英國小報《每日快報》（*Daily Express*）以聳動的標題報導道：「俄國突發怪異天象：血雨傾盆而下，引發『聖經預言災難』將至的恐慌。」報導指出俄羅斯北部的諾里爾斯克（Norilsk）降下赤紅色的暴風雨。[2] 對於血雨這種現像，羅馬政治家兼哲學家西塞羅（Cicero）可能是歷史上第一位提出質疑的人。他猜測雨水會呈現紅色，可能是因為「水與某種土壤混合在一起」。[3] 這個說法其實沒錯，而通常元凶是灰塵。

雖然英國媒體對血雨特別感興趣，但真正血紅的雨其實極為罕見。諾里爾斯克降下的血雨就是一起特例。根據報導，當時金屬加工公司諾里爾斯克鎳公司（Nornickel）正在進行「清理作業」，從加工廠屋頂與地板移除大量氧化鐵，其中，一部分鐵鏽被風吹起，形成紅褐色的雨水。

其他歷史上極為少數的血雨事件（根據研究只記錄了一百六十八起），有些可歸因於雪藻等藻類，如同上一章提及的「血雪」現象。[4]英國的血雨則肇因於撒哈拉沙漠的沙塵。沙塵被風吹起後向北飄移，最終讓天空降下橘黃色的雨，在玻璃天窗和汽車上留下薄薄一層汙漬，同時也讓黃昏染上極為優美的色澤。

二〇二〇年，有一場沙塵暴成為全球新聞焦點。這場沙塵暴由於規模龐大、灰塵量驚人，而被暱稱為「哥吉拉」。那年六月，在短短四天內，強風將兩千四百萬噸沙塵吹起，帶到離地表五到六公里的高度。接著，這些沙塵被中緯度的強勁噴射氣流帶往八千公里外的加勒比海、中美洲甚至美國南部，是這一世代人經歷過規模最大的沙塵暴。[5]從波多黎各到千里達，空氣瀰漫著粉紅色的霧霾。空氣品質監測器發出危險警示，人們也被警告盡量待在室內，並使用空氣清淨機與口罩。

但令人玩味的是，媒體並沒有將這場哥吉拉沙塵暴描繪為恐怖怪獸，而是描述成某種奇觀。根據《每日郵報》（*Daily Mail*）形容：「這些沙塵能讓夕陽顏色變鮮豔、抑制熱帶氣旋生成，並在生態系中扮演重要角色」，新聞評論網站「沃克斯」（Vox）的記者烏瑪埃爾．伊爾凡（Umair Irfan）更深入探討沙塵暴如何為亞馬遜森林施肥。[6]短短幾天內，沙塵在人們的想像中成為**生命**的象徵，而不再只是沙漠化或環境枯竭的象徵。二〇一六年初，沙塵同樣抓住我的目光。這本書最初以電子報形式發開始，當時我寫下的第一句話是：「灰塵是大地的代謝之道。」這是一個我至今仍持續挖掘的觀點。

現在，讓我們探入探索灰塵在地球系統中扮演的角色。地球系統（Earth system）意指由各種物理、化學、生物機制與能量流緊密交互運作的整體網絡，這套系統讓地球能孕育複雜生命。我認為灰塵與水、土壤、冰一樣，都是維持地球系統運作不可或缺之物。若我們能追隨灰塵在全球乃至於到外太空的腳步，將明白人類自身同樣無法自外於地球系統。

—

自古以來，將地球視為一個緊密協調的整體系統就是人類常有的觀念。西元三百六十年左右，柏拉圖在《蒂邁歐篇》（*Timaeus*），將宇宙描述為具有智慧與生命的有機體，連結了微觀與宏觀兩種層面。世界各地的原住民族知識體系也蘊含類似觀點。在現代西方科學中，這種觀點約起源於一八〇七年。當時，探險家兼科學家亞歷山大．馮．洪保（Alexander von Humboldt）開始撰寫他的「普世共通物理」理論。他在《植物地理手記》（*Essay on the Geography of Plants*）一書中，探討地球上各種自然力量之間的關係，包含植被與太陽輻射、海拔與天氣、火山與地震、大氣層、氣溫與地質歷史等。他主張，在看似混亂與動盪的現象中，依然存在一種整體平衡，那是「無數物理機制和化學反應彼此制衡的結果」。也就是說，地球是個整合且平衡的系統。[7]

但今日，人們所知的「地球系統科學」是冷戰期間的產物。當時，受到軍事資助影響，全球的環境觀測與監控技術迅速發展，進而催生如遙測、地理空間定位等衛星技術。[8]地緣衝突產生的戰略性需求，讓學術界開始重視模型模擬與系統性思考等研究方向。模控學（cybernetics）統合了這些面向，提供一個跨領域架構，讓人得以探討動態系統的運作與調節，並涵蓋從生物、環境、電腦計算、社會系統，甚至人類心智等多重領域。然而，科學系統的思考不僅彰顯對世界的控制與規劃，同時也反過來暴露了將世界視為空白畫布、任由人類揮灑掌控這種思維背後的代價。

一九六二年，生物學家瑞秋・卡森（Rachel Carson）出版了《寂靜的春天》，揭露人們使用殺蟲劑引發食物鏈中的連鎖反應，其中包含許多鳥類與昆蟲數量驟減。一九七二年，麻省理工學院一個研究團隊建立一套名為World3的電腦模型，用來模擬人口、經濟成長、糧食生產與生態習性之間的交互作用，並將研究成果撰寫成《成長的極限》（*The Limits To Growth*）報告。這份報告成為史上最暢銷的環境著作。同年，英國科學家詹姆士・洛夫洛克（James Lovelock）提出「蓋婭假說」，主張地球擁有自我調節的能力，生物與非生物共同構成一個互利共生的複雜系統，有如一個有機體。在此同時，美國阿波羅計畫的太空人拍下數張極具時代意義的照片，包含〈地出〉（*Earthrise*，一九六八年）與〈藍色彈珠〉（*Blue Marble*，一九七二年），展示出人類居住星球的完整與壯麗。對一些人來說，那些照片作為脆弱的象徵，反映地球如寶石般珍貴，只由一層薄薄的大氣漩渦所守護。但對一些人來說，那些影像與功利思維並無衝突，反而可作為印證。他們主張地球是能被徹底理解與掌握的對象。

「科學已成為我們生活的一部分，也成為我們接近自然的方式。」環境學者克莉絲汀娜・井上（Cristina Inoue）與寶拉・莫雷拉（Paula Franco Moreira）如此寫道。有時，這種方式體現在高度的科技官僚主義與現代主義，試圖將世界放置於操控和控制的框架中，任由人類干預。然而，井上與莫雷拉也指出，西方的生態意識也是「現代歷史中承襲了科學革命、研究地球動態的產物。」[9]生態學同樣是一種針對地球的系統性思維。當我在撰寫本章期間，訪談了幾名美國太空總署科學家。他們希望傳達給大眾的訊息，跟我們在第九章中會遇到的生態學家與原住民社運人士的觀點並無二致：「一切都如此緊密相連。」

———

當我們在談論地球系統尺度的「塵埃」時，指的是什麼樣的塵埃？如同在前面章節所見，本書對塵埃的定義相當寬廣。但在這一章中，我們的關注焦點將會是礦物塵埃。依照總質量計算，那是地球大氣層中數量最多的一種懸浮微粒。

每年全球的沙漠和其他土石裸露地區，會製造出約五十億噸的礦物沙塵。[10] 這些塵埃大多來自所謂的「沙塵帶」，分布範圍環繞地球中緯度地區，從北非的撒哈拉沙漠一路延伸到中東、中亞，再延伸到印度和中國。儘管本書大多著墨於人為的塵埃，但我們不能忽略一個事實，全球的礦物沙塵中有四分之三完全是自然生成。只要是有風跟乾燥裸露岩石的地方，地球的物理現象就會確保這點。[11] 如同先前所見，最會產生沙塵的地方通常是湖床遺跡或地勢低平、經常泛濫的土地。水流帶來的沉積物會形成一層厚厚的黏土與坋粒土，這些黏著性弱的土壤在乾燥後便能輕易化為沙塵。但沙塵並不僅來自坋粒。名為矽藻的微小生物，就是塵埃在地球系統中作用的最佳例證。它們以灰塵為食，最終自己也化為塵埃，揭示即使在最不起眼的角落，也存在驚人的生態連結。

一八三三年，達爾文乘著小獵犬號，經過大西洋中部的維德角群島（Cape Verde islands）。當時，他們雖然離陸地還有六百多公里遠，但達爾文寫道：「這裡的空氣霧濛濛的，能見度只有一公里左右」，而且「四周幾乎不停飄落細微的塵埃，讓天文器材表面變得粗糙，而且受到些許磨損。」[12]

他們從盛行風向中，得知那些沙塵顯然來自非洲海岸。達爾文收集了一些樣本，寄給在柏林的博物學家克里斯汀．艾倫伯格（Christian Gottfried Ehrenberg）檢驗。收到回報後，達爾文充滿驚奇地寫道：「我收集的塵埃樣本連到四分之一茶匙都不到，竟然就包含了十七個種類。」十七個種類，是指十七種不同的矽藻物種。

在距今約一萬四千五百年到五千五百年左右的非洲濕潤期間（African Humid Period），受到米蘭科維奇循環與日光反照率回饋循環造成的氣候變化影響，北非變得更加潮濕，如同上一章談到格陵蘭的情況。那個時代流傳下來的古老岩石壁畫描繪了眾多草食動物棲息的原野風光，從羚羊、原牛、長頸鹿、大象到半水生的河馬都有。十九世紀中葉，德國探險家海恩里溪．巴爾特（Heinrich Barth）從的黎波里（Tripoli）跟隨商隊，前往廷布克圖（Timbuktu）的沙漠途中，看見這些與周遭環境格格不入的繪畫，感到相當震撼。他描述這些畫作「見證了與我們今日所在區域截然不同的生活樣態。」[13]再往南走，在今日的查德、尼日與奈及利亞一帶，曾有一片面積廣達三十六萬一千平方公里的查德大湖（Lake Mega Chad），比英國和愛爾蘭加起來的國土面積還要廣闊。在這個淡水環境裡，曾經有無數兆矽藻繁盛生長，漂盪在輕柔的水流中。

矽藻是一種單細胞浮游藻類，體型極小，介於二微米到兩百微米之間，但對地球系統運作的影響卻無比深遠。之所以如此，是因為它們的數量相當龐大，凡是有光線和水的地方就有矽藻蹤跡。不只湖泊與海洋，包含沼澤、岩壁、苔蘚甚至水鳥羽毛上，都能找到它們的身影。透過類似植物的光合作用，矽藻總共貢獻了地球上二十%的氧氣來源。[14]牠們在是地球上唯一不以碳構成細胞壁，而是用像玻璃一樣的二氧化矽構成細胞壁的生物。當矽藻死亡後，會像海灘上的沙粒一樣沉到水底。撒哈拉沙漠就相當出人意表地蘊含豐富的矽藻外殼化石，數量多到形成一種泛白的粉狀礦物，稱為矽藻土（diatomaceous earth 或 diatomite）。在顯微鏡下，微細的矽藻外殼化石閃耀著蛋白色光澤，像是萬花筒裡小巧的珠寶。

北非是地球系統中最主要的沙塵來源，每年製造出兩億噸沙塵。不論何時，懸浮在大氣中的礦物沙塵都有六十%都來自該地。[15]沙塵的旅程始於撒哈拉沙漠，強勁的哈麥丹風（harmattan）會翻動沙粒、颳起細碎微塵。當沙塵騰空後會一路攀升，被信風攫住帶往西方，在衛星影像上呈現出一抹從陸地延伸到海洋的赭黃。

但礦物沙塵是相對大顆的懸浮微粒，無法無止境乘風漂流。因此，每年約有七十%的沙塵，相當於一億四千萬噸塵埃會落入熱帶大西洋，為海洋生態系帶來鐵和磷等養分。海中諸多藻類，包含矽藻、渦鞭毛藻（dinoflagellates）和鈣板藻（coccolithophores）會吸收這些礦物、迅速繁衍增長，直到這些微生物群聚成從太空也能看得到的巨大綠色漩渦，以及像觸手般伸展開來的碎形分支。它們的顏色來自與植物相同的葉綠素，並同樣透過光合作用供應地球一半的氧氣。[16]現在我們所呼吸到的空氣不只來自森林，還有很多來自遙遠的海域。當這些藻類死亡並沉入海底，它們堅硬的外殼也會封存大量的碳，經過數百萬年壓縮後形成石灰岩等礦石，以及如今驅動世界運轉的石油和天然氣。

藻類改造了地球，先是讓人類得以誕生，又將太陽數億年間灌注到化石中的能量供應英國、西方乃至於全世界，讓人們過上舒適的現代生活。而沙塵作為藻類繁盛生長的源頭與結果，是整個生物地質循環中不可或缺的要角。當風從撒哈拉沙漠深處攜帶大量沙塵，塵埃中蘊含的藻類祖先屍體，成為今日滋養洋流中生命的養分。

這個循環也帶有一絲緩慢的死亡氣息。一粒塵埃中可能同時孕育著生機與死亡，絲毫不帶任何情感。在撒哈拉發生大型沙塵暴後的數週，美國海岸出現血紅色的潮汐，原來是求鐵若渴的束毛藻（Trichodesmium）大快朵頤，數量因此暴漲百倍，突破原本的生態棲位限制。這改變了海水的含氮濃度，讓另一種養分受限的浮游生物短裸甲藻（Gymnodinium breve）隨之激增。[17]這種藻類帶有毒性，會殺死魚類與貝類。當海風吹起波浪，將這些藻類捲入空氣中，人類與動物吸入後也紛紛產生健康問題。

同時，在地球天氣系統之上的平流層高空處，細菌與病毒也隨著懸浮微粒與礦物沙塵在全球氣流中四處飄蕩，最後落腳於某片陌生大陸。科學家認為這片布滿沙塵的網絡具有正面效應，能增加下風處生態系的生物多樣性環境適應力。[18]然而，沙塵也會帶來疾病。在加勒比海一帶，撒哈拉風暴帶來的沙塵中藏有名為麴菌（Aspergillus）的孢子，讓珊瑚和海扇染病死亡。[19]二〇〇一年，美國沿岸生態學家金恩‧希恩（Gene Shinn）在美國太空總署地球觀測站（NASA Earth Observatory）的部落格中寫道：「我們提出的假設是加勒比海珊瑚礁的衰退，很大程度是由北非沙塵夾帶的病菌所致。」他補充：「你得住在美屬維京群島，才能真正體會那裡的人有多頻繁清理船帆、甲板與紗窗上的紅色沙塵。」[20]曾有幾次，整批非洲沙漠蝗蟲隨著沙塵暴飄洋過海，成功活著橫渡大西洋。一九八八年十月，一批蝗蟲在熱帶氣旋強風幫助下，降臨在加勒比海東部的巴貝多島（Burbados）上，可想而知引發當地人驚惶失措。[21]

塵埃與地球的生態系統有著緊密互動，例如塵埃跟藻類或亞馬遜森林。而從物理學角度來看，塵埃的存在也至關重大，它們能以兩種方式調節地球上的基本能量流，包含直接影響與間接影響。

第一種方式相當簡單，當太陽照射地球、地球將日光部分反射回太空，塵埃會「介入」此一過程。以科學術語來說，沙塵產生的影響為「輻射驅動力」(radiative forcing)，意指每平方公尺的地球表面吸收(或散失)多少瓦特的日照能量。塵埃造成的影響本身是矛盾的。首先，大氣層中的沙塵具有降溫作用，它們會阻擋太陽光，並將其反射回太空中，從而降低地球吸收的熱量(其中白色的海鹽其實是最有效的反射物，有高達九十七%的反照率。)但懸浮微粒也可能導致溫度升高，例如黑色碳煙不會反射陽光，反而會吸收所有接觸到的太陽能(可以把黑色碳煙想像成一名在大太陽下穿著全黑哥德式裝扮的人。)目前灰塵研究的重大挑戰之一，是要清楚理解塵埃在全球範圍內「散射」與「吸收」效應的整體平衡，因為這對建立準確的氣候模型相當關鍵。二〇〇七年，聯合國政府間氣候變遷專門委員會的報告指出，人類活動產生出的塵埃，對全球的能源收支平衡影響介於每平方公尺負〇・三瓦特到〇・一瓦特之間。也就是說沙塵可能導致降溫，也可能導致升溫，但當時他們還無法確定。[22]接下來我們討論到美國太空總署的研究，或許能解開這個謎題。

沙塵影響地球能量流的第二種方式，是作為雲朵生成的「種子」。固態的懸浮微粒作為凝結核，會促使水蒸氣凝結成水滴，或在氣溫夠低時形成冰晶。無論何時，地球表面都會有約六十%被雲覆蓋，而雲同時具有冷卻（遮蔽太陽輻射）與保暖（阻止熱量從地表散失）的功能。雲造成的實際效應就跟沙塵一樣，取決於它的大小、顏色、在大氣中的高度，以及其他大氣條件。地球之所以能保持恆溫，是因為雲的加熱與冷卻作用達成總體的平衡，這也是能量守恆定律的體現。但是人為活動排放的黑碳、礦物沙塵、二氧化碳與甲烷等汙染物，打破了地球與太空之間的基本平衡，讓地球均溫愈來愈高。

不同類型的懸浮微粒也會產生不同類型的雲。在低層大氣中，諸如海鹽、硫酸鹽，甚至是被風捲起的浮游植物，這些容易吸引濕氣的懸浮微粒，會促成低空積雲形成，能反射較多陽光。當懸浮微粒愈多，雲就會愈亮且愈白，因此冷卻效果更強。而像是礦物沙塵等尺寸較大且難以溶解的微粒，則會促使冰晶生成，產生高掛天空的卷雲。卷雲會捕捉從地表散失的熱量，再將熱能輻射回地表。[23]在北半球熱帶以外的地區，大約有七十五%到九十三%的卷雲都是沙塵造成。這些沙塵大多來自中亞沙漠，儘管那些地區產生的沙塵量只占全球十三%，但亞洲夏季季風提供強勁的上升氣流，能將這些沙塵帶到高空對流層形成卷雲。

無論是透過直接反射或促進雲形成的間接作用，人們一般認為懸浮微粒整體上具有降溫效果，可抵消一八八〇年代以來人為溫室氣體排放造成的三分之一到一半全球暖化效應。二〇一〇年，美國太空總署提出一種說法，認為只要增加五%的雲反照率，就能抵消整個工業時代以來人類排放溫室氣體造成的升溫效應（從這裡你就能明白為什麼「太陽輻射管理」這種地理工程會受到關注。）[24]沙塵是地球能量流動與平衡中不可或缺的一部分，就跟氧氣、水或冰一樣重要。或許在文化現象中，沙塵象徵著時間的流逝、萬物的毀壞與遺忘，但在現實世界裡，塵埃其實是活躍而充滿生機的物質。

雷丁大學的氣候學家克萊兒・萊德（Claire Ryder）便告訴我，沙塵之所以這麼有趣，是因為它不只單向影響地球系統，而是具有回饋迴路。「沙塵本身由天氣產生，受到風與地表濕度影響，而相當依賴氣候。但沙塵也會對氣候造成影響。這是一個完整的迴圈關係。」因此當氣候改變，沙塵也會跟著改變。

人類活動則又增添另一層回饋效應。當氣候變遷讓某些地區日漸乾旱，人類利用土地的方式也隨之改變，進而影響沙塵的生成。一九三〇年代美國的黑色風暴事件就是一個災難性例子。當時在降雨量減少與經濟大蕭條相互交織的背景下，農夫被迫開發條件較差的邊際土地，導致沙塵生成量劇增，一場乾旱演變成長達十年的災害。

另一個例子是一九九〇年代的伊拉克。那時海珊下令抽乾大片美索不達米亞沼澤地，作為對當地發動反政府叛變的沼澤阿拉伯人的懲罰。*原先約九千平方公里的沼澤地，到了二〇〇二年銳減到只剩下七百六十平方公里；同時，當地沙塵暴規模也增長十倍。[25]根據一項研究顯示，每年夏季當夏馬風（shamal）吹起，†每日被颳起的沙塵量可高達兩百五十萬噸，與世界上最大的沙塵來源——撒哈拉沙漠

* 沼澤阿拉伯人（Marsh Arabs），是居住在伊拉克南部美索不達米亞沼澤一帶的族群，傳統上以飼養水牛及稻作為生。二十世紀下半葉，伊拉克政府開始擴建灌溉系統、抽乾美索不達米亞沼澤，而後海珊政權於一九九一年鎮壓起義事件後，為報復沼澤阿拉伯人支持起義而加速抽乾沼澤，導致大多數沼澤阿拉伯人無法再維持傳統生活以致於流離失所。

† 夏馬風（shamal）是一種通常在夏季於伊拉克以及波斯灣地區吹起的西北季風。此風通常會從約旦及敘利亞帶來大量沙塵、在伊拉克造成嚴重的沙塵暴。

南部的博德萊窪地（Bodélé Depression）的排放量數值相近。[26]也就是說，有這麼多沙塵其實是由人為政策生成，如果將它們視為單純的自然災害，那將是種誤解。本書想傳達的關鍵訊息之一，就是有關塵埃的一切事物都充滿政治性。伊拉克的沼澤能否復原，同樣也取決於政治決策。

隨著人們愈來愈認識沙塵對全球氣候變遷與人類健康的影響，世界各地對治理沙塵產生的熱點、從事環境復育與整治工作的需求也隨之增長。如前段提及，世界上有七十五%的礦物沙塵來自大自然，包含沙漠與風等自古以來就循環不已的自然現象。但剩下的二十五%，相當於每年兩億五千萬到十億噸的沙塵是由人為生成。除此之外，還有約八百萬噸的黑碳來自化石燃料、燃燒木材與火耕行為。這些微粒的質量雖然比較輕，卻對地球造成巨大影響，原因在於黑碳具有超強的增溫能力，被視為僅次於二氧化碳、第二多的人為排放汙染物。[27]可以說，我們早就在進行各種改造地球的工程，我們應該承認這點，並以更加謹慎的態度面對這項責任。

將地球視為一個整體的系統，也意味著整個星球動態都有可能被囊括在一套電腦模型中。

一九五六年，普林斯頓大學的氣象學家諾曼・菲利普斯（Norman Phillips）使用一臺記憶體容量只有五千位元組、磁碟空間只有十千位元組的電腦，建立了世界上第一套「大氣環流模型」。一九六〇年代末，美國國家海洋暨大氣總署（National Oceanic and Atmospheric Administration，簡稱為ＮＯＡＡ）

的地球物理流體動力學實驗室（Dynamics Laboratory）在模型中加入海流現象；之後，實驗團隊在一九八〇年代末納入雲的生成，到了一九九六年更首次在模型中描述土壤與植被類型。[28]

「塵埃是氣候模型中遺失的一塊拼圖。」牛津大學的乾旱地理學家大衛・湯瑪斯（David Thomas）表示。[29]二〇〇七年，聯合國政府間氣候變遷專門委員會在第四次氣候評估報告中指出，人為生成的懸浮微粒，包含硫酸鹽、有機碳、黑碳、硝酸鹽和灰塵，「依然是模擬地球升溫或降溫的主要不確定性因素」。[30]二〇一〇年，湯瑪斯與牛津大學的研究團隊發起一項研究提案，提議在氣候模型中加入沙塵這項元素。當時地理學界還沒有任何觀測到的沙塵資料尺度，符合氣候模型用來作為計算單位的「格點」（grid boxes），但湯瑪斯等人指出，數值模型是人們唯一能預測未來天氣和氣候的工具，因此他們主張在模型中加入沙塵這個參數，避免未來預測結果出錯。[31]

然而，沙塵的行為相當陌生多變，它們究竟會讓地球升溫或降溫受到許多因素影響。其中一項重要決定因子為尺寸。所謂「巨大」的沙塵，通常是指直徑超過二十微米的微粒，這樣的尺寸對一般物質來說很小，但在塵埃中卻很大。大型沙塵比小型沙塵容易讓環境增溫，但根據氣候學家萊德指出，目前巨大沙塵的數量也被嚴重低估。[32]除了尺寸，沙塵的形狀也很重要，光是球形或非球形微粒，就可能有截然不同的反射特質。

沙塵的排列角度也是一項重要的特質。二〇二〇年，氣候科學家瓦利西斯・阿米利迪斯（Vassilis Amiridis）接受美國地球物理協會出版週刊*Eos*採訪時，就曾表示：「我們提出沙塵對大氣影響的所有假設很可能都是錯的。」[33]根據他的研究團隊指出，如果沙塵並非隨機朝各個方向排列，而是呈現像百葉窗葉片一樣平行排列，那麼就會有多出十%到二十%的輻射能穿透這些縫隙。另一方面，來自不同地方的沙塵可能也會造成相當不同的後果。舉例來說，進入季風系統的沙塵可能會迅速因為降雨而沉降；但在沙漠地區排放的沙塵，則可能在大氣中停留更久。因此有一項研究發現，西歐地區產生的懸浮微粒降溫效果竟然是印度的十四倍。[34] 近期另一項在西非的研究則發現，沙塵在大氣層中與大氣層頂都有升溫效果，但在地表卻有降溫效果。[35]

這真的是極為複雜的問題。沙塵不只影響範圍廣泛、元素眾多，其行為本身更是充滿異質性。由於塵埃與外在環境之間存在大量交互作用與回饋機制，沙塵具備的非線性特質，甚至可能表現在出乎意料的突現性質（emergent property），* 因此要預測沙塵的行為本質，或將其簡單納入某個地球氣候模型，都存有相當高的困難度。

所幸，聯合國政府間氣候變遷專門委員會的氣候報告並不是根據單一氣候模型寫成，而是綜合許多模型的結果。在每一輪報告發布前，全球各地的氣候模擬團隊都會採用一套共同商定的未來排放情境，來推動各自的氣候模型運行，並將模擬結果加以回報，以便將統整平均。這種方法又被稱為「共享社會經濟路徑」（Shared Socioeconomic Pathways，簡稱為ＳＳＰｓ）。在二〇二一年最新的第七次評估報告中，總共有五十三個模擬團隊針對八種不同情境，運行了約一百種氣候模型，這些情境從快速且即時的減碳，到毫無節制使用化石燃料等皆有涵蓋。

然而，即使是最新一代的氣候模型，對沙塵發揮的作用仍有極為分歧的觀點。二〇二一年，雷丁大學的氣象學者阿爾西德．趙（Alcide Zhao）分析了其中十六個模型，將結果與衛星和地面觀測資料加以比對。[36]他發覺這些模型之間存在一些根本的差異，舉例來說，各模型預測全球沙塵排放量的差異高達五倍，從每年十四億噸到七十六億噸都有，而根據最新觀測資料推估，全球沙塵排放量大約為每年五十億噸。與此同時，不同模型預測沙塵的來源地也存在分歧，從推測全球只有二．五%的土地為沙塵生成區到十五%都有。令人震驚的是，在阿爾西德．趙分析的模型中，只有一個模型認為南亞地區是重要的沙塵來源，即使眾所皆知沙塵在德里與其他印度城市幾乎是無所不在的日常要素。此外，各模型預測沙塵在大氣中停留的時間也有極大差異，從一．八天到六．八天都有，預測的時間差異高達四倍，而「不同模型對沙塵粒子尺寸差異的假設也非常不同」。

趙進一步指出，「隨著模型的設計愈繁複，要掌握沙塵的循環過程更加困難」。而且因為沙塵與地球系統中許多元件存在「耦合」(coupling)關係，[†]他認為「可以合理推測，如果將這些關聯完整納入考量，模型表現出的不確定性與缺陷將更大。」當我們對沙塵瞭解愈深，愈會發現自己所知多麼有限。沙塵遠超出人類的掌握，我們因此學會謙卑。

---

* 突現性質（emergent property）指的是在某個較低層級進行交互作用的個體，在較高層級組成了整體，而該整體具有新的特性，不存在於組成該整體的任何較低層級個體之中。比如說，氫與氧都是具高度反應性的氣體，結合在一起之形成的水分子卻表現出液體的特性。

† 「耦合」（coupling）於此處意指兩個元件互相連動依存，其中一方的改變會導致另外一方也跟著改變。

今日，有關全球沙塵流動的科學知識處於不斷變化的過程。塵埃作為氣候模型中一大不確定因素，以及當前世界上最迫切的研究領域之一，成為愈來愈熱門的研究母題。在撰寫本章過程，我曾對這樣的現象感到震驚與好笑，因為意識到自己過去對撒哈拉沙漠沙塵運輸歷程的認知，如今看來雖然不是完全錯誤，但相關知識更新後顯然比幾年前我的認知還要複雜許多。

亞馬遜是一個處於脆弱平衡中的巨大生態系統，儘管當地樹林茂密蓊鬱，但由於大量降雨將可溶性礦物淋溶出土壤之外，在樹冠下只有一層淺而貧瘠的土壤。科學家對當地一種礦物質——磷——的來源感到特別好奇。植物必須透過磷將太陽能轉化為細胞可利用的能量來源，但亞馬遜多雨潮濕的環境，讓磷不斷隨著地下水與河流離開當地生態系統，如此一來熱帶雨林如何維持營養平衡？後來，許多人都知道這個問題的解答就是塵埃。每年有高達四千萬噸的沙塵從大西洋另一側隨風而來，[37]很難想像撒哈拉這片看似惡劣、乾燥與貧瘠的土地，實際上竟支撐地球上最繁茂地區之一的生命。物物相連，塵埃不僅參與磷循環，也透過協助森林成長調節了碳循環。對此，一九九二年，環境學者羅伯特．史瓦普（Robert Swap）和他的同事寫道：「我們認為，一個大型生態系統與另一個被海洋分隔、透過大氣相連的生態系統存在相互依存關係，這種現象對於我們理解全球系統的運作具有極其重要的意義。」[38]

最初，研究者認為沙塵來自撒哈拉沙漠南部的博德萊窪地。這片低窪地帶曾是史前查德大湖（Lake Mega Chad）的一部分。過去湖中充滿矽藻，細微的矽藻外殼在湖底沉積後形成豐富的磷源。由於當地地形奇異，兩側山脈間呈漏斗狀的谷地能加速風勢，當風吹起時便有大量塵埃被帶到空中，每日最多能達到七十萬噸塵土量。儘管博德萊窪地面積狹小，只占撒哈拉沙漠面積〇．二％，但根據估算，撒哈拉沙漠產生的大氣沙塵卻有四十%都來自那裡。[39]一座古老的湖床正滋養著地球之肺。「這個世界極其渺小，每個人都彼此連結。」二〇一五年，美國太空總署的科學家于洪彬（Hongbin Yu）接受英國《獨立報》（*The Independent*）訪問時如此表示。[40]

然而，在過去幾年中，有愈來愈多新的研究開始質疑這套說法。美國太空總署噴射推進實驗室的氣膠科學家奧爾嘉・卡拉什尼科娃（Olga Kalashnikova）在一段 Zoom 通話中便對我說：「如果我們真的想瞭解是什麼滋養了亞馬遜盆地，那必須追溯到最根本源頭。」俞妍（Yan Yu）是卡拉什尼科娃在噴射推進實驗室研究團隊的博士後研究員，她利用多角度衛星影像分析塵雲的行蹤，發現雖然博德萊窪地產生許多沙塵，但大部分沙塵都落在陸地上與海洋中，只有四十萬噸的沙塵成功跨越大洋到達亞馬遜盆地。相較之下，位於茅利塔尼亞（Mauritania）和馬利（Mali）的艾爾迪烏夫盆地（El Djouf）是另一個重要的沙塵生成地，該地運送到亞馬遜盆的沙塵量是博德萊窪地的九倍。[41]另一項分析湖床沉積物的研究發現，在過去七千五百年中，亞馬遜接收到的礦塵來自世界各地，包含安地斯山脈與南非，因此從長期來看，撒哈拉沙漠可能根本不是主要的沙塵來源。[42]但無論如何，有一件事毋庸置疑：地球本質上就是個不斷變動的系統。

那麼抵達亞馬遜盆地的「肥料」，是否都是礦物沙塵？近期，大氣科學家安・巴克里（Anne Barkley）發現落在亞馬遜盆地的磷之中，約有一半其實是黑碳。[43]在非洲與南美洲的熱帶莽原以及亞馬遜和東南亞的濃密森林中，人們經常燃燒植被以清理農耕地，或為新一季的播種做準備。許多開發中國家也會利用木材、農業廢棄物和乾燥的動物糞肥，作為取暖與烹飪的燃料，因為這些燃料無需耗費錢財便可輕易取得。在俄羅斯北部、加拿大與美國北方針葉林也不時發生森林大火。整體來看，上述這些燃燒行為產生了當今大氣中約六十%的黑碳。[44]由於黑碳顏色很深，能有效吸收日照能量，而成為全球暖化的重要因素之一；然而同時，黑碳含有的磷也比礦物沙塵中的磷更容易溶解，因此成為亞馬遜盆地與鄰近海域的主要養分來源。

讓情況更複雜的是，當礦物沙塵、黑碳煤煙與其他懸浮微粒在大氣中飄浮時，彼此經常會黏在一起，形成「複合微粒」。本章稍後將會說明這是在現今氣候模型中，沙塵仍作為一個極大不確定來源的原因。

無論以何種形式生成，地球大氣中四處傳播的微粒至今仍餵養著亞馬遜森林。世界依然密不可分。但我們對於地球系統中關鍵的一部分仍有許多尚未理解的地方。

塵埃究竟從何而來，這個簡單的事實是眾多謎團之一。如今，一項新的研究計畫正嘗試解開謎團。二〇二一年十二月，我前往美國太空總署採訪羅伯特．格林（Robert Green）博士。他是「地表礦物沙塵來源調查」（EMIT）研究計畫的主要負責人。這項研究計畫的目標是建立一份全球主要沙塵生成地區的礦物圖，標示各地產生的沙塵是由什麼礦物組成。

「想瞭解沙塵與地球系統之間如何互動，最好的方式就是透過建模。」格林表示。他解釋，目前計畫使用的數據是來自聯合國糧食及農業組織提供的全球土壤地圖。「那張地圖是靠人們在各地抓起一把土壤，觀察其質地與顏色所製作成的地圖。地圖上涵蓋所有地點的土壤組成，但這不代表人們真的走遍整個非洲去取樣。」他說明。實際上，「這之中有很多地方需要填空與推測，人們真正有將土壤樣本送到實驗室進行礦物分析的地點不到五千個。也就是說，目前地球系統模型其實仰賴的是全球不到五千個測量樣本的資料。」這遠遠不足以提供精確的模擬與預測，而地表礦物沙塵來源調查計畫的目標，就是大幅改善現況。「我們將在執行計畫的一年中，提供十億筆直接測量數據。」格林表示。

要達到這項突破，要仰賴的是光譜學（spectroscopy）分析，格林認為那可能是「人類有史以來發明出最強大的分析技術，是人們瞭解宇宙的途徑。」

「光譜學之所以誕生，源自於有人將光線分散開來，試圖用以回答科學問題。」格林闡釋道：「我們可以將光譜學理解成一種分析色彩的科學。物體會呈現某種顏色，是因為它吸收特定波長的光，並反射其他波長。例如氧化鐵顏色看起來泛紅，是因為它吸收綠、藍和紫外光，只反射回光譜上接近紅色一端的光線。黑碳之所以是黑的，是因為它幾乎吸收所有光線。在元素週期表上的每個元素都有獨特的光譜反應，就像一種由晶體或分子結構形成的色彩識別標籤。而只要測量某個行星表面反射的光，或是恆星散發的光線，就可以推斷出它的組成成分。一九八二年，美國太空總署首度在內華達州測試他們開發的第一臺成像光譜儀，沒想到「我們竟然發現以前根本不知道的礦物的存在！」格林興奮地表示。

他在一九八六年加入美國太空總署，此後就一直專注於光譜學的研究。「有些我協助開發過的成像光譜儀曾上過月球與火星。現在我們正在打造一臺儀器，要將它送到木星的衛星歐羅巴（Europa）。」格林在職涯中親眼見證技術的變遷：「我曾花十萬美元買一臺一兆位元組的硬碟，現在只要二十美元就能買到！」

研究人員安裝在國際太空站（International Space Statio，簡稱為ＩＳＳ）的地表礦物沙塵來源調查儀器，內含一千兩百臺平行的光譜儀，每一臺都會對準正下方的地球表面，每六十公尺採樣一次、測量地表反射的光譜。「我們會在一年內多次掃描地球上所有乾旱地區，」格林表示：「這樣就能從多種角度觀察，有時會有雲層遮蔽、有時會遇上沙塵暴，但我們關注的是地表本身。」當系統運作順利時，「我們甚至可以從一百公里外的距離看到分子結構。這真的很神奇。」他補充。

這項計畫的目標，是希望提供氣候模擬更精確的預測能力。「我們的做法是鎖定那些面臨沙漠化風險的地區進行觀測，嘗試測量當地基礎礦物的組成。」這些地點可能在已知的沙塵發源地附近，表面仍保有些微植被，不算真正的沙塵源頭。但有些開墾過的道路、採石場或農場等表面受到擾動的土地，容易到風的侵蝕。地表礦物沙塵來源調查團隊會根據政府間氣候變遷專門委員會提出的各種氣候情境，執行地球系統模型的模擬，觀測未來可能會發生什麼事。例如這些土地是否會重新長出植被？或者會走向沙漠化？「我們預期的研究成果之一，就是推想未來一百年內可能上演的情況。」格林表示。

調查團隊繪製的這張礦物組成地圖，將提供科學家更多資訊，瞭解在今日或未來不同塵埃對地球升溫或降溫造成的影響，進而改善氣候模型的精準度。明亮的白色高嶺土黏土沙塵與紅色的赤鐵礦粉塵的熱輻射特性截然不同——這正是為什麼除了沙塵的總產量與運輸路徑，瞭解其組成也極為重要。塵埃科學也可以為拯救世界發揮一點力量。

有時，有些研究也能帶來驚人而直接的效益。格林提起一個案例：幾年前，研究團隊的人使用另一種光譜儀器AVIRIS，對加州部分地區地表上自然生成的石棉進行觀測。原先他們蒐集該筆數據是為了其他用途，但二〇〇一年，世貿中心在九一一事件後倒塌，「我們被派到現場，調查雙塔倒下後建築物裡的石棉去了哪裡，」格林說道：「我們能觀測到石膏牆板，也能觀測到紙張中的纖維素。我們在九月十六日進行飛行觀測，找出當時仍在燃燒的高溫火焰，於是便告知地面人員某些地方有火災，並提供精確的經緯座標與估計的火勢溫度。如此他們就能運用那些資訊，提升救援人員的安全。」

不過最近新冠肺炎的疫情為他們帶來一些困境。格林無奈地表示：「我當初提出地表礦物沙塵來源調查計畫案時，沒有預期到大家要在無法靠近彼此工作的情況下打造出儀器。」要建造太空硬體需要在潔淨無塵的空間中共同合作，但二〇二〇年三月，美國太空總署噴射推進實驗室完全停擺，許多供應商的實驗室也同樣關閉，讓計畫進度陷入延宕。直到二〇二一年的十二月，我訪談的科學家都還在遠端工作，由於太空總署對外來訪客依然設有嚴格限制，我也無法親自拜訪他們。不過發射計畫的日期逐漸接近。「我們被編組到SpaceX的第二十五號人員補給任務，目前預計在二〇二二年五月一日從佛羅里達州的基地升空。」格林告訴我。

我詢問他：「關於地球系統，你希望更多人瞭解什麼？」

「我希望人們理解到一切都環環相扣。」格林回答：「沙塵循環是個很好的例證，它與許多不同現象都緊密相關。塵埃會為熱帶雨林和海洋提供養分、對人類健康造成危害；它會加速積雪融化、促進雲的生成，並造成地表升溫或降溫。這些都是非常重要的現象。地球是一個互相連動的系統，我們確實能對它造成影響。對這方面的認識愈深，我們就愈能在做各種抉擇時，找出最永續的路徑和策略。」

——

我十四歲參加數學營時認識了艾莉卡・湯普森（Erica Thompson）博士。後來，我只讀了一學期數學系就休學，但她一路堅持研究北大西洋風暴的氣候模擬，最終取得博士學位。如今，她擔任倫敦政治經濟學院模型模擬倫理的資深政策研究員。在就讀博班期間，湯普森就對模型如何描繪現實世界，又或者模型是否真能描繪現實世界的問題產生興趣。她認為模型是在一個被她稱為「模型國度」（Model Land）的平行宇宙中運作。那是一個假設性的世界，在那裡一切模擬都是完美的。「在模型國度裡，一切事物都有清楚定義，我們的統計分析方法完全有效，各種定理也都能被證明與運用。」對研究者來說，那是個非常舒適的地方。[45]在這種預設下，透過模型支持現實世界的決策成為一件相當簡單的事，因為只要「將模型模擬的結果照單全收」、快速排除「明顯矛盾之處」，再把模型產出的頻率解讀為現實生活中的機率和可能性即可。

不過，任何具有基本社會學概念的人都知道，模型經常無法如實描繪現實世界，抱持能根據模型對現實如法炮製的人，往往忽略自身的偏見與局限。對於這種批評，湯普森深感認同，她更進一步指出：這些模型甚至在數學上都不準確。她把此種現象稱為「天蛾效應」（Hawkmoth Effect）。

湯普森的理論補足了愛德華・羅倫茲（Edward Norton Lorenz）的「蝴蝶效應」，蝴蝶效應理論是指在一個複雜動態系統中，初始條件的微小差異（例如蝴蝶振翅）可能會導致最終結果的巨大變化。湯普森認為二十一世紀的科學已經解決這個問題，但現在我們不應該只從單一初始條件出發建模，而是應該從多個條件出發，產出一個機率分布，而非單一數值答案。假設我們完全掌握動態系統的數學公式，那建立模型的方式是很有效的；但如果我們不瞭解實際情況的差異，例如沙塵讓地球升溫或降溫的效果比例，那麼得到的機率分布「會愈來愈誤導人，不僅在準確性與多樣性上產生誤導，甚至可能得到完全錯誤的數值」。儘管逐步修正模型使其愈來愈符合現實確實能改善短期預測能力，但在非線性的動態系統中（例如塵埃與氣候），哪怕是只有「些微錯誤」的起始條件，最終也可能導致「錯得離譜」的結果。

我得承認，能書寫一種連電腦系統都無法掌握其本質的物質，本身是件充滿詩意的事。但如果我們要理解地球暖化的風險，仍然必須去認識塵埃在地球系統中的作用。所以建構氣候模型的研究者應該怎麼做？

對此，湯普森提出有幾個有趣的建議。首先，她認為人們不能總是以必須等待更多研究、更明確資訊或減少更多不確定性，作為不制訂決策的理由。有時你就是得放手一搏。我們真的需要更好的氣候模型，才能決定是否該徹底改革現今的經濟體制、推動綠色新政（Green New Deal）、積極使用低碳能源，或大規模翻現有建築以增加能源效率嗎？不，我們需要的是更實際的作為，而且愈快愈好。湯普森同時強調研究者須清楚交代模型本身的限制，也主張加入質性資料如專家判斷，來詮釋模型預測的結果。

以沙塵為例，這可能表示我們應該將氣候模型的預測結果，交給實際上最受到預測影響的當地居民，讓他們得以一同參與制定解決環境問題的計畫與政策。例如可能因為海平面上升失去家園的馬紹爾群島與曼哈頓下城居民、仰賴降雨和地下水補給維生的北美大平原農民，或者無法再駕著雪橇駛過海冰的北極圈獵人。全球最脆弱的自然環境居民大多為原住民，有鑑於此，將科學與原住民的傳統生態知識兩者予以結合特別重要。事實上，各種在地切身的生活經驗也同樣重要。如果政府能根據**這些**知識制定環境政策，那會是什麼樣子？又能產生什麼結果？

我發現科技與社會（Science, technology and society，簡稱為STS）研究領域的一個術語——「混亂」（mess）很能幫助我們思考這個問題。科學社會學家約翰・勞（John Law）提出「混亂」這個概念，用以描述那些根本上難以簡單清晰定義的現象。他曾研究酒精性肝病，當他追蹤患者如何穿梭在不同醫療系統中，以勾勒出患者經驗的全貌時，發現經驗本身會隨著研究對象差異，在不同專科、病人與支持小組之間變動。每一個診斷方法並非只是對社會現實做出中性的描述，更是更積極形塑新的社會現實。[46]

同樣地，「塵埃」也是個模糊而多變的研究對象，在探討塵埃時，氣膠科學家關注的是礦物沙塵與煤煙、毒理學家關注的是細懸浮微粒和超細懸浮微粒，新聞報導則使用「霾害」、「煙霧」、「血雨」這些詞。在氣候研究中，重金屬與放射性微粒鮮少被提及，但它們卻是人類健康研究的核心議題。近期，塑膠微粒也被歸類為懸浮微粒的一員，而幾乎所有塵埃都在肉眼可辨識的極限下活動。顯然，塵埃絕對不是整齊劃一的研究對象，它提醒我們世界本身也並非如此。

現代社會曾試圖讓一切變得可量化、預測與控制。而塵埃揭示了這種知識觀的極限，或許還能促使我們重新思考與想像一個更好的未來。

第九章　流水之地

我沿著三九五號公路北上，整條路上幾乎只剩我一人。太陽從內華達山脈後方慢慢落下，前方的丘陵在漸暗的暮色中變成靛藍色。那是一段漫長的旅程，我從一座逐漸乾涸的鹽海，橫跨莫哈維沙漠五百六十三公里，一路上側風不斷將我的車子推往對向迎面而來的卡車。在約翰遜山谷（Johnson Valley），我看見塵土揚起，遮蔽了後方的山丘，遠處一團螺旋狀的沙土盤旋上升，形成塵捲風掃過平原，接著瞬間消散。但當車子駛入歐文斯谷，地景變得溫和許多，也多了一絲綠意。在奧蘭查（Olancha）附近，我看見一排壯麗的楊樹環抱一處休息區，樹木的枝葉繁茂、春意盎然。路邊一塊告示牌上寫著：「想像的 Payahuunadü」（IMAGINE PAYAHUUNADÜ）。

Payahuunadü 的意思為「流水之地」。

隨後，我開過一道小坡，映入眼簾的是整片歐文斯乾湖（Owens Dry Lake）寬廣的湖床。過去那裡曾是一片湖水，如今將近三百平方公里的土地上只覆蓋著白花花的鹽晶。

二〇二二年四月，我來到東內華達山脈（Eastern Sierra），試圖在這片被破壞的土地上找到一絲生機。在第二章中，我已講述過這片土地如何被摧毀，以及為了誰的利益而被犧牲。但這段故事還有一半沒講完。半個世紀過去後，歐文斯湖出現了相當驚人的轉變。根據我所知，目前歐文斯湖是全球規模最大的揚塵整治工程案例。接下來我們得追問的問題是，這種整治方法是否正確？在本章中，我將深入探討歐文斯湖揚塵整治計畫的政治因素與實作方法，是誰推動這項計畫？哪些方法奏效，哪些則失敗了？

歐文斯湖不是美國唯一乾涸的湖泊，卻是美國近代史中第一座乾涸的湖，因而成為重要前例。近年來，猶他州大鹽湖（Great Salt Lake）與加州索爾頓湖也在持續縮小，裸露的湖岸揚起沙塵。因此，這裡的經驗不只是地方性的，更關乎世界的未來。

本章也揭示沙塵、水與土地之間緊密的關聯，我們不能只從局部解決一個系統性問題，而是得療癒整體。

現在讓我們回到歐文斯谷。四月二十三日星期六，歐文斯谷即將舉辦一場賞鳥節。這場活動由當地環保團體「因約之友協會」（Friends of the Inyo）舉辦。根據美國最大的鳥類保育研究組織奧杜邦學會（Audubon Society）指出，這片瀰漫沙塵的乾涸湖底在短短幾年內，逐漸轉變成「全球重要的濕地」。[1]每年春秋兩季，成千上萬隻岸鳥（shorebirds）與水鳥（waterfowl）會在這片湖區與復育濕地停歇，享用豐年蝦大餐，再繼續沿著從阿拉斯加往巴塔哥尼亞的太平洋候鳥遷徙路徑（Pacific Flyway），往南北遷徙。

這麼重大的轉變是如何發生的？現實世界真的有這麼好的事嗎？這裡似乎成為龐大鳥類的過境勝地，但當地居民生活情況如何？為了理解來龍去脈，我來到只有兩千〇三十五位居民的孤松鎮展開訪談。

在二十世紀大部分時間，歐文斯乾湖的沙塵都被視為一個環境問題。但由於沙塵分布範圍太廣，並且問題源頭是一座乾涸的湖泊，而非發電廠或礦場，因此沒有人知道該如何究責，只將沙塵描述為「自然現象」。儘管這種自然現象讓加州三九五號公路的雷諾路段發生交通事故，當時的人還不認為沙塵是一種「公害」。不過後來一切開始轉變，那是因為一九五〇到六〇年代，美國不僅科學技術更進步，社會大眾的環境意識也改變了。

我首先訪問歐文斯谷地區揚塵整治計畫的主持人菲利浦・基杜（Phillip Kiddoo），他同時也是大盆地空氣汙染管制局（Great Basin Air Pollution Control District）的主任。當被問到當地經歷的轉變時，他表示：「這需要一場社會與文化上的變革 、一種典範轉移。」

「人們開始意識到糟糕的空氣與水質對健康造成的危害」，他表示：「於是開始有人站出來，抗議一種讓企業恣意排放汙染、將生產成本轉嫁到民眾健康的社會風氣。」

一九五〇到六〇年代，美國最早一波環保運動正好在洛杉磯展開。當時，一群名為「消滅霧霾SOS」（Stamp Out Smog）的婦女團體帶著孩子戴上防毒面具、走上街頭向政治人物示威，訴求改善空氣品質。一九六二年，瑞秋・卡森出版《寂靜的春天》一書，也點燃環境意識的火苗。許多人開始關注使用殺蟲劑對環境造成的影響，也重新思考人類群體與自然的關係。自然不應該只是人類恣意取用的材料庫，而是一個脆弱且相互影響的系統。如同瑞秋・卡森在書中向人揭示，如果人類毒害環境，環境中的毒素終將反噬人類。不過這種觀念對世代皆擁抱互惠價值的原住民群體來說早已不是新知。

一九六三年，美國國會通過《清淨空氣法案》（*Clean Air Act*），針對包括PM10和PM2.5懸浮微粒在內的六種空氣汙染物設定全國標準。之後，加州政府制定更嚴格的法規管制汽車排放與燃料成分。到了一九七〇年，美國總統尼克森簽署成立「環境保護署」（Environmental Protection Agency，簡稱為EPA），菲利浦・基杜指出：「為了達到聯邦政府設制的空氣品質標準，各州必須制定具體規範。」在這個背景下，大盆地空氣汙染管制局相應成立，負責監測、研究一地空氣品質，並建立相關數據與科學文獻，證明歐文斯湖確實是當地空氣汙染的來源。

在此同時，有科學研究開始明確指出礦物性粉塵對人體產生的危害。一九七〇年代初期，一篇針對美國一百一十七個城市進行的人口統計分析，指出各城市死亡率與粉塵汙染有「重大」關聯。[2]哈佛大學環境醫學研究所人員也以六座城市為研究範圍，檢驗空氣汙染與心肺疾病的關聯性，並發現微粒汙染物比二氧化硫等氣體汙染物更致命。[3]於是歐文斯谷又多了一個罪證：歐文斯谷不只製造沙塵，更危害著當地居民的生命健康。

一九七〇年代，東內華達山脈地區也終於迎來第一波環境運動。一九七六年，史丹佛大學一名年輕的助教大衛・蓋恩斯（David Gaines）帶著一群學生研究員到莫諾湖（Mono Lake）進行科學調查。莫諾湖是一座位於歐文斯湖以北一百八十公里處的鹹水湖。一行人在湖旁邊紮營、觀察湖岸鳥類、對湖水進行滴定測量，並觀察湖中的豐年蝦。當時洛杉磯水電管理局正在進行分段截流工程，導致莫諾湖的水位持續下降。蓋恩斯與學生的生態監測結果，正好揭示工程將對生態帶來的嚴重破壞。於是，他們成立了「莫諾湖委員會」（Mono Lake Committee）展開抗爭，並藉由「水桶接力」的活動，號召登山、慢跑人士與自行車騎士從洛杉磯提水到莫諾湖，作為一種象徵性的補水行動。他們的倡議很快便獲得公眾認同。

同時，另一個新興在地團體「歐文斯谷公民關心協會」（Concerned Citizens of the Owens Valley）也與莫諾湖委員會攜手合作，提出三個主要訴求：促進水資源永續、保育動植物生態、促進在地經濟發展。有了空氣品質與水質的環境法規基礎，公民團體開始要求洛杉磯水電管理局處理東內華達山脈地區的環境汙染問題，並負起應有的法律責任。

找出問題並非難事，想出實際解方就沒那麼容易。到底要如何讓一片乾涸的湖床不再揚塵？解決方法大約分成六種。

第一種方法是覆蓋住揚塵的湖底。常見方法會使用礫石，不過一九八六年美國海軍一份報告也提出更極端作法，例如鋪上一層柏油或噴灑硫酸鈣，如此一來，湖床表面會變成更堅硬的石灰岩保護層。[4]如果選擇鋪上一層十公分厚的礫石，那不僅能抵禦強風，還能防止起鹽分上升到地表形成「鹽霜」（efflorescence）。但鋪設礫石本身就是一項非常容易揚塵的工程，因為在進行前得先去採石礦，並要以重型卡車載運。

第二種方法是減弱風力。一九九〇年代，人們為了阻擋來自湖邊乾燥地區的沙丘移動，而嘗試設置防沙柵，然而這個設施治標不治本。另一種叫做「耕土」（tillage）的方法反而比較有效。這種做法是在乾涸湖床上，犁出一道道與盛行風向垂直的深溝，透過地面的高低落差來干擾風的流動，進而減弱風力與減少揚塵。耕土法最大的優點是便宜，執行耕土法的花費是其他方法的五十分之一，平均每平方公里花費約為十九萬美元[5]。但是耕土法無法為野生動物創造棲地，看起來也相當不美觀。

第三種方法是直接去除鹽塵來源，尤其是防治最容易隨風飄散的細微鹽粒。由於每年雨季，歐文斯谷的地下水位時常起伏不定，地底的鹽分容易反覆結晶與溶解，無法形成較大與穩定的顆粒。一種直觀的解決方法是降低地下水位，但海軍報告也特別指出：「任何需要從歐文斯谷抽水的措施，都可能造成公關危機。」（這段陳述其實太輕描淡寫。）因此，另一種方法是「圍湖造地」（poldering，又稱為圩田化），亦即用淡水降低乾涸湖床中的鹽分，這是荷蘭常使用的填海造陸方法。

不過以上幾種方法都不是當局採用的作法。歐文斯湖控制揚塵的主要方式，是透過鹽鹵（brine）調控鹽分結晶，形成堅硬完整的鹽粒殼，如此能讓地表更具有抗風性。但要是結晶顆粒太小、鬆散或不均勻，還是容易被風帶走。而且由於鹽分在水中結晶與溶解是同時發生的動態過程，要控制鹽分結晶大小並非易事。

第四種方法是以一些耐鹽的草本植物與堅韌耐旱的灌木叢進行植被復育。通常，鹽分與硼含量高的湖床環境不利於栽種植物，但由於當地已培育出適應大盆地氣候的物種，因此栽種效果出乎意料地好。根據一項早期研究指出，鹽草屬植物的根系因為能廣泛延伸，抓取土壤與吸收水分跟養分，因此即使只有十七．五％的湖床種植鹽草，也能減少九十五％的沙粒移動。[6]如果有辦法再提高植被覆蓋率，那甚至能達到九十九％的防塵效果。不過，由於湖區地型與水、鹽、土壤之間的交互作用相當複雜，並非全部區塊都能適用此種方法。而且種植植物需要持續灌溉，這也讓洛杉磯市政府感到不滿——他們寧願將水資源利用在維護洛杉磯的草坪與綠地，而非荒野與山區的灌木叢。

最後，還有最直接的方法，就是讓水回到乾涸的歐文斯湖。

這種方法並不是指完全填滿湖泊，而是讓特定區域「淺層淹水」，在湖床引入幾公分深的流水，形成粼粼發光的池塘與小湖泊。這種方法不僅能解決揚塵問題，還能提供許多生物，包含鳥類、動物、微生物與人類適合的棲地。對當地派尤特族社群而言，能再次看到祖先稱呼的「帕奇亞塔」湖水重現，也具有文化與精神上的傳承意義。

一九九九年，洛杉磯市被要求實施三種方法，包含淺層淹水、種植鹽草植被與鋪設礫石層來解決沙塵問題。此後十多年來，歐文斯湖成為耗資十億美元的工程建地。整個工程案分成十期，其中光是第七期A區的工程就需搬運幾一百萬噸的土、鋪設六十四公里長的護堤道路，並在脆弱且充滿鹽分結晶的沼澤地上建造整齊劃一的淺水湖網絡。另外，這項工程還花用了兩萬四千只灑水器、總長超過六百四十公里的水管，以及九十萬噸的礫石。很快工程單位就發現，要讓揚塵量降到法定空氣品質標準，涵蓋的作業面積比原先預估的還要大，於是施作目標不斷提高，工程預算也持續攀升。[7]

到了二〇一二年，洛杉磯水電管理局已經在這片大多數洛杉磯市民沒有聽過的荒地，花費了十五億美元，他們希望能說服大眾這筆支出已經足夠。整個城市每年向歐文斯湖注入四千萬噸水，相當於整個舊金山一年的用水量。水電管理局提起訴訟，要求改變控制揚塵的策略。他們主張減少填水的面積，轉而增加礫石覆蓋與耕土法的施作面積。到了二〇一九年，洛杉磯市處理這場人造環境災難的費用已超過二十一億美元，相當於發給歐文斯谷每位居民五萬美元，或者每年補助洛杉磯市民兩個月的水費；[8]此外，工程每年也使用約一千一百六十七公升的水，等於洛杉磯市每年從山谷取得的水源有三分之一是拿來償還以前欠歐文斯谷的水債。[9]

如此大費周章是否值得？

然而，一件驚人的事發生了。

在過去七十五年，乾涸的歐文斯湖床是一片死寂的鬼地，當地具有生態價值的土地面積不到二%，只有一些鹼性草甸、鹽灌木（saltbush）或濱藜草叢生長。在大多數地區，最大的生物只有藍綠菌或單細胞古細菌。但在二〇〇一年，洛杉磯水電管理局終於打開水閘，讓內華達山脈的融雪再次流入乾硬的湖床。很快地，六十七平方公里的湖床上開始出現一層淺水湖與池塘，[10]而在西岸，泉水與鹽水湖仍默默維持著土地的潤澤與生命力。

這些水帶來了生命，而且是令人難以置信的蓬勃生機。曾經沉睡數十年的鹽草重新復甦生長，數萬隻候鳥從南美洲南端的冬季棲地飛往北方途中，看到這片在春日照耀下明亮如鏡的水面，便落腳覓食鹽水與飛蟲，養精蓄銳飛往加拿大北方森林與白令海的夏季繁殖地。

從八十萬年前以來，大盆地地區的湖泊群一直是候鳥停留的棲地。如今，睽違了八十年，牠們終於又回來了。二〇〇八年四月，歐文斯谷委員會（Owens Valley Committee）與奧杜邦學會東內華達山脈分會（Eastern Sierra Audubon Society）共同合作，舉辦首屆「歐文斯湖鳥類觀測日」（Owens Lake Big Day），當日記錄多達四萬五千六百五十隻鳥、共計有一百一十二種鳥類，創下當地的鳥類觀察紀錄。鳥友與高采烈觀察著各種水鳥，有紅褐色羽毛的白臉彩䴉（white-faced ibis）與灰斑鴴（black-bellied plover），還有九千二百一十八隻美洲反嘴鴴（American avocet）、一千七百六十七隻有大叢羽毛的黑頸鸊（eared grebes），以及一萬三千八百二十六隻迷你尺寸、重量約二十公克的鷸（sandpipers）在濕地來回啄食。[11]大自然似乎開始重新統御這片人為工程建造的棲地。

二〇一八年，歐文斯湖被列為國際級的重要水鳥棲地，每年春秋遷徙季節，當地吸引多達十萬隻候鳥前來造訪，也因此有了年度歐文斯湖賞鳥節等活動，如今觀光與休憩活動成為當地重要的經濟來源。大量野生動物開始現身，從半蹼鷸（dowitcher）、中杓鷸（whimbrel）、黃腳鷸（yellowleg）與黑頸高蹺鴴（black-necked stilt）等鳥類，到小囊鼠（pocket mouse）、更格盧鼠（kangaroo rat）、黑尾長耳大野兔（jack rabbit）與棉尾兔（cottontail）都被觀察到蹤跡；還有人看到只分布在加州的加拿大馬鹿圖勒亞種（Tule elk），棲身在當地的鹽地草甸，而美國山貓（bobcat）、郊狼（coyote）與狐狸也在草澤間穿行。

幾乎有整整一世紀，在三、四代人的生命中，歐文斯胡曾是一片死寂。但這片土地比人們想像得更有耐性與韌性。

只要再次注入水源，土地就會再度爆發生機。

———

儘管歐文斯湖恢復了生機，整個填湖工程創造的人工景觀與過去的湖泊地景依然差異甚大。截至今日，揚塵防治工程已經處理近半片湖床，在歐文斯湖的北側、東側與南側構成長達四十公里的弧形基礎設施。

二〇二二年四月某個星期六，我決定前往歐文斯湖一探究竟。當時正逢歐文斯湖賞鳥節，在疫情停辦兩年後終於回歸。這場活動由因約之友協會規劃，內容包含賞鳥、植物導覽、山區地質景觀觀賞的越野行程、塞羅戈多「鬼鎮」的導覽行程，還有給初學者體驗的三級攀岩活動。此行去歐文斯谷，最大的遺憾是沒辦法參加全部活動。那一週我相當疲累，只能在孤松鎮一家登山旅舍看著一批批登山客出發前往附近的惠特尼峰（Mount Whitney），自己卻無法同行，因為我是為了塵埃的議題而來。跟我同行的搭檔是一名叫馬丁．鮑威爾（Martin Powell）的攝影師，他是一名高大、親切的男子，平常會開課教初學者與使用望遠「大砲」。

我搭上馬丁的卡車一起前往湖邊。我們沿著三九五號公路南下，在漂礫溪（Boulder Creek）轉進一條通往湖區、沒有鋪柏油的泥土路。馬丁對這條路線非常熟悉。我詢問這條路是否因為賞鳥節而特別開放？但馬丁搖頭否定。他解釋道，由於一些複雜的法律漏洞，這一帶都是公有地。歐文斯湖被歸類為「水淹地」（submerged lands），理論上是能通航的水域（想像一下在十九世紀，曾有一艘蒸汽船橫渡湖面前往塞羅戈多礦區）。因此即便這片土地近一百年來都沒有真正的湖水，它的產權仍屬於加州土地委員會（California State Lands Commission）。洛杉磯水電管理局只是湖區的管理者，而非擁有者，他們甚至設立了遊客步道、解說牌，並印製介紹手冊，還設置流動廁所與地景藝術裝置。[12]步道環境相當親民，訪客只被要求盡量避開大型推土機的作業區域，還有如果打算獵鴨，要避免朝施工處與工程人員方向開槍。

接著，我們沿著貝迪高速公路（Brady Highway）行駛，那條公路是歐文斯湖主要的施工程車通道。路旁架高的土堤設置了一條約一．二公尺寬的管線，從洛杉磯引水道輸送灌溉用水到湖區各處的管線、幫浦與灑水器網絡，以執行涵蓋一百二十七平方公里的抑制沙塵工程。從公路延伸出去的是架高在湖面上的多條通道，這些通道把湖區分成幾百個沙塵控制區，每個區塊都採取不同整治策略。

在一些整治最久、距今已有二十年歷史的地區，當地景觀就像河口或草澤生態系。而在道路隔出的網格狀區塊中，一種更自然的風景逐漸成形。大片淡金色的鹽草包圍著寬闊的泥灘地與曲線形狀的水窪；在水與土交界處，因為水蠅（brine fly）聚集而讓泥淖呈現一片濃重的黑色；加州鷗（California gulls）在淺水區踱步，用腳攪動水底讓幼蟲向上浮，接著便能大快朵頤。在湖區更遠處的高鹽分區域，地表形成一層厚厚的鹽結晶，因為水分蒸散產生的裂紋像龜殼一般分布，每片可達數公尺寬。其中的積水因為礦物成分而呈現鐵鏽般的紅色與磚粉色，有一群嗜鹽的古細菌棲息在水中，這些奇特、微小而耐鹽的單細胞微生物體內的類胡蘿蔔素，讓池水染上異世界般的顏色。也許，未來我們會在其他星球上發現它們。

至於鳥類部分，我們有馬丁幫忙講解不同地點的各種鳥類，一名土地管理局的野外生物學家還借我一對施華洛世奇望遠鏡來觀察鳥類。這裡的生態系與我家鄉的荒郊非常不同，但當我聆聽講解時，童年翻閱偵探童書《我發現》（*I-Spy*）的記憶在我腦中浮現，讓我驚訝地回想起許多鳥名。在眾多鳥類中奪走鎂光燈焦點的是美洲反嘴鴴，牠們成千上百地聚集在湖中，優雅的長腿像是穿著藍色絲襪，頭頸羽色呈現為繁殖期的桃色，不同隻鳥用上翹的喙在淺水中濾食。燕子從空中飛掠，遠處水鳥因為一隻鷹來打擾而成群騰空飛翔。我們造訪湖區那天是個風大的日子，成群的鸊鷉（grebes）隨著起伏的波濤，不時潛入水中覓食，水雞則零星點綴在水面上，顯得有些滑稽（畢竟我大老遠來，不是為了看這些我在北倫敦散步時常見的鳥類。）比起家鄉常看到的鳥類，我更喜歡西濱鷸（western sandpipers）和姬濱鷸（least sandpipers），這些黃褐色與白色羽毛相間、圓潤可愛的小鳥，有著小巧靈動的黑色腿與鳥喙。我眺望著眼前這片風景，它們一半是人工建設、一半被自然生態拿回主權，我努力想理解這一切。

我想起過去曾看過的其他乾涸湖泊。在陽光下遠觀鹹海的風景十分莊嚴壯麗，近看卻令人反胃。二〇一六年南加州的索爾頓湖同樣糟糕，那裡的湖畔充滿吳郭魚（tilapia）跟海鳥的屍體。二〇二二年四月我再次造訪索爾頓湖時，那裡的氣味變好很多，沙灘也幾乎沒有動物屍體。但遊客中心的一塊告示牌上聲稱湖水沒有受到汙染且魚群繁盛，我半信半疑詢問一位公園管理員：「這裡的生態真的恢復了嗎？」他回答：「或許只是因為大多數魚早就死光了。」唉。

相較之下，歐文斯湖可以說是充滿生機、物種豐饒多樣。光是十幾公分的水就能涵納完整的濕地食物網。這個地方帶有某種嚴峻卻吸引人的魅力，當地高鹽度土地與流水形成的神奇色彩，也抓住知名攝影師的目光。例如對大衛・梅索（David Maisel）與喬治・史坦梅茲（George Steinmetz）等攝影師來說，歐文斯湖帶有一種「因為環境破壞而誕生的奇異美感」，就像是體現「當代版本的崇高」。[13]

「這裡很美吧？」我問身旁的鳥類導覽員麥克・普拉瑟（Mike Prather）。他投入湖區鳥類生存議題倡議活動三十年、帶領過無數次生態導覽。「是的。」麥克回答。對他來說，這裡的美分成兩種層次，其一為理性思維層面。身為一名科學老師，他欣賞這裡發展出如此錯綜複雜又互相依賴的生態系。而另一種美，如他所說：「是那種讓人深深震撼的美。我會一個人在這裡待上無數小時與日月年，從來都不覺得厭倦。」

他也特別提到不是每位遊客都有相同感受。有些人來這裡，不會因為看到成群的反嘴鴴就驚呼：「天啊！那裡有一萬隻鳥！」，反而可能會說：「這裡怎麼看起來像工地？」

其實他們這麼想也不無道理。

放眼望去，空氣汙染監測系統遍布在整片地景，同步將空氣品質轉化為視覺化的數據。自從二〇一四年一場持續時間超乎預期的旱災發生後，歐文斯湖便進入了所謂的「動態水資源管理」（dynamic water management）模式。當局架設了一套由感應器、水閘門與自動化灑水器組成的系統，當沙塵流量超過閾值、或者當風大時湖底出現塵捲風，管理系統就會啟動。這片濕地成為一種半賽伯格式的混合空間，有機體與無機體之間的界線愈發模糊，自然與人工的成分各半。

不過，如同我跟麥克討論，這裡並不會比美國其他水域更「不自然」。幾乎每條河流都曾有人們建立水壩與現代水利設施，以供應水力發電、民生用水與灌溉系統。在西方世界早就不存在一處純天然的水源，全世界未經人類改造的水文也寥寥無幾。「原始的荒野」（untouched nature）是一種浪漫的幻想，實際上早已不存在於現實。一九九四年，環境史學家威廉・克羅農（William Cronon）曾寫道：「相信世界上仍存在荒野的想像，來自於我們冀盼一部分的自然在經歷人類活動後完全不受影響。」這是一種相信「我們能抹去曾經做過的一切，回到自然未被人類沾染的原始狀態」的渴望。[14]這種想像是白人殖民者典型的幻想，試圖否認殖民過程帶來的傷害。在我訪問的派尤特族人中，從來沒有人會談到「原始的荒野」；反而，他們強調世世代代的祖先對水源的管理與保護，例如建立灌溉溝渠將水源分流，也讓生命擴展到更廣大的土地。

不過另一方面，鳥類似乎屬於較不受地域限制的生物。牠們需要的不外乎是水與食物，今日高度人工化的歐文斯湖正好能滿足牠們的需求。「有些生物的數量，可能比以前湖泊未乾涸時還來得多，」麥克透露：「過去歐文斯湖還沒消失前，周遭只有一圈狹窄的湖岸，接著就是廣達兩百八十五平方公里的開放水域。」麥克曾經請一位「地理資訊系統」（geographic information systems，簡稱為ＧＩＳ）專家幫忙估算，過去當湖水接近滿水位時，岸邊水鳥的棲地面積有多少，答案是一萬平方公尺。「反觀現在水鳥棲地面積遠大於這個數字。」我計算了一下，現在的低水位填水區與人工植被覆蓋的面積合計高達九十三平方公里，數據的差距應該可以解釋為什麼鳥兒在這裡生活得不亦樂乎。[15]

但離開水鳥棲地後，湖床的其他地方仍一片死寂。在比較早鋪上礫石的區域，植物從石縫中生長，讓地景呈現出類似鵝卵石海灘的樣貌；剛竣工的區域則顯得單調灰暗，好像未鋪柏油的停車場。或許洛杉磯水電管理局比較偏好不需用水的揚塵整治工程，但對環保人士與派尤特族來說，這是最不得已的選項。「如果只是鋪一層礫石，那根本無法提供任何棲地給生物，還會因為開採與搬運礫石製造揚塵與環境干擾。」歐文斯谷原住民水利委員會（Owens Valley Indian Water Commission，簡稱為ＯＶＩＷＣ）常務董事泰芮．紅貓頭鷹說道。她任職的委員會是負責集結歐文斯谷地區原住民族部落共同自治管理水資源的地方組織。鳥類導覽員麥克則表示：「礫石層對蜘蛛或一些蜥蜴來說可能是不錯的棲地，除此之外沒什麼好處。」

不過就揚塵整治的效果來說，目前採用的方法確實非常有效，無論是採用礫石、植被、鹽滷或填水。「目前為止，我們估計已經減少約九十八%到九十九%的揚塵。」歐文斯谷地區揚塵整治計畫主持人菲利浦・基杜分享：「你要知道，以前我們的空氣品質常常超標，塵埃濃度會超過兩萬微克，相當於全國標準的一百倍。這就像道路限速為時速一百〇四公里，但我們開車時速達到一萬公里。」

「現在我們每年大概只有一兩天的空氣品質會超出警戒標準，而且只有兩三臺監測儀超過閾值數據，不是全區超標，也不會持續太多天。通常超標日的數據也不會很誇張，大多為一百八十到兩百微克，嚴重時頂多到四百微克，那也很罕見。所以我覺得我們已經快達成目標了。」

能達到這項工程是相當了不起的成就。包含主持人基杜、整治計畫前任主持人泰德・協德（Ted Schade）、所有政府機關、在地部落與非營利組織，這些機構與人數十年來鍥而不捨，終於達到目標。他們成功讓洛杉磯負起環境責任。過去歐文斯谷是世界級的空氣汙染重災區，人們不敢想像在當地撫養後代，但現在情況已大不相同。儘管衝突爭議仍然存在，如同我在撰寫本章時，大盆地空汙區和洛杉磯水電管理局又因為一片未處理防塵問題的湖床對簿公堂，但我相信人類與塵埃、水、土共存的可能性變得更多元寬廣。

歐文斯谷還是有許多未完的工作，未來發展也註定充滿衝突。當地人還需解決兩個特別棘手的問題，其一是仍存在的沙塵，其二是沙塵的反面——水。當然，這兩者存在緊密關聯。

一樣是在二〇二二年四月的某個星期三，我前往距離孤松鎮北方六十四公里的地方，訪問派尤特大松部落的環境部團隊。在返回鎮上的三九五號公路上，我如同駛入一場白茫茫的暴風中。整個山谷瀰漫一層迷霧般的薄霧，從東邊乾燥光禿的因約山脈（Inyo Mountains）到西邊尖聳的內華達山脈都籠罩在霧氣中。那是一種明亮、純白而無形的煙霧，顯然不是由水氣組成，而是鹽、鹽塵、黏土粉塵，甚至含有一定分量的有毒元素，例如鎘、鎳與砷。這不是個好現象。我開始思考是否該戴起預防新冠肺炎的醫療口罩再出門。[16]

這是我體驗過最糟糕的塵害，但也不是第一次遇到這種狀況。在旅程前一天，我開車繞行湖區，看到一片白色沙塵飛揚在空中，它們像幽靈一樣飛舞、掠過湖床，飛升到一百公尺高空。有些沙塵甚至快形成塵捲風，但都沒有完全成型。當風停歇後，沙塵便消失無蹤，彷彿什麼都沒發生過。沙塵不只在湖區出沒，也飄到山谷間，包含生長著荒漠灌木叢、理應能抓住土壤的植被。這些植物的名字說明它們的能耐，無論是鹽灌木、碘灌木（iodine bush）與外來種的俄羅斯薊（Russian thistle），它們能承受化學性的惡劣條件，但如果缺少水分也無法生存。當揚塵出現在山谷，代表歐文斯谷的水資源分配明顯失衡。

「在谷區裡，誰是最激烈的水權與土地權益捍衛者？」我在訪問派尤特大松部落的環境部團隊時問道。負責部落公共設施的工程師傅保羅．衛德（Paul Huette）笑著說：「大概是莎莉吧！」其他在場的人也跟著笑了。保羅補充道：「我的工作身分讓我無法對一些議題表達太直接。」作為後來才加入派尤特大松部落的成員，保羅同時負責多項職位，從環境、水資源、住房、學校與義消隊無所不包。

相較之下，莎莉・曼寧則能更直言不諱。她是一名受過專業訓練的生態學者，博士論文便是研究歐文斯谷植物的用水狀況。莎莉曾在因約郡政府擔任生態學家，也積極參與本地的環保運動。她在二〇〇九年成為大松部落的環境部主任。雖然莎莉是一名白人，不具有部落身分，但她對部落權益的瞭解與投入的倡議行動令人敬佩。在這場訪談中，還有另外兩名成員參與討論，一位是來自派尤特主教部落的水資源計畫負責人諾亞・威廉斯（Noah Williams），另一位則是空氣計畫負責人辛希亞・杜里斯科（Cynthia Duriscoe）。

對於這個社群而言，塵埃一直是相當迫切的問題。「我們大松部落距離歐文斯湖環境監測網中所謂『未達標區域』（non-attainment area）約十三公里處，監測範圍就到我們南邊的帕佛地山（Poverty Hills）為止，」莎莉指出：「但這裡其實從來沒有進行過長期的氣象或空氣汙染監測，就算我們是人口不少的區域——我是說，相對於歐文斯谷來說，我們的人口算多了。」她的補充讓大家都笑了。大松部落的居民只有一千五百六十三人，卻已經是這個人煙稀少的郡裡的第三大鎮。「我們坐在這裡就能看到沙塵從遠方飄來，而且不是來自歐文斯湖，而是更遠的地方。」她指著窗外說。誰是罪魁禍首？那就是地下水抽取。

洛杉磯市用的水不只來自山脈融雪或歐文斯湖，這些地表的水源不足以澆灌飢渴的城市，水電管理局還從山谷間的地下含水層抽取水源。莎莉表示：「在這一帶，一些地下水井已有幾百年歷史。」早在一九〇五年洛杉磯引水道工程開始前，好幾名農場地主就已在當地自行開鑿水井；但要到一九七〇年，水電管理局擴展地下水抽取工程以開發更多水資源，引水道可抽取的水量才增加六十%。如今，整座山谷有一百座地下水幫浦，多半設置在山谷邊緣的沖積扇地區，以截取從山頂流下的水源。

幾百年來，這片沉積土壤孕育著大片鹼性草甸，其中鳶尾花、百合與原生灌木交織生長，草原上亦棲息著草地鷚、老鷹與歐文斯谷田鼠。這樣緊密的生物網都仰賴高水位的地下水系統。一八五九年，美國陸軍上尉約翰·戴維森（John W. Davidson）曾率領遠征隊伍來到此地，並讚嘆這裡是他所見過最美的地方之一：「這片廣闊的草原，每隔幾公里就有清澈冰涼的山泉灌溉，儘管已經是八月，草地仍像初春時一般青翠。」[17]

「所以他們真正摧毀的是這些，」莎莉說道：「整片草地生態系的土表都被風吹走、捲起。」她曾參與稀有植物調查工作，當一行人走在一片乾枯植被上，他們的腳踝深陷在塵土中。

「就因為四百公里外某個地方想用更多水，你就必須每年從這裡抽走六百萬立方公尺的水，讓一個天然湧泉乾涸？」保羅氣憤地說。他對一個完整的生態系就這樣被扼殺感到不可置信。

「這些沙塵也造成很多醫療問題，」保羅說道：「因為沙塵中含有很多懸浮微粒，很多人都得了氣喘或需要使用吸入器。」

水資源計畫負責人諾亞就是其中一名受害者。他分享父親在他還是小嬰兒時講的一個故事。他的父親哈利·威廉斯長期努力為派尤特族的傳統文化與水權奔走發聲。一九九六年，在當地許多揚塵整治工程尚未開始前，他們一家從洛杉磯返家。當他們開車經過孤松地區時，遇上一場嚴重的沙塵暴。哈利從車內看出去，視線幾乎完全被沙塵遮蔽。他嚐到嘴裡帶有金屬味的沙塵，然後回頭望向後座的嬰兒諾亞，心想：「這對他一定很不好。」接著便自問：「有誰能活在這種環境？這樣要怎麼生活？」

「後來，他不幸得了間質性肺疾炎（interstitial lung disease）。」諾亞娓娓道來：「造成這種病的因素可能有很多，但居住在這個地區就是最大病因。很多老人都患有呼吸道疾病，如果住得離歐文斯湖愈近，身體症狀更嚴重。我從小也有氣喘的病史。」

哈利．威廉斯在二〇二一年過世，他畢生志業都與paya（派尤特人對水的稱呼）有關。在他離開人世的那天，山間迴盪轟然雷鳴，這片籠罩在內華達山脈陰影下長期乾旱的地方，竟然下起傾盆大雨。

—

對於外地人來說，歐文斯谷似乎是一個被洛杉磯永無止境的需求榨乾、被棄置荒廢的地方；但打從我開上三九五號公路那一刻起，我就理解事實並非如此。這裡比外界想像得更具有生命力，無論是山坡上的湧泉與溪流、歐文斯湖在谷底滋養四百公尺寬的綠地，或者數十年來當地原住民、環保團體與公務人員不懈的行動與訴訟，如果僅僅以「荒廢」來描述歐文斯谷，無疑是否定這群人的行動以及他們蘊含的力量。

「那我們應該如何重新理解這個地方？」我詢問當地人：「我們該如何想像這裡的未來？」

「我不會說這裡被毀了。」泰芮．紅貓頭鷹回答道：「我會說它受到損害。但你知道，受到損害的意思是能被修復，也許不是恢復到原來的樣子，但還是能修復。我對這片土地的看法就像看待一個受傷的生命，如果它在真正死亡前能被好好照顧，它就能恢復到比現在更好的狀態。」

前一天，諾亞．威廉斯才提到距離大松地區不遠處的魚泉（Fish Springs）鱒魚孵化場。當地被分配到超過兩千四百六十七萬立方公尺的水資源，是主教部落用水量的十倍。這些水被用來維持鱒魚養殖場運作，之後被山谷內兩座最大的抽水站抽走，輸送到洛杉磯引水道。但在二〇二〇年，一場嚴重的細菌感染讓所有養殖場被迫歇業與排乾水池。

「在那短短四個月，我們發現歐文斯谷的地下水位開始回升。」諾亞說。而且水位不是些微回升，而是增加了兩百六十公分。諾亞作為派尤特大松部落的水資源計畫負責人，每天都會監測地下水位。即使後來養殖場部分恢復運作，只開啟一座抽水幫浦，歐文斯谷的地下水位仍然持續上漲。「這證明這片土地的水文具有自然恢復的力量。」他表示：「土地的傷口能夠癒合，地下水也能癒合。」

莎莉跟著說，她在過去任職於因約郡水利委員會（Inyo County Water Commission）時，在負責監測的草原也見證這點。「由於地下水被抽取太快，植物在一夜之間就枯死了。這讓原本翠綠的草原，在接下來兩年變成一片凋萎乾枯的地景，好像被噴了除草劑一樣。一開始看到這樣的景象時，我心想完了，人們把這裡毀了。但歐文斯谷的多年生原生草地還是活著。過了幾年，有一年雨量特別豐富，當地的抽水幫浦被關掉，地下水位就回升了。當我們去到現場，看到草地植物就如雨後春筍般蓬勃生長時，不禁想：『感謝老天，你們又活過來了。』所以土地確實有它的韌性，我在其中看見希望。」

如同候鳥重新回到歐文斯湖，山谷中的地下水位不到幾年時間，甚至只過了幾個月就開始回升，流水之地是如此接近重生。然而，大自然的韌性也可能被人們當作忽視修復行動的藉口。莎莉模擬了一段跟洛杉磯水電管理局的對話，指出一旦土地被證實具有復原能力，對方就會說：對呀，所以你看環境破壞只是暫時性的，我們不需要去改變做法。「這就是政治。」莎莉嘆了口氣說。

「白人對『補救』的想法，跟原住民的思維非常不一樣。」泰芮．紅貓頭鷹也跟我說：「我們認為，你不應該去『補救』，因為你一開始就不該破壞環境。我不相信你能真的讓事物恢復到從前的樣子，當然你能改善情況，但失去的不會再復返，大自然的創傷會一直存在。」

泰芮的同事金德爾．諾亞（Kyndall Noah）是歐文斯谷原住民水利委員會的媒體公關代表，他也認同泰芮的觀點：「目前白人對乾涸湖床進行的補救措施，從未考慮到長久以來健康不平等的問題，也沒有說明這些措施將對人們與水的關係造成什麼衝擊。這整套操作其實剝奪了一整個世代與水共生的文化。」

泰芮提到，帕奇亞塔（歐文斯湖）過去曾是原住民族重要的食物來源。「以前我們會去湖中捕撈大量水蠅，那是很重要的蛋白質來源，當然所有曾在此地棲息的鳥類也是食物來源。」

她提到大型水體既是傳統祭儀的場所，也是追溯歷史的記憶之地。一八六三年歐文斯谷戰爭（Owens Valley Indian War）期間，當地曾發生一場大屠殺。那時，一支由民兵與白人移民組成的團體指控派尤特族偷竊他們圈養的牲畜，而追捕派尤特族男子。泰芮說：「那些男人為了躲避火槍攻擊而跳進湖裡，但很多人還是在湖中被殺。」那場屠殺總共造成三十五位男性族人身亡，但也有一種說法是犧牲者中不乏女性與孩童。「我們當然可以從歷史傷痛中恢復，但需要好幾個世代時間。」直到今日，那起事件仍是許多家庭無法抹滅的記憶。[18]

在這片兩百八十五平方公里的湖床上，是否還有上述記憶可棲身的空間？一直以來，當地政府與洛杉磯水電管理局都盡力保存該地不受破壞，但在湖床其他地區，是否應保存大屠殺的歷史遺址仍是充滿爭議的議題。泰芮告訴我，多年來水電管理局的員工與諮詢委員，都會撿拾埋在湖床中的文物並占為己有，晚上還會在酒吧炫耀自己的「收藏」。如今為了防止相同行為再次發生，當地已引入文化資產監督機制進行管理。而八百年前氣候乾燥時期留下的歷史遺跡，在歷經整治揚塵的耕土法後，也面臨被徹底抹去的命運。

「孤松派尤特族—秀修尼族」（Lone Pine Paiute–Shoshone Tribe）的傳統保留區官員凱西・班克勞馥（Kathy Bancroft）主張，自然景觀本身就具有其文化意義。她在二〇一三年時寫道：「我們的家族歷史就存在於這片地景之中。但現在他們不只要摧毀歷史事件的遺跡與我們祖先的史前生活證據，還要改造形塑我們故事的地質與地景。」[19]

「我們早就成為洛杉磯水電管理局的殖民地了。」金德爾・諾亞表示。這段話將地景背後隱含的權力關係描繪得淋漓盡致。

「洛杉磯當局主導大多數的政策決策，我們毫無置喙餘地。」金德爾說：「距離這裡四百八十公里以外的每一個決策都會對我們造成深遠影響，但我們甚至無法被列入會議議程，說明為什麼反對抽取地下水。」

洛杉磯是歐文斯谷法律上的擁有者。谷地有一半面積都是公有地，其中有三十三%屬於聯邦政府，受到土地管理局（Bureau of Land Management，簡稱為ＢＬＭ）治理，另外有十四%屬於加州政府。其餘土地中有超過九十五%都屬於洛杉磯市政府所有，其他地主擁有的土地面積只有約二・九%，當地四個原住民保留區則僅占〇・四%，相當於六・八平方公里。對此諾亞・威廉斯指出，原先原住民可以擁有更多土地。早在一九一二年，美國總統威廉・塔夫脫（William Howard Taft）批准一項計畫，為原住民劃設十一・三平方公里的保留地，還信託了兩百七十一平方公里的土地提供部落在生活中使用。[20]然而，洛杉磯市政府遊說聯邦政府收回這些土地，將之劃設為美國林業局與與聯邦政府所有。為什麼？

「他們的說法是：為了保護洛杉磯的水源。」諾亞說。

「大家都喜歡談論穆赫蘭主導建造的水壩潰堤，讓他引咎下臺的故事。」他說：「但，天啊，我們也有我們自己的水壩災難！」他的話立刻引來同事一片附和。一九三二年，洛杉磯水電管理局的土地代理人再次試圖徹底驅逐山谷中的原住民部落，這導致原住民與水電管理局進行土地交換。自此，部落失去合法的水權，對於生活在沙漠中的族人來說，這無異於仰賴洛杉磯獲取呼吸的氧氣。

如今，這片谷地的原住民被排除在參與未來規畫的議程之外，即使他們提出最基本的訴求都受到漠視。派尤特大松部落的工程師保羅・衛德描述起一段往事：幾年前，洛杉磯水電管理局有一條灌溉水管，因為樹根生長過度而出現漏水。當時不巧發生一場嚴重的乾旱，在整整兩年中，「我們被分配到的用水量有一半都漏到地面上。」他希望以水資源事務作業員身分與對方談判以解決問題，但這種訴求徒勞無功。水電管理局要求修理管線的交換條件，是部落必須簽署同意書放棄追究過去的水權爭議。保羅形容這種要求簡直像是「簽字賣掉你第一個生下的孩子」。部落不可能答應這種條件。

「我們是有主權的。」保羅說道。我想特別對不熟悉「主權」（sovereign）這個詞彙的讀者解釋它的意義：在美國向西擴張的殖民過程，聯邦政府承認原住民部落為獨立國家，並在這個基礎上與他們簽訂條約。如今，原住民部落在法律上被認定為「國內從屬國家」（domestic dependent nations），美國政府與他們的來往都應基於「政府對政府關係」的基礎。[21]即便今日有些部落人數很少，但就如同國體面積小的摩納哥或梵蒂岡一樣，小國仍有自己的主權。

「我們的領袖是由保留區的人民選舉產生，」保羅說道：「對部落來說，我們的主席相當於美國政府的總統。但他們在相關的會議裡根本不肯將我們的主席加入發言席。」

二〇一七年三月二十一日，一群來自保留區的居民前往洛杉磯，出席水電管理局參與的市政委員會會議，並在公眾發言時間奪得發言權，才終於讓人聽見他們的聲音。族人提到缺水影響農場與農作物灌溉，也讓人民無法溫飽。委員會成員克莉絲丁娜·努南（Christina Noonan）被族人的發言感動，主動提議要以個人名義開一張支票給部落，她接受KCET地方新聞採訪時表示：「作為一位母親，我不能忍受大松部落沒有水給孩子洗澡，或種植作物餵養家人。」[22]隔天，水電管理局再次致電道派尤特大松部落，語氣大為轉變。

「他們在兩週內就修好了水管。」保羅苦澀地說。

為什麼要在一本以灰塵為主題的書中講水的故事？

因為水與灰塵正好處於脆弱的生態平衡系統兩端，而這本書很大程度上就是在描述當水乾涸後會發生什麼事。在沙漠乾旱地區，所有關於水的紛爭往往沒有經過太久時間，就化為塵土。

歐文斯乾涸湖床發生的沙塵暴，以及派尤特大松部落為了修補一條漏水管線展開的抗爭，兩者本質上是一體兩面的問題。如同金德爾．諾亞所說，歐文斯谷是個殖民地，而且被殖民了兩次。第一次是在一八六〇年代，當持槍的白人移民奪走這片土地時；第二次則是在四十年後，當帶著法律團隊的洛杉磯市政府以法律訴訟的方式，奪走當地水源時。

金德爾不是唯一使用「殖民」一詞的人。二〇一三年，歷史學家與紀實文學《水電管理局》（*Water and Power*）的作者威廉．卡爾（William Kahrl）在為《洛杉磯時報》撰寫的文章中，將歐文斯谷稱為「實質上的殖民地」（virtual colony）。[23]他描述洛杉磯政府如何坐擁大半土地、禁止任何可能影響水資源的經濟活動（例如蓄意淹沒一座建於乾涸湖床上的化工廠），甚至打壓異議。洛杉磯市政府就曾強迫一家批評水電管理局的廣播電臺開除記者，否則電臺將面臨關臺命運。無論在經濟或生態層面上，歐文斯谷都是整個洛杉磯市運作系統的一部分。但弔詭的是，歐文斯谷居民竟然無法對決定他們命運的市政府機構投票，這顯然非常不公平。

但是，這不代表歐文斯谷所有人都反對洛杉磯市政府或水電管理局。相反地，許多居民都受雇於相關單位工作。我曾多次聽說，在洛杉磯政府與水電管理局工作的薪資待遇是在山谷地區最好的，除了有工會保障，年收入還高達六位數。同時，由於水電管理局握有歐文斯谷的水權，當地得以避免像西部其他城市，如拉斯維加斯、聖喬治或猶他一般受到過度開發，這點讓部分居民感到慶幸。儘管谷地不是什麼未經開發的原始地區，但它的美麗與清幽仍給予外地人一種「荒野」的印象，進而吸引成千上萬名旅客前來造訪，形成當地重要的經濟命脈。更甚者，雖然歐文斯谷的環境倡議人士如麥克．普拉瑟與因約之友協會長年激烈針砭水電管理局的政策，但他們跟管理局現任的生態學家仍密切合作，除了一起進行鳥類研究與監測湖泊生態，還以朋友相稱。

近年來，一股推動改革的結盟正在成形。當揚塵防治工程取得顯著成效，歐文斯谷居民開始期望更多改變。對一個水資源殖民地而言，正義意味著什麼？那就是取回水源。

不只是水，還包含土地。

「我認為洛杉磯在滿足自己的用水需求時，有能力與餘裕不依靠歐文斯谷的水源。」諾亞．威廉斯以溫和但堅定的語氣這麼說。

穆赫蘭最大的成就，是讓洛杉磯引水道看起來像是必然得存在的解方，即使是比較有批判性的歷史學家都接受這種說法。例如威廉．卡爾曾總結道：「如果沒有歐文斯谷的水源，洛杉磯不可能發展起來。」[24]這種想法是造成悲劇的元素之一，人們都同意應該理性且有效率地利用資源，在秉持功利主義的原則下追求最多數人的最大福祉。假設有數百萬人從中受益，那少數人的犧牲又算什麼？

諾亞深入查閱文獻多時，從中找到許多值得參考的洞見。二〇一八年，加州大學洛杉磯分校的環境與永續發展研究所一項研究指出，洛杉磯市要在二〇五〇年之前，達到「百分之百本地供水」的目標在實務上是可行的。[25]目前在洛杉磯的每日用水中，有六十%在被排入大海前就已被處理到接近飲用水的標準。那麼，如果這些水沒有被排走呢？研究人員以量化研究，提出四種能讓城市在用水上完全自給自足的策略，包含收集雨水、地下水汙染整治與儲存、回收再利用水資源，當然還有透過節水措施降低需求端的消耗。透過上述措施，城市是可能完全依靠在地水源，而不需要一條長達五百四十四公里的跨流域引水道。換言之，歐文斯谷的水可以完全留在本地。

在洛杉磯持續抽取歐文斯谷的水源一百年後，這樣的提議或許聽起來大膽到近乎天真，甚至連諾亞的同事都無法想像洛杉磯完全停止從歐文斯谷取水。但現在有愈來愈多證據顯示，洛杉磯開始以不同思維看待水資源。

如同歐文斯湖整治揚塵的案例，洛杉磯的態度之所以轉變並非出於自願，而是受到情勢所逼。這次的壓力源頭是一場由氣候變遷造成的「超級乾旱」。這起乾旱已橫掃美國西南部二十年時間。截至今日，科羅拉多河仍持續乾涸，米德湖（Lake Mead）和鮑威爾湖（Lake Powell）等水庫水位也創下歷史新低。過去，內華達山脈的融雪是歐文斯谷的主要水源，但在二〇二一年十二月當地降下破紀錄的五・三公尺大雪後，接下來到二〇二二年的冬天，竟然幾乎沒有降下任何雨或雪。有些年分當地實際的水流量，還低於過去水權分配的用水量。

為了解決缺水問題，洛杉磯在二〇一九年制定了《綠色新政永續城市計畫》（*Green New Deal Sustainable City pLAn*），設定在二〇三五年以前，本地供水量需占全市用水量七十%，比起二〇一三到二〇一四年間只有十五%高出許多。[26]城市新建的海伯利昂水資源處理廠（Hyperion Water Reclamation Plant）將使洛杉磯能回收百分之百的廢水，以供水資源再利用；翻新的「綠色街道」（green street）可以讓雨水滲入地下水層，而不是流入下水道。只要一次傾盆大雨帶來三公分降雨量，就能帶來洛杉磯水電管理局全年供水總量的五%，因此即使只收集到一部分雨水，也能顯著改善用水自給率。[27]洛杉磯還計畫透過增加家庭水表抄讀與獎勵機制，來節省四分之一的用水量，例如民眾如果購買高效能洗衣機，就能獲得五百美元回饋金。

新聞媒體對洛杉磯市推出的水資源政策評價相當正面，例如《連線》（*WIRED*）雜誌就寫道：「洛杉磯的水資源管理勝過你的城市。」不過歐文斯谷的居民對此仍存有疑慮。[28]確實，近年來歐文斯谷供應洛杉磯的水量占總用水量，已從原先的三分之二減少到三分之一，但大家也注意到該洛杉磯沒有計畫繼續降低這個比例。[29]

然而，這並非不可能。洛杉磯有能力持續降低對歐文斯谷水源的需求。

一位來自加州大學洛杉磯分校的研究員就指出：「如果洛杉磯的節水表現能比照其他國家標準，例如澳洲和許多歐洲國家，這座城市就離百分之百本地供水不遠了。」但截至二〇二二年春天，洛杉磯水電管理局統計出的每日人均用水量為四百二十四公升，是許多西方國家用水量近三倍。[30]墨爾本同樣作為陽光充沛、以郊區為主的城市，每日人均用水量只有一百六十一公升，只比洛杉磯的三分之一多一點；英國的人均用水量為一百五十二公升，德國更只有一百一十五公升，民眾生活也沒有因此更受限。[31]相較之下，洛杉磯設定減少四分之一用水量的目標實在過於保守。

儘管市長艾瑞克·賈西迪（Eric Garcetti）極度誇耀洛杉磯的節水成效（確實減少四十%是相當可觀的成就），但該市實際用水仍相當浪費，其中有三十五%都用在澆灌草皮與花園、洗車或填滿游泳池。[32]當你意識到歐文斯谷生態受到破壞的原因，只是為了滿足富裕白人屋主的「盎格魯薩克遜式田園夢想」，以及履行他們灌溉綠意盎然草皮的堅持，那些宣稱「最大化利益」的功利主義論點便不攻自破。

如今「省水花園」（Xeriscaping）才是時尚指標，其他浪費水資源的做法應該被法規淘汰。

從諾亞·威廉斯的角度來看，洛杉磯是靠著榨取歐文斯谷的資源致富，包括取用當地的河水與銀礦。「如果沒有歐文斯谷的水，他們不可能發展到今日的規模。」他很肯定地說：「你知道，他們總愛吹噓自己在歐文斯湖投入數十億美元，但那不過是滄海一粟，遠不及他們從這裡賺取的龐大經濟利益。」

這座城市欠歐文斯谷一筆水債。如果他們最終真的把水還給歐文斯谷，那會造成什麼改變？這種改變可能發生嗎？

「環境正義的概念就是我們希望恢復原本的流水，」保羅·衛德表示：「我們想讓這條從加州最南端冰川流下來的小溪恢復原樣，讓它們按照原本應有的方式流動。」

停止抽取地下水是原住民跟環保人士共同的首要目標，也是修復整個水文系統的第一步。因約之友協會執行董事溫蒂．史奈德（Wendy Schneider）對此表達贊同，不過也提及：「我們的首要之務是停止抽取地下水，讓山澗和泉水回流。第二步則是停止河川改道，再看看會有什麼變化。我們希望透過這些措施，讓湖水逐漸回升並填滿湖泊，可惜目前環保團體沒有把這件事當作主要目標。」

另一方面，泰芮．紅貓頭鷹依然滿心期待看到湖泊滿水位的時刻，她認為那會是生態系統真正復原的象徵。「我理想中的畫面，就是這裡的水不用再被抽走，而是全部流回帕奇亞塔（歐文斯湖），所有的生機也跟著回歸。如果有生之年能看到湖泊水位恢復，再次成為一座真正的湖泊，那將會是我的夢想成真。當水能自然流向湖裡，代表整個山谷也恢復健康、整個生態系統又恢復生機。」

這項訴求不能用人工填湖的方式完成。麥克．普拉瑟表示，如果要採取人為方法，那得花上十年時間從洛杉磯引水道灌注水源，而且這是最理想的情況。他曾經請因約郡水利委員會的水文學家協助估算，「前提是我們要有正常降雨和降雪量，水位才能重新達到原本的湖岸線。這似乎已經不可能了。而且如果你想讓湖泊維持穩定水位，就得持續不斷供水。」麥克對前景感到悲觀：「我真的不知道情況能否逆轉。」

泰芮的夢想是讓整個山谷水文系統恢復自然循環，為了達成這項願景，原住民生態知識與複雜的系統理論再次交會。對此，族人紛紛表示不該強行達成結果，而是要先處理影響系統運作的滲漏、堵塞和改道問題。應該關掉抽水站，讓地下水位回升，才能讓泉水再次湧現、溪流重獲生機，盆地生態也恢復平衡。無論湖泊最終回復到哪個水位，那都會是適合當今環境、最「正確」的水位。

但現在，流入歐文斯湖的水是透過一條一．二公尺寬的管道從洛杉磯引水道引入，而歐文斯河本身因為被蘆葦堵幾乎無法流動。雖然湖底的揚塵問題已大致解決了，可是山谷其他地方卻開始出現沙塵暴，顯然整個生態系統還未達到平衡。過去二十年來，人們為了抑制塵埃，打造出一個極度人工化的景觀，但當時他們只試圖解決一個問題，而沒有意識到塵土與水在一個水文系統中的關係緊密交織。歐文斯谷的案例正好反映人們如何透過一項現代大型工程，試圖解決另一個現代大型工程引發的環境問題。確實這項新的工程開始考慮到環境的動態變化與回饋機制，但從本質上來看，它仍是對大自然系統的一種龐大干預。

一切道理都顛倒過來了。對水電管理局來說，讓水流回湖床是一種「浪費」，把水送到洛杉磯、促進都市經濟成長則是「有生產力的」，即便那導致空氣汙染加劇。麥克．普拉瑟表示，水電管理局與許多人都認為，歐文斯湖目前少量的湖水跟自然植被不具有永續性，而他質疑那到底是什麼意思？

「如果從歷史角度來看，過去所有的水順著河流往下流入歐文斯湖，現在則是有一小部分融雪的水流入湖中、回到原來的湖泊，曾經在湖邊棲息的鳥兒也回來了。這裡怎麼會不具有永續性？」

——

歐文斯谷的環境正義問題不只關於水往哪流，更關係到權力的分配。

一九八二年，當因約郡和洛杉磯成立水利常務委員會時，「原住民都不在談判桌上，他們都被排除在外。」保羅・衛德說。

莎莉・曼寧附和道：「我不是部落的人，但我在這裡工作這麼久，對這件事也深有同感。這種狀況很令人感到很無力。洛杉磯能為自己規畫未來三十五年的水資源政策，反觀我們這裡什麼都不能做，我們沒有任何控制權。」

「我們只能周旋在一個又一個不同的政府機關間。」她說：「律師們白天在法庭上針鋒相對，下班後卻一起到酒吧相談甚歡，這根本是同一套文化。」

美國西部有句俗諺說道：「威士忌是拿來喝的，水是用來打仗的。」在一個乾燥的山谷裡，看似乏味的市政官僚體系，反而可能是最關鍵的政治場域。因此，有愈來愈多人認為最有效改善治理的方式之一就是讓原住民代表加入常務委員會，如同地方組織歐文斯谷委員會提議：「在所有第三方候選名單中，歐文斯谷的派尤特族最具有資格加入委員會，因為早在洛杉磯與因約郡存在前，他們就成功管理這片水域數百年。」[33]

泰芮・紅貓頭鷹也說：「既然政府過去管理成效並不理想，沒有好好照顧這片土地，為什麼不讓我們來試試看？」

爭取水權其實也是一場更廣泛的原住民運動——「土地歸還運動」的一部分。

一九三〇年代，歐文斯谷的派尤特族失去了土地權與水權。原先他們被分配到兩百七十一平方公里的土地，但在經過一系列國會法案立法與總統命令後，族人被強制換成分散在山谷各處總共約七平方公里的土地，多數土地甚至不是由部落持有，而是由聯邦政府的「印第安事務局」（Bureau of Indian Affairs）代管。派尤特族是加州第五大原住民族，可是他們擁有的土地卻小得離譜。泰芮將他們與內華達州的金字塔湖派尤特族（Pyramid Lake Paiute Tribe）做對比，兩個部落的人口相當，但金字塔湖派尤特族擁有一千九百二十平方公里的土地。

在水權方面，原先屬於派尤特族傳統領域的水權也從未被合法轉移。歐文斯谷原住民水利委員會便批評這項事務沒有經過表決，也沒有遵循正當程序執行。八十多年過後，水權的法律問題仍懸而未決。[34]過去派尤特族祖先挖掘的灌溉溝渠，如今成為水電管理局用來抽水的管線和渠道。

「因為種種限制，部落無法真的繁榮發展，」金德爾・諾亞說道：「我們被土地困住，沒辦法發展經濟。」多數的原民保留地被用來建造住宅，幾乎沒有空間讓族人做生意或大規模種植作物。土地歸還意味著重新取得在文化與宗教上具有意義的地點，但其中一處卻位於中國湖海軍航空武器中心（China Lake Naval Weapons Center）。要前往那裡必須在很早以前預約，還得通過一系列背景調查和審核，參訪時必須由海軍人員全程陪同，結果是：「我們根本無法自由進行宗教儀式與慶典。」

但土地歸還與水權歸還最重要的代表意義是開啟療癒。

當地下水抽水幫浦停機後，水將能再次順著傳統的灌溉溝渠流動，原生植物將有機會重新生長，生物多樣性也能逐漸恢復。

「這裡不可能回到從前的樣子，但我們可以讓它變成一個嶄新、美麗的地方，」莎莉・曼寧說：「它可以成為一個人們可以務農、種植花草的地方，這裡可以有濕地、各種動物、魚類與鳥類。它是有機會的。」

諾亞補充：「而且有了濕地，就不會再有沙塵來侵擾了。」

泰芮對未來保持著希望，儘管她也坦承必須常常提醒自己保持希望，畢竟她的族人沒有悲觀的權利。「此刻我們的部落，比一九九一年歐文斯谷原住民水利委員會成立以來任何時刻都有更多機會。這與華盛頓特區的政治氛圍有很大關係，現在有那麼多原住民擔任高層職位。」例如擔任內政部長的德布・哈蘭德就是拉古納・普韋布洛族的一員。

同樣令人矚目的是正在成形的各種聯盟。歐文斯谷委員會的成員多半為現任或退休的公職人員，而且大多為白人。這些人毫不含糊地表態：「解決歐文斯谷資源管理問題的唯一方案，就是解決殖民統治下根本的政治不平等。」[35]

環保團體也秉持相同立場。因約之友協會的溫蒂・史奈德表示，他們正在推動兩個永久保護行動，分別針對礫岩平頂山（Conglomerate Mesa）和博地山（Bodie Hills）。「在這兩個計畫中，我們都希望幫助部落收回一些土地。大家已經逐漸意識到這是正確的事。」

對此我感到很驚訝，原先我以為這種倡議行動會被視為非常基進的行動。但溫蒂解釋：「其實不會，在美國西部有大量公有地。沒有人會說要把居民從房子趕出來，把土地還給原住民，雖然當年白人確實是這樣對待原住民。但如果有些土地是由聯邦土地管理局或林業局管理，我覺得人們大多會贊成把土地轉交給部落，這其實不太有爭議。」

在更北邊的莫諾郡（Mono County），因約之友協會正在推動一項名為「讓長谷常綠」（Keep Long

Valley Green）的活動。溫蒂說道：「二〇一八年，洛杉磯水電管理局表示：『聽著，我們以後不會再准許這些已經灌溉八十年的土地再被灌溉。』大家非常驚訝，於是組成人員非常多元的聯盟，其中包含環保人士、牧場主、部落成員與當地休閒活動愛好者。大家團結在一起，即使可能對不同議題的意見分歧，但都一致認為洛杉磯水電管理局應該繼續讓長谷地區維持歷史上的灌溉標準。」

這種新氣象令人感到非常振奮。或許住在都市的人原本很難想像美國偏鄉地區會如此基進與開放，但只要仔細聽、留神觀察，我們的刻板印象就會被徹底打破。當然，這仍然是極為緩慢的工作，畢竟歐文斯谷原住民水利委員會從一九九一年成立以來，就不斷為土地權與水權奔走。如今三十年過去，這場戰鬥仍未取得勝利。

「有時這真的會讓人身心俱疲。」泰芮坦率地告訴我：「我常覺得自己做得不夠好，或是投入努力進展卻不夠多，這會讓我很難受，因為這是我畢生的志業。但我們的目標還很遙遠，這意味著我要在樂觀和自責之間尋找平衡，可能一邊懷抱希望，一邊又覺得自己做得還不夠、沒有保護好水源。這是一份永無止境的工作，而且也不會在我手上結束，必須被傳承給未來的世代。」

「這是一場世代承襲的抗爭，」前一天，泰芮的兒子諾亞告訴我：「我從父母身上學習很多，所以覺得有義務繼承父親未完成的志業，在我認為理當屬於我們的土地上繼續奮鬥，拿回我們的土地與水權。我希望親眼見證能真正造福我們族人的修復行動。這裡是我的家、是我的歸屬，當嚥下最後一口氣時，我希望能安葬在這片土地。我從小就會在運河裡玩水、在祖母家附近的溪邊長大，很享受這種與自然連結的生活。我希望未來的孩子，無論是我的孩子、親戚的孩子或山谷裡其他孩子，都能享受這樣的生活，甚至過得比我們好。這裡對我來說是如此重要，這裡就是故鄉。」

諾亞的聲音聽起來平靜而從容，但他的思維中蘊藏著遠見與勇氣，令人感到鼓舞。他說道：「我相信洛杉磯的存在只是暫時的。他們已經造成很多傷害，有些地方甚至可能已經無法被修復，但我不會說這片土地被毀了。我反而認為他們只是這個山谷的過客，而我們還有更長遠的歷史與未來在等著我們走去。」

在某種程度上，他在談的似乎不是洛杉磯在歐文斯谷留下的痕跡，而是城市的存在本身。「洛杉磯只是歷史的過客。」

諾亞說在原住民的觀念裡，「我們得想到第七代的子孫。」洛杉磯將觸手伸到歐文斯谷大約是一百二十年前的事。一八六三年，諾亞的高祖父母被美國的騎兵部隊從家園的土地驅逐。也就是說，歐文斯谷成為「美國」領土的一部分也只經歷五個世代的時間。[36]而諾亞能夠看得更遠，他能想像另一種未來。

「對原住民來說，這裡永遠都是我們的家園。我們族人、祖先皆在此安息，與這裡的土地緊密相連，所以我們不會離開這裡。」

在洛杉磯市建立引水道前，這裡被稱為Payahuunadü，意指流水之地。諾亞的言下之意，是這片土地終將再次成為水流向的地方。

尾聲

我在本書中一再主張，塵埃能讓現代社會的混亂與毀壞現身，讓我們的目光轉向人類社會進步帶來的成本與後果，從倫敦與洛杉磯等世界級城市的發展，到工業化農業的興起與對核能的掌控等。

但進步與否是誰說了算？塵埃提醒我們應該提出這個問題，因為它總是站在底層群體那一邊，無論是從事骯髒工作的都市貧民、鄉村居民、女性、少數族裔或原住民。

進步又能持續多久？在美國黑色風暴地區，農民只富裕了十幾年，土地便開始被風吹走。

德國社會學家哈特穆特・羅莎（Hartmut Rosa）寫道：「推動所謂『現代』生活型態的力量來自一個觀念、一種希望與渴望，那就是讓世界可以變得**可以掌控**。」[1]然而透過塵埃微粒的迷霧，我們或許更能清楚看見這世界其實並不可控。如果我們希望人類能繼續在這個星球上有一席之地，那我們對待地球的方式必須是合作與照顧，而不是高度現代化的支配。

社會學理論學家會說，最完整的極端現代主義大概在五十多年前已經終結了，但對於這點我沒有那麼肯定。這種思維習慣是否已經從我們西方人的腦中完全退場？當然，我們現在活在一個新時代，有些人把它稱為「資訊時代」，其中對自然的支配不再仰賴純粹的機械力量，而是依賴各種生態系統、模控學與氣候模型等脈絡思維，運用的話語跟比喻也更接近當代的資訊科技。掌握世界的夢想變得更複雜，人類也對回饋循環和不確定性愈來愈敏感。但我們尚未擺脫社會學家韋伯所說西方社會經歷的「理性化過程」，人們跟一世紀前一樣，至今仍抱持著「原則上，一切都能透過計算掌握」的信念。[2]人們依然嚮往科技解方。

然而，灰塵讓一切變得複雜。一旦認真思考灰塵的種種，我們單純透過「技術手段與計算」管理地球的信仰便會受到挑戰。如同我在第八章中提及，灰塵甚至能擾亂最新的氣候模擬模型，在極為敏感的非線性動態系統中加入巨大的不確定性。灰塵的存在提示著我們該另闢蹊徑，包含漸進式的學習改進，而非大躍進；掌握預警原則；結合傳統原住民的生態知識與科學；不只參考量化分析，也重視質性解讀；留意具體有形的物質現實，讓理論模型更落地於現實世界。

塵埃或許指出我們從未真正現代過，所謂的掌控都是一場幻象，人類與自然之間也從未真正分離。正如思想家大衛．哈維所說，現代性本身的意義是「從舊世界的灰燼中打造出一個嶄新的世界」。[3]但現實是那些灰燼依然與我們共存，甚至會延續到未來。所謂的邊界與隔離也不存在，一世紀的現代化留下的環境後果，如今早已深深寫入人們的肺、腦與血液中。

二〇〇八年，在美國田納西州的金斯頓城（Kingston），四百二十萬六千平方公尺的有毒「飛灰」（fly ash），也就是燃煤發電廠的廢棄物從儲存池中溢出，淹沒居民住家、還流入艾默里河（Emory River）。這次外溢事件比艾克森瓦德茲號在阿拉斯加港灣漏油的規模還要大一百倍，*廢棄物中的砷含量也超出安全標準一百倍，還產生跟房屋一樣的「灰冰山」（ashbergs）。[4]加州大學爾灣分校（University of California, Irvin）的環境人類學家金．佛爾敦（Kim Fortun）寫道：「在我稱為晚期工業主義的社會中，堤防已崩潰、擋土牆也破裂，」她繼續說道：「現代社會的本質，是依靠二元對立與邊界才得以運作……汙泥本應留在汙泥池，而非河流、空氣與人體中。」[5]但事與願違。人類發明燃煤發電廠的邏輯，同時造就燃煤發電廠的災害，因他們只願意做到「某種程度以內」的預防。當維持工業安全不再符合成本，取捨就成為必要，而某些特定的人與地區總是比較容易被犧牲。正因如此，佛爾敦寫道：「即使我們從未真正現代過，卻得承受現代主義製造的災難。」

這場災難極其龐大。美國每年產出七千七百萬噸煤炭灰。[6]我無法細數所有地點與歷史，有那麼多塵埃問題還沒被述說。

我開始認為這些「塵埃問題」是一種獨特的現代悲劇、一種帶有特定風格的環境恐怖故事。在本書中，我造訪的許多地點都有驚人的相似處，它們彼此之間的共同點遠超過「有塵埃」這個物理事實。那麼塵埃問題具有哪些特徵？

* 艾克森瓦德茲號（Exxon Valdez）漏油事件發生於一九八九年三月二十四日。當時，該艘油輪在阿拉斯加威廉王子灣觸礁，釋出約一千一百萬加侖原油，汙染超過兩千公里海岸線，造成海洋生態嚴重破壞，海鳥、海獺、鯨魚與鮭魚大量死亡與在當地消失蹤跡。這起事件被視為美國史上最嚴重的生態浩劫之一。即便二十五年後，當地仍可發現殘存油汙，生態復原緩慢。

當一個問題被解決時（例如經濟成長的挑戰），往往會創造另一個更容易隱藏在暗處，被否認、忽略或推卸責任的問題。這種問題的發展步調較緩慢，往往花上數十年時間積累，因此也要數十年才能解決，前提是如果有人去解決。它的規模常常難以管控，同時牽涉到極小與極大尺度，而且具有正向與交互回饋機制，是一種動態且難以預測的問題。一旦超過臨界點或受到相變（phase transition）影響，原先只是不太理想的事態轉瞬之間可能變成災難。灰塵問題絕對不會受到傳統政治疆界或選舉週期局限，因此也特別難以有效處理。最重要的是，塵埃問題本質上代表一種環境不正義，往往製造問題的人與需要面對苦果的人之間，存在距離、時間、財富、種族、階級與權力等分隔。

塵埃造成的傷害涉及人與土地，因此解決塵埃的問題既要以土地為本，也要以人為本。我們無法單獨修復受損的地景，而忽略造成破壞的社會、政治與經濟局勢。環保人士逐漸意識到，真正的生態管理不可能不涉及治理問題。這意味著為過往的掠奪做出補償，將掌控權與主權交還給與土地緊密連結的地方社群和原住民，而非只想詐取資源的人們。殖民主義的土地徵收與所有權制度把我們推向今日的死胡同，但一切還有挽回餘地。確實，我們不可能讓時光倒流，回到某個純淨的過去，那只是一種浪漫的想法。事實上，生態系是一個複雜的動態系統，無法回到過去。但我們還是能從當下的立基點出發向前走。

官方與人們常常會使用「修復」、「更新」、「復原」等字眼。在討論核礦廢棄物時，人們用的字眼是「整治」（remediation），這是一個期待值很低的詞彙，像在對一個沒有達到學業標準的孩子進行補救作業。我對這些英文中以「re-」開頭的詞彙持保留態度，因為太多時候所謂的「重建」，不過是將問題轉移到別的地方。例如金・佛爾敦寫道，人們處理金斯頓事件外溢的煤炭汙泥的方法，就是把汙泥運到

「另一個更邊緣、更不被注意的地方」。四百萬噸的煤灰被運到阿拉巴馬州尤寧敦（Uniontown）附近的掩埋場，當地九成居民都是非裔美國人，幾乎一半的人生活在貧窮線之下。煤灰堆成毫無掩蓋的山丘，距離住家只有三十公尺。每當風吹起時，「我們就必須吸入有毒的煤灰塵埃，」尤寧敦居民艾斯特・卡倫（Esther Calhoun）說。「那惡臭讓人想吐。」[7]這樣的整治根本不是解方。

同樣地，在歐文斯谷，洛杉磯水電管理局談論的是「緩解」（mitigation）。但對當地居民來說，那聽起來更像在找藉口。居民們要的是正義與療傷。他們知道過往時光無法重返，但嶄新而美麗的家園依然是可能的未來。

因此，在新墨西哥州被鈾礦開採破壞的山丘上、在烏茲別克和哈薩克的阿拉庫姆沙漠以及加洲的歐文斯谷，有一些改變正在發生。那些地方的居民都不相信他們的家園「已經被毀壞」，那並不是結局，也不是過去式。也許正在發生的改變成效有限、充滿缺陷且極度不足，但新的枝椏已經冒出，新的生存方式或可由此孕育。

我想到鹹海的例子，在那裡，國家主導的「再綠化」計畫，遇上了自然本身的初級和次級演替現象，最頑強、嗜鹽的草類與其他植物為重建新的生態系打下生物基礎。這就是我們應當懷抱的希望。不是「復原」、不是將時鐘轉回某個純真無邪的過去。大地上的傷痕已經太深、永遠無法消失。但比現況好太多的環境**依然**可能存在。

我現在喜歡使用的字眼是「搶救」（salvage），從災難中拯救依然珍貴與重要的事物。這是在艱難條件下進行的救援行動，也許不會完全成功，但你仍會竭盡所能做點什麼。對困難的處境進行搶救，並不是要解決難題，而是為了避免失敗而奮鬥，即使只是為了爭取一點處境改善。這個詞彙來自建築學領域，意味著再利用與改造，就像拼裝、另類方案或自行改造。這種概念介於救贖（salvation）與垃圾（garbage）之間，如二〇一八年英國奇幻作家柴納・米耶維（China Miéville）向《波士頓書評》（*Boston Review of Books*）表示：「我們現在就在這坨爛東西之中，充滿歷史與希望的廢鐵。」[8]米耶維解釋，「搶救」這個詞反映時局的艱困，「要**拯救**恐怕已經太遲，但我們也許還能改造。」無論是透過縫合、拼裝、補綴，在爛泥中尋找意料之外的資源並用新的方法加以利用，這些都是面對崩壞的生存策略。這個啟示教導我們：「即使是灰燼，也值得為之奮鬥。」因為即使事態已晚，還是有「相對較好與悲慘無比的結局」之分。即使處於漫天塵埃中，或者說，也許正是處於漫天塵埃中才特別值得奮鬥。

補救是考量現實的務實作為，這個詞彙提醒我們解決方案不需完美，也能勝過嘗試處理的問題本身。這不是一種浪漫的環保主義，而是綜合人類世現狀的環境觀，就像在核能礦渣貯存場與乾涸湖床上鋪滿礫石與石塊來抑制塵埃。這種方法未必「美觀」，更稱不上「自然」，但或許西方社會對自然該有全新的認知，需要理解我們永遠是自然其中一環。這就是我書寫塵埃的原因。

灰塵是地球的代謝之道，也是疾病的徵兆之一。人類亦如是，每個人從分子層級一路往上都跟整個世界緊密交纏，沒有人能置身事外。在塵埃面前認為人能與世界隔離開來，甚至成為其主宰的想法顯得荒唐與毫無意義。我們與世界如此相連，唯有認清這點、學會發揮我們相互依存的本性，才能穿越一切人類製造的環境危機。

尤其當這些危機確實不斷發生。

二〇二三年一月，猶他州楊百翰大學（Brigham Young University）的科學家警告，大鹽湖可能只剩下五年壽命。[9]這是一場類似於歐文斯湖乾涸的危機，但規模大了約二十倍。在一八七三年與一九八七年的豐水期，大鹽湖（在當地秀修尼語中被稱為Ti'tsa-pa，意謂著「惡水」）曾涵蓋六千兩百一十六平方公里的面積。在那之後，大鹽湖失去七十三%的水量和六十%的表面積。如果沒有一套多方協力的救援計畫，每年額外注入約十二億立方公尺的水源，這座湖很快就會徹底蒸發，或化為一片可怕的有毒塵雲。

大鹽湖跟歐文斯湖一樣，是在內流盆地中的一座「終點湖」（terminal lake），意思是它匯聚了集水區所有毒物與汙染物，將之儲存在湖床淤泥之中。過往，該區域採礦活動遺留包含砷、銻、銅、汞和鉛等重金屬；農業活動則帶來有機汙染物與藍綠菌毒素。那些汙染物原本被水覆蓋，但當水源枯竭、湖床開始乾涸，問題也隨之而來。目前，大部分暴露的湖床還有一層硬質鹽殼保護，但隨著風逐漸侵蝕鹽殼，汙染物遲早會成為飄散在空中的塵埃。

如此多的灰塵。

如果你還記得，歐文斯湖曾是美國最大的沙塵來源，長達數十年之久。現在，想像這片湖床面積變成二十倍大，而且就位在一座大城市旁邊。大約有兩百六十萬人住在鹽湖城與周邊的瓦薩奇山前區（Wasatch Front）。原先那裡的空氣品質就已經很差，但在二〇二三年一月，當地一名小兒科醫師漢娜・薩爾茲曼（Hanna Saltzman）在《鹽湖城論壇報》（*Salt Lake Tribune*）中指出：「霧霾、野火濃煙、高濃度臭氣，以及逐漸惡化的沙塵，種種問題疊加在一起，後果就是我們的孩童常常呼吸到有害的空氣。」[10]根據每二十四小時PM2.5微粒汙染的濃度排名，鹽湖城是美國第十九名空氣汙染最嚴重的都會區，並且從來沒有達到聯邦空氣品質的安全標準。[11]根據統計，猶他州有七十五％的居民因為空氣汙染，而平均壽命至少減少一年；約有二十三％的居民減少五年以上壽命。[12]

假使整個大鹽湖完全乾涸，我們無法想像那會對人命造成多大衝擊。「不能冒任何風險來得知答案。」薩爾茲曼在投書中寫道。某天她休假離開醫院，參加猶他州議會大廈外舉行的一場示威活動。民眾聚集起來向立法者施壓，要求他們做出明快決策。他們舉起的標語牌上寫著：「拯救我們的湖泊」、「守護我們的未來」、「向有毒的沙塵暴說不」、「湖泊的健康，保障孩童的健康」，薩爾茲曼強調：「不只是孩童，湖泊保障每個人、身體與事物的健康。」

在這一帶，有超過一百萬人特別容易受到空氣汙染影響，包含年長者與孩童、罹患氣喘、肺病或心臟病患者。[13]有超過三百五十個種類、共計約一千萬隻候鳥，會經由太平洋遷徙路線來大鹽湖棲息與進食，牠們以湖中的豐年蝦為食物來源。但隨著湖的北部鹽度上升到二十八％時，牠們的生存開始出現困難。[14]

二〇二三年三月，自然作家泰瑞．威廉斯（Terry Tempest Williams）在《紐約時報》中描寫她親眼看見尚未發育成熟的鵜鶘，在鹽灘上受郊狼突襲死去。因為水位下降，讓郊狼能抵達鵜鶘的繁殖場所。「牠們的翅膀還不夠強壯，無法飛到幾公里外的淡水水源覓食魚類。」[15]她寫道：「牠們因為精疲力竭而被迫落地，最後死於飢餓及缺水。我隔著一段距離走在牠們後面以表尊重，感覺像在參與送葬隊伍。我在鹽灘上經過六十具覆滿鹽的僵硬屍體，中空的骨頭從結晶化的羽毛中突出，攤開的翅膀像扇子一樣在熱浪中搖曳。」

大鹽湖的乾涸並不只是一場區域性的大旱災，同時也肇因於人為的用水。根據猶他州立大學的研究指出，從一八五〇年以來，大鹽湖的淨流入水量減少了三十九％，部分原因是大量的都會區用水（猶他州居民的人均用水量是全美第二高），但主因還是農業用水。[16]根據《鹽湖城論壇報》報導指出，「猶他州每年取用了六十二・九億立方公尺的水量，光是種植苜蓿芽與其他牧草就耗掉了其中的六十八％。」但在猶他州的州內生產毛額只貢獻了〇・二％。[17]這些作物有將近三分之一都外銷到中國。就像我在第一章中描寫到的「鬼田」，這些用來灌溉牧草的水源則可說是一種「鬼水」（ghost water），水源的獲益者與水資源抽取造成的後果完全脫節。一直要到幾乎為時已晚時，猶他州才開始意識到這些水資源的真正價值。

「我們正面臨一顆潛在的環境核彈威脅，如果再不採取重大行動，它就會爆炸。」二〇二二年六月，共和黨議員兼牧場主的喬爾・費里（Joel Ferry）向《紐約時報》表示。[18]諸如「健康環境醫師協會」（Physicians for a Healthy Environment）等倡議組織呼籲市政府向苜蓿農買回土地，好讓更多水源回到大鹽湖。《鹽湖城論壇報》的編委則直接呼籲州內大部分農地應該停止耕作，以因應人口成長與乾旱「常態化」。他們表示：「再簡單不過的事實是，農業……終究不是猶他州的未來。」[19]

州政府的官員不願輕易採取行動，但他們可能沒得選擇。如同楊百翰大學的科學家寫道：「世界各地的例子都顯示了，鹽湖乾涸將引發長期的週期循環，造成環境、健康與經濟層面的災難。」他們引用鹹海的研究作為災難證據，也引用歐文斯谷控制沙塵的經驗，說明可行的緩解措施。[20]一切都息息相關。但立法者還要目睹多嚴重的災害上演，才會意識到必須防患未然？這是個仍待解答的疑問。

如同我主張，生態系統是動態變化的。當我在二〇二三年四月寫下這段話時，大鹽湖的水位比二〇二二年十一月的最低點高出將近一公尺，這是因為上一個冬天異常潮濕且多雪。山上的積雪尚未融化，代表湖中還會有更多水流入。這是一場短暫的喘息，卻不是根本的解決辦法。州議員布萊德・威爾森（Brad Wilson）就說道：「我們知道，一個潮濕的冬天不可能抹去猶他州二十年來極端乾旱的氣候。」

塵土很快就會捲土重來，這才是真正的悲劇。

——

許多地方的未來早已蒙塵。在逐漸暖化的世界中，旱地面積與沙漠化現象都將大幅增加。所謂的旱地，是指從地面與植物蒸發到大氣中的水量，至少大於降雨量一・五倍的地區。地球上約有四十一％的面積可歸類為旱地，包含草原和莽原（九％）、植被稀疏的半乾燥地區（十五％），以及我們熟悉的沙漠乾燥與超乾燥地區（十七％）。[21]隨著地球暖化，原先位於不同氣候區的邊緣地帶，將進一步位移到更乾燥的氣候型態，對當地人類與動物的生存方式可能造成深遠影響。在半乾燥地區，人們幾乎無法過定居農耕生活，放牧牲畜必須長途遷徙才能找到水源。而在完全乾燥的地區，即使是遷徙放牧也無以為繼。二〇一八年，科學家估計如果到二〇五〇年全球氣溫上升兩度（這相當有可能發生），那全球將有約二十四%到三十二%的地表會乾旱化。

「沙漠化」又是另外一種不同的現象。在科學用語中，它不單純指氣候變得更乾燥，而是土地退化的過程，包含表土流失、土壤肥沃度下降、植被與生物多樣性喪失，以及農地與原野退化成光禿的地表。沙漠化肇因於森林砍伐和農業的不當利用，例如過度耕作與放牧，會破壞保持旱地土壤穩固的植物根系與生物結皮（biotic crust）；灌溉不當會導致土壤鹽化，使得土壤變得貧瘠難以耕作。在許多地方，土壤正被迅速沖刷掉：在實行傳統翻土的農田，土壤侵蝕的速度是天然土壤生成速度的一百倍以上。[22] 土地退化也會影響氣候，植被減少讓大氣中的二氧化碳減少被吸收，土壤劣化則是放出原本儲存在乾燥地區土壤中的碳，這些土壤是全球主要的碳儲存庫之一。這形成一種惡性循環，當氣溫升高，旱地也持續乾涸。

如今，全球已經有二〇%到三十五%的旱地受到土地退化侵襲，讓兩億五千萬人受到影響，其中有十億人口的生計面臨風險。[23] 到了二〇五〇年，專家估計一些地區的農作物產量將減產一半，導致人民貧窮、飢餓與生計不穩。二〇一八年，聯合國成立的「生物多樣性和生態系統服務政府間科學政策平臺」（Intergovernmental science-policy Platform on Biodiversity and Ecosystem Services，簡稱為IPBES）提出報告，以令人心驚的數據揭示氣候巨變的後果：「在極端乾燥的年分，暴力衝突發生的頻率高出四十五%。」[24] 報告也指出，到了二〇五〇年，「包含土地退化等跟氣候變遷相關的問題，極有可能導致全球五千萬到七億人口被迫遷徙。」

蒙古與中國北部的戈壁沙漠是世界上第二大沙塵來源，目前面積在持續擴大。在那裡，每年有約六千平方公里的草原化為沙土碎石覆蓋的地表。[25]動物日漸挨餓，公路與鐵路常因沙塵暴被迫封閉，許多村落也被迫遷離。沙塵暴會一路往南襲捲北京。

目前中國已有約一百七十萬平方公里的土地是沙漠或磔漠。二〇〇六年，中國政府指出，該國有二十七%的土地處於退化狀態，相當於兩百六十萬平方公里。相比之下，一九九四年只有十八%的土地退化。[26]造成這些變化的原因包含氣候變遷（氣溫上升、乾旱與冰河積雪減少）與人為活動，例如過度砍伐樹木以供應柴火、農業與工業過度開發用水，以及中國北部省分人口在過去短短數十年暴增。至於過度放牧是否為其中一項原因則有待商榷。[27]

為了因應狀況，中國展開全球最大型的生態工程計畫之一——三北防護林計畫。他們的目標是在中國東北、華北與西北地區，種下一排四千五百公里長的綠色長城，阻擋沙塵擴張。截至二〇一四年，該計畫已種下約六百六十億棵樹，遠程目標則是到二〇五〇年種下一千億棵樹，覆蓋全中國十分之一的土地，對抗有如一條「黃龍」的戈壁沙塵暴。

二〇一六年，環境記者文斯．貝瑟（Vince Beiser）參訪了內蒙古自治區的多倫縣。[28]他描述眼前的景象「可以說是極度振奮人心，也可以說非常詭異」。多倫位於戈壁沙漠的南端，文斯描述「周圍數公里內的地形都是暗褐色、乾燥的荒漠，其中點綴稀疏生長的枯黃草叢」，只有幾處山坡異常翠綠，充滿數以萬計的樹木。他描述那些樹木被種成幾何圖案：「有四方形、空心圓、一系列互重疊的三角形等。在山丘下方的平地則種了幾排筆直的松樹小苗，樹苗高度全都一致，像是準備迎戰的士兵。」中國國家林業局的「綠化辦公室」副主任展示衛星空照圖，跟文斯說明當地在短短十五年內，地貌發生的巨大變化。政府宣稱，目前縣內已經有了三十一%的面積被森林覆蓋，而起初當地幾乎沒有樹林。

多倫縣的松樹確實可能活了下來，但這只是例外，而非常態。三北防護林是一個奉行極端現代主義的大規模工程，追求的是標準化而非因地制宜的策略。為了固定沙土，人們根據科學建議的方法，以「方格狀」陣形種下大片楊樹純林，並用滴灌系統澆水。然而，滴灌管線很快被坋粒阻塞，單一物種的純林無法深入土壤，也容易遭受害蟲和疾病侵襲。在計畫最初實施期間，楊樹小苗或許能紮根到土壤深處吸取水分，並排擠其他物種；但只要遇上一次嚴重的乾旱年，樹木就會大批死去。二〇〇〇年，寧夏回族自治區有十億棵楊樹在一夕之間死於同一種疾病，因為它們都是來自少數幾個栽培種的複製個體，有著同樣的弱點。有研究就指出，中國從一九七八年起種下的十億棵樹中，只有約十五%活了下來。[29] 殘存的人工林被稱為「綠色沙漠」，容納的生物多樣性只比它們取代的沙漠好一點。景觀建築學者羅塞塔．S．埃爾金（Rosetta S. Elkin）便形容這些楊樹人造林是「對土地的社會與生物結構施加的慢性暴力。」[30]

但這些樹林有成功擋下沙塵嗎？

也許有吧。

「雖然許多中國學者和政府官員宣稱造林行動成功阻止了沙漠化，也控制了沙塵暴規模，但幾乎沒有堅實的證據能證明這些說法。」二〇一〇年，中國地理學者王訓明與他的同事在《乾旱環境期刊》的一篇文章中指出。[31] 上述觀點，加上中國在疫情下全面封鎖，以及另一個關鍵沙塵來源區新疆發生種族滅絕事件，許多官方資料都維持保密狀態，是我在本書中沒有多加著墨中國的主要原因。相關資料都太難以取得跟評估。中國北方的樹木覆蓋率確實是增加了，但這能否完全歸功於植樹計畫仍存有爭議，因為二〇一〇年代豐沛的降雨也滋潤了森林、促進自然綠化，此外氣溫升高也有助於植物生長。

不過在那十年間，中國沙塵暴的次數和長度確實有顯著減少，科學家也暫且保持希望，推想國家主導的植樹計畫有稍微緩解情況，儘管改善幅度不算太大。一項研究指出，在中國減少的沙塵量中只有四・六%可歸因於「草原植被增加」，雖然其中有一部分是歸功於「生態復育計畫」。[32]而自然氣候因素如風速減緩、土壤濕度上升等，也是導致沙塵量減少的原因之一。有一段時間，美國太空總署也表示：「中國東北地區的新生植物，或許確實減緩沙塵暴對當地的衝擊」。[33]

然而在二〇二一年三月十四日到十六日，中國吹起十年以來規模最大的沙塵暴。一場強烈氣旋從蒙古颳起鬆散的塵土，一路將它們攜帶到北京上空。空氣變得混濁而泛橘，讓整座城市幾乎窒息。當時市民還紛紛在社群媒體上貼出《銀翼殺手２０４９》的迷因。[34]沙塵暴侵襲期間，城市裡的空氣微粒汙染濃度超過了每立方公尺七千四百微克，比最高級別的「嚴重汙染」還要高出三十倍。[35]那週星期一，《人民日報》內蒙古版報導了地區政府對抗沙漠化的努力，標題還寫著：「黃沙正退去，綠樹漸成蔭」。[36]

景觀建築師羅賽塔・埃爾金（Rosetta Elkin）在她的著作《植物生命：糾纏不清的植樹政治》（*Plant Life: The Entangled Politics of Afforestation*，二〇二二年）中，同時討論了三北防護林與另外兩項大規模植樹計畫，包含一九二五年美國總統羅斯福因應黑色風暴事件，而發起的「大草原州林業計畫」（Prairie States Forestry Project）；以及「非洲綠色長城」（Great Green Wall）計畫，該項工程旨在種植一片橫跨非洲大陸七千七百七十五公里，從西部塞內加爾延伸到東部吉布地（Repubic of Djibouti）的樹林，以阻擋撒哈拉沙漠沙塵的侵襲。埃爾金在書中嚴詞批評這些計畫。她認為植樹計畫不只無法兌現承諾，白白浪費時間、人力與金錢，甚至掠奪了當地居民的土地，以單一樹種取代原生的生態網絡，並讓地貌受到休耕地、天坑與廢棄的灌溉管線摧殘。她認為三北防護林計畫持續使用明顯不適合當地的楊樹苗，反映這項計畫的主要動機並非控制沙塵，而是創造出大量的木材資源。植樹造林是個出自解決主義的科技解方，它將人們的注意力從土地退化的根本原因轉移，根本原因包含過度使用水資源、工業化農業與短視近利的行為。這項計畫創造的不是自然森林，而是人造林。如同我們在第六章所見，是殖民主義的幻想讓這些計畫得以維持。人們將沙漠與旱地視為空無一物、絲毫不重要的地方。但這並非事實。要阻止沙塵在這些退化的自然環境中生成，唯一的方法就是保護好剩下的原始生態系。

薩赫爾（Sahel）地區和中國北方一樣，推行大規模造林計畫的成效並不理想。永續土地管理專家克里斯．萊伊（Chris Reij）在二〇一六年受訪時告訴記者吉姆．莫里森（Jim Morrison）：「如果從一九八〇年代初以來，在撒哈拉地區種下的所有樹木都能存活，那裡早就變成亞馬遜森林了。但事實上，當地種下的樹木有超過八成都死了。」截至二〇一七年，原本預計要恢復一百萬平方公里土地的目標，實際上只有四萬平方公里成功復育，而且幾乎全集中在衣索比亞。[37]由此看來，原訂於二〇三〇年完工的目標，很可能難以如期實現。

但是非洲綠色長城計畫正在逐漸轉型。如今，聯合國糧食及農業組織將這項計畫描述為「對抗非洲氣候變遷與沙漠化、解決糧食危機和貧窮的旗艦計畫」。[38]他們不再強調「綠色長城」這個名稱，指出：「我們不應該將非洲綠色長城視為一堵阻擋沙漠前進的樹木高牆」，而應該將之視為「具有多種永續土地利用模式的馬賽克」。這項計畫應該是由一片片可行的策略拼湊而成的版圖，而非龐大而統一的總體規畫。

當大批栽種的樹苗紛紛死去的同時，另一批樹木卻冒出了新芽。在法國殖民非洲時期頒布的法律中，樹木被視為國家財產。由於這套法律在原殖民地獨立後仍保留在國家法典，人民擁有樹木反而成為一種風險：光是砍伐樹木當柴燒，就可能遭受牢獄之災。[39]這條法律最初的目的是保育，最終卻適得其反。但後來法律有所修正，從一九八〇年代起尼日的農民開始較謹慎照料樹木，將樹木視為燃料與動物飼料的來源，以及能防止表土被吹走的重要植被。

多年來，國際社會幾乎沒有意識到非洲的變化。「我們對這場再綠化的過程毫不知情——所有人都不知情，因為我們使用的衛星影像解析度不夠。」美國地質調查局「西非土地利用及土地覆蓋趨勢計畫」（West Africa Land Use and Land Cover Trends Project）的研究員格雷・塔潘（Gray Tappan）告訴記者吉姆。「我們當時只看見整體土地的利用狀況，卻看不見那些樹。」

實際上，尼日真的綠化了。而在布吉納法索，農民也見證顯著的環境改變。他們使用稱為「栽」（zai）的坑洞耕法匯聚植物所需的養分、用石磊阻擋田間的逕流，讓更多雨水能滲入堅硬的土壤。這讓當地穀物收成量增加四十%，甚至翻倍；復育後的農地每公頃也增加二十二%的樹木數量。[40]「作物收成之所以翻倍是因為有了樹木，」世界混農林業中心（World Agroforestry Centre，簡稱為ＩＣＲＡＦ）的科學家帕崔斯・薩瓦多戈（Patrice Sawadogo）向保育新聞網站*Mongabay*表示：「真正發揮作用的並不是某項單一措施，而是整個生態系的聯合作用。樹木為土壤添加有機質，讓土壤逐漸累積碳含量（動物糞肥也有同樣功效），同時為小米等作物創造有利生長的微氣候。」[41]薩瓦多戈補充道，農民甚至會「將種子餵給動物以協助復育樹木，有些種子在經過消化道後比較容易發芽。」大多數農民其實並沒有種植新樹，而是讓樹木殘餘的枝幹重生。那些樹木可能因為過度砍伐或乾旱死亡，但根系在地底下依然存活著。就像是歐文斯谷一樣，土地早已準備好，人們只要給它機會就能重新綠化。

不過，農民管理的自然再生法（Farmer-managed natural regeneration，簡稱為FMNR）如同其名，必須由農民主導。根據埃爾金描述，當人們把「栽」耕法視為一種「氣候智慧型」技術，拿去套用在更大尺度的產業化林業時，結果往往會失敗。如果脫離了原先情境，缺少當地農民的細心照顧與動物糞肥的滋養，植物再生變得非常困難。這種做法成功的案例往往規模更小、也更樸實單純。例如一名七十多歲的老人，終其一生都孜孜不倦地挖坑、搬石頭、種樹苗，最終把一片空曠的沙漠轉變為四十公頃的綠洲，土地上長滿帶刺的金合歡與結了黃色果實的非洲楝。[42]

這種做法跟極端現代主義的大規模環境計畫完全相反，但成功率更高。因此，非洲綠色長城計畫逐漸轉型，如同隸屬於「全球環境基金」（Global Environment Facility）生物多樣性資助計畫的研究員穆罕默德．巴卡爾（Mohamed Bakarr）所說：「非洲綠色長城不是一道物理性的牆，而是由各種不同的土地利用策略彼此搭配、構成的拼圖，最終共同發揮牆的功能。非洲綠色長城已經轉化為隱喻性的牆。」[43]它也成為一片隱喻性的森林。

如今，在面對高度不確定的未來時，塵埃對我們來說又具有什麼隱喻意義？一個重要意義是我們必須想辦法與灰塵共存。不是以主宰者姿態，而是以一位活在複雜系統與限制環境世界中的參與者。為了做到這點，我們這些現代人應該如何改變自身？

人們很容易陷入絕望，覺得這是不可能的任務。畢竟是現代社會的文化造成氣候危機，如何指望相同文化具有挽救未來的能力？長久以來，有一幅畫面深深烙印在我腦海中，那是西元八世紀一首盎格魯薩克遜詩歌〈廢墟〉（*The Ruin*）中描述的場景。在詩中，無名的敘事者站在羅馬帝國瓦解四百年後的巴斯古城遺址前，從高處俯瞰這些「偉人」的功業如何終至傾頹。從倒塌的石牆、斷裂的屋梁，到霜雪侵蝕的灰泥，詩人讚嘆曾經建造這些建築的勇敢強大男子，但如今他們「早已逝去，被大地緊緊抓住，他們的身軀被囚錮在墓地裡，五十代父子輪流經過。」[44]詩中深深傳達「為時已晚」的感嘆，反映作者認為自己活在一個人類偉大事蹟都已成往事的時代，未來已不復存在，一切事物終將化成灰。盎格魯薩克遜人所謂的「思考灰塵」（dustsceawung），意指對萬物無常與不可避免的失去與生的懷想。這對一些讀者來說可能是種熟悉的感受。

儘管我投入大量時間思索塵埃，但我並不因此感到憂鬱。追根究柢，這對我而言是個道德議題。我在二〇二二年前往歐文斯谷，想對沙塵有更深認識。但當地人真正想談的其實是水。沙塵是一場環境災難，但是水才是人們奮力爭取的目標。

我向歐文斯谷原住民水利委員會的成員泰芮·紅貓頭鷹與金德爾·諾亞請教，身為水源保護者代表了什麼意義。「這意味著你要幫助人們理解水不是商品，而是賦予生命的力量，」泰芮說。這句話既新也舊，從二〇一六年人們反對興建達科塔輸油管，在立岩印地安保留地（Standing Rock Reservation）抗爭時就開始使用。那條橫跨全美的輸油管線，會讓保留地的水源密蘇里河受到汙染的威脅。全美各地的原住民族、原住民盟友與環保人士紛紛前來加入反抗運動，但他們希望找出一個超越「抗爭」的詞彙，不只描述他們反對的事物，同時也捕捉他們在爭取的事物，*Mni Wičóni*這句話應運而生，意思是「水即是生命」。這句話背後蘊含無比久遠的智慧：水既帶來生命，也維持生命。正因如此，水在原住民文化（乃至於其他文化）中都是神聖的。

「我相信造物者贈與我們水，是為了照顧我們，也照顧所有其他依賴水生存的物種。」泰芮表示。承擔這份照顧的責任，是身為水源保護者的核心價值。金爾德．諾亞則說：「你有一份責任，必須協助維繫生命延續，不只是為了我們，也為了野生動物、植物與地球母親。這是一項巨大的責任。」

「成為水源保護者，意味著明瞭自己跟水有一種非常親密的關係。那幾乎像是把水當作另一個生命，你會像照顧孩子一樣照顧水，養護它、保護它，希望它成長、茁壯並受尊重。」這是一種與水和水所維繫萬物的共生關係。在這樣的思維中，我們不再將自我視為獨立分離的個體，而是深深鑲嵌於一個場所與環境，與他者彼此連結、互為一體。

「這是個永遠不會結束的工作，在你離開人世後也不會停歇，」她說：「而且這是必須教導給未來所有世代的工作。」她的兒子諾亞．威廉斯對這份責任也有深刻體悟。即便年紀尚輕，他已經會談論將長大成人的未來世代，以及他們如何帶給他改變的希望。

身為「水源保護者」是一種原住民族的生活之道，但這並不專屬於他們。如同金德爾．諾亞所說：

「每個人都該成為水源保護者，每個人都應該關心他們的水源從何而來、又往哪裡流去。」

原住民思想家也有類似觀點。尼克・埃斯特斯（Nick Estes）是下布魯爾蘇族（Lower Brule Sioux）的公民，並著有《我們的歷史就是未來》（*Our History Is the Future*）一書。他表示，發生在立岩保留地的抗爭並不只是原住民運動。「所有走進營地的人，只要身在那裡、抱持著守護密蘇里河的意念，就是一名水源保護者。這條和關乎上百萬的人與無數人類以外的生命。」[45]在這項行動中，成員的多樣性與多重性正是它的力量。

儘管「水源正義」（water justice）一詞可能源於原住民族的抗爭行動，但那與我們所有人都息息相關。每當你在洛杉磯打開水龍頭，就有一縷藍線延伸三百七十五公里，溯流回到歐文斯谷。我們都與世界有著極為親密的連結，世界與我們亦如是。我們要面對的道德挑戰，是想辦法正視這點並採取行動。身為水源保護者是如此，同理面對與水完全相反的物質——灰塵也是。

我們必須在一個混亂的世界中行動，學會擁抱混亂。現今地球已處於一片混亂，二氧化碳濃度日漸增高、地球系統可承受的極限一再被突破，氣溫也不斷攀升。我們的政治處境也是一團亂，不管是要稱呼它為「多重危機」或「一場混戰」，我們應該早已感受到。從從理論層面來理解，我們早已活在複雜的糾葛中。一九七四年，美國思想家羅素・艾可夫（Russell L. Ackoff）就指出：「每一個問題都與其他問題互相作用，因此它是由一連串相互關聯的問題組成的系統……我選擇將其稱為一**團亂**（a mess）。」[46]極端現代主義的理性化讓我們陷入困境，卻無法讓我們脫困。如同哲學家唐娜・哈洛威（Donna Haraway）所說，我們必須「與困局共處」，透過待在混亂中思考混亂，才能獲得更佳的視野。

塵埃是這個複雜世界賜予的禮物，值得我們好好思索與學習。它蘊含關於複雜世界的眾多課題，每顆微粒都承載著自身的歷史與特性。一片塵埃不會抹除資訊，只是改變其外形。追隨塵埃的故事，我們被迫直面回饋循環與動態非線性系統的存在，並理解尺度的多樣性，以及地質時間深邃的跨度。灰塵不僅沒有讓視野變得模糊，反而像放大鏡般協助我們看得更清楚。它幫助我們更完整瞭解各種處境和系統，認識所謂的「廢棄」與「汙染」，從空氣汙染、放射性礦石堆到有毒的湖床，都不是可以被忽略的外部成本，而是整體不可或缺的一部分。它讓我們為自己的行為負責，同時也認清人為控制的極限。

灰塵的倫理銜接了古老與嶄新的思維，從原住民秉持「擔任未來世代的好祖先」的倫理觀，延伸到最先進的系統理論與氣候模型。它提醒我們時時自問，是誰正在與這灰塵共存？誰將它們吸入肺臟、讓它們進入血液？這是否正義，或者是徹底的不義？

在未來一世紀，全球增溫超過二度幾乎已成為不可避免的趨勢，增溫幅度甚至可能更高。增加攝氏二度意味著難以想像的混亂，而且這種混亂早已逐漸逼近我們、在世界各多處早已發生，其中也包含我居住的倫敦，如今夏季氣溫已高達四十度。科技解決主義者試圖說服我們，只要擁有可再生能源、碳捕捉技術或地理工程，我們就完全不需要改變現代生活方式。他們說，我們應該在海中撒下火山灰或鐵粒子以餵養浮游植物，應該向空中撒鑽石來阻擋陽光。

但真的夠了，這些極端現代主義的英雄神話已經做了太多。我們能做的是投入一場搶救任務，這次的主角不再是創業家，而是清潔工。二十世紀的社會發展，受到重視革新、新奇與破壞創造的意識形態主導；如今，如果我們希望能撐過二十一世紀，就亟需採取一套重視維護與照顧的倫理。

思考塵埃，只是實現這種轉變的一種微小方式。但或許塵埃能幫我們迎向未來。

二〇二三年四月，我在寫下本書尾聲之時，收到了歐文斯湖湖水重現的消息。麥克・普拉瑟在臉書上分享湖面波光粼粼、如鏡子般映照群山的照片。[47] 三月中旬，一條「大氣河流」，亦即大氣層中水氣集中的帶狀區域，為加州中部帶來豐沛的雨量。那年冬天，內華達山脈的積雪量也創下新記錄。接下來從五月到七月，融化的積雪將為湖泊帶來更多水量，這座湖得以再度成為湖泊，重現長久以來顯得遙不可及、哪怕只能維持短暫時間的景象。當然，一切都很複雜。麥克解釋道，氾濫的水流也可能威脅控制沙塵的基礎設施，當夏季尾聲洪水蒸發退去後，也許沙塵量反而會變更多，而非更少。「自然會有所定奪。」他寫道。

他說得沒錯。即便如此，能再度見到那一幕，還是令人感到心滿意足與無比慰藉。讓水源與生機重回歐文斯谷的夢想不再只是幻影。一切都蓄勢待發，等待歸來的時刻。

謝詞

這本書的誕生，源自於我在世界各地的遊歷，以及多年來與不同人相遇的滋養。無論日夜、在步行或車程中，我與許多人長談那些令我們魂牽夢縈的地方，以及該如何去理解與書寫它們。雖然這八年來，以塵埃「點亮」我的書寫之路險得有些荒謬，但這段經歷一點也不枯燥或缺乏生機。在二〇二〇年到二〇二二年這段奇異而孤立的寫作時期，我處於前所未有的隔離生活，但卻感覺自己正在參與一場更為廣闊的對話。因此，我想對無數人的參與跟支持表達深深感激。這份謝詞篇幅有限，無法道盡我對每個人感謝的言語，但這種「幸福的遺憾」恰恰令我無比欣喜。

我的田野調查大多是以訪客身分拜訪原住民的土地，因此我必須向這些土地，以及世世代代守護這片土地的人致敬與致謝。我也承諾透過行動，支持他們持續追求和解與賠償的行動。在加州期間，我曾前往Nüümü（歐文斯谷地區的派尤特族）、Newe（孤松部落）、Cahuilla（卡惠拉族）和Tongva（通加族）的領域。*Pesa mu*，感謝所有在Payahuunadü流水之地堅持的人們，感謝歐文斯谷原住民水利委員會的泰芮・紅貓頭鷹、金德爾・諾亞。感謝派尤特大松部落環境部的諾亞・威廉斯、莎莉・曼寧和保羅・衛德。感謝大盆地空氣汙染管制局的菲利浦・基杜，感謝因約郡之友協會的溫蒂・史奈德與路易斯・梅迪納（Louis Medina）。感謝麥克・普拉瑟與所有投入歐文斯湖賞鳥節的同仁。我衷心希望這本書能在某種程度上支持你們的努力。

新墨西哥州的旅途中，我拜訪了拉古納．普韋布洛部落，也在Diné（納瓦荷族）和Apache（阿帕契族）的領域停留。我要誠摯感謝格列哥里．霍霍拉，他分享了拉古納的傳統知識，以及新墨西哥大學「金屬超級基金研究計畫」的夥伴，特別是強妮．路易斯、湯瑪斯．德普里（Thomas De Pree）、克里斯．舒韋。感謝新墨西哥州環境法務中心與原住民族健康科學研討會的所有與會人員，你們在做的事非常有影響力且令人深受啟發，我真心希望有更多篇幅介紹你們的工作。

在探索烏茲別克的旅程中，感謝我的導遊薩岑拜與司機麥克斯，也感謝歐塔貝．蘇雷馬諾與其Stihia音樂節的團隊夥伴，舉辦了一場令我永生難忘的音樂節。感謝在格陵蘭的行程中的尼維．克利斯坦森（Nivi Christensen），他不僅在努克接待與陪伴我們健行，還教導我們如何用因紐特人的方式與一塊巨石建立關係。

美國國家航空暨太空總署的同仁也對我照顧有加，特別感謝羅伯．格林（Rob Green）、歐爾嘉．卡拉什尼科娃（Olga Kalashnikova）與巴特．奧斯楚（Bart Ostro）為我講解氣溶膠科學的複雜細節。感謝珍．J．李（Jane J. Lee）幫我們接洽安排，地球觀測站的約書亞．史蒂文斯（Joshua Stevens）還為英國版《塵世錄》設計了精彩的「氣溶膠地球」封面。在英國南極調查局部分，要感謝麗茲．湯瑪斯與艾瑞克．沃夫與我分享冰芯的知識，當然也要感謝艾蜜莉．奈維爾（Emily Neville）與亞曼達．韋恩（Amanda Wynne）協助安排訪談。感謝彼得．內夫把鑽冰芯的工作過程講得活靈活現，還有湯姆．吉爾（Tom Gill），謝謝你凝聚整個塵埃科學的研究社群。感謝史學家威廉．卡弗特、英國文學學者拉雪兒．迪尼

（Rachele Dini）和氣候學家克萊兒·萊德，你們貢獻自身的專業知識，讓我在寫作過程有更清楚的思緒。

書寫與出版的過程漫長而艱鉅，如果不是靠著自由接案的收入支持，我不可能完成這部作品。我要感謝朱塞佩·波利梅諾（Giuseppe Polimeno）、羅伯·布萊基（Rob Blackie）與Black Swan出版團隊，也要感謝我那願意賭上一把騰空跳躍的勇氣。

最初，我創辦電子報《擾動》（*Disturbances*），是想看看自己對「塵埃」是否有話想說，結果後來發現不僅我想說，大家竟然也真的想閱讀這份電子報。所以這本書能成形，很大一部分要歸功於你們這些最早的讀者。尤其是克萊夫·湯普森（Clive Thompson）與羅伯特·麥克法蘭（Robert Macfarlane）很早就開始支持這項寫作計畫，讓我有動機擴展研究與寫作規模。

我要特別感謝艾維塔斯創意管理公司（Aevitas Creative Management）的文學經紀人、無法被取代的麥斯·愛德華茲（Max Edwards）：謝謝你相信這本書，謝謝你相信我，這對我意義非凡。感謝艾維塔斯公司的同仁湯姆·洛伊德—威廉斯（Tom Lloyd-Williams）、葛斯·布朗（Gus Brown）與凡妮莎·柯爾（Vanessa Kerr），你們也功不可沒。Hodder & Stoughton出版社的休·阿姆斯壯（Huw Armstrong），我何德何能擁有你持續的關注，同時也要感謝其他同仁，包含凱特·基罕（Kate Keehan）、娜歐蜜·莫里斯·大森（Naomi Morris Omori）、克里斯汀·達克（Christian Duck）、伊娜雅·謝赫·湯瑪斯（Inayah Sheikh Thomas）與海蓮娜·卡爾頓（Helena Caldon）。特別感謝約翰·普盧默（John Plumer）送給我地理學家夢寐以求的禮物——許多份製作精良的地圖。

最後，我想將這本書獻給我的朋友：感謝丹尼爾·崔林（Daniel Trilling）與亞歷珊卓·帕森斯

（Alexandra Parsons）在陰雨綿綿的封城期間，陪我一邊散步一邊聊寫作；也感謝瑞希・達斯提達（Rishi Dastidar），我們沒有散步，而是選在午餐時間暢談（你真是睿智又優雅）。亞歷珊卓多年來不斷分享她的學術期刊帳號登入密碼給我，儘管密碼一直更新，但她絕對值得被封聖。漢娜・葛瑞格里（Hannah Gregory）幫助我讓書籍出版計畫成形，貝絲・歐布萊恩（Beth O'Brien）則用愛、鼓勵與深夜簡訊，撐起了我所需的一切。深深感謝休・萊米（Huw Lemmey）、黛博拉・查克拉（Deb Chachra）、詹姆斯・巴特勒（James Butler）與傑西・盧克・達林（Jesse Luke Darling）。謝謝布萊德・賈勒特（Brad Garrett），最初你的邀請徹底改變了一切。感謝喬・齊爾德斯（Joel Childers），是你讓我認識並愛上北美大盆地。

最後，我要感謝韋恩・尚布利斯，你是那個關鍵的催化劑。

Nature Communications 13(7105). DOI: 10.1038/ s41467-022-34823-3。

33. Voiland, Adam 2023, ‘A Dusty Day in Northeastern China’, NASA Earth Observatory, 22 March 2023。
34. 迷因範例：Jinfeng Zhou（@zhou_jinfeng）的推特發文：https://twitter.com/Zhou_jinfeng/status/1371283896013189125 和 Sony Movies 的微博發文：https://weibo.com/2526171271/K6irscCc7。
35. 每小時 PM2.5 濃度的數據出處：Zhicong Yin, Yu Wan, Yijia Zhang, Huijun Wang, 2022, ‘Why super sandstorm 2021 in North China?’, *National Science Review* 9(3), March 2022, DOI: 10.1093/nsr/nwab165。
36. Via Myers, Stephen Lee 2021, ‘The Worst Dust Storm in a Decade Shrouds Beijing and Northern China’, *New York Times*, 15 March 2021。
37. UNCCD, 2020, ‘The Great Green Wall Implementation Status And Way Ahead To 2030’ executive summary’, prepared by Climatekos gGmbH, Berlin。
38. FAO, undated webpage, ‘Action Against Desertification: Great Green Wall’, Food and Agriculture Organisation of the United Nations (fao.org)。
39. Morrison, Jim 2016, ‘The “Great Green Wall” Didn’t Stop Desertification, but it Evolved Into Something That Might’, *Smithsonian* magazine, 23 August 2016。
40. Reij, C., Tappan, G., Smale, M. 2009, ‘Agroenvironmental Transformation in the Sahel: Another Kind of “Green Revolution”’. IFPRI Discussion Paper 00914. International Food Policy Research Institute, Washington, DC。
41. Watson, Cathy 2018, ‘Farmer-managed natural regeneration: the fastest way to restore trees to degraded landscapes?’, *Mongabay News*, 29 June 2018。
42. Reuters staff, 2021, ‘Farmer coaxes forest from the desert in Burkina Faso’, *Reuters*, 26 March 2021。
43. 引用自：Morrison, Jim 2016, ibid。
44. Anon, ‘The Ruin’ trans. Michael Alexander 1991, in *The Earliest English Poems*, Penguin Classics。
45. WNYC, PRX and WGBH 2022, ‘How Indigenous Water Protectors Paved Way for Future Activism’, *The Takeaway* radio programme, 22 April 2022。
46. Ackoff, Russell L. 1974, *Redesigning the future: a systems approach to societal problems*. Wiley, New York。
47. 麥克・普拉瑟於二〇二三年四月十五日在「歐文斯谷歷史」（Owens Valley History）臉書社團上的發文。https://www.facebook.com/groups/392735971601693/permalink/1284929745715640/ (accessed 11 June 2023)。

22. Paragraph A.1.5 in IPCC, 2019, 'Summary for Policymakers', in *Climate Change and Land: an IPCC special report on climate change, desertification, land degradation, sustainable land management, food security, and greenhouse gas fluxes in terrestrial ecosystems*。
23. Evans, Monica 2021, ibid。
24. IPBES 2018, 'Media Release: Worsening Worldwide Land Degradation Now 'Critical', Undermining Well-Being of 3.2 Billion People', IPBES (Intergovernmental Science-Policy Platform on Biodiversity and Ecosystem Services), 23 March 2018。
25. Schauenberg, Tim 2022, 'How to stop deserts swallowing up life on Earth', *Deutsche Welle* (DW.com), 16 February 2022。
26. Watts, Jonathan 2011, 'China makes gain in battle against desertification but has long fight ahead', *The Guardian*, 4 January 2011。
27. 雖然牲畜數量確實大幅增加，但許多生態學家認為不能怪罪遊牧民族「落後」且不懂得照顧環境：問題出在國家政策讓他們債臺高築、可供放牧的土地面積越來越少，逼使人們採取短視近利的儲糧行為。參見：Kolås, Åshild 2014, 'Degradation Discourse and Green Governmentality in the Xilinguole Grasslands of Inner Mongolia', *Development and Change*, 45: 308–328. DOI: 10.1111/dech.12077，以及：Ruxin Zhang, Emily T. Yeh, Shuhao Tan, 2021. 'Marketization induced overgrazing: The political ecology of neoliberal pastoral policies in Inner Mongolia', *Journal of Rural Studies*, 86: 309–17, DOI: 10.1016/j.jrurstud.2021.06.008。
28. Beiser, Vince 2018, *The World in a Grain: The Story of Sand and How It Transformed Civilization,* Riverhead, New York City。
29. 註：此處數據包含了因「年老」(扦插的樹苗似乎本來就活不長久)、染病、或是乾旱等等因素而死的樹木。Cao, Shixiong 2008. 'Why large-scale afforestation efforts in China have failed to solve the desertification problem', *Environmental Science & Technology* 42(6):1826–31. DOI: 10.1021/es0870597。
30. Elkin, Rosetta S. 2022*, Plant Life: The Entangled Politics of Afforestation*, University of Minnesota Press。
31. Wang, X.M. Zhang, C.X. Hasi, E. & Dong, Z.B. 2010. 'Has the Three Norths Forest Shelterbelt Program solved the desertification and dust storm problems in arid and semiarid China?', *Journal of Arid Environments* 74(1): 13–22. DOI: 10.1016/j.jaridenv.2009.08.001。除了全球新冠疫情讓親自探訪變得十分困難、在沙塵暴主要起源地區的新疆仍上演著種族滅絕以外，這是我沒有對中國更加著墨的第三個原因：實在太難取得確切的數據分析了。
32. Wu, C., Lin, Z., Shao, Y. et al. 2022, Drivers of recent decline in dust activity over East Asia.

5. Fortun, Kim 2014, 'From Latour to late industrialism', *HAU* 4(1). DOI: 10.14318/hau4.1.017。
6. American Coal Ash Association (AACA), *2021 Coal Combustion Products Survey*, 6 December 2022。在二〇二一年，總共有七千七百三十萬噸的煤灰被生產出來－－雖然其中有六〇%經回收後，用於水泥或是石膏牆板等的生產過程中。
7. 艾斯特・卡倫之言引自：Southern Alliance for Clean Energy 2013, 'Five years since Kingston: Perry County, Alabama's Toxic Tragedy', 22 December 2013 (cleanenergy.org)。
8. Miéville, China 2018, 'A Strategy for Ruination: An interview with China Miéville', *Boston Review*。
9. Benjamin W. Abbot et al. 2023, 'Emergency measures needed to rescue Great Salt Lake from ongoing collapse', Brigham Young University, 4 January 2023. DOI: 10.13140/RG.2.2.22103.96166。
10. Saltzman, Hannah 2023, 'The health of the lake is the health of our kids', *Salt Lake Tribune*, 26 January 2023。
11. American Lung Association 2023, 'State of the Air Report' for Salt Lake City, UT。數據收錄於線上：https://www.lung.org/research/sota/city-rankings/msas/salt-lake-city-provo-orem-ut (accessed 11 June 2023)。
12. Errigo I. et al. (2020), Human health and the economic costs of air pollution in Utah', *Atmosphere* 2020, 11(11): 1238. DOI: 10.3390/atmos11111238。
13. American Lung Association 2023, ibid。
14. Utah Department of Natural Resources, undated. 'Great Salt Lake' webpage (https://water.utah.gov/great-salt-lake/)。
15. Williams, Terry Tempest 2023, 'I Am Haunted by What I Have Seen at Great Salt Lake', *New York Times*, 25 March 2023。
16. 流入水量減少三十九%的數據出處：Null, S.E., Wurtsbaugh, W.A. 2020, 'Water Development, Consumptive Water Uses, and Great Salt Lake', in *Great Salt Lake Biology*, eds B. Baxter & J. Butler, Springer. DOI: 10.1007/978-3-030-40352-2_1。
17. *Salt Lake Tribune* editorial board, 2022, 'Why it's time for Utah to buy out alfalfa farmers and let the water flow', *Salt Lake Tribune*, 12 December 2022。
18. 引述於 Christopher Flavelle 2022, 'As the Great Salt Lake Dries Up, Utah Faces an "Environmental Nuclear Bomb", *New York Times*, 7 June 2022。
19. *Salt Lake Tribune* editorial board, 2022, ibid。
20. Abbot, Benjamin W. et al. 2023, ibid。
21. Evans, Monica 2021, 'Everything you need to know about drylands', *Global Landscapes Forum*, 25 March 2021。

Garcetti on adapting to historic drought', *MSNBC*, 15 July 2015.

27. Garcetti, Eric 2019, *L.A.'s Green New Deal Sustainable City pLAn 2019*, City of Los Angeles (plan.lamayor.org), p. 44.
28. Quoted in Simon, Matt 2010 'LA Is Doing Water Better Than Your City. Yes, That LA', *Wired* (US), 12 June 2010.
29. Simon, Matt 2010, ibid.
30. Smith, Hayley 2022, 'L.A. is taking a different path on severe watering restrictions. Here's how it will work', *Los Angeles Times*, 11 May 2022.
31. 墨爾本數據出自：Wright, Ian A. 2019, 'Why Sydney residents use 30% more water per day than Melburnians', *The Conversation*, 23 May 2019。英國每人每天一百四十五公升用水量的數據來自英國新農業部（DEFRA）二〇一八至二〇一九年、以及二〇二〇至二〇二一年期間資料，見指標E8（https://oifdata.defra.gov.uk/5-8-1/）。德國二〇二一年每人每天一百二十七公升用水量的數據來自德國聯邦能源與水資源產業協會（BDEW）的「二〇二〇年德國水資源部門概況」（'Profile of the German Water Sector 2020'〔英文版〕）。
32. 「目前，戶外灌溉占了洛杉磯總用水量約三十五%。」出處：Stone, Erin 2022, 'Water Restrictions Have Started In Southern California. Here's What You Need To Know', *LAist.com*, 3 June 2022.
33. Owens Valley Committee, undated. 'Solutions' 。收錄於線上：https://owensvalley.org/solutions/（二〇二三年五月十四日存取）
34. Owens Valley Indian Water Commission, undated. 'A History of Water Rights and Land Struggles'。收錄於線上：http://oviwc.org/water-crusade（二〇二三年五月十四日存取）
35. Owens Valley Committee, undated. 'Solutions'。收錄於線上：https://owensval- ley.org/solutions/（二〇二三年五月十四日存取）
36. Pfeiffer, Jeanine 2021, 'Honoring A Water Warrior: How Harry Williams Fought for Paiute Water Rights in Owens Valley', *KCET*, 8 July 2021.

尾聲

1. Rosa, Hartmut 2020, *The Uncontrollability of the World,* trans. James C. Wagner. Polity Press, Cambridge。
2. Weber, Max 1946 (1922), '*Science as a Vocation*'. Collected in *Max Weber: Essays in Sociology*, translated and edited by H.H. Gerth and C. Wright Mills, Oxford University Press。
3. Harvey, David 1989, *The Condition of Postmodernity*, Wiley-Blackwell: Oxford。
4. Southern Environmental Law Centre 2019, 'Tip of the Ashberg', *Broken Ground* podcast, season 1 episode 1, April 2019。

10. NASEM 2020, '*Effectiveness and Impacts of Dust Control Measures for Owens Lake*', ibid.
11. Owens Valley Committee, 'The Rainshadow' bulletin, vol 4 no. 2, Winter 2008/09.
12. p. 60 of NASEM 2020, '*Effectiveness and Impacts of Dust Control Measures for Owens Lake*', ibid, 以及 Louis Sagahun 2018, 'Owens Lake: Former toxic dust bowl transformed into environmental success', *Los Angeles Times*, 28 April 2018.
13. Maisel, David 2001–2 and 2015, *The Lake Project* (davidmaisel.com).
14. Cronon, William 1995, 'The Trouble With Wilderness', *New York Times*, 13 August 1995.
15. 二〇一九年四月的數據出自：p.14, NASEM 2020, '*Effectiveness and Impacts of Dust Control Measures for Owens Lake*', ibid.
16. 我當時戴的不織布FFP2口罩（類似美國N95標準）應可將大小約〇・一到〇・三微米的固體顆粒過濾掉九十四%，因此應該非常適合防護PM10或更小的懸浮微粒。
17. Davidson, Captain J. W. 1859, 'Report of the Results of an Expedition to Owens Lake, and River' (accessed via p.10 of the *Cultural Landscape Report: Manzanar Historic Site*, 2006, National Park Service (NPS) Pacific West Region, San Francisco).
18. Sagahun, Louis 2013, 'DWP archaeologists uncover grim chapter in Owens Valley history', *Los Angeles Times*, 2 June 2013.
19. NASEM 2020, '*Effectiveness and Impacts of Dust Control Measures for Owens Lake*', ibid, pp. 30 and 54–5, citing previous work by Kathy Bancroft.
20. 土地統計資料來自因約郡規畫署 二〇一五年的「因約郡管理土地」（Managed Land in Inyo County）資料集（https://databasin.org/datasets/edeb-5c36a529484b854ff95ce5aeea5c，二〇二三年五月十四日存取）。歷史面積統計資料來自：Teri Red Owl 2015, 'Payahuunadü Water Story' in *Wading Through the Past: Infrastructure, Indigeneity & the Western Water Archives*, ed. Char Miller, 2021 Western Water Symposium, The Claremont Colleges Library.
21. Office of the Attorney General, 1995, *Memorandum on Indian Sovereignty*, Department of Justice, Washington, DC.
22. Wei, Clarissa 2017, 'After Long Delay, LADWP Fixes Broken Pipeline on Big Pine Paiute Reservation', *KCET*, 28 June 2017.
23. Kahrl, William M. 2013, 'The long shadow of William Mulholland', *Los Angeles Times*, 3 November 2013.
24. Kahrl, William M. 1982, *Water And Power: The Conflict over Los Angeles' Water Supply in the Owens Valley*, University of California Press, p. 439.
25. Mika, Katie et al. 2018, *LA Sustainable Water Project: Los Angeles City- Wide Overview*. UCLA: Sustainable LA Grand Challenge. 檢索自：https://escholarship.org/uc/item/4tp3x8g4.
26. 出自克里斯・海斯（Chris Hayes）對時任洛杉磯市長賈西迪的訪談：2015, 'Mayor

E-Journal 13(1), DOI: 10.5018/economics-ejournal.ja.2019-40，以及湯普森後續成書的著作：'*Escape from Model Land: How Mathematical Models Can Lead Us Astray and What We Can Do about It*', Basic Books, 2022。

46. Law, John 2004, *After Method: Mess in Social Science Research*, Routledge: Oxford。

第九章　流水之地

1. Eastern Sierra Audubon Society, undated, 'Owens Lake Important Bird Area' webpage (accessed 14 May 2023). Text from National Audubon Society IBA Database Site Profile.
2. Lave, Lester B. & Seskin, Eugene P. 1973, 'An Analysis of the Association between U.S. Mortality and Air Pollution', *Journal of the American Statistical Association*, 68:342, 284–90, DOI: 10.1080/01621459. 1973.10482421.
3. Dockery, Douglas W. et al. 1993, 'An Association between Air Pollution and Mortality in Six U.S. Cities', *New England Journal of Medicine* 329:1753–1759, DOI: 10.1056/NEJM199312093292401.
4. Saint-Armand, Pierre et al. 1986, 'Dust Storms From Owens and Mono Valleys, California: Summary report 1975–86'. Naval Weapons Center China Lake CA, September 1986.
5. National Academies of Sciences, Engineering, and Medicine (NASEM) 2020, *Effectiveness and Impacts of Dust Control Measures for Owens Lake*, The National Academies Press, Washington, DC, DOI: 10.17226/25658 – see table on p. 60.
6. NASEM 2020, '*Effectiveness and Impacts of Dust Control Measures for Owens Lake*', ibid, p. 74.
7. 資料來自承辦廠商的網站：KDG Construction Consulting, 2014 'Owens Lake Dust Mitigation Project, Phase 7A', https://kdgcc.com/ projects/owens-lake-dust-mitigation-project-phase-7a/（現已撤下，但可透過網路資料庫取得），以及：711 Materials Inc, 2020, 'Dust Pollution: The Transformation Of Owens Lake', https://www.711materials.com/ post/dust-pollution-the-transformation-of-owens-lake（二〇二二年五月十四日存取）
8. 「兩個月」的數據來自時任洛杉磯市長賈西迪於二〇一四年的說法，可見於許多新聞，例如以下文獻：Sierra Wave news staff 2014, 'LADWP/GBAPCD settle lawsuits over dust control and look forward to more use of waterless control methods without harming wildlife', sierrawave.net, 14 November 2014.
9. 「自二〇〇七年以來平均三十一%」出自以下文獻第一頁：NASEM 2020, '*Effectiveness and Impacts of Dust Control Measures for Owens Lake*', ibid；「三百億」出自以下文獻：Knudson, Tom 2014, 'Outrage in Owens Valley a century after L.A. began taking its water', *The Sacramento Bee*, 1 May 2014

on where it originated', *ScienceDaily*, 17 August 2018。

35. Chaibou, Abdoul Aziz Saidou; Ma, Xiaoyan and Sha, Tong 2020, 'Dust radiative forcing and its impact on surface energy budget over West Africa', *Scientific Reports* 10: 12236. DOI: 10.1038/s41598-020-69223-4。
36. Zhao, Alcide; Ryder, Claire L. and Wilcox, Laura J. 2022, 'How well do the CMIP6 models simulate dust aerosols?' *Atmospheric Chemistry & Physics*, 22: 2095–2119. DOI: 10.5194/acp-22-2095-2022。
37. 四千萬噸的數據出自Koren二〇〇六年的研究：其他有些研究得出較低的數字，所以在此說「高達」。Koren, Ilan et al. 2006, 'The Bodélé depression: a single spot in the Sahara that provides most of the mineral dust to the Amazon forest', *Environmental Research Letters* 1: 014005, DOI: 10.1088/1748-9326/1/1/014005。
38. Swap, R. et al. 1992, 'Saharan dust in the Amazon Basin', *Tellus B: Chemical and Physical Meteorology,* 44:2, 133–149, DOI: 10.3402/tellusb.v44i2.15434。
39. Koren, Ilan et al. 2006, ibid。
40. 于洪彬所述引自：Andrew Buncombe 2015, 'Amazon Rainforest: Nasa satellite measures remarkable 1,600 mile journey of dust from Sahara desert to jungle basin', *The Independent*, 26 February 2015。
41. Yu, Yan; Kalashnikova, Olga et al. 2020, 'Disproving the Bodélé depression as the primary source of dust fertilizing the Amazon Rainforest', *Geophysical Research Letters* 47, DOI: 10.1029/2020GL088020。
42. Nogueira, Juliana et al. 2020, 'Dust arriving in the Amazon basin over the past 7,500 years came from diverse sources'. *Communications Earth & Environment* 2(5), DOI: 10.1038/s43247-020-00071-w。
43. Barkley, Anne E. et al. 2019, 'African biomass burning is a substantial source of phosphorus deposition to the Amazon, Tropical Atlantic Ocean, and Southern Ocean', *PNAS* 116 (33) 16216–21, DOI: 10.1073/ pnas.1906091116，以及 Prospero, Joseph M. et al. 2020, 'Characterizing and quantifying African dust transport and deposition to South America: Implications for the phosphorus budget in the Amazon Basin', *Global Biogeochemical Cycles,* 34, DOI: 10.1029/2020GB006536。
44. 生質燃燒貢獻了北半球三十五％、以及南半球五〇％的黑碳。出處：Qi, Ling and Wang, Shuxiao 2019, 'Fossil fuel combustion and biomass burning sources of global black carbon from GEOS-Chem simulation and carbon isotope measurements', *Atmospheric Chemistry and Physics,* 19: 11545–57, DOI: 10.5194/ acp-19-11545-2019。
45. Thompson, Erica & Smith, Leonard A. 2019, 'Escape From Model Land', *Economics*

00901-w。

24. NASA, 2011, 'Glory Promises New View of Perplexing Particles' webpage, 16 February 2011, https://www.nasa.gov/mission_pages/Glory/news/ Perplexing_particles.html，以及 NASA 2010, 'Aerosols and Clouds (Indirect Effects)' webpage, 2 November 2010, https:// earthobservatory.nasa.gov/ features/Aerosols/page4.php (both accessed 11 June 2023)。
25. Kami, Aseel 2012, 'Iraq battles dust from marshes drained by Saddam', *Reuters*, 21 June 2012。
26. Bou Karam Francis, D. et al. 2017, 'Dust emission and transport over Iraq associated with the summer Shamal winds', *Aeolian Research* 24:15–31, DOI: 10.1016/j.aeolia.2016.11.001。
27. 「八百萬噸」的數據出自：Hoesley, Rachel M. et al. 2018, 'Historical (1750–2014) anthropogenic emissions of reactive gases and aerosols from the Community Emissions Data System (CEDS)', Geoscientific Model Development 11: 369–408, DOI: 10.5194/gmd-11-369-2018。關於「第二危險」的宣稱，參見：Bond, TC et al. 2013, 'Bounding the role of black carbon in the climate system: A scientific assessment', *Journal of Geophysical Research*: Atmospheres 118: 5380– 5552, DOI:10.1002/jgrd.50171。
28. 關於雲的生成，參見：Le Treut, H. et al. 2007, 'Historical Overview of Climate Change Science' in Climate Change 200y6: The Physical Science Basis, eds. Solomon, Qin, Manning et al., p. 114。關於土壤與植被，參見：Xue, Yongkang 1996, 'Impact of vegetation properties on U.S. summer weather prediction', *Journal of Geophysical Research: Atmospheres 101*(D3), DOI: 10.1029/95JD02169。
29. 湯瑪斯的發言引述自：David Shukman 2015, 'Clearing up dust's effect on climate', *BBC News*, 9 December 2015。
30. IPCC, 2007: Summary for Policymakers. In *Climate Change 2007: The Physical Science Basis. Contribution of Working Group I to the Fourth Assessment Report of the Intergovernmental Panel on Climate Change*, eds S. Solomon et al., Cambridge University Press。
31. 「唯一……的工具」一段話，出自牛津大學地理與環境學院的「DO4 Models: Dust Observation」研究計畫網站，收錄於線上：https://www.geog.ox.ac.uk/research/climate/projects/do4models/ (accessed 14 May 2023)。
32. Ryder, Claire L. et al. 2019, 'Coarse and giant particles are ubiquitous in Saharan dust export regions and are radiatively significant over the Sahara', *Atmospheric Chemistry & Physics* 19: 15353–76. DOI: 10.5194/ acp-19-15353-2019。
33. Dimitropoulos, S. 2020, 'Have We Got Dust All Wrong?', *Eos*, 25 September 2020。
34. Carnegie Institution for Science, 2018, 'Particulate pollution's impact varies greatly depending

3(10):12。

14. Alverson, Andrew 2022, 'The Air You're Breathing? A Diatom Made That', *LiveScience*, 14 October 2022。
15. 「非洲每年的沙塵生成量占全球五十八％，而全球大氣中的沙塵，有六十二％源自非洲。」，出處：Tanaka, Taichu Y. & Chiba, Masaru 2006, 'A numerical study of the contributions of dust source regions to the global dust budget', Global and Planetary Change 52(1–4): 88–104, DOI: 10.1016/j.glopla- cha.2006.02.002——另一個數據是「五十五％」的沙塵生成量，出自於：Ginoux et al. 2012, ibid。
16. NOAA, undated, 'How much oxygen comes from the ocean?' National Ocean Service website (accessed 14 May 2023)。
17. Lenes et al. 2001, 'Iron fertilization and the Trichodesmium response on the West Florida shelf', *Limnology and Oceanography*, 46(6): 1261–77. DOI: 10.4319/lo.2001.46.6.1261。
18. 關於「多樣性」的研究，參見：Yamaguchi, Nobuyasu et al. 2012, 'Global dispersion of bacterial cells on Asian dust', *Scientific Reports* 2(525), DOI: 10.1038/srep00525。關於「應對環境變遷」的研究'Adaptation': Isabel Reche et al. 2018, 'Deposition rates of viruses and bacteria above the atmospheric boundary layer. *ISME Journal* 12: 1154–62, DOI: 10.1038/s41396-017-0042-4。
19. Shinn, Eugene A. et al, 2000, 'African Dust and the Demise of Caribbean Coral Reefs', *Geophysical Research Letters* 27(19): 3029–3032, DOI: 10.1029/2000GL011599。
20. NASA Earth Observatory 2001, 'When the dust settles', 18 May 2001, https://earthobservatory.nasa.gov/features/Dust (accessed 14 May 2023)。
21. Prospero, Joseph M. et al. 2021, 'The Discovery of African Dust Transport to the Western Hemisphere and the Saharan Air Layer: A History', *Bulletin of the American Meteorological Society* 102: E1239–E1260, DOI: 10.1175/ BAMS-D-19-0309.1。
22. IPCC 2007, *Climate Change 2007: Synthesis Report. Contribution of Working Groups I, II and III to the Fourth Assessment Report of the Intergovernmental Panel on Climate Change*, eds. / core writing team Pachauri, R.K and Reisinger, A., IPCC, Geneva, Switzerland, p. 168。重點摘錄：「每平方公尺正負〇．二瓦的九〇％信賴區間，顯示了關於全球沙塵總生成量、沙塵濃度、以及人類活動所製造出的沙塵所占比例，還有相當高的不確定性。根據這不確定性範圍的兩個極端所估算出的結果，人為產生的沙塵造成的輻射驅動力可能是負的也可能是正的，最低可至每平方公尺負〇．三瓦，最高可至每平方公尺〇．一瓦。」
23. Froyd, Karl D. et al. 2022, 'Dominant role of mineral dust in cirrus cloud formation revealed by global-scale measurements', *Nature Geoscience* 15: 177–83, DOI: 10.1038/s41561-022-

2. Smith, Oli 2018, "BLOOD RAIN" pours down in Russian freak weather event prompting "biblical plague' panic", *Daily Express*, 5 July 2018。
3. Cicero, *De divinatione* ('Concerning Divination') Book II, 27。他以犀利言辭，表明了對於血雨傳說的真實性存疑：「你說，『有消息來源向元老院指出，有血雨從天而降，阿特拉圖斯河裡流的也是血，眾神雕像也出了汗。』你不會真的以為泰勒斯（Thales）、阿那克薩哥拉（Anaxagoras）或其他自然哲學家會相信這等消息吧？我敢保證，汗與血只會出自於有生命的肉體。乍看之下酷似流血的現象，是由水與某種土壤的混合所致。」
4. McCafferty, P. 2008, 'Bloody rain again! Red rain and meteors in history and myth' in the *International Journal of Astrobiology*, 7(1), 9–15. DOI: 10.1017/S1473550407003904。
5. '24 million tons': NASA's Hongbin Yu to Warren Cornwall, 2020, "Godzilla' dust storm traced to shaky northern jet stream', *Science*, 7 December 2020。
6. Chadwick, Jonathan 2020, 'Amazing satellite imagery shows giant dust plume known as 'Godzilla' sweeping across the Atlantic from the Sahara to the Caribbean', *Daily Mail,* 14 July 2020，以及 Irfan, Umair 2020, 'The "Godzilla" Saharan dust cloud over the US, explained', *Vox*, 1 July 2020。
7. von Humboldt, Alexander and Bonpland, Aimé 1807, '*Essay on the Geography of Plants*, ed. Stephen T. Jackson, trans. Sylvie Romanowski, University of Chicago Press。
8. Steffen, Will et al. 2020 'The Emergence and Evolution of Earth System Science' in *Nature Reviews Earth & Environment* 1, pp. 54–63. DOI: 10.1038/s43017-019-0005-6。
9. Inoue, Cristina Yumie Aoki & Moreira, Paula Franco 2016. 'Indigenous knowledge systems and the Earth System governance project's epistemological dimension', presented at Nairobi Conference on Earth System Governance, December 2016。
10. 原文為「每年五十億噸尺寸不到二十微克的微粒（PM20）」，出處為：Kok, Jasper F. et al., 2021, 'Improved representation of the global dust cycle using observational constraints on dust properties and abundance', *Atmospheric Chemistry & Physics* 21: 8127–67. DOI: 10.5194/ acp-21-8127-2021。
11. Ginoux, Paul et al. 2012, 'Global-scale attribution of anthropogenic and natural dust sources and their emission rates based on MODIS Deep Blue aerosol products', Reviews of Geophysics 50. DOI: 10.1029/2012RG000388。
12. Darwin, Charles 1846, 'An account of the fine dust which often falls on vessels in the Atlantic Ocean', *Quarterly Journal of the Geological Society* 2: 26–30. DOI: 10.1144/GSL. JGS.1846.002.01-02.09。
13. 巴爾特的描述，引自於：deMenocal, Peter B. & Tierney, Jessica E. 2012, 'Green Sahara: African Humid Periods Paced by Earth's Orbital Changes', *Nature Education Knowledge*

131. 本段與下一段的資訊出自：Richard B. Alley 2000b ibid. and KC Taylor et al, 1997, 'The Holocene-Younger Dryas Transition Recorded at Summit, Greenland', *Science* 278(5339): 825–7, DOI: 10.1126/science.278.5339.825。需注意：「距今」計年法的「現在」定義為西元一九五〇年。

132. Dansgaard, Willi et al. 1993, 'Evidence for general instability of past climate from a 250-kyr ice-core record', *Nature* 364 (6434): 218–20. DOI: 10.1038/364218a0.

133. Christ, Andrew J. et al. 2021, 'A multimillion-year-old record of Greenland vegetation and glacial history preserved in sediment beneath 1.4 km of ice at Camp Century', *PNAS* 118 (13) DOI: 10.1073/pnas.2021442118。也可見：Andrew Christ & Paul Bierman 2021, 'Ancient leaves preserved under a mile of Greenland's ice – and lost in a freezer for years – hold lessons about climate change', *The Conversation*, 15 March 2021。

134. IPCC 2001, *Climate Change 2001: Impacts, Adaptation, and Vulnerability: Contribution of Working Group II to the Third Assessment Report of the Intergovernmental Panel on Climate Change*, eds. James J. McCarthy et al, Cambridge University Press.

135. Lenton, Timothy M. et al., 2019, 'Climate tipping points – too risky to bet against', *Nature* 575: 592–5, DOI: 10.1038/d41586-019-03595-0.

136. Boers, Niklas & Rypdal, Martin 2021, 'Critical slowing down suggests that the western Greenland Ice Sheet is close to a tipping point', *PNAS* 118(21), DOI: 10.1073/pnas.2024192118.

137. Hooijer, A., Vernimmen, R. 2012, 'Global LiDAR land elevation data reveal greatest sea-level rise vulnerability in the tropics', Nature Communications 12, 3592. DOI: 10.1038/s41467-021-23810-9.

138. 關於托雷斯海峽（Torres Strait）島民的案例，可參考二〇二二年九月二十二日裁決的「丹尼爾・比利等人控告澳洲政府」（Daniel Billy and others v Australia）案，又稱「托雷斯海峽島民請願案」（Torres Strait Islanders Petition）。另外還有一個案例是來自太平洋島國吉里巴斯的艾奧內・泰提奧塔（Ioane Teitiota）（'Ioane Teitiota v. The Chief Executive of the Ministry of Business, Innovation and Employment'），他在二〇一三年向紐西蘭申請難民身分，但在二〇一五年被拒絕後提出上訴。二〇二〇年，聯合國人權委員會做出聲明：各國不得驅逐那些因氣候變遷而面臨生存權受到威脅的人士。

第八章　灰塵是大地代謝之道

1. 「而後，哀痛而悲泣的上天凝煉出／一片血雨降於死屍縱橫的原野」，出自荷馬的《伊里亞德》第十六卷，英文原文由波普（Alexander Pope）翻譯。Pliny, *Historia Naturalis*, Book II, LVII. Plutarch, *The Parallel Lives: The Life of Romulus*。

EastGRIP已經取得了十萬年前的冰，但據團隊成員尼可・史托（Nico Stoll）在Twitter上的說法（https://twitter.com/stoll_nico/status/1666883921970188288），仍「距離基岩五十公尺」。

120. 出自二〇二〇年四月七日對艾瑞克・沃爾夫的訪談，也可見：Neff, Pete 2014, 'A review of the brittle ice zone in polar ice cores', *Annals of Glaciology* 55(68): 72–82. DOI: 10.3189/2014AoG68A023.

121. Alley, Richard B. 2000b, ibid, p. 44.

122. Alley, Richard B. 2000b, ibid.

123. 可想而知這因地點與時間而異。有關二至二十倍灰塵量的出處：Claquin et al. 2003, 'Radiative forcing of climate by ice-age atmospheric dust', Climate Dynamics 20: 193–202. DOI: 10.1007/s00382-002-0269-1。南極洲的EPICA冰芯報告顯示有二十五倍的灰塵：Lambert, F. et al. 2008, ibid.

124. McConnell, Joseph R. et al. 2018, 'Lead pollution recorded in Greenland ice indicates European emissions tracked plagues, wars, and imperial expansion during antiquity', *PNAS* 115 (22): 5726–31, DOI: 10.1073/ pnas.172181811.

125. 出自網頁資料：Niels Bohr Institute Centre for Ice and Climate, undated, 'Continuous Flow Analysis (CFA) impurity measurements' webpage, University of Copenhagen, Denmark。目前網頁已撤下，但收錄於網路資料庫（連結如下：https://www.iceandclimate.nbi.ku.dk/research/drill_analysing/cutting_and_analysing_ice_cores/cfa/，二〇二二年五月七日存取）。

126. Peter Neff, email correspondence, 5 February 2022.

127. Dansgaard, Willi et al. 1969, 'One Thousand Centuries of Climatic Record from Camp Century on the Greenland Ice Sheet', *Science* 166(3903): 377–81, DOI: 10.1126/science.166.3903.377.

128. Hays. J. D. et al., 1976 'Variations in the Earth's Orbit: Pacemaker of the Ice Ages', *Science* 194(4270): 1121–32, DOI: 10.1126/science.194.4270.1。一九七五年一則《新聞週刊》（*Newsweek*）對這項研究異常關注的報導，再加上黑碳煤煙遮蔽陽光的研究，使大眾對於「全球冷卻」和即將來臨的新冰河時期感到恐慌，這種氣候科學的假消息已經持續了近半個世紀。原研究的作者們曾明確指出「大規模北半球冰川化」只是一種「不考量人為影響的情況下」的趨勢，可見：Doug Struck 2014, 'How the "Global Cooling" Story Came to Be', *Scientific American*, 10 January 2014.

129. Buckley, Brendan M. et al. 2010, 'Climate as a contributing factor in the demise of Angkor, Cambodia', *PNAS* 107(15) 6748–52, DOI: 10.1073/ pnas.0910827107.

130. Alley, Richard B. 2000a, 'Ice-core evidence of abrupt climate changes', *PNAS* 97(4): 1331–34. DOI: 10.1073/pnas.97.4.1331.

驚人的容積。

108. Ruskin, John 1857, *Modern Painters* vol. 1, Chapter 3 'Of the Sublime', pub. Smith, Elder, and Company, p. 40.

109. Morton, Timothy 2013, *Hyperobjects: Philosophy and Ecology after the End of the World*, University of Minnesota Press.

110. Greene, Mott T. 2015, *Alfred Wegener: Science, Exploration, and the Theory of Continental Drift*, John Hopkins University Press.

111. McCoy, Roger M. 2006, *The Ending in Ice: The Revolutionary Idea and Tragic Expedition of Alfred Wegener*, Oxford University Press.

112. Schwartzbach, Martin 1986, *Alfred Wegener, the Father of Continental Drift*, Scientific Revolutionaries series, Springer, p. 44.

113. 本段落的詳細資訊出自：Langway, Chester C. 2008, 'The history of early polar ice cores', *Cold Regions Science and Technology* 52(2): 101–17, DOI: 10.1016/j.coldregions.2008.01.001 and Talalay, Pavel G. 2016, *Mechanical Ice Drilling Technology*, Springer Geophysics series, Springer（可特別參閱第五十九至六十四頁，以及第七十六至七十七頁）。

114. 有關廢棄汙染物的紀錄：Colgan, William et al. 2016, 'The abandoned ice sheet base at Camp Century, Greenland, in a warming climate', *Geophysical Research Letters* 43: 8091–6, DOI: 10.1002/2016GL069688。關於冰芯：Dansgaard, Willi 2005, *Frozen Annals – Greenland Ice Sheet Research*, Niels Bohr Institute, Copenhagen, p. 54。收錄於線上：https://icedrill.org/sites/default/files/FrozenAnnals.pdf（二〇二三年六月十一日存取）

115. 最初科學家以為冰芯涵蓋的歷史約七十四萬年，後續研究則顯示可能涵蓋長達八十萬年的區間。請詳：EPICA community members 2004, 'Eight glacial cycles from an Antarctic ice core', *Nature* 429, 623–8, DOI: 10.1038/ nature02599 以及 Lambert, F. et al 2008, 'Dust-climate couplings over the past 800,000 years from the EPICA Dome C ice core', *Nature* 452: 616–19, DOI: 10.1038/nature06763.

116. Castellani, Benjamin B. et al. 2015, 'The annual cycle of snowfall at Summit, Greenland', *Journal of Geophysical Research: Atmospheres* 120: 6654–68. DOI: 10.1002/2015JD023072.

117. Voosen, Paul 2017, 'Record-shattering 2.7-million-year-old ice core reveals start of the ice ages', *Science*, 15 August 2017.

118. Alley, Richard B. 2000b, *The Two–Mile Time Machine – Ice Cores, Abrupt Climate Change & Our Future: Ice Cores, Abrupt Climate Change, and Our Future,* Princeton University Press, p. 7.

119. 來自二〇二二年一月二十六日與明尼蘇達大學彼得・內夫Twitter上的對話（https://twitter.com/icy_pete/status/1486444367158161418）。在二〇二三年六月校對時，

darkening since 2009', *Nature Geoscience* 7: 509–12. DOI: 10.1038/ngeo2180.

99. McCutcheon, Jenine et al. 2021, 'Mineral phosphorus drives glacier algal blooms on the Greenland Ice Sheet' *Nature Communications* 12, article no. 570. DOI: 10.1038/s41467-020-20627-w.
100. National Snow & Ice Data Center (NSIDC), 2013, 'An intense Greenland melt season: 2012 in review', 5 February 2013, University of Colorado Boulder. 收錄於線上：http://nsidc.org/greenland-today/2013/02/greenland- melting-2012-in-review/（二〇二三年六月十一日存取）
101. 出自專業科學期刊論文：Sato, Yaosuke et al. 2016, 'Unrealistically pristine air in the Arctic produced by current global scale models', *Nature Scientific Reports* 6, article no. 26561. DOI: 10.1038/srep26561；以及大眾媒體傳播刊物：'Current atmospheric models underestimate the dirtiness of Arctic air', *ScienceDaily*, 25 May 2016.
102. Keegan, Kaitlin M. et al. 2012, 'Climate change and forest fires synergisti- cally drive widespread melt events of the Greenland Ice Sheet', *PNAS* 111(22): 7964–7. DOI: 10.1073/pnas.140539711.
103. 海平面上升的數據出自：IPCC, 2019, Chapter 4 'Sea Level Rise and Implications for Low-Lying Islands, Coasts and Communities', *IPCC Special Report on the Ocean and Cryosphere in a Changing Climate*. Ice sheet contribution: Thomas Slater et al., 2020, 'Ice-sheet losses track high-end sea-level rise projections', *Nature Climate Change*, vol 10, pp. 879–81. DOI: 10.1038/ s41558-020-0893-y.
104. Rahmstorf, S., Box, J., Feulner, G. et al. 2015, 'Exceptional twentieth- century slowdown in Atlantic Ocean overturning circulation', *Nature Climate Change* 5: 475–80. DOI: 10.1038/nclimate2554 (especially the final paragraph).
105. U.S. National Oceanic and Atmospheric Administration (NOAA) 2020, *Arctic Report Card: Update for 2020*, section 'Vital Signs: Greenland Ice Sheet'. DOI: 10.25923/ms78-g612.
106. 出自：Lorenz, Edward N. 1972, 'Predictability: Does the Flap of a Butterfly's Wings in Brazil Set Off a Tornado in Texas?' Presentation to the American Association for the Advancement of Science, 29 December 1972。其實羅倫茲最初使用的例子是「一隻海鷗振翅引起風暴」，但經同事建議後，他改成用比較有浪漫詩意的例子。
107. 伊盧利薩特冰川（Sermeq Kujalleq）的年均流失量已從最高的二〇一二年平均約五百二十億噸減緩至二〇一六年平均約四百五十億噸，以及二〇一七年平均約三百八十億噸，可能是由於海洋降溫所致，可參見：Khazendar, A. et al. 2019, 'Interruption of two decades of Jakobshavn Isbrae acceleration and thinning as regional ocean cools, *Nature Geoscience* 12: 277–83, DOI: 10.1038/s41561-019-0329-3。冰的密度略低於水（因此冰會漂浮在水上），因此十億噸的冰在體積上約為一・零九立方公里，是相當

the Purpose of Exploring Baffin's Bay, and Enquiring Into the Probability of a North-west Passage. Volume 2', Appendix V pp. 181–4 (pub. Strahan & Spottisbrooke)，可從Google Books開放資料庫檢索。

86. Nordenskiöld, A.E. 1875, 'Cryoconite found 1870, July 19th–25th, on the inland ice, east of Auleitsivik fjord, Disco Bay, Greenland', *Geology* magazine 2(2): 157–162.

87. Nansen, Fritjof 1906, *The Norwegian North Polar Expedition 1893–1896: Scientific Results*, Longmans, Green and Co., London. Cited in Cook, Joseph et al. 2016, 'Cryoconite: The dark biological secret of the cryo- sphere', *Progress in Physical Geography: Earth and Environment*, 40(1): 66–111. DOI: 10.1177/0309133315616574.

88. Maurette, M., Jéhanno, C., Robin, E. et al. 1987, 'Characteristics and mass distribution of extraterrestrial dust from the Greenland ice cap', *Nature* 328: 699–702. DOI: 10.1038/328699a0.

89. Tedesco, Mario 2020, *Ice: Tales from a Disappearing Continent,* Headline, Chapter 7, p. 91之後。

90. 原網站（darksnow.org）現已撤下，但該計畫的相關資料收錄於網路檔案館（ http://web.archive.org/web/20150109120350/http://darksnow.org/about-the-august-2014-dark-greenland-photos ）以及美國國家航空暨太空總署（NASA）網頁: https://earthobservatory.nasa.gov/images/84607/dark-snow-project（二〇二三年六月十一日存取）。

91. Holthaus, Eric 2016, 'Why Greenland's "Dark Snow" Should Worry You', *Slate*, 16 September 2014.

92. Tedesco, Mario 2020, ibid, p. 38.

93. 出自《冰川物理學》第四版的表五・二（Cuffey, Kurt & Paterson, WSB 2010, *The Physics of Glaciers* 4th edition, Elsevier），被以下文獻引用：Box, Jason E. et al. 2012, 'Greenland ice sheet albedo feedback: thermodynamics and atmospheric drivers', *The Cryosphere* 6: 821–39, DOI: 10.5194/tc-6-821-2012

94. Bullard, Joanne E et al. 2016, 'High-latitude dust in the Earth system', *Reviews of Geophysics* 54: 447– 85, DOI: 10.1002/2016RG000518.

95. Cuffey, Kurt & Paterson, WSB 2010, ibid.

96. 出自瑪莉・杜孟接受《氣候前線》克絲塔・馬歇爾（Christa Marshall）的採訪，文獻出處：2014, 'Wind-Blown Dust Darkens Greenland, Speeding Meltdown', *Scientific American*, 10 June 2014.

97. Jim McQuaid to Harry Baker, 'Mystery of Greenland's expanding 'dark zone' finally solved', *LiveScience*, 27 January 2021.

98. Dumont, Marie et al. 2014, 'Contribution of light-absorbing impurities in snow to Greenland's

78. 該團隊發表了許多相關的研究－－其中之一是 Hayek EE, Medina S, Guo J, Noureddine A, Zychowski KE, Hunter R, Velasco CA, Wiesse M, Maestas-Olguin A, Brinker CJ, Brearley AJ, Spilde MN, Howard T, Lauer FT, Herbert G, Ali AS, Burchiel SW, Campen M, Cerrato JM. 2021, 'Uptake and toxicity of respirable carbon-rich uranium-bearing particles: Insights into the role of particulates in uranium toxicity', *Environmental Science & Technology* 55(14):9949–57. DOI: 10.1021/acs.est.1c01205。
79. UNM METALS 'Modulation of Uranium and Arsenic Immune Dysregulation by Zinc', investigators Debra MacKenzie, Laurie Hudson, & Eszter Erdei。詳細內容收錄於線上：https://hsc.unm.edu/pharmacy/research/ areas/metals/projects.html (accessed 11 June 2023)。
80. 參見：US Department of Energy, Legacy Management 2014, *Defense-Related Uranium Mines Cost and Feasibility Topic Report: Final Report,* Doc. No. S10859, June 2014。收錄於線上：https://www.energy.gov/sites/prod/ files/2017/07/f35/S10859_Cost.pdf (accessed 11 June 2023)。
81. 參見馬爾科姆・費迪南德（Malcom Ferdinand）的著作：*Decolonial Ecology: Thinking from the Caribbean World*, 2022, Polity Press on the 'colonial and environmental double fracture of modernity」。
82. 羅賓・詹姆斯於二〇一六年十月四日在推特上的發文：https://twitter.com/doctaj/status/783293051712237568。發文因推特字數限制而有刪減，全文於此：「不同的提問，也會讓我們對正義有不同的想像：不是問誰能握有主導權，而是問誰能獲得公平的照護。」詹姆斯補充。

第七章　冰封的歷史

83. 出自一八一八年英國海軍軍官約翰・史考特爵士（Sir John Scott）為尋找西北航道的考察之旅，許多文獻都有記載，例如：Durey, Michael 2008, 'Exploration at the Edge: Reassessing the Fate of Sir John Franklin's Last Arctic Expedition', *The Great Circle* 30(2): 3–40.
84. 此故事係由格陵蘭人阿納雅克（Arnajaq）分享給探險家拉斯穆森（記載於他一九〇八年的著作《極北之民：極地探險紀實》〔*The People of the Polar North: a Record*〕，第一〇四至一〇五頁），也曾被二十世紀之交的民族學家鮑亞士（Franz Boas）和林克（Singe Rink）所記錄過，這故事其實源自一個叫做「女孩與狗」的傳說，是流傳於格陵蘭當地關於原住民與白人起源的故事。
85. 被鑑定成氧化鐵的紀錄出自：'Red snow from the Arctic regions', *The Times*, 4 December 1818, p. 2。後來被鑑定為藻類紀錄出自：Sir John Ross, 1819, 'A Voyage of Discovery Made Under the Orders of the Admiralty, in His Majesty's Ships Isabella and Alexander, for

case study', *Human Organisation* 51(4):389–97, p. 392。

65. ACRO 2021, 'Nuage de sable du Sahara: une pollution radioactive qui revient comme un boomerang', *L'Association Pour le Contrôle de la Radioactivité Dans l'Ouest*, Communiqué 24 February 2021。
66. Hawa, Maïa Tellit 2022, 'Sahara Mining: The Wounded Breath Of Tuareg Lands', *The Funambulist*, 18 October 2022。
67. Collin, Jean-Marie and Bouveret, Patrice 2020, *Radioactivity Under the Sand: The Waste From French Nuclear Tests in Algeria*, Heinrich Böll Foundation, July 2020, pp.19–20。
68. Bryant Paris, Elizabeth 2020, 'French nuclear tests in Algeria leave bitter fallout', *Deutsche Welle* 13 February 2020。
69. 紀錄片*At(h)ome*（伊利莎白・勒芙黑二〇一三年執導）和*Algeria, De Gaulle and the Bomb*及*Sand Storm: the Sahara of the Nuclear Tests*（拉爾比・本席阿二〇一〇年執導）。另見 Collin & Bouveret 2020, ibid. p. 39。
70. Collin & Bouveret 2020, ibid, p. 14。
71. 紫水晶（Amethyst）試爆及花粉（Pollen）一系列試爆的兩處場址有經過善後清理，也就是代表放射性最高的地帶有用沙和瀝青鋪蓋住－－雖然柯林和布維黑（Collin & Bouveret）懷疑這樣的善後是否足夠（pp. 38–9）。
72. *The Maghreb Times* (unbylined) 2021, 'Nuclear Tests: In Algeria Too, France Called to Act', 29 July 2021。
73. Collin & Bouveret 2020, ibid, p. 14。
74. Bannerjee, Mita 2017, 'Nuclear testing and the 'terra nullius doctrine': from life sciences to life writing', in *Property, Place, and Piracy*, ed. James Arvanitakis and Martin Fredriksson, Routledge。
75. Hawad, Maïa Tellit 2022, 'Sahara Mining: The Wounded Breath of Tuareg Lands' in *The Funambulist* issue 44 'The Desert', 18 October 2022。
76. Johnnye Lewis, Melissa Gonzales, Courtney Burnette, Malcolm Benally, Paula Seanez, Christopher Shuey, Helen Nez, Christopher Nez & Seraphina Nez 2015, 'Environmental Exposures to Metals in Native Communities and Implications for Child Development: Basis for the Navajo Birth Cohort Study', *Journal of Social Work in Disability & Rehabilitation*, 14(3–4): 245–269. DOI: 10.1080/1536710X.2015.1068261。
77. Lin, Yan, Hoover, J., Beene, D. et al. 2020, 'Environmental risk mapping of potential abandoned uranium mine contamination on the Navajo Nation, USA, using a GIS-based multi-criteria decision analysis approach', *Environmental Science Pollution Research* 27: 30542–57. DOI: 10.1007/ s11356-020-09257-3。

50. Gillies, Michael & Haylock, Richard 2022, 'Mortality and cancer inci- dence 1952–2017 in United Kingdom participants in the United Kingdom's atmospheric nuclear weapon tests and experimental programmes', *Journal of Radiological Protection* 42(2). DOI: 10.1088/1361-6498/ac52b4。
51. 「白老鼠組織」舉辦的研討會（曼徹斯特，二〇二二年二月十九日）中的討論，以及過去媒體報導，如：Townsend, Mark 2008 'Dying crew of atomic test ship battle MoD for compensation', *The Guardian*, 6 January 2008。
52. 見媒體報導：*Warrington Guardian* 2012, 'Radiation claim denied for war veteran', 22 March 2012, and Boniface, Susie 2021, 'UK's nuclear test veterans "were victims of a crime" with one suffering 100 tumours', *Daily Mirror*, 15 December 2021。
53. Gillies, Michael & Haylock, Richard 2022, ibid。
54. Alexis-Martin, Becky 2019, *Disarming Doomsday: The Human Impact of Nuclear Weapons since Hiroshima*, Pluto Press, p. 67。
55. Downwinders of Utah Archive 2017, 'Alva Matheson Downwinders interview' 13 July 2017, interviewers Anthony Sams, J. Willard Marriott Library, University of Utah。收錄於線上：ttps://collections.lib.utah.edu/ark:/87278/ s6zd2bzs (accessed 11 June 2023)。
56. Yong, Ed 2022, 'How Did This Many Deaths Become Normal?' *The Atlantic*, 8 March 2022。
57. Sodaro, Amy 2018, *Exhibiting Atrocity: Memorial Museums and the Politics of Past Violence*, Rutgers University Press, p. 116. DOI: 10.36019/9780813592176。
58. 在一九四八年與一九七六年間，新墨西哥州的鈾礦生產了全美國百分之四十的八氧化三鈾（U3O8）。出處：Rautman, Christopher 1977, 'The Uranium Industry in New Mexico', New Mexico Bureau of Mines and Mineral Resources, March 1977, p. 11。
59. 數據出處為 USEPA, undated, 'Superfund site: Jackpile-Paguate Uranium Mine, Laguna Pueblo, NM', Environmental Protection Agency。收錄於線上：https://cumulis.epa.gov/supercpad/cursites/csitinfo.cfm?id=0607033 (accessed 27 May 2023)。
60. Purley, Dorothy Ann 1995, 'The Jackpile Mine: Testimony of a Miner', *Race, Poverty & the Environment* 5(3/4): 16–17. https://www.jstor.org/ stable/41554896。
61. Fox, Sarah Alizabeth 2014, *Downwind: A People's History of the Nuclear West*, University of Nebraska Press, p. 27。
62. Lorenzo, June 2019, 'Gendered Impacts of Jackpile Uranium Mining on Laguna Pueblo', *International Journal of Human Rights Education,* 3(1). Retrieved from https://repository.usfca.edu/ijhre/vol3/iss1/3。
63. Fox, Sarah Alizabeth 2014, ibid, p. 49。
64. Dawson, Susan E. 1992, 'Navajo uranium workers and the effects of occupational illness: a

Continental Proving Ground, film, 25 minutes, colour。收錄於網路檔案館：https://archive.org/details/ AtomicTestsInNevada。

39. Masco, Joseph 2008, pp. 370, 376。
40. 菲爾斯特記憶中的距離跟軍方的記錄有所衝突。鉛錘計畫的軍方記錄顯示，在壕溝中的軍隊「距離引爆地點至少離二千六百碼」，也就是二千三百七十七公尺（七千八百英呎）。Defense Nuclear Agency undated, 'Fact Sheet: Operation Plumbob'。參見：https://www.nrc.gov/docs/ML1233/ML12334A808.pdf (accessed 11 June 2023)。
41. Downwinders of Utah Archive 2017, 'Russell Fjelsted Downwinders inter- view' 13 July 2017, interviewers Anthony Sams, J. Willard Marriott Library, University of Utah。收錄於線上：https://collections.lib.utah.edu/ark:/87278/ s6vm8nbv (accessed 11 June 2023)。
42. U.S. Federal Civil Defense Administration (FCDA) 1995, 'Operation Cue'，十五分鐘長的彩色影片。引言於三分十一秒處。收錄於線上多處，如：https://youtu.be/-w78tdFxog8。
43. Downwinders of Utah Archive 2017, 'Sherre Finicum-H Downwinders interview' 14 July 2017, interviewers Anthony Sams, J. Willard Marriott Library, University of Utah。收錄於線上：https://collections.lib.utah.edu/ ark:/87278/s60c94t4 (accessed 11 June 2023)。
44. Hales, Peter B. 1991, ibid。
45. 'The History of the Bikini' photo essay, *Time* magazine, 3 July 2009。
46. National Nuclear Security Administration 2013, Nevada National Security Site information sheet 'Miss Atomic Bomb' August 2013。收錄於線上：https://www.nnss.gov/docs/fact_sheets/doenv_1024.pdf (accessed 11 June 2023)。
47. IPPNW (International Physicians for the Prevention of Nuclear War) 1991, *Radioactive Heaven and Earth The health and environmental effects of nuclear weapons testing in, on, and above the earth*, Apex Press, New York。
48. National Research Council 1999. *Exposure of the American people to Iodine-131 from Nevada nuclear bomb tests: review of the National Cancer Institute Report and Public Health Implications*, Washington, DC。
49. 參見：基斯．麥爾斯（Keith Meyers）針對美國計算的數據（一九五一年至一九七三年間，額外多出了三十四萬至四十六萬人死亡），出處：'Some Unintended Fallout from Defense Policy: Measuring the Effect of Atmospheric Nuclear Testing on American Mortality Patterns', 24 October 2017，收錄於線上：ttps://cms.qz.com/wp-content/uploads/2017/12/6043f-meyers-fallout-mortality-website.pdf (accessed 11 June 2023)；高田純（Jun Takada）針對中國計算的數據（至少有十九萬四千人因急性輻射中毒而死，另有一百二十萬罹癌案例）引用於 Merali, Zeeya 2009, 'Did China's Nuclear Tests Kill Thousands and Doom Future Generations?', *Scientific American* 1 July 2009。

24. 下風者（Downwinder）這個稱號，最初是受到核子試爆影響、或是懷疑受到從內華達試爆場址散出的放射線影響的人們使用，後來也延伸指稱其他在鈾礦開採或是核廢料處置的過程中而受到游離輻射影響人們。引述自：Downwinders of Utah Archive 2017, 'Mary Dickson Downwinders interview' 11 January 2017, interviewers Tony Sams and Justin Sorensen, J. Willard Marriott Library, University of Utah。收錄於線上：https://collections.lib.utah.edu/details?id=1246433 (accessed 11 June 2023)。
25. Fuller, John G. 1984, *The Day We Bombed Utah: America's Most Lethal Secret*, New American Library: New York & Ontario, p. 6。
26. 丹尼爾及瑪莎・席恩（Daniel and Martha R. Sheahan）於一九五九年三月二日寫給當時的美國司法部長威廉・羅傑斯（William Rogers）的信件，全文可見於：Rogoway, Tyler 2015, 'The Unlikely Struggle Of The Family Whose Neighbor Is Area 51', *Jalopnik* magazine, 9 November 2015。
27. Carr Childers, Leisl 2015, *The Size of the Risk: Histories of Multiple Use in the Great Basin*, University of Oklahoma Press, p. 66。
28. 勞里斯頓・泰勒所言，引述自 Caulfield, Catherine 1990, *Multiple Exposures: Chronicles of the Radiation Age*, University of Chicago Press, p. 67。
29. Fuller, John G. 1984, ibid, p. 6。
30. Carr Childers, Leisl 2015, ibid, p. 79。
31. National Cancer Institute 1997, *Exposure of the American People to Iodine-131 from Nevada Nuclear-Bomb Tests: Review of the National Cancer Institute Report and Public Health Implications.* National Academies Press, Washington DC。收錄於線上：https://www.ncbi.nlm.nih.gov/books/NBK100833/。
32. Carr Childers, Leisl 2015, ibid, pp. 79–80。
33. Fuller, John G. 1984, ibid, p. 3。
34. 此處對話出自於 PRX 2004, 'Downwinder Diaries Part 2: Son of Bitchin Bomb Went Off'. Produced by Claes Andreasson, 28 May 2004。收錄於線上：https://beta.prx.org/stories/1451 (accessed 11 June 2023)。
35. Fuller, John G. 1984, ibid, pp.15–16。
36. Downwinders of Utah Archive 2017, 'Mary Dickson Downwinders interview' 11 January 2017, ibid。
37. Masco, Joseph 2008, '"SURVIVAL IS YOUR BUSINESS": Engineering Ruins and Affect in Nuclear America', *Cultural Anthropology*, 23: 361–398. DOI: 10.1111/j.1548-1360.2008.00012.x。
38. United States Department of Energy 1955, *Atomic Tests In Nevada: The Story of AEC's*

亦為他日後著作中經常引用的片段，如：Lifton, Robert J. 2011, *Witness to an Extreme Century: A Memoir*, Free Press, New York, p. 11。

15. Groves, Leslie R. 1963, *Now It Can Be Told: The Story of the Manhattan Project*, André Deutsch, London, p. 286。
16. Wellerstein, Alex 2020. 'Counting the dead at Hiroshima and Nagasaki', *Bulletin of the Atomic Scientists*, 4 August 2020。引自放射線影響研究所（Radiation Effects Research Foundation）進行的壽命研究（Life Span Study）。
17. Perrow, Charles 2013. 'Nuclear denial: From Hiroshima to Fukushima', *Bulletin of the Atomic Scientists*, 69(5), 56–67. DOI: 10.1177/0096340213501369。
18. 國際防止核戰爭醫生組織及能源與環境研究中心 1991, *Radioactive Heaven and Earth The health and environmental effects of nuclear weap- ons testing in, on, and above the earth*, Apex Press, New York。
19. Hales, Peter B. 1991, 'The Atomic Sublime', *American Studies* 32(1): 5–31. http://www.jstor.org/stable/40642424。
20. Congressional Record 1995, 'THE NUCLEAR AGE'S BLINDING DAWN', vol. 141 issue 115 pages S10082-S10085, 17 July 1995, US Government Publishing Office (govinfo.gov)。
21. Vincent, Bill 1984, 'Mine Strafed, Bombed By Air Force'，一般認定出處為一九八四年八月 *Western Sportsman* 報紙的報導（我認為實際上應為 *Western Outdoors: The Magazine for the Western Sportsman*）出處為以下文件的第一百三十四頁：United States Senate Committee on Energy and Natural Resources, 1987, 'Land Withdrawals from the Public Domain for Military Purposes', Hearing before the Subcommittee on Public Lands, Reserved Water and Resource Conservation, 99th Congress Second Session on S. 2412 a Bill to Withdraw and Reserve Certain Public Lands, 17 July 1986（收錄於線上。）
22. 我在此是用自己的語言轉述喬瑟夫・馬斯科的見解：「如同布朗肖（Blanchot）（一九九五年）所說，透過重大災難事件度量世界的欲望深植於人們日常生活及未來之中，但這卻會讓人遺漏了真正的災難。」出自於：'"Survival Is Your Business": Engineering Ruins and Affect in Nuclear America', *Cultural Anthropology*, May 2008, 23(2): pp. 361–39. https://www.jstor.org/stable/pdf/20484507.pdf。
23. 史丹佛・瓦倫向少將葛洛夫斯（Leslie Richard Groves）提交的報告，引自 'Report on Test II at Trinity, 16 July 1945', 21 July 1945, Department of Energy Open-Net, Nuclear Testing Archive。收錄於線上於《國家安全檔案館》（National Security Archive）：「77th Anniversary of Hiroshima and Nagasaki Bombings: Revisiting the Record」系列中第九號文件，網址為：https://nsarchive.gwu.edu/ document/28687-document-9-stafford-warren-major-general-groves-report- test-ii-trinity-16-july-1945 (accessed 11 June 2023)。

第六章 落塵

1. 這一段的文字主要引述三處文獻：（一）Rhodes, Richard 2012 (1986), *The Making of the Atomic Bomb* 25th anniversary edition, Simon & Schuster；（二）Bruce Cameron Reed 2015, 'Atomic Bomb: The Story of the Manhattan Project', Morgan & Claypool, DOI: 10.1088/978-1-6270-5991-6；（三）Bethe, Hans A. 1964, 'Theory of the Fireball', Los Alamos Scientific Laboratory。
2. Bainbridge, Kenneth T. 1976, 'Technical Report: *Trinity*', Los Alamos Scientific Laboratory, p. 60. DOI: 10.2172/5306263。
3. Rhodes, Richard 2012, pp. 668–9。引自 Teller, Edward 1962, *The Legacy of Hiroshima*, Doubleday, p. 17。
4. Rhodes, Richard 2012, p. 672。引自 Rabi, Isidor 1970, *Science: The Centre of Culture*, pub. World, p. 138。
5. Frisch, Otto R. 1980, *What Little I Remember,* Cambridge University Press。
6. Groves, Leslie Richard, 1945, 'Report on the Trinity Test', War Department, Washington DC, 18 July 1945。
7. 人們經常寫歐本海默戴的帽子是費多拉帽，但其實不然：那頂帽子的帽簷以費多拉帽來說太寬了。網路論壇「費多拉帽休息室」經過仔細考證後，認為那是一頂西部牛仔帽，修改成具有「望遠鏡」型的帽褶（telescope crease）。他一天到晚老愛戴那頂帽子，不過對帽飾有研究的專家們認為，他戴起來確實有一股銳氣。https://www.thefedoralounge.com/threads/j-robert-oppenheimer- fedora.47932/ (accessed 21 May 2023)。
8. Rhodes, Richard 1986, p. 675。引自 Rabi, Isidor 1970, *Science: The Centre of Culture*, pub. World p. 138。
9. Rhodes, Richard 1986, ibid, p. 675。引自 Szasz, Ferenc Morton 1984, *The Day the Sun Rose Twice,* University of New Mexico Press, p. 91。
10. Rhodes, Richard 1986, ibid, p. 676。引自 Giovanitti, Len and Freed, Fred 1965, *The Decision to Drop the Bomb*, Coward-McCann, p. 197。
11. Rhodes, Richard 1986, ibid。引自 Oppenheimer, J. Robert 1946, 'The atom bomb and college education', *The General Magazine and Historical Chronicle*, University of Pennsylvania General Alumni Society, p. 265。
12. Rhodes, Richard 1986, ibid, p. 675。引自 Wilson, Jane (ed.) 1975, *All in our Time: The Reminiscences of Twelve Nuclear Pioneers*, Bulletin of the Atomic Scientists, p. 230。
13. 詳見 Wellerstein, Alex 2015, 'The First Light of Trinity', *New Yorker*, 16 July 2015 其中的討論。
14. 利夫頓（Robert J. Lifton）於一九六二年對被爆者（核爆受害者）進行訪問研究的內容，

二十七日存取）

15. Premiyak, Lisa 2019, 'Selfie sticks at the Aral Sea: another example of disaster tourism's self-indulgence?', *Calvert Journal,* 21 June 2019.
16. Lorenz, Taylor 2019, 'There's Nothing Wrong With Posing for Photos at Chernobyl', *The Atlantic*, 12 June 2019.
17. Sophocles c. 441 BCE, 'Antigone' in *The Three Theban Plays*, trans. Robert Fagles, Penguin 1984.
18. Novitskiy, Z.B. 2012a, 'Phytomelioration in the Southern Aralkum', pp. 13–35 in *Aralkum – a Man-Made Desert*, Ecological Studies Volume 218 eds. Siegmar-W. Breckle et al., Springer: Berlin. DOI: 10.1007/978-3-642-21117-1_16.
19. Sheraliyev, Normukhamad 2015, 'Restoration of degraded land through afforestation of the dried out Aral Sea bed', presentation by International Fund for Saving the Aral Sea at 37th Session Joint FAO/UNECE Working Party on Forest Statistics, Economics and Management, 18–20 March 2015.
20. Sheraliyev, Normukhamad 2015, ibid.
21. Novitsky, Z.B. 2012a, 'Afforestation of the Aral Sea dried floor', presentation at International Workshop, Konya, Turkey, 28–30 May 2012. 收錄於 http://www.fao.org/3/a-bl687e.pdf（二〇二三年五月二十七日存取）
22. Lipton, Gabrielle 2019, 'In Uzbekistan, a lowly tree afforests a lost sea', *Landscape News*, Global Landscapes Forum, 23 April 2019.
23. 國際非政府組織「人權觀察」（Human Rights Watch）報導暴力事件的資料出處：Rickleton, Chris 2022, 'Uzbekistan's Deadly Crackdown In Karakalpakstan 'Unjustifiable,' Says Rights Group', Radio Free Europe / Radio Liberty (rferl.org), 7 November 2022. 報導失蹤事件的資料出處：ODF 2022, 'The Shooting of Peaceful Protesters in Karakalpakstan', Open Dialogue Foundation, 3 August 2022. Shamshetov's death: RFE/RL 2022, 'Karakalpak Activist Dies In Custody Four Days After Being Sentenced Over Protests', Radio Free Europe / Radio Liberty (rferl.org), 6 February 2023.
24. 發表在外交新聞網站上的聲明：Abuturov, Victor 2022, 'Uzbekistan: In the center of special attention', *Diplomatist.com*, 2 June 2022; *Diplomat Magazine* editorial 2022, 'On the Policy of the Uzbek leadership to support the development of the Republic of Karakalpakstan', *DiplomatMagazine.eu*, 12 July 2022.
25. Lillis, Joanna 2023, 'Storied rave to skip Karakalpakstan after violence', *Eurasianet,* 7 February 2023.

Press.

2. 造林專家阿拉納札洛夫（Orazbay Allanazarov）接受BBC訪問時說：「一棵成熟的梭梭屬樹木可在其根系範圍內固定高達十噸的土壤。」報導出處：Qobil, Rustam & Harris, Paul 2018, 'Restoring life to the Aral Sea's dead zone', *BBC Uzbek*, 1 June 2018.
3. Mirovalev, Mansur 2015, 'Uzbekistan: A dying sea, mafia rule, and toxic fish', *Al Jazeera*, 11 June 2015.
4. UNFAO 2013, *Irrigation in Central Asia in Figures – AQUASTAT Survey 2012*, ed. Karen Frenken, FAO Water Reports 39, Food and Agriculture Organization of the United Nations.
5. 一九八五年的最高紀錄為六十二・八立方公里，一九九〇年最高為六十二・五立方公里，數據來自二〇一三年聯合國糧農組織的同上資料。作為比較，這種水量足以將大倫敦地區（一千五百七十二平方公里）淹沒在四十公尺深的水下，或將紐約市（七百七十八平方公里）淹沒在八十公尺深的水下。
6. 引用自Zonn, Igor S. 1999, 'The impact of political ideology on creep- ing environmental changes in the Aral Sea Basin', Chapter 8 in *Creeping Environmental Problems and Sustainable Development in the Aral Sea Basin*, ed. Michael H. Glantz, Cambridge University Press.
7. 本段中的日期、引述和條文皆引用自：Zonn, Igor S. 1999，同上，除非另外加註。
8. Brain, Stephen 2010, 'The Great Stalin Plan for the Transformation of Nature', *Environmental History* 15(4): 670–700.
9. Kafikov, Asomitdin A., 1999, 'Desertification in the Aral Sea region', Chapter 4 in *Creeping Environmental Problems and Sustainable Development in the Aral Sea Basin*, ed. Michael H. Glantz, Cambridge University Press.
10. 四千三百萬噸的數據出自：Micklin, Philip P. 1998, 'Desiccation of the Aral Sea: A Water Management Disaster in the Soviet Union', *Science*, 241: 1170–6. 一 四億噸：Tursunov, A.A. 1989, 'The Aral Sea and the ecological situation in Central Asia and Kazakhstan', *Hydrotechnical Construction* 23 pp. 319–25.
11. 一九六〇年至一九七九年平均數據，出自：OE Semenov 2011, 'Dust Storms and Sandstorms and Aerosol Long-Distance Transport', Chapter 5 in *Aralkum – a Man-Made Desert*, Ecological Studies Volume 218 eds. Siegmar-W. Breckle et al., Springer: Berlin. DOI: 10.1007/978-3-642-21117-1_16.
12. Micklin, Philip P. 1998, ibid.
13. Elpiner, Leonid I. 1999, ibid.
14. Medicins Sans Frontiers 2003, 'The Aral Sea disappears while tuberculosis climbs', 19 March 2003 https://www.msf.org/aral-sea-disappears-while-tuberculosis-climbs（二〇二三年五月

of air by particle concentration' in *ISO14644-1 Cleanrooms and associated controlled environments* 2nd edition, 15 December 2015。

60. JPL Planetary Protection Center of Excellence, undated, 'Mission Implementation'，網頁：https://planetaryprotection.jpl.nasa.gov/mission-implementation (accessed 27 May 2023)。
61. NASA, undated, Genesis Mission website: https://solarsystem.nasa.gov/ genesismission/ index.html and Genesis Solar Wind Samples webpage: https://curator.jsc.nasa.gov/genesis/ index.cfm (accessed 27 May 2023)。
62. 一個足球場的大小為七千四百一十平方公尺；台積電的無塵室「超過十六萬平方公里」。出處：Cleanroom Technology (unbylined) 2018, 'TSMC starts construction of Fab 18 in Taiwan', CleanroomTechnology.com。
63. NASA Jet Propulsion Lab 2002, 'JPL High Bays Give a Whole New Meaning to 'Clean Your Room''，網頁：https://www.jpl.nasa.gov/news/ jpl-high-bays-give-a-whole-new-meaning-to-clean-your-room (accessed 27 May 2023)。
64. Douglas, Mary 1984 (1966), *Purity and Danger: An Analysis of Concepts of Pollution and Taboo*, ARK edition, Routledge, pp. 36, 3。
65. Forty, Adrian 1986, *Objects of Desire: Design and Society from Wedgwood to IBM*, Pantheon Books, p. 159。
66. Beeton, Isabella (Mrs) 1861, *The Book of Household Management*, S.O. Beeton: London, Chapter 41 Servants, paragraph 2153，收錄於《古騰堡計畫》。
67. Leaver, Eric 1997, 'Precious stones: Another tradition fades away', *Lancashire Telegraph*, 7 April 1997。
68. Nottstalgia forum, 2012, 'Polishing the step' discussion thread，收錄於線上：https://nottstalgia.com/forums/topic/9788-polishing-the-step/ (accessed 27 May 2023)。
69. Boy Scouts of America, 1911, *Boy Scouts Handbook* first edition，收錄於《古騰堡計畫》。
70. Douglas, Mary 1984 (1966), ibid, p. 5。
71. Bonnett, Alistair 1999, 'Dust (1)' in *City A–Z: Urban Fragments*, eds. Nigel Thrift & Steve Pile, Routledge, p. 63。
72. Douglas, Mary 1984 (1966), ibid, pp. 160–5。
73. 道格拉斯於此處引用的是：Mircae Eliade 1958, *Patterns in Comparative Religion*, p. 194。

第五章　海的遺跡

1. Elpiner, Leonid I. 1999, 'Public Health in the Aral Sea coastal region and the dynamics of changes in the ecological situation', Chapter 7 in *Creeping Environmental Problems and Sustainable Development in the Aral Sea Basin*, ed. Michael H. Glantz, Cambridge University

44. 《廣告狂人》第一季第九集，於二〇〇七年九月十三日於 AMC 頻道首播。亦可參見：Rine, Abigail 2013, 'The Postfeminist Mystique: Or, What Can We Learn From Betty Draper?' *PopMatters*, 14 April 2013。
45. Le Corbusier 2007 (1923), *Toward An Architecture*, trans. John Goodman, Getty Publications: Los Angeles, p. 124。
46. Le Corbusier 1925, *Plan Voisin*，收錄於柯比意基金會（Fondation Le Corbusier）(fondationlecorbusier.fr)。
47. Le Corbusier 1967 (1933), *The radiant city : elements of a doctrine of urbanism to be used as the basis of our machine-age civilization*, Faber, p. 42。
48. Schachtman, Tom 1999, *Absolute Zero and the Conquest of Cold*, Houghton Mifflin: Boston。
49. Iddon, Chris 2015, 'Florence Nightingale: nurse and building engineer', *CIBSEJournal* (Chartered Institute of Building Engineers), May 2015。
50. Le Corbusier 1987 (1925), 'The Law of Ripolin' in *The Decorative Arts of Today*, trans. James I. Dunnett, Architectural Press: London。強調處為原文所加。
51. 二〇二一年三月三十日的推特發文。https://twitter.com/entschwindet/status/1376989997312700420。
52. Le Corbusier 1987 (1925), ibid。
53. Sully, Nicole 2009, 'Modern Architecture and Complaints about the Weather, or, "Dear Monsieur Le Corbusier, It is still raining in our garage..."', *Media/Culture Journal* 12(4). DOI: 10.5204/mcj.172。
54. Murphy, Douglas 2012, *The Architecture of Failure*, Zero Books。
55. *TIME* magazine (unbylined), 1962, 'Science: Mr. Clean', 13 April 1962。
56. 不同的測量規範，讓各種數據之間有些難以直接比較。室外空氣汙染指數測量的是 PM2.5（大於二 ·五微米）和 PM10（大於十微米）的濃度，而衡量無塵室空氣品質的 ISO-9 標準（室內空氣）測量的是分別大於〇・五微米、一微米和五微米的微粒——所以兩者之間無法直接相比。ISO-9 標準定義為每立方公尺中含三千五百二十萬顆直徑大於〇・五微米的微粒，但這似乎只是將比較好記的「每立方英呎中含一百萬顆微粒」直接換算為公制的數字。重點在於，人們測量的微粒尺寸越小，微粒濃度便呈指數成長。
57. Morton, Corn 1961, 'The Adhesion of Solid Particles to Solid Surfaces, a Review', *Journal of the Air Pollution Control Association*, 11:11, 523–8, DOI: 10.1080/00022470.1961.10468032。
58. Sandia Labs 2012, 'Modern-day cleanroom invented by Sandia physicist still used 50 years later'，新聞稿出自 https://newsreleases.sandia.gov/cleanroom_50th/ (accessed 27 May 2023)。在實驗室裡抽菸還真是很一九六〇年代的作風……
59. 國際標準化組織（International Standards Organisation, ISO），2015, 'Part 1: Classification

康博物館：https://wellcomecollection.org/works/e2yy6adk/items (accessed 27 May 2023)。

23. 對於懸浮微粒是重要疾病傳染媒的誤解，於我在新冠疫情期間撰寫此章的當下又別有新意。引用自：Tomes, Nancy 1998, ibid, pp. 8–9, 144。
24. Frederick, Christine 1915, *Household Engineering: Scientific Management in the Home*, Home Economics Association: Chicago。收錄於網路檔案館。
25. Frederick,Christine1913,*TheNewHousekeeping:EfficiencyStudiesinHome Management*, Doubleday。收錄於網路檔案館。
26. Frederick, Christine 1915, ibid, pp. 513–4。
27. Harvey, David 1989, *The Condition of Postmodernity*, Wiley-Blackwell: Oxford。他引用的來源為西西莉雅・蒂奇（Cecilia Tichi）一九八七年的著作《文化換檔》(*Shifting Gears*)，而該書又是引用一九一〇年的《家事寶典》(*Good Housekeeping*)。
28. Wharton, Edith 1934, *A Backward Glance*, D. Appleton-Century: London。
29. 引用 約翰・普里斯利所述，出處為：Delap, Lucy 2011, *Knowing Their Place: Domestic Service in Twentieth-Century Britain*, Oxford University Press, p. 2。
30. Tomes, Nancy 1998, ibid。
31. 《地理學雜誌》(*Journal of Geology*) 期刊附錄中的廣告：*Journal of Geology* 18(3), April–May 1910. DOI: 10.1086/621739。
32. 引用自：Horsfield, Margaret 1997, ibid, p. 146。
33. 引用克莉絲汀・弗雷德里克所言，出自：Horsfield, Margaret 1997, ibid。
34. 來自一九三七年六月五日《女人》雜誌中的胡佛牌吸塵器廣告，引自 Horsfield, Margaret 1997, ibid, p. 75。
35. 貝蒂・傅瑞丹將此句引用於其著作之中：*The Feminine Mystique* (2010 / 1963), Penguin。
36. Lupton, Ellen 1993, *Mechanical Brides: Women and Machines from Home to Office*, Princeton Architectural Press, p. 11。
37. Frederick, Christine 1915, ibid, p. 164。
38. 引用自：Horsfield, Margaret 1997, ibid, p. 136——最早出處為一九三〇年的《婦女家庭雜誌》。
39. Ehrenreich, Barbara 1993, 'Housework Is Obsolescent', *TIME*, 25 October 1993。
40. Tyler May, Elaine 1988, *Homeward Bound: American Families in the Cold War Era*, Basic Books: New York, pp. ix–xix。
41. Smith, Elinor Goulding 1957, *The Complete Book of Absolutely Perfect Housekeeping*, Frederick Muller: London, p.44。
42. Tyler May, Elaine 1988, ibid, p. 18。
43. Friedan, Betty 2010 (1963), *The Feminine Mystique*, Penguin, p. 16。

5. 法拉第於一八五五年七月七日寫給倫敦《泰晤士報》主編的信件。後由英國皇家研究院（Royal Institution）重新出版。
6. Dickens, Charles 1903 (1839), *Sketches by Boz: Illustrative of Every-Day Life and Every-Day People,* Chapman & Hall, London，收錄於《古騰堡計畫》。
7. 引用自 Davies, Stephen 2004, 'The Great Horse-Manure Crisis of 1894', Foundation for Economic Education, 1 September 2004 (fee.org)。
8. 廣泛為人引用，如：Corbett, Christopher 1988, 'The 'Charm City' Of H. L. Mencken', *The New York Times*, 4 September 1988。
9. Varro, Marcus Terentius 30 BCE, *De Re Rustica*, I.12.2。
10. Past Tense 2019, 'Today in London's infra(re)structural history, 1845: New Oxford Street opens – built to socially cleanse the St Giles Rookery', 10 June 2019 (pasttense.co.uk)。
11. 引用自 Horsfield, Margaret 1997, *Biting The Dust: The Joys of Housework*, Fourth Estate, p. 64。
12. Nightingale, Florence 1860, *Notes on Nursing*。
13. 不可免俗地要引述班雅明的話：Benjamin, Walter 2002 (1927–40), *The Arcades Project*, Harvard University Press, p. 103。
14. Horsfield, Margaret 1997, ibid, p. 60。
15. Haweis, Mary Eliza 1889, *The Art of Housekeeping: A Bridal Garland*, Sampson Low, Marston, Searle & Rivington: London。收錄於網路檔案館（archive.org）。
16. Philip, Robert Kemp (ed.), *Enquire Within upon Everything*, London: Houlston and Wright, p. 241。收錄於衛爾康博物館（Wellcome Collection）及網路檔案館。
17. Centers for Disease Control and Prevention (CDC) 1999, 'Achievements in Public Health, 1900–1999: Healthier Mothers and Babies', *Morbidity and Mortality Weekly Report (MMWR)* 48(38);849–58。
18. 資訊來源為 Google Ngram Viewe，一項利用一五〇〇至二〇一九年間出版的英語書籍作為語料、藉以分析詞彙使用頻率的線上工具。不論英式或美式英語，都呈現相似的趨勢。
19. Tomes, Nancy 1998, *The Gospel of Germs: Men, Women and the Microbe in American Life*, Harvard University Press。
20. Institute of Health Visiting, undated, 'History of Health Visiting'，收錄於線上：https://ihv.org.uk/about-us/history-of-health-visiting (accessed 27 May 2023)。他們引用的來源是：Elizabeth Hardie 1893, *The Ladies' Health Society of Manchester and Salford*。
21. 引用自：Horsfield, Margaret 1997, ibid, p. 95。
22. Prudden, Theophilus Mitchell 1890, *Dust and its Dangers*, GP Putnam: London。收錄於衛爾

85. Momaday, N. Scott 1976, 'Native American Attitudes toward the Environment', in *Seeing with a Native Eye: Essays on Native American Religion*, ed. Walter Holden Capps, Harper & Row, New York.
86. Worster, Donald 2004, ibid, p. 77。該文也引用了 Levy, J. E. 1961, 'Ecology of the Southern Plains: The Ecohistory of the Iowa, Comanche, Cheyenne, and Arapaho, 1830–1870', *Symposium: Patterns of Land Utilization and Other Papers*, ed. Viola E. Garfield, Proceedings of the 1961 Spring Meeting of the American Ethnological Society, University of Washington Press pp. 18–25.
87. Jacks, Graham Vernon & Whyte, Robert Orr 1938, *Vanishing Lands: A World Survey of Soil Erosion*, Faber & Faber.
88. Marx, Karl 1981 (1867), *Capital*, Vol. III. New York: Vintage Books, p. 959. 線上開放資料庫多可取得。
89. Popper, Deborah E. and Popper, Frank J. 1987, 'The Great Plains: From Dust to Dust', *Planning* 53(12): 12–18。以及 Great Plains Restoration Council (undated), 'Buffalo Commons', https://gprc.org/research/buffalo- commons/（二〇二三年五月二十七日存取）
90. Popper, Deborah E. & Popper, Frank J. 1999, 'The Buffalo Commons: Metaphor as Method', *Geographical Review*, 89(4), 491–510. DOI: 10.2307/216099.
91. 死亡威脅事件和堪薩斯報紙觀點引用自：Young, Gordon 2010, 'Interview with Frank Popper about Shrinking Cities, Buffalo Commons, and the Future of Flint', on *Flint Expatriates* blog (flintexpats.com)（二〇二三年五月二十七日存取）
92. 黑色風暴事發地區和黃石公園合計四千四百五十一平方公里；未有黑色風暴事發地區面積的單獨數據。出自：Farm Services Agency press release, 2021 'USDA Accepts More than 2.5 Million Acres in Grassland CRP Signup, Double Last Year's Signup' (fsa.usda.gov).

第四章　清潔與控制

1. 《靈魂守護者》(*Sawles Warde*)，收錄於 *The Katherine Group MS Bodley 34* (2006), eds. Emily Rebekah Huber and Elizabeth Robertson, Medieval Institute Publications, Kalamazoo MI. DOI: 10.2307/j.ctvndv757。
2. Scanlan, John 2005, *On Garbage*, Reaktion Books。亦可參見：Jørgensen, Dolly 2014, 'Modernity and Medieval Muck', *Nature and Culture* 9(3): 225–37。
3. Hoy, Suellen 1997, *Chasing Dirt: The American Pursuit of Cleanliness*, Oxford University Press。
4. Hoy, Suellen 1997, ibid, pp. 21–2; Catherine Beecher 1841, *A Treatise on Domestic Economy for the Use of Young Ladies at Home and at School*，收錄於《古騰堡計畫》。

71. Svobida, Laurence 1986, ibid, pp. 232–3.
72. Svobida, Laurence 1986, ibid, p. 234.「將近一百萬人」在那十年離開，在一九三五年後，又有兩百五十萬人遷離。Worster, Donald 2004, ibid, p. 49.
    i. 歷史記載中二十世紀中期的「大遷徙」裡高達六百萬非裔美國人遷往北方各州，但跟黑色風暴相比這是累積了將近十倍長的時期（一九一六年至一九七〇年）的數據；因此，我合理推估黑色風暴仍是最大規模的「人口集中遷移」事件。
73. Worster, Donald 2004, ibid, p. 49.
74. Ford County Dust Bowl Oral History Project, 1998, interview with Juanita Wells, ibid.
75. 每年地下水補給量以英寸計算的數據出自：Hornbeck, Richard & Keskin, Pinar 2011, 'Farming the Ogallala Aquifer: Short-run and Long-run Impacts of Groundwater Access', working paper, Department of Economics, Harvard University.
76. Sanderson & Frey 2014, 'From desert to breadbasket…to desert again? A metabolic rift in the High Plains Aquifer', *Journal of Political Ecology* 21(1):516–32. DOI:10.2458/v21i1.21149.
77. Marx, Karl 1967 (1867), *Capital: A Critique of Political Economy, vol. I*, New York: International Publishers Co. Inc., pp. 505–6. 註：漢娜．霍倫曼（Hannah Holleman）在二〇一八年出版的《帝國的塵暴》（*Dust Bowls of Empire*）中提出了這一論點，如你有興趣深究這個觀點，那我相當推薦此書。
78. Wise, Lindsay 2015, 'A drying shame: With the Ogallala Aquifer in peril, the days of irrigation for western Kansas seem numbered', *Kansas City Star*, 26 July 2015.
79. Worster, Donald 2004, ibid, p. 253.
80. Lambert, Andrew et al. 2020, *Dust Impacts of Rapid Agricultural Expansion on the Great Plains. Geophysical Research Letters* 47(20), DOI: 10.1029/2020GL090347.
81. 有關心血管與呼吸道疾病，請參見：Achakulwisut, P., Mickley, L. J., & Anenberg, S. C. 2018, 'Drought sensitivity of fine dust in the US Southwest: Implications for air quality and public health under future climate change', *Environmental Research Letter*s, 13, 054025. DOI: 10.1088/1748 9326/aabf20.
82. Williams, A. Park et al. 2020, 'Large contribution from anthropogenic warming to an emerging North American megadrought', *Science* 368(1488): 314–318, 17 April 2020. DOI: 10.1126/science.aaz9600.
83. Heslin, Alison et al. 2020, 'Simulating the Cascading Effects of an Extreme Agricultural Production Shock: Global Implications of a Contemporary US Dust Bowl Event', Frontiers in Sustainable Food Systems, vol. 4. DOI : 10.3389/fsufs.2020.00026.
84. Glotter, Michael & Elliott, Joshua 2017, 'Simulating US agriculture in a modern Dust Bowl drought', *Nature Plants* 3, 16193. DOI: 10.1038/ nplants.2016.193.

50. 隨著火山爆發而噴出的四 ·八億噸物質中有八成是飄散空中的火山碎屑和細灰，即約三 ·八四億噸。出處：Gudmundsson, M et al. 2012, 'Ash generation and distribution from the April–May 2010 eruption of Eyjafjallajökull, Iceland', *Nature Scientific Reports* 2(572), DOI: 10.1038/srep00572.
51. Worster, Donald 2004, ibid, p. 28.
52. Svobida, Laurence 1986, ibid.
53. Hansen, Zeynep K., and Gary D. Libecap 2004, 'Small Farms, Externalities, and the Dust Bowl of the 1930s', *Journal of Political Economy* 112(3): 665–94. DOI: 10.1086/383102.
54. Svobida, Laurence 1986, ibid, p. 255.
55. Duncan, Dayton and Burns, Ken 2012, *The Dust Bowl: An Illustrated History,* Chronicle Books, p. 54.
56. Worster, Donald 2004, ibid, p. 31 – citing Albert Law, *Dalhart Texan*, 17 June 1933.
57. Worster, Donald 2004, ibid, pp. 39–40.
58. Lambert, C. Roger 1971, 'The Drought Cattle Purchase, 1934–1935: Problems and Complaints', *Agricultural History*, 45(2), 85–93. http://www. jstor.org/stable/3742072.
59. Worster, Donald 2004, ibid, pp. 12, 35.
60. Henderson, Caroline 2003 ibid, pp. 143–4.
61. Svobida, Laurence 1986 ibid, pp. 108–10.
62. Whitney, Milton 1909, *Soils of the United States: Based Upon the Work of the Bureau of Soils to January 1, 1908*, Bulletin 55, United States Bureau of Soils.
63. 班奈特的話被引述於 Egan 2006, ibid, p. 126.
64. Bennett, Hugh H. 1970 (1936), *Soil Conservation,* Ayer Press, Manchester, pp. 894–5.
65. 出自奧克拉荷馬歷史學會語音資料庫，一九八四年九月二十六日由貝瑞妮絲·傑克森（Berenice Jackson）對羅伯特·霍華德進行的口述歷史訪談。收錄於線上：https://www.youtube.com/watch?v=33n2R-JhSag.
66. Svobida, Laurence 1986, ibid, p. 98, p. 15.
67. Svobida, Laurence 1986, ibid, p.. 116–17.
68. 哈特威爾的話被引述於 Egan, Timothy 2006, ibid., p. 297.
69. Duncan, Dayton and Burns, Ken 2012, *The Dust Bowl: An Illustrated History*, Chronicle Books, p. 163.
70. 出自於一九九八年美國公共電視網（PBS）紀錄片《活過黑色風暴》（*Surviving the Dust Bowl*）參考用的新聞資料「紀年：黑色風暴」（Timeline: The Dust Bowl）。收錄於線上：https://www.pbs.org/wgbh/americanexperience/features/dust-bowl-surviving-dust-bowl/ (accessed 27 May 2023).

Case）訪問胡安妮塔・威爾斯，由福特郡歷史協會（Ford County Historical Society）在道奇城保存（資料來源：kansashistory.us）。

32. 福特郡沙塵暴口述歷史計畫，一九八八年二月二十七日由布蘭登・凱斯（Brandon Case）訪問李奧納德・亞瑟，由福特郡歷史協會（Ford County Historical Society）在道奇城保存（資料來源：kansashistory.us）
33. 福特郡沙塵暴口述歷史計畫，一九八八年二月二十七日由布蘭登・凱斯（Brandon Case）訪問胡安妮塔・威爾斯。
34. 出自奧克拉荷馬歷史學會語音資料庫，一九八四年九月十三由喬對艾爾默・沙克爾福先生與夫人進行的口述歷史訪談。
35. Low, Ann Marie 1984, ibid.
36. Henderson, Caroline 2003, ibid, p. 142.
37. Worster, Donald 2004, ibid, p. 12.
38. Worster, Donald 2004, ibid, p. 107.
39. 福特郡沙塵暴口述歷史計畫，一九八八年二月二十七日由布蘭登・凱斯訪問胡安妮塔・威爾斯。
40. Svobida, Laurence 1986, ibid, pp. 195, 199.
41. Svobida, Laurence 1986, ibid, pp. 199–201.
42. Worster, Donald 2004, ibid, p. 21, 此文另引用：Earl Brown, Selma Gottlieb and Ross Laybourne 1938, 'Dust Storms and their Possible Effects on Health', *Public Health Reports* 50, 4 October 1938, pp. 1369–83.
43. Worster, Donald 2004, ibid, p. 21, who cites the *Kansas City Star* 1935, 'Effect of Dust Storms: Replies of County Health Officers', 27, 30 April & 1, 2 May 1935, National Archives Record Group 114.
44. Riney-Kehrberg, Pamela 1994, *Rooted in Dust: Surviving Drought and Depression in Southwestern Kansas*, University Press of Kansas, p. 33。此篇文獻也引用了堪薩斯州衛生局的報告《堪薩斯州衛生局雙年報告》（*Biennial Report of the State Board of Health of the State of Kansas*）之第十六至二十期。
45. Worster, Donald 2004, ibid, p. 21, citing Earl Brown, Selma Gottlieb and Ross Laybourne 1938, ibid.
46. Riney-Kehrberg, Pamela 1994 ibid, p. 32.
47. Svobida, Laurence 1986, ibid, p. 139.
48. Bennet, Hugh H. 1970 (1936), *Soil Conservation*, Ayer Press, Manchester, p. 120.
49. *Chicago Tribune* editorial 2012, 'During 1934 drought, dust storm swarmed Chicago', *Chicago Tribune*, 15 July 2012.

13. Thomas (III), William G. 2011, 'Railroads, the Making of Modern America, and the Shaping of the Great Plains', Paul Olsen Seminar 13 April 2011 at the Center for Great Plains Studies, University of Nebraska- Lincoln. 收錄於線上：https://railroads.unl.edu/blog/?p=433（二〇二三年五月二十日存取）
14. 《大英百科全書》在其「天定命運」(Manifest Destiny）條目中記載這個詞句「被深藏在《美國雜誌和民主評論》七、八月刊中一篇長文的第三段裡」。
15. Turner, Frederick J. 1893, 'The Significance of the Frontier in American History', *Annual Report of the American Historical Association*, pp. 197–227.
16. Hudson, John C. 1986, 'Who Was 'Forest Man?' Sources of Migration to the Plains', in *Great Plains Quarterly* 967, p. 80.
17. Freedman, John F. 2008, *High Plains Horticulture*: *A History*, University Press of Colorado.
18. Bennet, Hugh H. 1970 (1936), *Soil Conservation*, Ayer Press, Manchester, pp. 894–5.
19. Henderson, Caroline 2003, *Letters from the Dust Bowl,* ed. Alvin O. Turner, University of Oklahoma Press, p. 140.
20. Svobida, Laurence 1986, ibid, p. 68.
21. Holleman, Hannah 2018, *Dust Bowls of Empire: Imperialism, Environmental Politics, and the Injustice of "Green" Capitalism*, Yale Agrarian Studies series, Yale University Press, p. 71.
22. Worster, Donald 2004, ibid, pp. 90–92.
23. Low, Ann Marie 1984, *Dust Bowl Diary,* University of Nebraska Press, p. 33.
24. 出自奧克拉荷馬歷史學會語音資料庫，一九八四年九月十三由喬對艾爾默・沙克爾福先生與夫人進行的口述歷史訪談。收錄於線上：https://www.youtube.com/watch?v=JVUT8mBjoZw。奧克拉荷馬歷史學會的文獻或訪談對話中沒有提及夏克爾福德夫人的名字。
25. 出自奧克拉荷馬歷史學會語音資料庫，一九八四年九月十三日由喬・陶德對艾斯特・萊斯維格進行的口述歷史訪談。收錄於線上：https:// www.youtube.com/watch?v=e1FLpjdpHRk.
26. Worster, Donald 2004, ibid, p. 15.
27. Worster, Donald 2004, ibid, pp. 16–17.
28. 出自奧克拉荷馬歷史學會語音資料庫，一九八四年對埃絲特・賴斯維格（Esther Reiswig）的口述歷史訪談。
29. Henderson, Caroline 2003, ibid. pp. 140–1.
30. O'Hanlon, Larry 2004, 'Dust storms are truly electric', *ABC Science*, 18 August 2006 (abc.net.au).
31. 福特郡沙塵暴口述歷史計畫，一九八八年二月二十七日由布蘭登・凱斯（Brandon

一九八四年九月十三日由喬・陶德（Joe L. Todd）對艾達進行的口述歷史訪談。收錄於線上：https://www.youtube.com/watch?v=e1FLpjdpHRk.

2. 出自奧克拉荷馬歷史學會語音資料庫裡一九八四年九月十三日對奎格進行的訪談。收錄於線上：https://www. youtube.com/watch?v=V5skbWLrYJA.
3. 出自奧克拉荷馬歷史學會語音資料庫裡一九八四年九月十三日針對奈莉和約翰・古德納（John Goodner）進行的訪談。收錄於線上：https://www.youtube.com/watch?v=V5skbWLrYJA.
4. Svobida, Laurence 1986 (1940), *Farming The Dust Bowl: A First-Hand Account from Kansas*, University of Kansas Press, p. 41.
5. History Nebraska, undated, 'Timeline Tuesday: Drought and Depression in 1890s Nebraska', history.nebraska.gov（二〇二三年五月二十日存取）
6. Svobida, Laurence 1986, ibid, p. 234.「三百萬人」的數字來自唐納德・沃斯特第四十九頁的統計彙總：前半個十年間「將近一百萬人」離開，而在一九三五年之後又有兩百五十萬人遷出。See Donald Worster 2004, *Dust Bowl: The Southern Plains in the 1930s*, Oxford University Press.
7. Svobida, Laurence 1986, ibid, p. 137.
8. Egan, Timothy 2006, *The Worst Hard Time: The Untold Story of Those Who Survived the Great American Dust Bowl*, Mariner Books, pp. 2–3. 我推測內容來自Egan提到的哈特威爾日記，這本日記的存在是根據Stephen C. Behrendt向 Don Hartwell進行訪談時提到有一本日記被「夏綠蒂・蘭布雷特（Charlotte Lambrecht），即維娜友人、因納維爾的亨利和伊蒂絲・蘭布雷特的女兒」給救起。出處：Stephen C. Behrendt 2015, 'One Man's Dust Bowl: Recounting 1936 with Don Hartwell of Inavale, Nebraska', *Great Plains Quarterly*, *35*(3), 229–47. http://www.jstor.org/stable/24465605.
9. Works Progress Administration Federal Writers' Project, 1936–39, 'Range Lore and Negro Cowboy Reminiscences before and after 1875', p.17。訪談者為佛羅倫斯・安傑米勒（Florence Angermiller）。收錄於線上：https://www.loc.gov/item/wpalh002179/（二〇二三年五月二十日存取）
10. Powell, John Wesley, 1878, *Report on the Lands of the Arid Region of the United States*, DOI: 10.3133/70039240.
11. Brown, Walter Lee 1997, *A Life of Albert Pike*, University of Arkansas Press, p.15.
12. Wilber, Charles Dana 1881, *The Great Valleys and Prairies of Nebraska and the Northwest*, Daily Republican Print, Omaha（線上易取得數位化文件）。「一犁田就下雨」（Rain follows the plow.）這句俗諺也是威爾伯提出的，其根據來自自然科學專長的內布拉斯加大學教授小塞繆爾・奧吉（Samuel Aughey Jr.）的研究。

噸」的估計值出自於 TE Gill & DA Gillette 1991, 'Owens Lake: A Natural Laboratory for Aridification, Playa Desiccation and Desert Dust', in *Geological Society of America* 23(5)，包含了各種不同的沙塵。三十萬噸的估計值是專指 PM10微粒，除去了顆粒較大、主要由砂粒組成的沙塵。

43. Cahill, Thomas A. et al. 1996, 'Saltating Particles, Playa Crusts And Dust Aerosols At Owens (Dry) Lake, California', *Earth Surface Processes and Landforms* 21: 621–39.
44. 出自於 Piper, Karen 2006, ibid. p. 8，引用的文獻為 'Meeting to Adopt the PM-10 Demonstration of Attainment SIP (PM-10 Amendment Plan)', at Inyo County Courthouse, 2 July 1997.
45. Piper, Karen 2006, ibid, pp. 3, 13.
46. 關於結晶過程的科學敘述出自於 Buck, Brenda et al. 2011, 'Effects of Salt Mineralogy on Dust Emissions, Salton Sea, California', *Soil Science Society of America Journal* 75(5), DOI: 10.2136/sssaj2011.0049。關於歐文斯湖湖床鹽分沉積的描述出自於 Reheis, Marith C. 1997, 'Dust deposition downwind of Owens (dry) Lake, 1991–1994: Preliminary findings', *Journal of Geophysical Research Atmospheres* 1022(D22):25999–26008, DOI:10.1029/97JD01967.
47. 美國環境保護局的數據；另外有「三十至四十萬」的估計值，出自於 TE Gill & DA Gillette, 1991. 'Owens Lake: A Natural Laboratory for Aridification, Playa Desiccation and Desert Dust', *Geological Society of America* 23(5), DOI: 10.1029/97JD01967.
48. 美國環境保護局，2010, *Region 9 Air Programs: Particulate Matter Pollution in California's Owens Valley*，出自於：https://19january2017snapshot.epa.gov/www3/region9/air/owens/qa.html (accessed 27 May 2023).
49. Piper, Karen 2006, ibid, p. 4.
50. 急診科醫生布魯斯・帕克（Bruce Parker）接受記者瑪拉・孔恩（Marla Cone）訪問的發言。'Owens Valley Plan Seeks L.A. Water to Curb Pollution', *Los Angeles Times*, 17 December 1996.
51. Saint Amand et al. 1986. Mentioned in M.C. Reheis 1997, 'Dust Deposition Downwind of Owens (Dry) Lake, 1991–1994: Preliminary Findings', in *Journal of Geophysical Research* 102: 25–6.
52. Knudson, Tom 2014, 'Outrage in Owens Valley a century after L.A. began taking its water', *The Sacramento Bee*, 1 May 2014.

第三章　終歸塵土

1. 出自奧克拉荷馬歷史學會語音資料庫（Oklahoma Historical Society Audio Archives）裡

28. Nadeau, Remi A. 1950, ibid, pp. 84–9.
29. 比較細心的人可能會注意到，他當時所導的那部電影－－《荒野情天》（*Riders of the Purple Sage*）－－按年分來看（1925）是默片。不過，拉爾夫・納德（Ralph Nadeau）和馬克・瑞瑟（Marc Reiser）都宣稱那部電影確實配有樂隊，也確實有派過去。我一開始以為這只是鄉野奇談－－但事實上，當時的確實有一些默片在片場配有樂隊，負責增添氣氛並提示人物情緒。
30. Nadeau, Remi A. 1950, ibid, p. 89.
31. 金瓦拉之言，引用自：Malm, Andreas 2021, *How to Blow Up a Pipeline: Learning to Fight in a World on Fire*, Verso p. 71.
32. Stelloh, Tim et al. 2016, 'Dakota Pipeline: Protesters Soaked With Water in Freezing Temperatures', *NBC News*, 21 November 2016.
33. Nadeau, Remi A. 1950, ibid, p. 101.
34. Reisner, Marc 1993, ibid, p. 97.
35. Sahagun, Louis 2019, 'Owens Valley gushes over Department of Water and Power land plan', *Los Angeles Times*, 23 January 2019.
36. Nadeau, Remi A. 1950, ibid. p.. 129–131.
37. Los Angeles County Department of Coroner, 1928, 'Transcript of Testimony and Verdict of the Coroner's Jury In the Inquest Over Victims of St. Francis Dam Disaster', p. 378。收錄於線上：https://scvhistory. com/scvhistory/sfdcoronersinquest.htm (accessed 27 May 2023).
38. Nadeau, Remi A. 1950, ibid.
39. Unrau, Harlan D. 1996, 'The Evacuation and Relocation of Persons of Japanese Ancestry During World War II: A Historical Study of the Manzanar War Relocation Center', *National Park Service*。收錄於線上：https://www.nps.gov/parkhistory/online_books/manz/hrs.htm (accessed 25 May 2023).
40. Kahrl, William M. 1982, ibid, p. 371，引用自：Dorothy Swaine Thomas & Richard S. Nashimoto 1946, *The Spoilage: Japanese American Evacuation and Resettlement*, University of California Press p. 368，以及 James D. Houston & Jeanne Wakatsuki Houston 1973, *Farewell to Manzanar: A True Story of Japanese American Experience During and After the World War II Internment*.
41. Hinkley, Todd K. undated, *Mineral Dusts in the Southwestern U.S.*，為一九九七年九月三至五日在亞利桑那州土桑市（Tucson）所舉辦的美國西南部地區氣候變遷研討會及工作坊（Southwest Regional Climate Change Symposium and Workshop）的會議文件，收錄於線上：https://geochange.er.usgs.gov/sw/impacts/geology/dust/ (accessed 27 May 2023).
42. 我們會看到各種不同的沙塵總量估計值，但其背後自有原因。「九十萬至八百萬

10. Kahrl, William M. 1982, ibid, p. 48.
11. 瑪格麗特・萊斯麗・戴維斯在洛杉磯電臺上接受訪問的發言。KPCC 2013, 'Take Two' programme, series 'LA Aqueduct 100 Years Later'。訪問內容收錄於線上：'William Mulholland's rise from ditch-digger to controversial LA power player', kpcc.org.
12. Kahrl, William M. 1982, ibid, p. 49.
13. Kahrl, William M. 1982, ibid, p. 64.
14. 此段的引文和數字出自於 Kahrl, William M. 1982, ibid, pp. 61–78.
15. 廣泛為人引用，如：Piper, Karen 2006, *Left in the Dust: How Race and Politics Created a Human and Environmental Tragedy in L.A*, St Martin's Press, p. 30.
16. 測量師弗雷德里克・克羅斯（Frederick C. Cross）在多年之後憶起穆赫蘭的那句話，提及於：'My Days on the Jawbone', *Westways*, May 1968, pp.6–7.「顎骨地段」(Jawbone）是加州克恩郡（Kern County）莫哈維（Mojave）以北一段特別艱難的路程。
17. Reisner, Marc 1993, ibid, p. 84.
18. Nadeau, Remi A. 1950, *The Water Seekers*, Doubleday, p. 62.收錄於網路檔案館：archive.org McWilliams, Carey 1946b, *Southern California Country: An Island on the Land*, Duell, Sloan & Pearce: New York.
19. Reisner, Marc 1993, ibid, pp. 86–7.
20. Piper, Karen 2006, ibid. p. 68。此文另引用 Mike Davis 1999, *Ecology of Fear: Los Angeles and the Imagination of Disaster*, Vintage, p. 162.
21. Nadeau, Remi A. 1950, *The Water Seekers*, Doubleday, p. 75 收錄於網路檔案館：archive.org
22. Unrau, Harlan D. 1996, 'The Evacuation and Relocation of Persons of Japanese Ancestry During World War II: A Historical Study of the Manzanar War Relocation Center' National Park Service，收錄於線上：https://www.nps.gov/parkhistory/online_books/manz/hrs.htm (accessed 25 May 2023)。此文另引用 Frederick Faulkner 1927, 'Owens Valley, Where the Trail of the Wrecker Runs', *Sacramento Union,* 28 March–2 April 1927.
23. Nadeau, Remi A. 1950, ibid, p. 81.
24. Walton, John 1993, *Western Times and Water Wars: State, Culture, and Rebellion in California*, University of California Press, p. 170.
25. Nadeau, Remi A. 1950, ibid, p. 76.
26. 這個段落的文字出自於 Denslow, William R. 1957, *10,000 Famous Freemasons*, Macoy Publishing & Masonic Supply Co. Inc, Richmond, VA, available on the Internet Archive (archive.org), and Nadeau, Remi A. 1950, ibid.
27. Walton, John 1993, ibid, p. 160.

407 之表1。英國二〇一〇年空氣品質標準規範（UK Air Quality Standards Regulations 2010）規定懸浮微粒PM10的年度平均數值不得超過每立方公尺四十微克。過去二十五年以來，北京的年均PM10於二〇〇六年出現最高數值，即每立方公尺大約一百六十微克；二〇二一年印度德里的PM10為每立方公尺二百二十一微克。

40. Ruskin, John 1884, *The Storm-Cloud of the Nineteenth Century: Two Lectures delivered at the London Institution February 4th and 11th*, 1884。收錄於線上《古騰堡計畫》(Project Gutenberg)。
41. 可見於英國政府網站裡的歷史介紹頁面「唐寧街十號的歷史沿革（History of 10 Downing Street）」: https://www. gov.uk/government/history/10-downing-street, section 'Restoration and Modernisation'（二〇二三年五月二十七日存取）。
42. Brahic, Catherine 2008, 'Cleaner air to turn iconic buildings green', *New Scientist*, 4 December 2008.
43. Searle, Adrian 2016, 'The Ethics of Dust: a latex requiem for a dying Westminster', *The Guardian*, 29 June 2016.

第二章　水與權力

1. McWilliams, Carey 1946a, 'The Los Angeles Archipelago', *Science & Society* 10(1): 43–51。https://www.jstor.org/stable/40399736.
2. McWilliams, Carey 1946b, *Southern California Country: An Island on the Land*, Duell, Sloan & Pearce: New York, p. 200.
3. McClung, William Alexander 2000, *Landscapes of Desire: Anglo Mythologies of Los Angeles*, University of California Press, p.7.
4. Austin, Mary 1903, *The Land of Little Rain*，收錄於線上《古騰堡計畫》(*Project Gutenberg*)。
5. 凱西・傑佛森・班克羅夫特接受了夏洛特・柯頓（Charlotte Cotton）的訪問。Metabolic Studio, undated, 'The Sacred Owens Valley: An Interview with Kathy Jefferson Bancroft'，收錄於線上：https://metabolicstudio.org/89 (accessed 25 May 2023).
6. Madley, Benjamin, 2016, *An American Genocide: The United States and the California Indian Catastrophe, 1846–1873*, Yale University Press.
7. 引用自 Kahrl, William M. 1982, *Water And Power: The Conflict over Los Angeles' Water Supply in the Owens Valley*, University of California Press, p. 27.
8. Reisner, Marc 1993 (1986), *Cadillac Desert: The American West and its Disappearing Water*, Penguin, pp. 58–62.
9. Kahrl, William M. 1982, ibid, p. 47.

23. Graunt, John 1939 (1662), *Natural and Political Observations Made upon the Bills of Mortality*, John Hopkins Press: Baltimore. 收錄於網路檔案館：archive.org
24. Lai T., Chiang C., Wu C., et al. 2016, 'Ambient air pollution and risk of tuberculosis: a cohort study', *Occupational and Environmental Medicine* 73:56–61. DOI: 10.1136/oemed-2015-102995
25. Cavert, William M. 2016, ibid, p. 175.
26. Raupach, Michael R. and Canadell, Canadell, Josep G., 2010, 'Carbon and the Anthropocene', *Current Opinion in Environmental Sustainability* 2: 210–218. DOI: 10.1016/j.cosust.2010.04.003.
27. Cavert, William M. 2016, ibid, p. xviii.
28. Burke III, Edmund, 2008, 'The Big Story: Human History, Energy Regimes, and the Environment' in: E. Burke III and K. Pomeranz, eds., *The Environment and World History 1500 BCE to 2000 CE*, University of California Press.
29. Wrigley, E.A. 2010, *Energy and the Industrial Revolution*, Cambridge University Press. DOI: 10.1017/CBO9780511779619.
30. 出自我粗略的概算。
31. 喬治・波格斯特隆（Georg Borgström）首次使用「鬼田」（ghost acres）這個說法，請見：Borgström, Georg, 1965 (1953) 'Ghost acre- age', Chapter 5 in *The Hungry Planet: The Modern World at the Edge of Famine*, Macmillan. 之後由彭慕蘭（Kenneth Pomeranz）在《大分流：現代世界經濟的形成，中國與歐洲為何走上不同道路？》一書中進一步發展。
32. Oak Taylor, Jesse 2016, *The Sky of Our Manufacture: The London Fog in British Fiction from Dickens to Woolf*, University of Virginia Press, Chapter 2.
33. Burke III, Edmund 2008, ibid.
34. Malm, Andreas 2013, 'The Origins of Fossil Capital: From Water to Steam in the British Cotton Industry', *Historical Materialism* 21(1):15–68.
35. Moore, Jason W. 2017, 'The Capitalocene, Part I: on the nature and origins of our ecological crisis', *The Journal of Peasant Studies* 3: 594–640. DOI: 10.1080/03066150.2016.1235036.
36. Malm, Andreas 2013, ibid.
37. Pomeranz, Karl 2000, ibid. p. 62, citing Hartwell, Robert 1967, 'A Cycle of Economic Change in Imperial China: Coal and Iron in Northeast China, 750–1350', *Journal of the Economic and Social History of the Orient* 10(1): 102–159. DOI: 10.2307/3596361.
38. Gaskell, Elizabeth 1855, *North and South*, online at Project Gutenberg.
39. 欲詳一八九〇年倫敦的數值請見：Brimblecombe, Peter and Grossi, Carlotta 2009, 'Millennium-long damage to building materials in London', *Science of the Total Environment*

Responses Towards Air Pollution in Medieval England', *Journal of the Air Pollution Control Association* 26:10: 941–5, DOI: 10.1080/00022470.1976.10470341.

7. Cavert, William M. 2016, ibid, p. 15.
8. Cavert, William M. 2016, ibid, p. 24。此文另引用：Harding, Vanessa 1990, 'The Population of London, 1550–1700: A Review of the Published Evidence', *London Journal* 15: 111–28.
9. Russell, J.M. 1887, 'Coal in the North', *Monthly Chronicle Of North- Country Lore And Legend*; Newcastle-upon-Tyne, March 1887, 1(1):33–5.
10. Goodman, Ruth 2020, *The Domestic Revolution: How the Introduction of Coal into Our Homes Changed Everything*, Michael O'Mara Books, London.
11. Cavert, William M. 2016, ibid, p. 16.
12. Brome, Alexander 1664, 'Epistle to C.C. Esquire' from Songs And Other Poems, 此文被引用於 Cavert, William M. 2016, ibid. p.185.
13. Miller, Gifford H., et al. 2012, 'Abrupt onset of the Little Ice Age triggered by volcanism and sustained by sea-ice/ocean feedbacks', *Geophysical Research Letters* 39: L02708, DOI: 10.1029/2011GL050168.
14. Brimblecombe 1976, ibid, p. 943。此文另引用：Dugdale, William 1658, *The History of St. Paul's Cathedral in London, from Its Foundation. Extracted Out of Original Charters, Records, Beautified with Sundry Prospects of the Old Fabrick.*
15. Evelyn, John 1661, *Fumifugium*，本書另名 *The inconveniencie of the aer and smoak of London dissipated: Together with some remedies humbly proposed by J.E., Esq., to His Sacred Majestie and to the Parliament now assembled*，印刷廠為 W. Godbid for Gabriel Bedel and Thomas Collins。網路檔案館（Internet Archive）與許多線上資源皆可取得。
16. Tormey, Warren 2011, 'Milton's Satan and Early English Industry and Commerce: The Rhetoric of Self-Justification', *Interdisciplinary Literary Studies* 13(1/2): 127–159.
17. Brimblecombe, Peter 1976, ibid, p. 943.
18. Boyle, Robert 1661, *The Sceptical Chymist: or Chymico-Physical Doubts & Paradoxes*, London, available on Project Gutenberg.
19. Cavert, William M. 2016, ibid, p. 37, drawing on statistics from Brimblecombe & Grossi 2008.
20. Brimblecombe, Peter & Grossi, Carlotta 2008, 'Millennium-long damage to building materials in London', *Science of the Total Environment* 407:1354–61.
21. Cavert, William M. 2016, ibid, p. 35.
22. Centre for Cities 2020, *Cities Outlook 2020*, published 27 January 2020. See 'Section 01 Holding our breath – How poor air quality blights cities'.

colour and shape', *European Journal of Dermatology* 26. DOI: 10.1684/ejd.2015.2726.

21. Morton, Timothy 2013, *Hyperobjects: Philosophy and Ecology after the End of the World*, University of Minnesota Press.
22. Nixon, Rob 2011, *Slow Violence and the Environmentalism of the Poor*, Harvard University Press.
23. Liboiron, Max & Lepawsky, Josh 2022, *Discard Studies: Wasting, Systems, and Power*, MIT Press.
24. 二〇一一年五月，成都的富士康工廠爆炸，四名工人死亡。二〇一一年十二月，和碩集團旗下的日騰電腦配件公司在上海的工廠爆炸，五十九人受傷。二〇一四年，江蘇省崑山市的富士康工廠發生粉塵爆炸，七十五人死亡。詳見新聞報導，如：'Apple confirms aluminum dust caused Chinese factory explo- sions', *Computerworld.com*, 15 January 2012，以及：'China factory explosion expected to affect iPhone 6 production' *ZDnet.com*, 4 August 2014. 其他調查勞工權益的報導均從網路上被移除。
25. Henni, Samia (ed.) 2022, *Deserts Are Not Empty*, Columbia Books on Architecture and the City, New York.
26. Tsing, Anna 2015, *The Mushroom at the End of the World: On the Possibility of Life in Capitalist Ruins*, Princeton University Press.
27. Vohra et al. 2021, 'Global Mortality from Outdoor Fine Particle Pollution Generated by Fossil Fuel Combustion: Results from GEOS-Chem', *Environmental Research* 195 (110754). DOI: 10.1016/j.envres.2021.110754.

第一章　置身於地獄：煙霧、煤灰與現代倫敦的誕生

1. 可見於塞內卡的《道德書簡》之Letter CIV (104)以及 Campbell, Robert (ed.) 2004, *Letters From A Stoic: Epistulae Morales ad Lucilium*, Penguin Classics.
2. Turner, B.L. & Sabloff, Jeremy L. 2012, 'Classic Period Collapse of the Mayan Lowlands,' PNAS 109 (35) 13908–13914, DOI: 10.1073/pnas.1210106109，以及Stromberg, Joseph 2012, 'Why did the Mayan Civilisation Collapse?' *Smithsonian Magazine*, 23 August 2012.
3. Cavert, William M. 2016, *The Smoke of London: Energy and Environment in the Early Modern City*, Cambridge University Press, p. xviii.
4. Dodson, John, et al. 2014, 'Use of Coal in the Bronze Age in China', *The Holocene* 24(5): 525–30. DOI: 10.1177/0959683614523155.
5. Noble, Mark 1887, 'Letter: Coal in the North', *The Monthly Chronicle of North-Country Lore and Legend*, vol 1. p. 33.
6. 「海煤巷」在當時的拼法為Sacoles Lane。Brimblecombe, Peter 1976, 'Attitudes and

Debrah's death', *BBC.com*, 21 April 2021.

10. Stone, Richard 2002. 'Counting the Cost of London's Killer Smog', *Science*, 298(5601): 2106-2107, 13 December 2002. DOI: 10.1126/science.298.5601.2106b.
11. Hodgson, Camilla; Hook, Leslie and Bernard, Steven 2019, 'London Underground: the Dirtiest Place in the City', *Financial Times*, 5 November 2019.
12. OECD 2020, *Non-exhaust Particulate Emissions from Road Transport: An Ignored Environmental Policy Challenge*, OECD Publishing, Paris, DOI: 10.1787/4a4dc6ca-en. See section 3, 'The implications of electric vehicle uptake for non-exhaust emissions'.
13. Evangeliou, N., Grythe, H., Klimont, Z. et al. 2020, 'Atmospheric Transport is a Major Pathway of Microplastics to Remote Regions', *Nature Communications* 11, 3381. DOI: 10.1038/s41467-020-17201-9.
14. 海洋中，二十八%的塑膠微粒來自於輪胎磨損，七%來自煞車磨損；相比之下，合成纖維占了三十五%。各類的「都會區微塵」綜合起來，另外貢獻了二十四%。Boucher, Julien & Friot, Damien 2017, *Primary Microplastics in the Oceans: A Global Evaluation of Sources*, IUCN (International Union for Conservation of Nature). DOI: 10.2305/IUCN.CH.2017.01.en.
15. Tian, Zheynu et al. 2020, 'A Ubiquitous Tire Rubber–Derived Chemical Induces Acute Mortality in Coho Salmon', *Science* 371(6525):185–189. DOI: 10.1126/science.abd6951.
16. Ginoux, Paul et al. 2012, 'Global-scale attribution of anthropogenic and natural dust sources and their emission rates based on MODIS Deep Blue aerosol products', *Review of Geophysics*, 50, RG3005. DOI:10.1029/2012RG000388.
17. 注意此處指的是舊款式的美國沙發！出處：Rodgers, K.M., Bennett, D., Moran, R., et al. 2021. 'Do Flame Retardant Concentrations Change in Dust After Older Upholstered Furniture Is Replaced?', *Environment International* 153:106513. DOI: 10.1016/j.envint.2021.106513.
18. Patel, Sameer, et al. 2020, 'Indoor Particulate Matter during HOMEChem: Concentrations, Size Distributions, and Exposures', *Environmental Science & Technology* 54(12): 7107–16. DOI: 10.1021/acs.est.0c00740.
19. Caillaud, Denis, et al. 2018, 'Indoor Mould Exposure, Asthma and Rhinitis: Findings from Systematic Reviews and Recent Longitudinal Studies', *European Respiratory Review*, 27(148) 170137. DOI: 10.1183/16000617.0137-2017.
20. 白人、非裔美國人及加勒比海出身的人，頭髮直徑平均大約七十微米，如果是亞裔的話則更粗——中國人的頭髮直徑可達八十九微米。所以這個衡量標準因人而異，但是這大約二十五%的差異，跟各種不同塵埃微粒之間可達上萬倍的尺寸差異比起來根本微不足道。Loussouarn, Geneviève et al. 2016, 'Diversity in human hair growth, diameter,

註釋

導論

1. Marder, Michael 2016, *Dust*, Object Lessons series, Bloomsbury Academic, New York.
2. 不同的模型估算出的數字不同。嚴格來說，「全球大氣中沙塵濃度估計約在二·五至四十一·九兆克之間；若是除去 HadGEM2-CC、HadGEM2-ES和 MIROC4h（等氣候模型），數字範圍則在八·一至三十六·一兆克。」出處：Chenglai Wu, Zhaohui Lin, and Xiaohong Liu, 2020, 'The global dust cycle and uncertainty in CMIP5 (Coupled Model Intercomparison Project phase 5) models', *Atmospheric Chemistry & Physics* 20: 10401–25, DOI: 10.5194/ acp-20-10401-2020.
3. 我承認，這只是關於這幅畫靈感來源的其中一個理論，出處為 Olson, Donald W., Doescher, Russell L. & Olson, Marilynn S., 2004, 'When the sky ran red: The story behind the "Scream"', *Sky & Telescope*, 107(2), pp. 28–35。另外一個理論認為該幅畫靈感來源為珠母雲，就跟沙塵沒有什麼關係了。
4. 二〇一七年全球的黑碳排放量為八·五四兆克，七〇%（六·二兆克）是人為產生。出處：Xu, Haoran et al. 2021, 'Updated Global Black Carbon Emissions from 1960 to 2017: Improvements, Trends, and Drivers', *Environmental Science & Technology* 55(12), 7869–79. DOI: 10.1021/acs. est.1c03117.
5. 居家燃燒柴火，在二〇二一年占了 PM2.5 總排放來源之中的二十一%；相比之下，道路交通只占了十三%。DEFRA 2023, *Emissions of air pollutants* annual statistics publication, Department for Environment, Food & Rural Affairs, 22 February 2023.
6. Schraufnagel, Dean E. et al. 2019, 'Air Pollution and Noncommunicable Diseases: A Review by the Forum of International Respiratory Societies' Environmental Committee, Part 1: The Damaging Effects of Air Pollution'. *Chest* journal 155(2): 409–416, DOI: 10.1016/ j.chest.2018.10.042.
7. Medina, Sylvia et al. 2011, *Summary Report of the Aphekom Project,* 349 *2008–2011*, Institut De Veille Sanitaire, Saint-Maurice, Paris. (Aphekom.org).
8. Mavrokefelidis, Dimitris 2021, 'Ella Kissi-Debrah: The story of a canary in a coal mine', *Energy Live News*, 17 June 2021.
9. BBC (no byline) 2021. 'Air pollution: Coroner calls for law change after Ella Adoo-Kissi-

Beyond

96

世界的啟迪

人類世的億萬塵埃

輕如鴻毛的沙塵，如何掀動地球尺度的巨變？

Dust: The Modern World in a Trillion Particles

作者	潔伊・歐文斯（Jay Owens）
譯者	方慧詩、饒益品
總編輯	洪仕翰
責任編輯	宋繼昕
校對	李心柔
行銷	張偉豪
封面設計	蕭旭芳
排版	宸遠彩藝

出版	衛城出版／左岸文化事業有限公司
發行	遠足文化事業股份有限公司（讀書共和國出版集團）
地址	23141 新北市新店區民權路 108-3 號 8 樓
電話	02-22181417
傳真	02-22180727
客服專線	0800-221029
法律顧問	華洋法律事務所蘇文生律師
印刷	呈靖彩藝有限公司
初版	2025 年 7 月
定價	580 元
ISBN	9786267645406（平裝） 9786267645383（EPUB） 9786267645390（PDF）

國家圖書館出版品預行編目(CIP)資料

人類世的億萬塵埃：輕如鴻毛的沙塵，如何掀動地球尺度的巨變？ / 潔伊 . 歐文斯(Jay Owens)著；方慧詩, 饒益品譯. -- 初版. -- 新北市：衛城出版, 左岸文化事業有限公司出版：遠足文化事業股份有限公司發行, 2025.07

面；　公分. -- (Beyond ; 96)

譯自：Dust : the modern world in a trillion particles.

ISBN 978-626-7645-40-6(平裝)

1. 塵埃　2. 環境汙染

328.25　114005775

ACRO POLIS 衛城出版

Email acropolisbeyond@gmail.com

Facebook www.facebook.com/acrolispublish